别在吃苦的年纪选择安逸

明 —— 编著

梦想开始了，就别停下来，

与其庸碌一生，

不如活出自己想要的样子！

北京时代华文书局

图书在版编目（CIP）数据

别在吃苦的年纪选择安逸 / 谢英明编著. -- 北京 ： 北京时代华文
书局，2019.10（2019.12重印）

（励志人生）

ISBN 978-7-5699-3204-1

Ⅰ. ①别… Ⅱ. ①谢… Ⅲ. ①成功心理－通俗读物 Ⅳ. ①B848.4-49

中国版本图书馆 CIP 数据核字（2019）第 220599 号

别 在 吃 苦 的 年 纪 选 择 安 逸
BIE ZAI CHIKU DE NIANJI XUANZE ANYI

编　著｜谢英明

出 版 人｜王训海
选题策划｜王　生
责任编辑｜周连杰
封面设计｜乔景香
责任印制｜刘　银

出版发行｜北京时代华文书局 http://www.bjsdsj.com.cn
　　　　　北京市东城区安定门外大街136号皇城国际大厦A座8楼
　　　　　邮编：100011　电话：010-64267955　64267677

印　　刷｜三河市京兰印务有限公司　电话：0316-3653362
　　　　　（如发现印装质量问题，请与印刷厂联系调换）

开　　本｜889mm×1194mm　1/32　印　张｜5　字　数｜119千字
版　　次｜2019 年 10 月第 1 版　　印　次｜2019 年 12 月第 2 次印刷
书　　号｜ISBN 978-7-5699-3204-1
定　　价｜168.00元（全五册）

第
一　>> 既然来到这世上，就要站在舞台最中央
章

第
二　>>努力到热泪盈眶，打现实一个耳光
章

第
三 >>熬不过去是苟且，熬过去了是远方
章

第
四 >>无论什么时候，都请别放弃自己的骄傲
章

第
五 >>当真，你的形象价值百万
章

第一章

既然来到这世上，就要站在舞台最中央

这个世界，从来都不会亏欠真正努力的人

　　人生如戏，每个来到这个世界上的人，都如同一位演员在人生的舞台上扮演着不同的角色。大家都希望通过自己出色的表演，站在舞台中央，实现自己的梦想。理想很丰满，可现实却是无情的，只有极少数人能够赢得别人的掌声与喝彩。对于那些没有实现梦想的人来说，是他们没有天分吗，还是他们不够努力呢？

　　生活中那些取得成功的人，无疑是勤奋努力的。爱因斯坦说，天才不过是百分之一的天分加上百分之九十九的汗水。但是，不是所有的人在付出了努力之后，很快就看到了成就。有很多人在生活中陷入了困惑，明明自己是很努力的呀，为什么就不能成功呢？当看到别人的成功时，心里也慢慢地失去了平衡，有的人开始怀疑自己，意志也慢慢消沉下去。更有甚者，变得愤世嫉俗起来。他们看到有的人凭借家庭背景，就轻轻松松地过上比你好十倍甚至一百倍的生活时，觉得世界不公平，那些过往的努力付出不值得，自己是不幸的，世界亏欠了自己。真的是这样吗？

　　作为一个从事过多种行业的职业经理人，在过去的几年中，我看到了

太多初入职场的年轻人，当初的万丈雄心被无情的现实击得粉碎，如同碎了一地的玻璃，那种痛苦和绝望是可想而知的。

前段时间，公司因为业务扩大，需要招聘新人入职。像往常一样，从众多的简历中，经过一层层的筛选，最后确定下来的有两个人进入面试阶段。第一个来面试的年轻人，就称呼他为小张吧。我一边看着他的简历，一边和他聊了起来。我说："从你的简历来看，你的确很优秀，参加了校园歌手比赛，还通过了英语六级考试，并拿到了各种资格证书。可以看得出来，你是一位很勤奋努力的学生，你平时都这样忙吗？"

小张听了我的话，脸上露出了一丝得意的神色，他自信地说："是啊，我从小就很努力，在学校里，我把我的时间都排得满满的，过得很充实。各种活动呀、竞赛呀，我都会积极参加，这些都锻炼了我的综合能力。"

我说："你这么忙，不累吗？"他说："是呀，肯定是累的，有时候回到家里累得话都不想说了，跟家里人也很少沟通，但是现在累点是为了以后有更好的前途呀。"整个谈话中，他一直都在强调努力就会成功，从他略带兴奋的神情中，我感觉得到他的疲惫，他就像一台机器一样，不让自己休息，他认为他的这些努力就一定能得到别人的认可。我让他回去等公司的通知，他志得意满地出了门。

第二天，又一个年轻人站在我的面前，他叫王博。从他的简历上看，他既不是名牌学校毕业，而且专业也不是很对口。他的简历很简单，上面没像别人那样写满了各种经历呀、奖项呀，只是简单写了几件他在大学期间做的事情，有两段经历引起了我的注意：大三，他参加了一次省级大学生创新思维比赛，获得团队二等奖；大四上学期，他去了贵州支教。说实话，表面上看他的简历，和别的应聘者成堆的获奖证书和资格证相比，显得太过简单。

不过，我却很有兴趣地问道："可以谈谈那次大学生创新思维比赛吗？"

王博答道："那次比赛，主要是为了考验自己的创新思维，我很有兴趣。而且，它能锻炼自己的团队协作能力。其实，获奖倒是意料之外的事情。"

"那为什么去支教呢？"

"为了体验一下当下贫穷地区小学生的教育实际情况。虽然只有半年时间，但是弥足珍贵。我常常会回想起那段经历，让我懂得珍惜，告诫自己不能把时间浪费在无用的事情上面。"

"你知道，每到招聘的时候，我们都会收到很多简历。现在的毕业生，都会有一大堆资格证书、获奖证书。你的简历里面，反而没有这些。你可以谈谈吗？你平时不像别的同学那么忙碌吗？"

他想了一下，说："是的，我平时没有那么忙，要说忙的话，我身边有些人的确比我忙，他们整天不停地忙着考这个证书、那个证书，每天都把自己的时间安排满满的。可是，你看我的简历也知道，我没有考过一个证书。"

"为什么呢？"

"我喜欢思考而不是瞎忙，做什么事情都要用心去做，而不是把自己忙得团团转才叫充实，有些人看起来很勤奋努力，但那是伪勤奋、假努力，并不是真正的努力。"

他的一番话引起了我极大的好奇，我又问道："你说说看，什么叫真正的努力呢？"

他说："我认为真正的努力不是用肢体的勤奋掩盖思维的懒惰，有的人工作学习时间特别长，但效率不见得高，因为他们有时候把自己陷入瞎忙的境地而不自知。我身边有好多人就是这样，虽然忙得团团转，却没有明确的努力方向。我觉得，方向很重要，方向决定方式。我身边有些人在付出了极大的努力后，却得不到想要的结果，心里就会失去平衡，反而不相信自己的努力，其实不是努力错了，而是要学会真正地努力，正确地努力，这样才能达到目标。我呢，看起来没有忙什么，但我喜欢思考，也一直在寻找方向。只有找到适合自己的方向，离成功就只是时间的问题。而且，我坚信这个世界不会亏欠一个真正努力的人，所以时间一定要用在刀刃上，努力要在点子上。"

过了几天，我打电话给小张，委婉地拒绝了他。他听了后，心情低落到极点，显然不太能接受这个现实，我能想象到他内心的委屈不平甚至愤怒，他要在这场他意想不到的挫折中学会什么是真正的努力，否则等待他的就是无情的现实。

又过了几天，我在公司碰到了王博，他非常礼貌地向我打招呼，我笑着说："来上班了？"他说："是呀，我真的很感谢你，给我这个机会。"

我说："要感谢的是你自己，这个机会是你自己争取到的，你用自己的智慧让自己在这场竞争中取得了胜利。我祝贺你，相信你一定是一位优秀的员工。"

一晃三年过去了，现在的王博已是部门负责人了。他的几个策划方案极有创意，为公司赢得了口碑。而且，同事和领导对他评价很高，他工作认真、专注，主动积极，遇到困难不是像别人那样逃避推诿，而是想办法克服困难，给领导留下了极深刻的印象。而且，前不久，他又获得晋升。听说，公司将其作为重点培养对象，以后还会有更大的晋升空间。

为了感谢我当初给他机会，他提出请我吃饭。我说："我知道你会有今天的，你的表现给那些年轻人树立了榜样，他们要向你学习，学校和社会不一样，有些东西是要自己去用心领悟的，你说得对，真正的努力从来都是有价值的。有些事情表面上看是那么回事，其实我们很多时候都是在想当然，要从自己的思维惯性中跳脱出来，学会独立思考，才能把工作当成自己的事业去追求，而不是一味地瞎忙，最后一定会陷入被动工作的局面。"

　　我知道当初的选择是对的，这个世界不会亏欠真正努力的人，有价值的努力从来都是会得到尊重和认可的。真正努力的人，成功可能会迟到，却从不会缺席。只有明白这一点，我们才会清楚地知道自己的目标和方向，在这样一个高度竞争的社会，是没有"懒人"的一席之地的。有时候，你以为自己很努力了，但那只不过是用战术上的勤奋掩盖了战略上的懒惰，在这个没有硝烟的战场中，最终赢得胜利的一定是那些具有极高战略眼光并做好了充分的准备的人。

　　作为一个在职场中打拼了很多年的人，我想说的是，未来社会需要的是那些具有独立思考能力、努力务实的年轻人。只有这样的人，才能在人生的舞台上实现梦想，走向成功。

你连试一下都不敢，却敢谈论成功

一说起"成功"这两个字，大家都会从心里充满了向往与渴望。进入高速发展的互联网时代，今天的年轻人比过去有着更多的机会实现梦想、获得成功。

如今，各行各业都不断涌现出成功人士，书店里关于成功学的书籍铺天盖地，这些都激励着年轻人不断奋斗。可是成功是什么，为什么身边很多人听了多次所谓成功励志、激情澎湃的演讲后，看了大量教导如何成功的书籍后，除了获得精神上的亢奋外，在现实中还是一片迷茫？还有些年轻人张口就是我要成功，一说起某个成功人士更是眉飞色舞，可是你问他如何才能成功，他却说不出所以然来。

普通人对成功的渴望无可厚非。但是，我们也要冷静地看到真正的成功是很难复制的，不是说我向往成功就一定能成功。决定成功的因素有很多，人的天赋、秉性，后天的努力，还有机遇，等等。大家最容易忽略的却是一个不争的事实，那就是成功需要积极行动，需要勇敢尝试，那些所谓的成功人士无不是通过自己的实践，一步一步闯出了一番新天地！

每次听到关于成功的话题，我的脑海里就想起了他——我的高中同学周亚伦。高考结束后，我们几个平时要好的同学聚在一起，大家一边弹着吉他一边唱着朴树的《那些花儿》，"那片笑声让我想那些花儿，在我生命每个角落静静为我开放，今天我们已经离去，在人海茫茫中，她们在哪里呀，我们就这样各自奔天涯……"动听的旋律中，每个人眼中都闪动着泪光，今日一别，从此天各一方。

周亚伦跟我说："你知道吗，填报志愿那天我跟我爸吵了一架。我爸坚持让我报考本地的学校，而且让我学会计专业。他说会计专业好就业，将来总会吃饱饭。可是，你知道的，我一直对电影很感兴趣，我想当导演。"

"那最后你到底填报了什么专业呢？"

"最后，我报了戏剧文学专业。不过，我最后还是会去当导演的。"

"那你爸同意了吗？"我问道。

"不同意。他对我说，我不是干导演那块料。不过，我说了，我宁可不要生活费，我都要当导演，因为我想做我喜欢的事。我都这么大了，还要被家里人安排，从现在开始我要对我自己的未来负责，可父母不理解，在他们眼里我还是那个让他们操心的孩子。"

我知道他的个性，他一直就是那种有自己想法、不喜欢被别人安排的人，他总说自己是个不太安分的人，不喜欢那种按部就班的生活。

一晃几年过去了，我们在网上保持着联系，我问他："还好吧，在忙什么呢？"

屏幕上跳出一个熟悉可爱的头像，"很好呀，现在我在这里过得很开心，我每天都很充实。现在，除了学编剧，我还在学摄影，虽然累点，但是我的收获很大。"

我笑着说："以后当了名导，可别忘了老同学呀！"

他说："哈哈，什么名导呀，现在我就是想尝试一下，看看我到底行不行，你知道吗，我现在越来越感到追梦的人会有无穷的力量。人生苦短呀，为什么不按照自己喜欢的方式过一生呢？"

我说："你真是个不安分的人，但你肯定会成功的。"

我被他旺盛的精力和激情所感染，我终于明白了在这看似不安分的背后其实是一颗坚持自我的心。

毕业以后，我到北京当了北漂，像大多数人那样每天过着平静的生活，从同学口中我知道他去了一家影视公司。后来，大家各忙各的，就很久没有他的消息了，我心里却挂念着他。

前几年，几个高中的同学打电话来要聚会一次。几年不见，大家都兴奋地谈笑着。没想到周亚伦也来了，他一走进来，就跟大家热情地打起招呼，岁月的沉淀褪去了当年的青涩，他依旧年轻的面庞上多了几分成熟与坚毅。

晚上聚会，每个同学免不了多喝几杯。大家一起说笑着，我问起周亚伦这几年的经历，他对我说，本来毕业后以他家里的关系，他完全可以进一个好单位，可他义无反顾地去一家影视公司实习。在当初几年，他住过地下室，吃过泡面，在剧组里面打一些零工。不过，现在总算有些眉目了，前不久他导演的处女作终于开始拍了。

我衷心地祝贺他。他淡然地说，年轻的时候要自己去闯一闯，看一看，现在在这里做得很开心。他可以尝试着做他喜欢的事情，他还是那句话："你不去试一下，怎么知道行不行呢？"从头到尾他都没有像别的年轻人那样谈论成功的话题，他享受的是这个不断尝试的过程、在过程中他学到的东西。

我突然觉得我的生活中缺少了什么，是什么呢？是生命激情和冒险精神，是周亚伦身上散发出来的那种对生活的热情。日复一日，年复一年，我们内心的激情都慢慢地被平淡的生活消磨了，看起来大家都在努力地工作，可是事业上却没有大的起色，越来越没有兴致，当年的雄心万丈在现实中也消失得无影无踪。

每个人都谈论成功，都渴望成功，可是真正的成功需要的恰恰就是跨出那一步啊，"不去试一下，你怎么知道自己行不行呢？"我的耳边一直回响着周亚伦的话。

其实，成功的第一步就是敢于尝试呀，多少人连这样的勇气都没有，却在那里大谈成功。又有多少人害怕尝试，害怕失败，不敢往前一步，长久地待在适应区里，不敢面对新的挑战？

要想成功必须学会勇于尝试，连这点勇气都没有的人，是没有资格谈论成功的。这就是周亚伦的故事给我们的启示。成功没有捷径，只有那些从内在打破自己、不断突破自我的人，才能品尝到成功的喜悦！

还有一个故事，也说明了尝试的重要。

在一个村庄里住着兄弟两人。哥哥问弟弟，你种了麦子没有？弟弟说，没有，因为我怕今年天不下雨。过了一段时间，哥哥又问弟弟，你种了棉花没有？弟弟说，没有，因为我怕虫子把棉花都吃光了。哥哥一听，着急地问弟弟，那你种了什么？弟弟说，我什么都没种，这样才能确保安全。

结果可想而知。到了秋天，哥哥家里在收割庄稼的时候，弟弟家里却颗粒无收。

世界很大，我们都要去走一走，看一看，试一试，不能像故事里的弟弟一样，为了确保安全什么都不做，这样我们的生活就没有任何创造性，也没有任何意义。让我们的生命在不断尝试中焕发激情，无论多少励志故事，都不能代替自己去亲身实践，我们每个人都要先学会做自己的主人，对自己的人生负责。人类的每一次进步都是勇敢尝试的结果，今天的一小步，就是明天的一大步！每一次尝试，都在累积自己的力量，这中间会体验到艰难甚至失败，可是不经历这样的过程，怎么能到达成功的彼岸呢？

有人说，想想泰坦尼克号是专家做的，诺亚方舟是新手做的，你就敢于尝试了。认真想一想，这句话还真有道理。既然如此，那么我们大可以打开心扉、放开手脚，大胆一试。

每个人都有自己的人生之路要走下去，每个人都渴望辉煌，平庸的人只羡慕别人的辉煌，却不愿意检讨自己；更有甚者，在别人的辉煌面前闭锁了自己的心灵，失去了敢于尝试的勇气。所以，每一个渴望成功的人都要挺起胸来，大胆试一试！

因为一直在等待，所以最后总是一事无成

上个星期出差的路上，竟然见到了许久不见的老友：张扬。要知道，他在我们这一群哥们儿当中可是学霸式的人物。高考时，他以优异的成绩考进武大，大学毕业后又被保送出国留学。当时我正在开车，窗边一闪而过的身影像极了他。我心里直犯嘀咕，毕业都这么多年了，按理说他很可能留在美国了，怎么在这里呢？没做多想，我下车追上那个不确定的背影，喊出一声：

"张扬？"

那个背影转过身。我这才看清了相貌，果然是他。但是，我有些不敢相信，他戴着一副银色边框眼镜，才三十出头的年纪，头上却有许多白发，头发也稀稀疏疏的，整个人看起来没什么精神。认出是我，他略有些尴尬：

"真巧，大街上都能碰到老同学？"

"走吧，我们找个地方聊聊。"我故作轻松地走过去，把他拉进一家咖啡馆。

"怎么回事？我都不敢相信是你。"我指了指头发。

"唉，说来话长。在美国那五年几乎天天凌晨两三点才睡。"张扬叹了口气。

"做实验是很辛苦，但付出总会有回报的。"我安慰道。

"对了，怎么会在这儿遇到你？"我又问了一句。

"我在这儿附近一所高中教英语。"他有些不好意思地说。

"怎么会？你最起码也能在大学任教吧？"我有些惊讶。

他并没有回答，沉默了良久，也许是这几年国外的求学生涯太过辛苦。

"这几年怎么都不跟我们联系呢？"我问道。

"工作不是太顺利，也不好意思联系大家。"他怔了一下，说道。

"这么多年，你的性格还是没变。"我笑了一下。我指的是，他爱面子。记得高三有一次考试，他跌到十名以外，一个星期都愁眉苦脸的。

不过，毕竟是老同学，多年没见，还是有聊不完的话题。渐渐地，张扬说起这些年的经历。

原来，当初保送留学的时候，家里经济情况也不富裕，家里东拼西凑才勉强凑够了一年的学费，而德州大学（德克萨斯大学）虽然也有奖学金，但这远远不够自己的生活消费，即使在食堂，一顿饭也要八九美元。而美国的大学体制和中国的又不同，他在学校当助教，补贴生活，除此之外还要帮导师做实验，业余时间导师也是自己的老板。美国人的时间观念特别强，自己从来不敢迟到。白天当助教，给学校的本科生上课，晚上都是写作业到凌晨。就这样过了四五年，总算熬到顺利毕业。综合考虑过后，他回国后直接到北京找工作。当时海归博士很受欢迎，而他一直在等，等一个各方面都符合自己心意的公司。而主动找上他的公司，他不是嫌弃待遇低，就是对职位不太满意，就这样过去了一年，他主动又找曾经拜访上门的公司，却被别人一口回绝。而在北京，愿意录用他的公司也越来越少，最后没办法，在家人的极力劝说之下，他来到了一所高中教英语。但教英语对于一个在美国待过五年之久的人来说，不费吹灰之力。

听完他这五年的经历，我沉默了良久。才说道：

"你听说过苏格拉底的稻穗吗？"

"什么，没听说过？"他一脸诧异地看着我。

于是我给他讲了这个故事，因为在我看来，他就是那个因为等待而错失良机的人，不过所幸，他才30岁，未来的路还很长。苏格拉底带他的三个学生来到了一片稻田，他给他们出了一个考题：走过这片稻田，拿到最大的稻穗。有两个规则：一是不能走回头路；二是只能摘一次。其中一个学生在看到自己认为最大的稻穗时，便伸手摘了下来，往后走才发现有更好的稻穗，于是他懊恼地走出了稻田；另一个学生吸取了教训，总认为最好最大的稻穗在后面，等他走完的时候才后悔不迭，于是胡乱扯了一根稻穗；最后一个学生，他一边走一边观看两边的稻田，并且暗自观察，发现稻田的生长规律，于是他不紧不慢地走着，毫不犹豫就摘下了自己认为最大的稻穗。最后的结果可想而知，第三个学生顺利地完成了考题，他就是柏拉图。

听完我的故事后，他陷入了沉思。我开口说道：

"在我看来，你就是那第二个学生。其实你本有机会摘到最大的稻穗，只是因为一再的等待错过了。"

他的表情有些古怪，似乎对这个话题不感兴趣，眼神也有些闪躲。与他分别后，我想，如果他不是因为等待，怎么会屈居在一所高中教书呢？那么辛苦地远赴美国求学，不就是为了回国后能有一个好工作，如果不是自恃才高，坐等最好的机会，又怎么会错失良机呢？

想到这些，我又觉得十分庆幸，还好自己这几年虽然也曾彷徨过、失落过，但从未等待过机会。机会需要争取，如果一开始就选择等待的话，最终会一事无成，也活不出将来自己想要的样子。

为什么你总是在后悔

前几天回家的路上，我接到一个朋友的电话，我还没开口，他便在电话里一个劲地哭诉。我以为出了什么大事，慌忙问他：

"怎么了？出什么事情了？"

本猜测可能家里遭遇了大的变故，或者是遇到什么困难了。

他却在电话里一个劲地重复："小静今天结婚了，我的肠子都悔青了……"

小静是他从大学开始相恋了六年的前女友，谈恋爱时两人的感情好得不得了。女孩子一过27岁，家里催着要结婚。可是，我这位朋友好像一直不着急，说是忙事业，对结婚能拖则拖。去年年底，女孩子提出了分手。分就分呗，朋友觉得女孩可能是赌气，或许过段时间还会回心转意。可没料到，过了半年人家就传来婚讯。

"人家已经嫁人了，后悔也没用了。"我只好劝道。

"可是，我还是觉得心里堵得慌。"他叹了一口气。

"还是向前看吧，世上没有后悔药。"我安慰道。

后悔，后悔有用吗？毕业这么多年，你一直不给人家一个名分，这一刻才后悔，我只觉得造化弄人。

其实何止是爱情，很多事情从来就没有后悔药可以吃。就像《大话西游》里的至尊宝直到要去西天取经那一刻，才后悔自己没有对那个女孩说出那三个字。农夫明知道羊圈破了，会有狼乘虚而入，但总是不去修补，等到亡羊时才想到补牢，但是已经损失惨重。在事情明明可以向好的方向发展的时候不去努力，等到努力了也没意义的时候独自黯然神伤，却早已不能挽回什么。

我妻子的弟弟，从小就十分聪明，学习上更是没有哪一个老师不夸他。他高考考了640多分，这个成绩可以上一个重点大学了。但他特别傲气，非要报考北京最有名的那两所学校。可是，第一志愿没录取，调档上了一所普通高校。虽然不情不愿，但最终拗不过家里人，那孩子就去上学了。谁承想他在学校里也没心思学习，上大学两年成天打游戏，最后被勒令退学了。

回到家里，他还理直气壮地说："一开学我就后悔了，我就是故意的，我不喜欢那所学校。"

家里人没办法，只得选择让他复读。复读的时候那孩子学习倒也认真，最终也没有让父母失望，如愿地考上了自己心仪的学校，也选择了自己所钟爱的专业。然而在去年过年回家，走访亲戚的时候，他却悄悄对我说：

"哥，我现在后悔了。那两年时间，就这样白白耽误了呀。"

"别后悔了，只是两年而已，人生的路还很长。"我并没有多说什么，道理都需要他自己在社会上去经历、去体会。朋友再多的名言警句、长辈再多的告诫，有些错误还是必须要自己经历，这样人才能学会成长。

其实，每个人都会有后悔的时候。有时候，我们会想：如果当初选择另外一个专业，也许我现在的成就更大；如果当初就去创业，也许现在早就成功了；如果当初忍一忍，可能机会就来了……

每次同学聚会，听到最多的就是"我当初要是像你一样就好了"，或者是在诉说一些陈年往事，在回忆里寻找已经逝去的契机。

其实很多时候，我觉得，并不是选择错了，也并不是错失了良机，而是你不够努力。每个人都是世界上独一无二的个体，别人的成功不可复制。不要总是看着别人身上的成功，后悔自己当初没能像别人那样选择。羡慕别人的时候，也不要后悔，不必沮丧，更没必要否定自己，陷入过去的怪圈，人应该更加努力向上，即使进步很慢，也不要放弃，在平凡的生活里，一点点努力，终有一天，会活成自己想要的样子。

就让过去的过去吧，沉溺于过去不肯向前，于事无补。如果只知后悔，却不振作，会一而再、再而三失去机会。有的时候，没有比较，就没有伤害。

别人的成功，不是用来羡慕的

一个人在自己周围的环境里总是做配角，是从羡慕别人开始的。总是能第一时间发现别人的闪光点，羡慕别人，羡慕别人与生俱来的财富、地位，若你总是把自己当成配角，那你永远也成不了主角，只能永远藏在舞台的幕布后面。总是试图去变成别人想要的样子，那么就永远也学不会做真正的自己。

常言道"与其临渊羡鱼，不如退而结网"。说的是，与其羡慕别人的成功，不如做一个行动派。美国女国务卿赖斯便是这样的一个人。

赖斯出生于20世纪50年代的伯明翰黑人家庭，那时候的美国，种族主义还十分盛行，而赖斯所生活的伯明翰更甚。那时候，伯明翰市只有白人才享有上学的资格，才能去教堂……而且黑人与白人发生冲突时，法律毋庸置疑会站在白人这一方。总而言之，生活在伯明翰的黑人社会地位十分低下，处处会遭受白人的欺压。

赖斯在10岁那一年，跟随父母来到华盛顿，去白宫参观。她对父亲说："我很羡慕白宫里面的工作人员，我希望有一天能住进这所房子！"

赖斯的父母听后非常高兴，但他们语气严肃地告诉她："羡慕别人是好事，但你需要更加努力才对！"

赖斯听到父母的鼓励，开始加倍努力学习。无论是学业，还是音乐甚至体育，赖斯都全力以赴。就这样坚持不懈地奋斗了十几年，在26岁的时候，赖斯不仅精通英语，而且俄语、法语、西班牙语都不在话下。不仅如此，赖斯年纪轻轻就获得了博士学位，而且还受邀成为斯坦福大学的教授。每次赖斯的课程，课堂上学生都爆满，其中就有许多白人学生。最终，她成了第一位非裔美国人国务卿。

赖斯的故事告诉我们，有了目标和信心之后，更要付出行动。在职场中，其实不一定都会遇到公平竞争的环境，那么，你只有用多出别人数倍的努力才能换得成功。

在中国历史上，有这样一位诗人，他才华横溢却一生布衣，他不甘隐居，却隐居终老，他就是孟浩然。孟浩然曾给当时做丞相的张九龄写了一首诗，其中有这样一句："欲济无舟楫，端居耻圣明。坐观垂钓者，徒有羡鱼情。"意思很明显，说自己想渡湖却没有舟楫，在这圣明之世无所作为，让人惭愧不已。坐在岸边望着垂钓的人，心中的羡慕之情油然而生。孟浩然希望通过张丞相的赏识和引荐，谋得一官半职。

关于孟浩然还有一个故事。传说王维曾邀请孟浩然到自己的私宅做客，刚好那天唐玄宗也去了。王维让孟浩然见唐玄宗，可孟浩然却躲在床下不肯出来。王维不敢隐瞒，据实向唐玄宗禀报了此事。唐玄宗命孟浩然出来相见，孟浩然出来吟诵了一句诗："不才明主弃，多病故人疏。"唐玄宗听了不太高兴，他说："你自己不想当官，却诬赖我抛弃你。"说完，便让孟浩然回家去了。孟浩然求官不成，只好失意地离开长安。

当然了，有的史学家认为第二个故事为杜撰，历史上并没有真事。我们姑妄听之吧，把这两个故事连起来看，发现孟浩然是一个很有意思的人。他想做官，却羞于明说；他羡慕别人的成功，却只有"羡鱼情"。他不懂一个道理：一个真正的渔夫，是不会只说不做的。

时光匆匆，时不我待，快点行动起来吧。早一分钟动手，就早一分钟起步，早一分钟迈向成功。因为没有羡慕来的机会、成功，只能靠自己的努力或拼搏争取。实际上，很多事情并没有我们想象的那么艰难，只要我们去行动，并且坚持，就可能得到让人出乎意料的结果。

将羡慕付诸实践中，你会发现，它对你的成功起着有力的推动作用。空有羡慕是没有办法成功的。真正聪明的人，可以羡慕别人捕的鱼，但也懂得把这种羡慕转变成为生产力。看到捕鱼人，记得回家织网，这样才不会让羡慕变成嫉妒、恨。

25 岁之前，要想明白的事

一次，我和小外甥康康外出购物。9岁的康康，正在上小学，对世间万事充满了好奇。

康康问我："舅舅，你说，这么热的天，为什么有人站在大街上卖饮料，有人在冷饮店里卖饮料，有的人却在空调房里喝饮料？"

我答道："康康，这是很正常的事情，也是人类的发展规律。每个人站在哪里，其实是他自己决定的。"

"为什么这么说？"康康不解地问道。

"一个人现在的状况，是他五年或者十年之前铸成的。就像五年或十年之前播的种子，现在才开花结果一样。如果你还不明白，那我再打个比方。我们今天坐了地铁，买什么票，就会到什么站点。所以说，这都是自己的选择。所以说，一个人的人生规划和生涯，是由你当初买什么路线的票决定的。"

25岁，是人生的一个里程碑，也是漫长的地铁线其中一个站点。离开学校不久，刚刚进入社会，快到而立之年了。

在未来五年，你想站在大街上，经受烈日的暴晒，还是在高楼大厦的写字间里享受空调的恒温？那么，25岁之前该明白些道理了，也要做一些选择了。

首先，要懂得，理想，就是你去想！

庄子说道："哀莫大于心死，愁莫大于无志。"列夫托尔斯泰说道："理想是指路明灯。没有理想，就没有方向；没有方向，就没有生活。"巴金也说道："我有我的爱，有我的恨，也有我的痛苦。但是我并没有失去我的信仰，对生活的信仰。"流沙河在他的《理想》里说："理想使你微笑地观察着生活；理想使你倔强地反抗着命运。理想使你忘却鬓发早白；理想使你头白仍然天真。"从古至今，人们总是在用最美好的语言歌颂着理想，好像在告诉我们：没有理想，便没有美好的生活。

理想与现实总是会隔着一段距离，或远或近，有时候甚至若即若离。想远了，理想变成了遥不可及，想近了，理想变成了毫无追求，所以理想，应该是适合自己的。

我们的理想不需要那么伟大，我们的理想不需要那么神圣，我们的理想只需要正直，只需要它能带领我们走向美好，带领我们走向不随波逐流、不摧眉折腰、不放弃自己的原则的世界。

寻找一个适合自己的理想并不难，只需要我们认真反省自身，认真审视自己的态度，认真去寻找自己想要的目标，精准找好自己的人生坐标。

其次，要知道，"不可能"的魔咒是可以打破的。

为什么我们不敢挑战自己，选择另外一种更有吸引力，也更有风险的工作？为什么我们不去试一试自己的潜力究竟有多大？

原因有两个，一是别人对你说不可能，二是你自己对自己说不可能。

有一个小男孩，对金字塔非常感兴趣，所有有关金字塔的书籍、画报和照片都被他精心收集起来，没事就捧着看。小男孩的父亲对小男孩的这个爱好不以为然。有一次，他看见小男孩又痴迷地看金字塔的画报，就说："你看它有什么用？想要看到金字塔？我可以告诉你，这辈子都不可能。"小男孩没有说话。

过了十几年，小男孩长大了。他成为一个作家，拥有丰厚的稿酬，真的来到了金字塔下。在那里，他照了一张相片寄给自己的父亲，在背面，他写了一句话："只要你愿意，没有不可能的事！"

只要努力，你能克服自己的不可能，更能打破别人口中的"不可能"。年轻的朋友，不要让"不可能"削弱你的勇气。

《甘地传》里有这样一段话，我用来和大家共勉吧：

First, they ignore you, then they laugh at you, then they fight you, then you win.（首先他们无视你，而后是嘲笑你，接着是批斗你，再来就是你的胜利之日。）

年轻的朋友们，如何决定人生的高度？如何摆脱平凡的现状？如何突破自我的局限？当一系列的问题摆在我们面前，一时之间极有可能毫无头绪，但回过头来你就会发现世界之大环环相扣，找到入口积极应对，问题就能迎刃而解。

佛陀说："现在的你，是过去的你所造；未来的你，是现在的你所造。"假如现在的你仍是平庸之辈，那么过去的你必定虚度了许多时光；假如未来的你想要成就卓越，那么现在的你必须珍惜当下时间。所以，合理分配时间、精准的职业定位非常重要。25岁之前，要好好规划一下自己的未来！

与其埋怨前途无光，不如努力让自己变亮

海边，一个年轻人正垂头丧气地坐在沙滩上。此刻正是傍晚时分，很多游客在海边玩耍。熙熙攘攘的人群，与形单影只的年轻人形成了鲜明的对比。年轻人低着头，吹着海风。他想，等天完全黑了，人群渐渐散去，然后在黑暗中悄无声息地结束自己的生命。

就在这时，一个老人走过来，轻轻地在年轻人旁边坐下了。年轻人狐疑地看着老人，显得有些局促不安。

老人随手抓起一颗沙粒，问道：

"这是什么？"

"海沙。"年轻人回答。

老人把沙粒用力扔向远方的沙滩中，又问道：

"你能在沙滩中找到我刚才扔的那颗沙粒吗？"

年轻人摇了摇头："不能。"

老人又从口袋里拿出了一颗晶莹的珍珠。看着年轻人不解的神情，他毫不犹豫地将珍珠扔向了沙滩。

"你能从沙滩里找到刚才那颗珍珠吗？"

"当然可以。"

年轻人看着老人，慢慢站起身寻找，很快就找到了那颗珍珠，并把它交到了老人的手中。

"为什么你能这么快找到这颗珍珠呢？"老年人问道。

"因为珍珠不是沙粒。"年轻人说。

"看来你明白这个道理。不过，其实沙粒也可以是珍珠，要知道，沙粒经过蚌壳的磨砺，成为珍珠的那一刻，就会变得璀璨夺目。而在珍珠还是沙粒的时候，却很少有人注意到它们。可见，只有让自己变成珍珠，才能被人重视呀。"老人若有所思地说。

年轻人很快就明白了，朝老人深深地鞠了一躬，转身就离开了海滩。

原来，这个年轻人工作不顺利，总觉得自己不被上司重视，虽然毕业于名牌大学，却总是做最基础的工作。无论是生活还是工作，总是达不到自己的预期状态。他觉得前途黯淡，希望渺茫，因而产生了轻生的念头。

这个老年人看出年轻人有轻生的念头，便过来劝解他。

其实，很多人都平凡如沙滩上的沙粒。他们抱怨自己找不到好的工作，遇不到好的上司，总吐槽自己运气太差了。其实，要想在社会上被人欣赏，被人重视，首先要让自己发光。只要自己身上有闪光点，总会遇到欣赏你的伯乐。当然了，这些闪光点并不是与生俱来的，它是需要磨砺自己才能获得的，就像沙粒变为珍珠的过程，十分艰难。但是，人只要努力奋斗，总会有脱颖而出的一天。

有一个上班没多久的朋友向我抱怨：

"我的上司太苛刻了，在工作上，对我吹毛求疵。不是说我工作效率低，就是说我做事不积极，还指责我上班总是迟到。无论我做什么，他都是先挖苦我。太难受了，我觉得看不到任何希望，还是想办法跳槽算了。"

"你上司对其他人也这样吗？"我问道。

"好像都差不多，他就这个脾气，喜欢用嘴巴打人。"朋友说。

"那你上班迟到过吗？"我又问。

"我就是每次赶点上班，也没迟到过。"朋友心虚地说。

"这么说，你上司去公司都比你早啊。我要是你，就算为了赌气，每次也不能在他后面来公司；我要是你，我不仅会把本职工作做好，而且要尽量做到完美，等他对我满意了，我再准备炒他鱿鱼。到了那一刻，你会不会觉得很痛快？"我笑着说。

"对啊，我怎么没想到！我相信以我的能力，绝对能胜任这份工作的。"朋友恍然大悟，自信满满地说。

从此以后，朋友在公司更加勤奋努力，总是第一个到公司。在下班之后，也虚心向资深的同事求教，注重在各个方面提高自己的能力。果然，上司慢慢地很少对他吹毛求疵了。

年底的时候，这位朋友做的广告文案一鸣惊人，战胜了其他竞争对手，为公司赢得了一个大订单。上司第一次开口夸赞他，连公司的老总也点头称赞。

这一刻，朋友感到了前所未有的成就感，自己的付出和辛苦果真没有白费。

本来，他打算过年便递上辞职信，怎料却被告知即将升职为部门主管，并且被委以重任。

"怎么没辞职呢？"我打趣他。

"通过自己努力得到了上司的认可，而且我当初才工作没多久，肯定存在着问题，要知道，我这三年来的努力不比任何人少。我感觉到自己身上的担子更重了，还需要多多学习，才能把工作做好。其实，通过这件事，我明白了一个道理：自己变亮了，才能让别人关注到你，也才能照亮自己的世界。"朋友颇有感触地说。

我表示十分赞同。

在工作上对别人的指责无法忍受，总觉得自己已经做得够好了，还没得到重用，把所有的生活不如意都归结为命运不济，或者是运气不好，而从来都不反过来想一想自己，当充满抱怨的时候，生活并不会一帆风顺。

如果自己身上没有什么地方是值得人钦佩的，又怎么能要求别人对你青睐有加呢？当还是沙粒的时候，却把自己当成珍珠，理直气壮地要求人们看重你、欣赏你，这样只会让自己的心理越来越不平衡。

其实，只有通过不断学习和努力，才让自己在普普通通的沙粒中脱颖而出，即使是在千千万万相似的沙粒组成的沙滩上，也能够在最短的时间内被人认出。经过磨砺和沉淀的沙粒变成了珍珠；而经过不断学习和奋斗的人，身上也有了与众不同的光芒。先让自己变亮，你的世界才会因你的光亮而熠熠生辉。

朋友们，与其埋怨前途无光，不如努力让自己变亮。你说，对吗？

不惧前行，才能不给人生留遗憾

《山海经》里有夸父逐日的故事，赞颂的是夸父不惧前行、坚持不懈的精神。然而在现实生活中却有一个似夸父般的人，他就是克里夫·杨。克里夫·杨是澳大利亚人，在他的事迹广为人知的时候，他已经61岁了。

那是一场需要耐力的比赛，在澳大利亚举行。参赛人员几乎都是二十多岁的年轻人。比赛规则是：从悉尼到墨尔本，全程875公里的路程，需要参赛人员跑完全程。比赛时间是五天。跑的过程中，运动员可以进行能量的补充。比如，夜晚降临的时候，可以在指定的地点睡觉休息，也可以喝水吃东西补充能量。

当克里夫·杨出现在报名地点的时候，几乎所有人都惊呆了。一个已过花甲之年的老人竟然想来参加比赛。工作人员以他年纪太大、怕身体吃不消、路程太长等等理由试图委婉地拒绝这位老人，但克里夫·杨坚持自己能到达目的地。

当克里夫·杨出现在起点跑道的时候，不仅是经过专业训练的年轻运动员们，台上的观众也十分震惊。起初还以为他是工作人员，后来才知道他竟然也是参赛人员。当人们用各种不屑的眼光打量克里夫·杨时，他也没有让大家的猜测落空，因为从一开始起跑，克里夫·杨就被那些年轻的运动员轻松地超过了。克里夫·杨一个人慢慢地跑着，他的跑步姿势也很怪异，一看就没有接受过专业的训练。

人们都觉得："哦，也许这个老人家只是一时兴起罢了。"

克里夫·杨孤零零慢跑的背影在跑道上显得形单影只。但他从来就没有停下自己的脚步，尽管他的速度像一辆老旧的风车，但他仍然一直坚持跑着。当夜晚降临的时候，年轻的运动员躲进了帐篷里休息，他们会睡上六个小时来补充体力，以便明天继续比赛。但克里夫·杨却没有，漆黑的夜晚，他仍旧在慢吞吞地跑着。当清晨来临，他很快就被年轻的运动员超过了。然而第二个夜晚、第三个、第四个……克里夫·杨几乎没怎么合过眼，他的世界里只剩下了跑，尽管是非常慢的跑，但等到第五天清晨的第一缕阳光照进跑道时，克里夫·杨很轻松地就越过了终点线。

当记者采访他时，他只说："我坚信自己能跑完，这与年龄无关。"

克里夫·杨的事迹在运动界广为传颂，他的跑步方法也为很多长跑运动员所借鉴。而他的事迹也给我们留下了启示：无论自身条件有多么不被看好，但只要方向正确、不惧前行、坚持不懈，付出比别人更多的努力，你就会走向终点。

不惧前行是一种明知山有虎、偏向虎山行的执着，就像希腊神话里的阿喀琉斯，明明知道如果帮助阿加农攻打特洛伊，自己会一去不复返。但他依旧勇往直前，为了一个战士的千古留名，他选择为自己的荣誉而战。

在竞争激烈的当下，如果想要成功，就需要这种无所畏惧、坚持到底的精神。如果连想都不敢想，那么你自然也不敢去搏一把，这样你成功的概率将会低很多。

这个世上，其实不管是做什么事情，都具有一定的风险。因为未来是不可知的，充满了变数，谁也不知道下一刻会发生什么事。这个时候，成功属于敢于朝未来奔去、朝目标前进的人。而那些畏首畏尾的人，他们看到的是负面的结果，这样的结果是他们所恐惧的，这种恐惧使他们不敢前行，他们竭力逃避冒险，生怕猝不及防和失败正面相迎。可以说，在面对挑战时，你看到的是什么，你就会选择什么样的道路，最终，你的人生方向也会因此而确立起来。

鹰敢于翱翔九天，因此可以拥抱天空；凤凰敢于投身火海，因此可以涅槃重生；鲤鱼敢于翻越瀑布，因此可以化身为龙。这个世上，任何美好的蜕变都伴随着巨大的痛苦，但是在剧痛之后，你会品尝到蜕变后的喜悦。

据说鹰是可以拥有第二次生命的，当它们开始衰老的时候，如果想要重获新生，那么它们不得不将身上的羽毛一根根啄掉，好让新的羽毛长出来。到最后，它们的喙也会脱落，长出新的喙。这样一点一点地将过去舍弃，经过这拔毛敲喙的痛苦之后，它们将可以获得二十多年的生命。不管你想拥有的是什么，你都要做好付出的准备。如果什么都不想付出就想要收获，那不过是白日做梦。即便在某个时间段你没有付出就有收获了，但是在之前或者之后，你已经或是将以某种方式付出代价。

在面对"龙门"时，鲤鱼如果想的是粉身碎骨，那么它将没有勇气跳跃过去，只有那些坚信自己可以化龙的鲤鱼，才有勇气飞身向前。诚然，它们中的一些会失败，只有极其少数的鲤鱼会成功，但是那些拼搏到死的鲤鱼不会后悔，因为至少它们努力尝试过。如果不去试试，它们永远都不知道自己可不可以实现梦想。相较于那些只会留在水潭里做白日梦的鲤鱼，它们其实已经是英雄了。

凤凰在面对烈火时，如果心里想到的是焚身之痛，那么它们或许会退缩，何必去经历那样的痛苦呢，直接死亡也不是不可以，如果它们这样想，那么它们就只能作为一只衰老的凤凰平庸地死去。可是，如果它们心中想的是重生的喜悦，那么它们将不仅有勇气去面对焚身的酷刑，甚至连那份痛苦也可以忍受下来，因为它们知道，在经历过这一切之后，它们就可以脱胎换骨，成为真正的火凤。

而如果你看到的是成功以及成功带来的一切荣耀，那么为了实现这个梦，你会敢于冒险，敢于拼搏。梦想让你饱含热情和斗志，你的生命不会变成一潭死水，它和你一样，向前奔流不息着。

想要成功，就要不惧前行！要么像雄鹰一样直冲九霄，要么像鲤鱼一样高高一跃，要么像凤凰一样涅槃重生，这样才不会给人生留下遗憾。

第二章

努力到热泪盈眶，打现实一个耳光

我这么努力，只是为了不辜负自己

一次，坐公司刘总的车外出开会。奔驰s600宽敞大气，坐着很舒服。我随口说："刘总，你现在在北京有车有房，孩子也出国留学了，真是让人羡慕啊！"

刘总一边开车，一边聊起来："我都快50岁了，也都是熬出来的。我们这代人，没有你们读的书多，但是知道努力。想当初，没钱交房租时，还被赶出来过。刚来北京四五年的时候，也没混出个样子。当时都想放弃，回老家养羊算了。但是，当时心里憋着股劲儿，用一句现在时髦的话说，叫不想辜负自己。"

我点点头，窗外车水马龙，有很多年轻的面孔，有的快乐，有的忧愁，有的平静，有的浮夸。我们永远都不会知道他们背后的故事。

"刘总，给我讲讲你奋斗的故事呗。"看着刘总心情不错，我趁机说。

刘总一边开车，一边讲了起来："17岁时，我就跟着亲戚到沿海打工。因为是年初，坐车的人太多。十几个小时的火车，几乎都是站着。到了电子厂，简单登记过后，第二天就开始上班。因为是新手，什么都得从头开始学。80年代的电子厂还没有电扇，夏天的时候又特别热，现在想起来我都觉得热气腾腾的。那时候从早上8点开始上班，到晚上11点才下班，中间一个小时吃饭。甚至连上厕所都要严格限制时间，即使这样算下来，一个月的工资也只有五十多块。很多年轻人来了又走，走了又有新人进来，但我一直坚持着。我也有坚持不下去的时候，但只要想到家里的生活捉襟见肘，自己还有两个弟弟要读书，就凭着一股不服输的劲头扛了下来。这样的日子过了七八年，厂里的待遇倒是提高了，但工作仍然很辛苦。由于做事勤快，后来我当了分厂的厂长。"

"既然都做到厂长了，为什么还要离开呢？毕竟都在那个厂待了十几年，而且已经有丰富的经验了，你怎么又想到要到一个新的领域创业呢？"我好奇地问道。

"整整十八年。由于电脑的普及，厂子的效益越来越不行了。我就思虑着要自己创业了。虽然，那时候我在事业上已经有一些积累了，但我还是不甘心，想重头再来一次。"

"真是了不起！"我由衷地赞叹道。

"我们这一辈人，都吃过苦。现在回头一想，当年吃过的苦，才对得起今天的生活呀。"

听了刘总的话，我想起了自己刚来北京时的经历。

那时候，为了自己的梦想，我义无反顾地当了北漂。白天找工作，晚上住在地下室里。好不容易找到一个小公司，心里多少有些不满意，但想着带来的钱快用完了，先找个地方站住脚再说吧。

当时，我暗自思忖，自己最多干三个月就走人。环境太差了，公司刚装修，在楼道里都能闻到油漆的味道。可是时间长了，我却发现自己喜欢上这个地方了。因为有一次，要赶时间完成一份文案，我便早上提前一个小时来到公司。

我想，应该没有比我更早到的人吧。

可是，眼前的一切让自己的那一点点优越感烟消云散。

原来，在公司大厅的角落里，还有没有来得及收拾的被子和褥子。洗手间的门也关着，应该是晚上加班的人在里面洗漱。

看来，有人为了赶任务，索性住在公司里。其实，这个公司除了小点、环境差点，大家都很努力，也没有复杂的人际关系，反而做事的效率很高。

当时，部门经理开会的时候，常常这样说："物质条件虽然差点，但是不要紧，只要自己的努力能不辜负自己就行了。"我很赞同这句话。是啊，虽然人与人之间有颜值高与低之分，能力有大小之别，只要不辜负自己，就能问心无愧。

当然，因为个人原因，一年后我离开了那里。但是，我遇到困难的时候，常常想起那个地方。那是我进入社会的第一站，也是一个让我储备了很多能量的地方。

一粒不起眼的种子，只有拒绝泥土的温暖，才能破土而出，长成一棵参天大树；一条涓涓细流，只有挣脱大山的呵护，才能奔向大海。朋友们，做一朵顽强的梅花吧，它并不奢求主人将其放到温室，只是独自在墙角暗吐芬芳；做一束生长在险峻峭壁上的石竹吧，虽然条件清苦，但它并不自怨自艾，努力生长。只有努力过，就不会辜负自己。

你穷得只剩下才华了，却还岿然不动

二十出头的时候，结束了大学的温室生活，将要踏入这个社会，身边的一切好像都不是那么顺利。面对同学的离别，面对上司的苛责，面对突如其来的生活压力……忽然觉得自己一无所有。羡慕别人的成功，却总是迈不开腿。

你穷得只剩下才华了，却还岿然不动。

大概知难而退、畏惧困难是大部分年轻人的共性。害怕受伤害，在困难尚未来临时就已经在心里打起了退堂鼓，其根本原因是总觉得一旦遭遇挫折，必定会失去些什么。"失败"两个字的分量太重，对于年轻人来说沉如泰山，一旦压在身上仿佛无处可逃。

可是，尚且年轻的我们，即便失败了，又能失去什么？

你没有配偶和子女，你在外奔波时了无牵挂。你不会担心异地工作，更不会担心因为工作占据太多陪伴爱人和子女的时间。你还是那个你。你一无所有，只剩才华，所以你无所牵挂。

你并不是万贯家财，富甲一方。你全力以赴和无所顾忌地去闯啊、去拼啊，不会因为决策的失误导致你一贫如洗、一穷二白。你还是那个你。

你一无所有，只剩才华，所以你无所顾忌。

你并不是名声在外，如雷贯耳。倘若你在外闯荡，绝不会因为一时的失误而名声扫地。你还是那个你。你一无所有，只剩才华，所以你无所畏惧。

只剩才华的你，有什么理由还不行动呢？即便是撞得头破血流，你也失去不了什么。

张伯伯家里的孩子聪聪，从小就被大人夸赞聪明灵气，一双黑溜溜的大眼睛，加上两个梨涡，让人看了就心生欢喜。每次聚会，大人都会抱抱聪聪，嘴里都说着："要是将来自己的孩子也这么可爱就有福气啦。"张伯伯打小就给他报了艺术班，诸如萨克斯、小提琴、钢琴等等，这男孩也真有艺术天赋，从小到大获得了大大小小各种奖项，家里堆满了他获得的各种奖杯、奖状。每次有其他朋友去张伯伯家，大家从夸小孩子漂亮变成了夸小孩子有才华，说将来长大了肯定是个有造诣的艺术家。每每被其他人夸赞，张伯伯心里都觉得满足和安慰。毕竟与同龄的孩子相比，自家的儿子要优秀太多。

后来因为工作的原因，我在北京扎下根来，工作太忙碌，平时很少回老家。去年过年回家，自然要去给张伯伯拜年。看到聪聪的时候，我已经快要认不出来了。他已经长成了大小伙子，却双目无神，见到客人时不咸不淡地招呼一声后就低着头在那儿玩手机，跟小时候的感觉完全不一样。

吃完饭，聪聪自己回屋去上网了。张伯伯向我发起了牢骚，说聪聪这都二十好几了，还在家吃吃喝喝，也不找工作。

我不解地问："聪聪不是钢琴都过了十级吗？"

"钢琴就算过了十级又如何？他是有艺术方面的天赋，一首钢琴曲子学几遍就会了。可是，人不上进的话，一堆奖状都是废纸。打小朋友们就夸这孩子漂亮又聪明，可现在真的是我让操碎了心！"

"张伯伯，聪聪要是不愿意上班，自己试着创业也行呀。"我建议道。

"大学毕业后，我给他找了个音乐老师的工作，可他说学生太调皮，去一个学期就不肯再去上课了。后来，我们凑钱给他开了个钢琴培训班，可他觉得赚钱太慢，不肯慢慢培育市场，培训班开了半年就关门大吉了。现在呢，就待在家里啃老。我稍微说几句，他就跟我急，说他这么有才华的人，肯定会有成功的一天，只是现在运气差了一点而已……"

听到张伯伯这么说，我突然间觉得心酸。小的时候，儿子就是他的骄傲，逢人便说儿子有多么优秀、多么机灵，可现在别人要是问起聪聪在哪儿高就，张伯伯都不好意思回答。可想而知他的心里有多么难受。或许他从未想过有一日，自己的孩子会变成如今这般模样，空有了这一身的才华。

再有才华，也要展现出来。否则，你的才华只能是看不见也摸不着的东西。拥有才华的你，倘若奋勇向前，为自己的人生做点什么，你才会与别人有真正意义上的不同。人生掌握在自己手里，一手好牌打赢了不足为奇，一手烂牌打赢了是逆袭，可倘若你拿了一手好牌却被打烂，那就太可惜了。

你要明白，你有才华，但不是才华成全了你的人生，而是你让才华成全了你的人生！

不能再岿然不动了，双手插在口袋里面，你永远也攀不上成功的梯子。

当你和别人谈论梦想时，别人都在干什么

人生中最美好的东西是什么？我想大概是梦想吧。如果可以一直沉浸在美梦中，那么应该有不少人愿意一辈子都不要醒来。可梦终究是有醒的那一天的。在梦中走遍了千山万水，享尽了荣华富贵，一觉醒来，还是入梦前的一切。梦有多美，沉睡了就可以看见，那梦又有多远呢？这需要你醒来，一步一步用脚去丈量。

有梦想当然是好事。可是，梦想面前有两种不同的人。一种人热衷谈论，却少行动；一种人，为了实现梦想，抓紧时间，立即行动，忙得都没有时间去谈论梦想。

微信朋友圈里有这么一群人，他们日日分享心灵鸡汤，分享那些积极向上的动态，当你见到他们时，他们满口谈论的都是梦想、未来。但实际上，从没见过他们为梦想做过什么努力。这样的人，你跟他接触多了就会发现那些所谓的梦想和未来，不过是他自己造的梦。真正有能力的人，都是实干型的。而往往那些可以成功的人，做的永远比说的多。

不知道从什么时候起，我们也变成了朋友圈里的这一类人。

看到激励人心的段子，动动手指分享到朋友圈。听了一个振奋人心的

故事，于是就在下次社交活动里以激励者的身份给大家打一针鸡血。看了一场类似于《阿甘正传》这样的电影，转身就跟朋友说自己也要像阿甘一样。好像诸如此类的事情一件一件发生，自己说过的空口言也越来越多。那些分享到朋友圈的心灵鸡汤慢慢被别的分享给顶不见了，振奋人心的故事也只在那么一刻让自己亢奋，看完了的电影过了就过了，偶有朋友提到，自己也不过是回应一句："那个电影我看过！"然后该干吗就干吗去了。这是你想要的人生吗？

梦想的实现全在于你让它的真实性有多大，当一个梦想的真实性百分之百时，也就到了这个梦想被实现的时刻。只会高谈梦想的人，他的梦想就只能是梦想而已。梦想被实现的人，都是实干型的人。

小千是个活泼阳光的姑娘，说风就是雨，因为甜美的外形加上活泼的性格，同事们都很喜欢她。

去年夏天的一天，小千在办公室跟同事说道："昨天逛街，真是把人热昏了，感觉我和烤肉之间只差一把孜然粉了。这么热的天，我们下班了去游泳吧，多凉快呀！"办公室的其他姑娘也都附和，说一起报个游泳班，除了学习技能也能锻炼身体保持身材。说到这儿大家私下就开始筹划这事了。

随后周五的例会上，老板分享了一部有关销售的书籍，会议上简单扼要地提了几个书中的案例，让在场的同事们无一不感叹。会议结束后，小千在茶水间说："我们应该多看看这类型的书，对于提升技能有莫大的帮助。要不我们约着每周去泡图书馆吧！"其他的如她一般入行不久的妹子也都附和着，说要一起，这样可以互相学习进步。

那个月临近月底的时候，KPI完成得都不理想，大家都整日泡在公司，就是休息时也都在公司加班。吃在公司睡在公司。老板心疼员工，经常给同事买下午茶，晚饭过后还叫消夜。时间久了，有些女生居然发现自己好像胖了一些，对于晚餐和消夜就有些拒绝。小千说："欸，我说姐妹们，要不接下来的两周我们晚上就别吃晚饭了，再这么胖下去可就找不到男朋友了。"

时间一天天过着，一年过去了。夏天又来了，感觉比去年还要热。小千这次又说道："我们要不去报个游泳班吧！"然而这次却没有人再回应她。原来去年那些说要学游泳的姑娘早已学会了游泳，原本一起的小千每周却因为各种各样的原因而缺席，慢慢地大家也就不再叫她。

老板照例在周会上分享一些书，沟通中大家都能说上些东西，小千却发现自己好像也没什么谈资可以拿出来说。原来早前相约去泡图书馆的活动，大家不忙时都会去泡一段时间，即便不是每周，但或多或少也都坚持下来了，独独缺了小千。

甚至体重，小千也发现，办公室大部分姑娘都纤细苗条，可自己好像正在朝一个不健康的方向发展。

小千的例子看似和梦想不相关，但是实际上她的所作所为反映了一个问题，那就是那些从小千嘴巴里说出来的话，别人赞同且认可的事，小千都没能去实现，而其他人都实现了。这些日常的小事，在小千的世界里都变成了空口言，都变成了无法实现的事，更何况梦想呢？自己想要去做的那些小事，都会因为各种各样的原因而被搁浅，梦想的实现就更加谈不上了。梦想绝不是一两句话就能实现的。一个不能控制自己行为的人，如何控制自己的梦想的走向？

梦想的实现，需要绝对的执行力和毅力。当我们说起一件事，定下一个目标，那就绝对不能只是说说而已。一旦说了，一旦定下了，那必然是全力以赴、赴汤蹈火朝着那个目标奔跑，不达目标誓不罢休。只有有了这种觉悟和信心，你离实现梦想才会更进一步。

我们身边有太多太多把梦想挂在嘴边的人，他们谈人生、谈理想，在你面前一副高高在上的样子，可私底下他们会因为这样那样的原因给自己找借口，一再拖延。面对他们，你笑笑就好。做好自己的事，看清脚下的路，绝不要成为他们当中的一员。

当你和别人谈梦想时，别人却在埋头苦干，那是因为梦想的高贵在于即便不被提起，也能熠熠生辉。

这个世界就是这样。有的人天天谈论梦想，却总是一事无成；有的人默默努力，哪有时间去讨论梦想。常言说得好，心动不如行动。再美好的梦想如果没有实际行动，只是一纸空文。而梦想成真的美好愿望，并不像一句拜年的话那么简单。

这是一个可以睁眼看世界的时代，可是有人那么努力，你却假装没有看见；这是一个说得太多的时代，如果不想后悔，就马上行动吧！

不在于你能不能，而在于你肯不肯

六年前，我在一家传媒公司任职，主管策划部，也兼管人事部。小孟是公司新招聘的人事助理，便分配在了我手下。小姑娘大大咧咧，新来的第一天非但不惧生，倒是跟办公室的同事都混熟了。青春靓丽的外貌，加上外向的性格，也给我留下了不错的初见印象。

她来的那阵子，公司正面临绩效体系重建和薪酬体系调整，一时间大家都忙得晕头转向。我想，现在有个帮手，可以减少一点压力了。然而没想到的是，给人印象良好的小孟，在工作上却让我大跌眼镜。

一份简单的公司工作人员绩效占比统计，对科班出身的小孟来说，不算难度特别大的工作。可是当作好的统计交到我这里来的时候，上面出现的错误让我有些不敢相信。

我用邮件说明了这一问题，想着她刚来不久，需要时间适应，同时叮嘱她做事要细心。后来的两个多月时间里，我一直在观察小孟的工作状态，觉得她太粗心大意了。或者说，对于人事部门来说，这样的员工并不适合。

小孟性格外向，人际关系处理得游刃有余，很多同事跟她私交也不错，时常三两约着下班后逛街吃饭。但是在工作方面，她屡屡出错，简单的工资报表总是会有这样或者那样的错误出现，提醒过很多次，仍然没有得到改善。

我觉得有必要跟小孟沟通一下，看她能否调动一下岗位，去销售部工作。一次，午休时我便提出了自己的想法，可是小孟摇头说："经理，我觉得我不能去销售部工作，我大学学的人力资源管理，做人事工作跟我的专业正好对口。虽然我平时有些粗心大意，但是这些以后我都可以慢慢改正！"

"为什么你觉得你不能去销售部工作？"

"销售工作太累了，那是男人做的事情，女孩子还是在办公室上班比较稳妥。销售工作也太难了，每天与人打交道，嘴巴说干了都不见得能够成单。况且，我家里人也是这么想的。"

"事实上也有不少的女孩子会选择做销售工作，虽然很辛苦，但是薪酬相对来说会更高一些。再一个，你的表达能力和社交能力都很不错，我觉得你可以试试！"

小孟不接话，从表情上来看好像并没有妥协。

我无法再委婉沟通，冷声说道："你来的这三个月，我已经给了足够多的时间让你成长和改正，但事实是，你虽然想努力把工作做好，可结果却不尽如人意。你如果继续在人事部待下去，不光是在浪费你自己的时间，也是在浪费整个部门所有员工的时间！"

小孟眼里泛着泪光，沉默地离去了。

望着小孟离开的背影，我觉得她心里还是有疙瘩。晚上，我给她发了一条短信，讲了这样一个故事：

有人做了这样一个实验。工作人员用一块玻璃把鱼缸隔成了两半，一半放进了一条大鱼，另一半则放进很多小鱼。接下来几天，不给大鱼喂食。大鱼看到了小鱼后，直接朝着小鱼游去，但被中间的玻璃挡了回来。次数多了，大鱼便不再朝小鱼游过去了。

不久，工作人员把中间的玻璃拿开了，可是大鱼看着眼前游动的小鱼，依然无动于衷。即使饿得没有力气了，它也没有一点吃掉小鱼的欲望。

小孟，你心里有块玻璃。当你打碎这块玻璃的时候，就是你走向成功的时候。

三天后，我接到了小孟的调岗申请，当时我毫不犹豫就签了字。事实上，小孟的离开对于整个人事部来说功大于过，她能服从调配正合我意。

故事到这里并没有结束。接下来发生的事情，让我对这个姑娘的看法有了翻天覆地的改观。

我再一次见到小孟是在她调岗之后的第六个月，在公司的年会上。她穿着销售员的黑色套装，一头长发此时此刻也变成了干练的短发，她踩着细跟的高跟鞋，在主持人的颁奖词中优雅沉稳地朝颁奖台走去。她居然是整个公司的销冠！只用了6个月的时间，她就把业绩做到了全公司第一。

整个部门的人看到小孟时简直不敢相信，颁奖台上的那个姑娘还是之前认识的小孟吗？现在的她整个人散发着一种难以言说的气质，给人一种沉着、自信的感觉。

小孟的致谢词里不光提到了现在的领导，更是隐晦地表达了之前在人事部的工作经历，并对上司的提携表示感谢，最后的结束语也让我印象深刻，她说："能做，做得好，并不会令人惊艳；但不能做，肯做，却能令人由衷地欣赏和佩服！我曾经并不认为我能做一个好的销售，甚至对这类性质的工作表示抗拒。可当我接触到这份工作之后，我才意识到，任何事情从来都不在于你能不能，而在于你肯不肯！只要你肯做，没有难事！"

她的发言激励了销售部的同事们，大家都报以热烈的掌声和钦佩的眼神。这个年轻的小姑娘，用简单的话语道出了人生的真谛。

用餐期间，小孟来我们这桌敬酒，一帮同事看到如今的小孟都有些不敢相信，或者更多的是无法抑制看到她的成功给自己带来的冲击。大家都殷勤地与她碰杯，表示祝贺。

"经理，我要特别感谢你！如果当初不是你劝我去销售部，也就不会有今天的我！"小孟对我说道。

"这是你自己为自己争了一口气！就像你说的，任何事，不在于你能不能，而在于你肯不肯！小孟，今天的你，让我刮目相看！"我由衷地说道。

看着脸颊绯红的小孟，我不由想到刚毕业时的自己。那时候的自己也是惧怕那些自己不能做的事情，害怕无法胜任，害怕做不好！可现在，一路风雨走下来，才悟出人生的真谛。譬如成功，不在于你坚持了多久，而在于你是否能继续坚持。而人生的成长、目标的把握、梦想的实现，从来都不在于你能不能，而在于你肯不肯！

你拥有一笔无上财富，自己却还不知道

　　人生最大的财富是什么，有人说是金钱，有人说是健康，有人说是爱情，其实人生最大的财富是青春。如果说人生是五彩缤纷的，那么青春是其中最绚丽的一笔。青春是上天给我们的一笔最大的财富。

　　有这样一个故事：

　　有一条路，摆在眼前。父亲拦着他："那条路走不得。"

　　"我不信。"他说。

　　"我就是从那条路走过来的，你为什么不信？"

　　"你能走，我为什么不能走？"他问。

　　"孩子，我怕你会摔倒。"

　　"但是我喜欢。"他倔强地说。

　　父亲心疼地看着他："好吧，孩子，但是那条路很难走，一路小心。"

　　他告别父亲独自上路。果然如父亲所言，那真是一条难走的路，他碰过壁，摔倒过，有时候还碰得头破血流。

　　他哭了。

一位长者站在路口，好心地问道："孩子，你怎么啦？"

他说："我走了一条难走的路，我想回去。"

长者说："你觉得你走不出去吗？"

他说："是啊，我现在一无所有，伤痕累累，我拿什么走出去？"

长者哈哈一笑："傻孩子，你不用怕，当年我也和你一样，走到这里觉得走不下去了。你不是一无所有，你还有一件最宝贵的东西呀。"

他说："那是什么？"

长者说："就是年轻呀，你这么年轻，摔几个跟头，有什么好可怕的。不信你再往前走试试看。"

他照着长者说的，咬牙继续上路了。一路上，他再也没去想别的，只想着长者的话："是啊，我还年轻，我不怕。"说也奇怪，他越不怕，前方的路也越走越开阔，身上的伤也慢慢好了起来。

终于，他前面的路越走越宽，当走到一条笔直的大道时，他真的不敢相信自己的眼睛。他暗暗为自己喝彩，是啊，这世上还有什么比年轻更美好的呢，他真想对父亲说："我真棒！年轻真好！"

看完这个故事，是不是觉得很熟悉？其实，这个故事中的他，也是我们自己，也是很多年轻人。

记得小学学过一篇课文，叫《小马过河》。其实，每个年轻人都是小马，总有不同的人建议你过河，或者反对你过河。那是他们的经验，只有自己走过，才知道这条河自己能不能过去。但是，有一条路每个人都非走不可，那就是年轻时候走的弯路，不摔跟头，不碰壁，怎能炼出钢筋铁骨？每个人都希望自己拥有优秀的条件，可是却忘记了一件事，你拥有的青春年华和梦想就是最好的条件。

年轻的心是透明的，是清澈的；年轻的心不怕失败，年轻的时候我们敢爱敢恨，不计较得失。很多刚刚步入社会的年轻人很困惑迷茫，面对残酷的竞争，不知道自己有什么优势，看到社会上的成功人士，总觉得自己一无所有，遇到一点困难挫折就一蹶不振。

时光荏苒，又到一年毕业季，这是收获的季节，也是道别的季节。夜晚，我轻轻翻开同学录，一张张熟悉的容颜已经模糊，以为早已丢掉的那张纸条，却夹在页内里。最后一个夏天叫离别，离别了熟悉的学校、心爱的同学老师，再见已是大涯海角。

我们怀揣着梦想，终将走向社会和职场，找工作的艰难是每一位毕业生都要面对的人生的第一道坎。记得刚毕业找工作时，每次都被招聘上要求有工作经验这一条难倒。一次次投简历，一次次面试，一次次打击，自信一点点被磨光，心中的理想在一天天离自己远去。这个时候，快要绝望了。

一次，碰到一位事业有成的学长，我向他大吐苦水，感叹现实残酷，自己不知道拿什么在这场竞争中胜出。学长劝我，要放下心中的包袱，不要抱怨。他当年也是这样，我问他是怎么过来的，他说："像我们这个年龄要说工作经验，是不能跟那些在职场中打拼好多年的人比，可是我们也有我们的优势呀，我们还年轻，所谓初生牛犊不怕虎，我们有的是热情，有的是时间，我想通了这一点，就努力调整心态，下次去应聘的时候，人家再问我工作经验，我就告诉对方，工作经验是做出来的，在这一点上我确实不够，但我相信如果给我机会，我一定能好好干出成绩来。几次下来，我的胆子也大，再没像以前那样紧张，终于我的诚心打动了招聘人员，我获得了自己的机会。我知道这个机会来之不易，努力工作，过了试用期，终于被这家公司正式录用。

听了学长的话，我恍然大悟，其实是自己心中胆怯，总害怕别人说自己没经验、不成熟，从此心中放下这些杂念，不怕被拒绝，不怕被轻视，做到真诚坦率，以诚待人，该说的说，不该说的不说，尤其是在那些有经验的人面前，不要瞎装，尽量表现得自然大方得体。

我打起精神，硬着头皮冲了出去，路上我对自己说："没什么可怕的，不就是去面试吗？"我一次一次地努力，在锲而不舍的坚持下，我终于等来了机会。

有朋友问我你是用什么技巧和方法和他们沟通的，说实话，我没有像别人那样耍聪明，我唯一能做的就是无所畏惧，坦诚直接。

年轻其实就是资本，是一种能让人依赖的资本。梦想就是动力，是一种发自内心的强大驱动力。在社会上摸爬滚打了很多年后，可能再也没有了当初的纯真，再也不会轻易相信别人。而我本来就一无所有，我们有的恰恰是宝贵的纯真和旺盛的激情。

记得有人说过这样的话："一个有梦想的人，50岁了还像20岁。反而，一个20岁的人，如果没有梦想，那么他就像50岁的人。"在最敢做梦的年纪去做梦，在最无所畏惧的年纪勇往直前。年轻就是我们拥有的无上财富，我们有什么理由不去好好珍惜呢？

青春无敌，带着梦想上路！

活出别人不敢活的样子

　　一座美丽的花园里有一棵小橡树。有一天，她旁边的苹果树开了花，结出又红又大的苹果，大家在苹果树下，啧啧称赞："这真是了不起呀，多大的苹果！"大家围着苹果树唱歌跳舞。小橡树看看自己，矮小的身躯，黝黑的树干，她想："哼，我要证明给你们看，我也要开花结果。"等呀等呀，她拼命努力着，可还是没结出又大又红的苹果来。

　　她旁边的玫瑰说："苹果有什么好，你看我们玫瑰多美呀！"确实，大家都陶醉在玫瑰的芳香里，赞不绝口。

　　小橡树孤独地站在那里，泪水顺着她的黝黑的躯干流了下来。

　　寒来暑往，小橡树还是默默地挺立着，慢慢地，她觉得自己越来越高、越来越壮了。她听见一个声音在说："你是小橡树呀，你应该长成一棵大橡树。"她长呀长呀，终于有一天，她长成了一棵大树，可她想这有什么用呢。比起苹果树和玫瑰花来，一点都不好看呀。

　　地上爬过来一只小蜗牛，快乐地唱着歌，橡树问她："蜗牛，你为什么天天那么快乐呀？我们都是一样的可怜人，没人理我们。"

　　蜗牛说："我一点都不觉得自己可怜呀，我很快乐，我就是这样的，你别整天想着变成苹果呀、玫瑰呀，你就是你自己，要活出自己来，你应该长成一棵挺拔的大橡树，给鸟儿栖息，给游人遮阴。"

小橡树听了蜗牛的话，顿时觉得自己浑身充满了力量，她想："从今天开始我要努力做我自己，我要活出别人不敢活的样子。"她再也不东想西想了，一门心思地往高处长，最后果然如蜗牛所说，当她长成了一棵参天大树时，越来越多的人在树下栖息游玩。

活出别人不敢活的样子，要活得与众不同需要多少大的勇气！溪流没有因自己的渺小而自卑，一路唱着欢快的歌儿汇入大海的怀抱；雪松不必为没有袅娜的身姿而伤心，寒风中依然傲然挺立！是的，只因它们知道自己成长的使命，活出自己，活出别人不敢活的样子。

在家人的眼里，她从小就是一个文静细心的孩子，家里人希望她学会计专业，将来做一名会计，安稳踏实，再成个家，安安稳稳地过一辈子。可她偏偏受不了那些枯燥的报表数字，一看到就头疼。她心里一直有个梦想，她迷恋广播，那是一个神奇的世界。她梦想着能做一个电台主持人。

毕业后她被分配到家乡的铁路局工作，这在当时可是多少人想进的单位，她工作了一段时间，每天跟枯燥的数字打交道，让她心里越来越苦闷。一天，她看到一家电台在招聘，她毅然辞去工作，前去应聘。她下定决心要离开家乡，要过另一种生活。

所有人都觉得她疯了，放着安稳舒适的工作不要，这不是自找苦吃吗？同学们也不理解她，慢慢地大家都不理她了。不过，过五关斩六将，她终于得到这个工作。她把所有的精力都投入到工作中，不管多苦多累，只要听到广播里的声音，她的心就能安静下来，那是她全部的梦想。几年后她创办了一档自己的节目，大受欢迎。在那个陌生的城市，一个年轻的女孩子，忍受着孤独寂寞，每个夜晚她都用真诚的声音陪伴着听众。她那温柔的声音越来越被人们熟悉。

多年以后，这个女孩成为一位著名的新闻栏目主持人。面对镜头，她用平静的口吻讲述着这段往事，她说："我从小就是个和别人不一样的女孩子，我知道自己不会像大多数人那样，过大多数人想过的安稳生活。"记者问她："这些年，你最难的是什么？"她回答："最难的是你身边的人都用怪异的眼神看着你的时候，他们每天都在你耳边说，你太不现实了，快回来吧。"

作为一名她的忠实观众，她的每期节目我都看过，看到她在镜头前的讲述，我不禁震惊，这需要多大的勇气，得承受多大的心理压力。她的话久久在我脑海里回响。

有人说这世上优秀的人都是孤独的，他们敢于走出一条别人不敢走的路，哪怕路上荆棘满布，哪怕前行中伤痕累累也永不放弃。他们能活出自己的精彩，如风般洒脱，如火般热烈，如花般绚丽。

活出别人不敢活的样子，是一种勇气，更是一种优雅和高贵，那是宠辱不惊的心态，是闲看庭前花开花落、漫观天上云卷云舒的气度。

请爱上每天努力一点点的自己

曾为公司的新人讲过一个寓言故事：

有一座小山，它想看看外面的世界，可是自己实在是太矮小了，就像是地面上隆起的一个小山包。于是，它只能努力地长高。它忍受着地壳压力的痛苦，骨骼被压得咯咯作响，痛得喘不过气来。

可它从没有放弃，一点一点地拼命向上长。哪怕一年只有几厘米。因为它知道自己不能放弃，否则就永远只是别人脚下的一个小山包，永远也看不到外面的世界了。

它一直默默忍受着孤独，从来都没有人为它的努力而喝彩。但它在心底，为自己每一米的成长而加油。

起初它只是想看到外面的世界，经过几亿年的努力，它做到了。但它又发现，虽然自己比以前高了不少，但和其他的高山比起来，根本不算什么。于是，它又有了新的梦想，要成为世界上最高的山峰！它继续忍受着痛苦与寂寞，默默地向上长着。终于有一天，它发现，整个世界都在自己脚下了，它成了世界上最高的山峰！

我们都知道，它是珠穆朗玛峰。

每年有不计其数的登山人来到它脚下，仰望着那高耸入云的山峰，他们心中只有一个目标，像它一样不断攀登，一点一点，终于到达山顶！

山如此，人也如此。人生就是一次永无止境的攀登。只有那些不断努力、不断向上生长的人才能到达成功的彼岸。

他从父亲手里接过行李，看着父亲苍老黝黑的脸庞，说："爸，您回去吧。后面的路我自己会走。"父亲把行李交到他手里，从口袋里掏出一沓皱巴巴的钞票，塞到他手里。他把钱还给父亲说："不用了，我还有钱。您回去吧，母亲还在家里要您照顾呢。我自己走了。"

他头也不回地走了出去，看着他的背影消失在远方，父亲叹了一口气。他背着简单的行李走进了一个他向往的大学，那是一个他完全陌生的地方。他把学费交了，数了数手里所剩不多的钱，想家里为他上大学已经借了不少钱，他不能再让家里人操心了。

到了月底，他手里的钱剩下的已经不多了。一天，下起了大雨，寝室里的同学不想出去，让他帮忙去打饭，回来后，那位同学又拿出一点钱谢谢他，他谢绝了。他找来一张纸，在上面写了一则广告，以后有同学需要跑腿的事务，比如帮人打饭、买东西之类的事他都可以代劳，还写上了自己的名字和手机号码。他用省下的零花钱买了一部手机。

过了几天，他的手机响了，他的第一笔业务是帮一位男生买东西，他要考研，不想耽误时间。他很快跑了出去，不一会儿，他把东西递到那位同学手里，他拿到了第一笔报酬。

一天，下起了大雨，一位女同学被困在寝室里，给他打了电话，他一头冲进雨中，当他把热气腾腾的饭盒交到她手里时，他身上被淋得湿透了，雨水和汗水顺着他的脸庞流了下来。女同学感动了，拿来毛巾，又倒了一杯水，他笑着又消失在大雨中。

　　慢慢地，找他的人越来越多，他的业务从帮别人打饭、买东西渐渐地扩大了。他的诚信和快捷的服务赢得了越来越多的"客户"。一个月下来，他不仅解决了自己的日常开销，还有些盈余。他给家里写了一封信，告诉家里自己一切都好，叫父亲不要为他操心，还寄了一笔钱回去。

　　就这样，一天一天，他一边努力学习，一边做着自己的业务。因为学习成绩优秀，他又获得了奖学金。随着业务的扩大，他想能不能再做点别的。他找来几个同学，大家商量着成立一个服务咨询部，不仅为同学们跑腿送快递，可以帮那些要考研的同学代买资料。有同学找到他们，家里亲戚孩子学习上要辅导，他们又做家教。他把服务部分成了几个部门，各自分工，在大家的努力下，服务部的业务越来越多。他每天都忙得不可开交，学习之余，他依然还是像风一样奔跑着，一天一天，他不断努力着。

　　说起这段经历，他笑着说："我是大山里长大的，父母没有给我显赫的家庭背景、优越的家庭条件，可他们给了我一双'飞毛腿'，我们家乡有句老话，没有伞的孩子要跑得快些。小的时候，我问山的那边是什么。父亲说你要跑出去才能看到，我问那要跑多长时间呀。父亲说你只要每天跑一点，每天跑一点，一定能跑出去。我就是这样用双脚跑出大山的。"

　　这个故事中的他，如今是我们公司的一个老客户。

　　有一次，他问我："为何你选择让我来代理你们公司的业务？"

　　我平静地说："因为，你是一个有故事的人，自然是一个有责任心的人。我想，每个努力的人都是值得信任的。"我想起了家乡的一种毛竹，它生长得非常缓慢，刚开始两年，它只能长几毫米，可过了两年后，毛竹就以每年几米的速度快速生长，直到长成一根挺拔的翠竹。人也像这竹子一样，有多少人熬不过那头两年，但是总有另一些人永不放弃，每天长一点，每天长一点，终于拔地而起。

正如李宗盛所说：时过境迁，终于明白，人一生中每一个经历过的城市都是相通的，每一个努力过的脚印都是相连的，它一步步带我走到今天，成就今天的我。

请爱每天努力一点点的自己吧，每天努力一点点就离自己的梦想更近一点，每一天的努力都是在成就更好的自己！

你是拥有无限的未来，可是也得创造收获的机会

在大学课堂上，一位学生向教授请教如何才能成功。教授没有立即回答，而是说明天再来探讨这个问题。第二天上课时，教授走向讲台，拿出一个瓶子放在桌子上，瓶子的底部向着有光的地方。瓶口敞开，然后放进去几只蜜蜂，只见蜜蜂在瓶子内朝着光亮的地飞去，结果都只是在瓶壁上乱撞，经过几次后，它们发现自己无论如何也无法飞出去。

教授把蜜蜂倒出来，放进去几只苍蝇，刚开始它们也是朝着光亮的地方飞去，发现飞不出去后，有几只苍蝇开始向上或向下飞，不一会儿，几只苍蝇终于飞了出去。

睿智的教授用这个简单的实验告诉了大家成功是什么，成功就是勇于尝试，蜜蜂只知道朝一个方向飞，而苍蝇却学会了向着不同的方向尝试，哪怕经历失败也不放弃。

他只是一个普通的工人，每天为了生计辛勤工作。因为收入微薄，买不起房子，他只好租房子。一次搬家的时候，他不小心把一只瓷器碰到地上，摔成了碎片。这可是他们家祖传的家当，他看着地上的瓷器，懊恼不已。

妻子也责备他不小心，准备把它打扫干净，他想能不能把它重新拼凑起来呢，他把碎片捡起来，耐心地一片一片地黏合，发现还能恢复原样，就是不够牢固，用肉眼能看出裂缝。妻子说，算了，这破玩意儿能有什么用啊？扔了吧。他心疼舍不得。过了几天，他想能不能试着用黏合剂呢。他跑遍全城，终于找到一种黏合剂，可是粘上去后，天气一热就不行了，而且颜色和瓷器又不般配。连着几天，他心里就惦记着这件事，想着能不能有别的办法。

他决定自己动手，试制出一种能耐热抗压的黏合剂。他先后选择了无数种材料，不停地试验，一年后，他终于成功地研制出一种黏合剂。他用自己研制的黏合剂把瓷器粘上，这次不仅用肉眼无法看出裂缝，而且非常牢固，无论用水泼还是拿到太阳下晒，瓷器都完好如初。

一天，他的邻居到他家里来借东西，看到这件精美的瓷器，赞不绝口，当他听说这是用黏合剂粘上的，更是觉得不可思议。正好邻居家的玻璃裂了一个缝，他想能不能用这种黏合剂粘上。他用黏合剂试着把玻璃粘上去，邻居惊奇地发现裂痕全无，光洁如新。这太神奇了，大家都惊奇地赞叹。

于是，他主动帮朋友和邻居黏合各种物品，他发现这种黏合剂的用途越来越广，不仅是日常生活中的必备品，而且很多企业也需要。他找到一家企业，当场演示了一遍，那个老板立即拍板决定购买这种技术。

随着市场的发展，他又申请了专利，筹措资金，联系一家专门生产黏合剂的厂家，跟他们合作，生产的第一批黏合剂，一投放市场，就大受欢迎。不少经销商和企业纷纷和他签订合同，取得了非常可观的经济效益。

他再次尝试对黏合剂进行技术改良，不断对配方精益求精，推陈出新，使它的性能不断完善，他的产品迅速占领了市场。

一个普通的工人，只是因为想尝试着把一个破裂的瓷器重新黏合，却因为他不断地尝试，不断地想办法，取得了巨大的成功，为自己打开了财富之门。成就人生新的高度。

人生其实充满无限可能与机会，可是你要敢于尝试才行啊，勇于尝试才是开启成功大门的钥匙，好运就在尝试中。

尝试中会遇到种种问题和困难，甚至是挫折失败，有人经历了几次后就放弃了，有人却一直坚持了下来，如同困在瓶子里的苍蝇，当它尝试着从不同的方向和角度飞时，哪怕被撞得头破血流也毫不在乎，这不仅是勇气，更是一种智慧。也许你经过几番努力，最后还是不能成功，但在这个过程中你一定会得到经验教训，只要你不停下尝试的脚步，成功的大门就会向你敞开。

成功和失败有时真的就是一念之差，失败者总会想："算了，还是别拿鸡蛋去碰石头了，没用的。"而那些成功者却想："为什么不去碰一下呢？我就是要去试一下，不试我怎么知道行不行？"

条条大路通罗马，人生道路从来就不是一马平川，哪怕前方遍布荆棘也要勇敢前行，所谓成功只不过是爬起来比倒下去多一次，不愿迈出那可贵而艰难的一步，就不会有光明的前途。

每个人都拥有无限的未来，可是你要去创造收获的机会呀，机会就在你自己手里，大胆尝试，就是给自己无限的可能。不要以为机会就像一个到你家里来的客人，在你门前敲门，你只要把门打开就行。恰恰相反，机会是捉摸不定的，谁也不知道它什么时候会降临，它无影无形，无声无息，只有那些时刻准备着并不断尝试努力的人，才能找到这把打开机会之门的钥匙。机会从来不会自动来找你，只有人去找机会。尝试去寻找机会的人就像一个灵敏的猎人，永远不放弃任何一个机会，最终他们才能成功地捕到猎物。

从今天开始，努力创造收获的机会，做自己命运的主人，做生活的强者！我深信这样一句话：不在春天撒出一粒种子，又怎能拥有金色的秋天？

第三章

熬不过去是苟且，熬过去了是远方

人生有目标，青春不迷茫

古罗马哲学家塞涅卡曾经这样说过："有人活着没有任何目标，他们在世间行走，就像河中的一棵小草，他们不是行走而是随波逐流。"由此可见，目标在我们的人生中起着重要的指引作用。如果只是一味地盲目生活，那么你永远都不会发现你可以创造多大的奇迹。

如果将成功看作一个不断向上攀登的过程，那目标就是走向成功的垫脚石，而实现目标的过程也是完成任务的过程。每个人的一生都有各种各样的目标，有的目标是依照自己的梦想确立起来的，有的目标则是依据所分配到的任务而确立的。不管是因为何种原因而制定的目标，对于成功而言都有着巨大的推动力。

真理往往只掌握在少数人手中，明白目标重要性的也只是少数人。相较于多数人的浑浑噩噩，他们的目标非常明确，掌控未来，制定目标，然后依照目标指引的方向前行，直到最终取得成功。

哈佛大学曾经有一个有名的调查，即考察目标对人生的影响力。他们考察的对象是一群不管是智力还是学历，甚至生存环境都非常相似的年轻人。通过调查他们发现，在这群人当中，大约有27%的人没有任何目标，而60%的人有比较模糊的目标，拥有清晰目标的人有13%，其中10%的人目标是短期的，而只有3%的人制定了长期目标并坚持了下来。随着时间的推移，25年后，当调查者重新拜访当初的被调查人时，他们的生活已经发生了翻天覆地的变化。

那27%没有目标的人，他们的生活并不如意，就业情况也非常糟糕，往往需要靠救济才能维生。那60%有模糊目标的人，虽然不用为生计而烦恼，但也并没有多大的成就。有短期目标的10%的人，已经将短期目标一个个实现，生活水平也在逐步提升，至于那些拥有长期目标并且坚持下来的3%的人，他们已经成了社会各界的顶尖人士。

由此可见，有目标和没有目标，区别是非常大的。长远的目标看上去和梦想一样，但是它们也有着明显的区别，目标是有实现期限的，而梦想没有。目标就像我们人生路上的一盏领航灯，有了它的存在，我们才不会迷失方向。同时，目标也是工作过程中的助推器，在完成任务的过程中，如果依照目标来进行，可以提高工作效率，确保任务顺利完成。除此之外，目标也是个人价值得以实现的标准，只有达成了目标，我们才能确信生活是有价值的。

有梦想才有明天，有目标才有希望。目标不仅可以为我们指引方向，还会让我们的视野更开阔，心胸更宽广，对生活更加热爱，对未来充满期待。

有个故事令我记忆深刻。曾经有一位对未来一片迷茫的年轻人去拜访一位心理学教授，询问他应该如何保持良好的心态和斗志。

教授对年轻人说："你还不到30岁，但是你的精神状态就像一位老人一样。而我虽然已经70多岁了，但是我的心才不过30岁。之所以是这样，是因为我和你追求的东西不一样。你想着的，不过是如何避免痛苦，打发无聊，而我追求的是喜悦、希望和幸福。听上去像是一回事，但是这其实是截然不同的追求。

"在我年轻的时候，恰逢第二次世界大战，我被关在一个集中营里，没有多少吃的，没有干净的水可以喝，所有人都挣扎在死亡线上，遍地都是奄奄一息的人。集中营的四周围着通着电的铁丝网，有想翻出去的人，都被电死在了网上。就像蜘蛛网上的苍蝇一样。我看着他们，只觉得生无可恋，不知道是该坐着等死，还是干脆自尽。那天，依照惯例我们出去放风。我坐在广场上，看着周围的电网，想着只要爬上去，我马上就可以解脱了。这时坐在我旁边的一个老人看着我，问我：'嘿，年轻人，从这鬼地方出去后，你想做什么？'

"我以前从来没有想过这件事，在我看来，我能够活着出去的希望实在很渺茫，我一直以为自己注定是会死在这里的。我每天想的都是如何摆脱这种痛苦，而当他问我之后，我开始认真想了这个问题。如果能够出去，那我想要做的事情实在是太多了。我想痛痛快快洗个澡，我想去医院好好检查身体，我想吃饱肚子，我想换一身干净衣服，我想去实现我之前因为各种原因而放弃了的梦想。当然，我最渴望的，是见到我的妻子和孩子，和他们紧紧拥抱在一起。

"因为这个老人的这个问题，我忽然觉得我不能再颓废沮丧、自暴自弃了。即便有万分之一的机会，我也想要活着出去，因为在外面，还有自由美好的生活在等着我，还有我最亲爱的家人在等着我。也是从那时候起，我知道了目标的力量有多么强大。"

"目标？"年轻人不解地问道。

教授点点头："是的，目标。目标会让人忘记奋斗的苦痛，给人希望。目标让我们朝前看，朝上看，而不是一直盯着身边的琐事，脚下的苦痛。目标可以让人保持奋斗的激情。一旦失去目标，即便是再厉害的人，也会从高峰跌进低谷。这个世界上，成功的人有很多，虽然相较于平庸的人而言他们是少部分，但是总体来说，他们的数量还是很庞大的。但是将辉煌保持到去世的人却不多。想来你也见到过这样的人，他们曾经光芒四射，似乎已经站在了世界的巅峰，然而随之而来的，是各种负面新闻，那样成功的人，竟然会去吸毒或者酗酒，最终让自己的事业毁于一旦。你知道是为什么吗？"

年轻人摇摇头，教授接着说："那是因为他们失去了目标。因为没有了目标，他们便失去了前进的方向。这样便会让人变得空虚，最终只好靠毒品和酒来排遣。"

"失去了目标，那些曾经看上去无所不能的人，也被空虚击溃了。这种现象也出现在很多退休老人身上。因为退休后忽然多了很多闲暇时间，如果不能及时找到目标，那么老人们的生活很有可能崩溃。"

年轻人点点头，在来之前，他还浑浑噩噩，消极度日；然而现在，他忽然知道自己该干什么了。是的，他应该立即为自己制定一个目标。然后在目标的引导下，让生活渐渐变得充实。

曾经，《谁的青春不迷茫》这本书引起很多年轻人的追捧。可是，如果你有了奋斗的目标，你的青春就会和迷茫say goodbye。

虽然梦想不怕晚，但我却怕你会懒

有个小朋友说："我的梦想是将来当一名伟大的画家。"

另外一个小朋友说："我将来想当飞行员遨游太空。"

还有小朋友这样说："我将来要像爱因斯坦一样伟大。"

……

这时候，无论是家长还是老师，都会对他们的梦想抱着支持肯定的态度，因为小孩子还小，只要努力，梦想成真绝非虚言。

现在呢，身边也有人会谈起梦想。

一个大学同学，聚会的时候说："我想学书法，我的字写得太烂了，每次签合同都不好意思拿出手。"同学们都哄堂大笑，然后奚落他读书的时候字写得就跟鸡扒地似的。

老赵退休了，他对老伴说："我琢磨着，退休了要找点儿事做。我想学中医，你看行吗？"老伴说："拉倒吧。都60多岁了，还想学中医呢，想要保健你先把烟戒掉再说。"

结婚后，妻子对丈夫说："我打算周末报个舞蹈班，我想学舞蹈。"

"什么？学舞蹈。你可不是小孩子，没有童子功，骨头都定型了，还来得及吗？"丈夫一脸诧异地说。

……

可见，等年龄大了，再来谈梦想的时候，许多人可不像对小孩那样了，他们不会赞同，更多的会提出质疑。

为什么？有梦想是好事。因为梦想不怕晚，就怕你会懒。那样的话，梦想只能是想想而已，结果就真的是一场梦了。

其实，有梦想是一件很伟大的事情，关键是自己要走出第一步。"我不怕万人阻挡，却怕自己投降"，说的就是内心追逐梦想，脚步却向现实倒戈。

人活着，不要总想着来日方长，总想着再等等，也不要从明天起才开始喂马、劈柴，甚至周游世界，世界上最愚不可及的事情莫过于，空有一身理想抱负，却总是在蹉跎岁月，浪费光阴，为自己的懒惰找借口。

很多时候，我们还没活出自己想要的样子，却发现青春已一去不复返，如翻过的书页，新的篇章却已经接近尾声，自己却已经垂暮将至。"明日复明日，明日何其多？我生待明日，万事成蹉跎。"不要把今天过得像一潭死水，更不要把明天过得像昨天那样重复。死水也会有枯竭的那一天。时光荏苒，岁月不待人，时间对于每个人来说都是公平的。现在我们过的每一天，都属于最美好的时光。因为我们不仅年轻，而且身体健康，充满了生机和活力，也经得住风吹雨打。但我们需要梦想，梦想需要我们迈开步伐。完成梦想的过程就好比一段说长不长、说短不短的旅程，需要一颗坚毅的心，更需要长途跋涉方可抵达。

其实很多人不是没有梦想，而是因为懒，有惰性。在追梦的路上，有人持之以恒，有人则走走停停。在课堂上，老师问同学们：马和骆驼一辈子谁走得远？有的同学觉得一定是马，老师说错了。马跑一会儿就会停下来，而骆驼开始行走后，如果不让它停，它是不会停的。所以，不偷懒的人，即使慢一点、晚一点，也会比那些早一点但是停停走走的人更容易成功。

人的本性有很多，懒惰就是其中一项。如果追逐梦想的道路上注定崎岖，注定坎坷，那么享受暂时的安逸生活，又何乐而不为呢？人唯有通过历练，通过苦难才能达到幸福的境界。而梦想就是帮助我们克服自身的缺陷，不断自我改进的一种途径。人有梦想，再苦也是甜，然而一味地懒惰，只知道贪图安逸，不思进取，空有梦想却不去努力，等到别人站在高处向你招手时，你只能后悔不已。

梦想并不是遥不可及的，努力就是通往梦想的阶梯。而懒惰则是梦想的头号敌人，明知自己有梦想，却只是把它当作梦想的人永远也不会获得梦想的青睐。因为心中有梦想，却不去朝梦想的方向走去，实际上是在抗拒，抗拒自己想要进取向上的本心，却向安逸妥协。然而凡是你抗拒的，都会持续。因为当你抗拒的时候，也就是在向其另一面妥协，妥协会赋予安逸更大的能量，而给自己的梦想带来负能量。久而久之，人就连曾经有过梦想这件事都会从记忆中抹去。

"一念成魔，一念成佛。"外部环境通过"人"才能起作用。而人的实际行动又取决于自己的内心。"你看向深渊，深渊也在看着你。"有时候觉得自己能实现理想，并脚踏实地地朝梦想进发。那么终究有一日，你会到达梦想的目的地。而如果你觉得自己不行，始终被怯懦、借口阻挡脚步，那么你就会离梦想越来越远。哪怕只是一小步，只要你勇敢地前进，那么梦想也就不会辜负你。

有了梦想，没有去实现叫空想。这还不是最可怕的事，最可怕的是，有的人根本没有力气说出梦想。

一问梦想，很多成年人都会摇头。能买得起房，顺利成家，婚姻美满，就是普通人最平凡的梦想了。梦想没有高低优劣之分，只要是梦想，都值得被尊重。然而大部分普通人的做法是每天得过且过地生活着，被现实压得喘不过气来，被生活中的小事阻碍着，等等。有人会狡辩：

"不是我没有梦想，是我现在的工作实在是太忙了。"

"不是我没有梦想，等我以后有时间了我一定会努力去实现。"

"不是我没有梦想，是生活阻碍了我的脚步，使我迈不开步伐。"

我不会说你在找借口，每个人都有自己的生活方式，每个人也有自己的时间。每天忙忙碌碌地生活着，也许到很多年之后才会发现不知道自己这些年都做了什么。似乎过去所做的一切都不是自己想要的，而仅仅只是为了生活。生活和梦想并不冲突，恰恰相反，两者如果配合得当，不仅能令生活的每一天都快乐非常，而且也会为自己找到生命的意义。人如果没有梦想，就和行尸走肉没有区别。

朋友们，如果你想到了想做的事情，就马上开始吧，再晚都不会真的晚。不是怕你没有梦想，而是怕你把梦想丢在半路上。跟着梦想上路，哪怕你挪动一小步，都会离它更近一点。你要相信这句话！

别光想着诗与远方，先问问自己会不会写诗

助理小雯是一名工科大学毕业的女生，她性格十分直爽，待人也真诚，尤其是做事十分勤快，手脚也麻利。她来公司也有两年时间了，但最近这几个月，我发现她有点不对劲儿，总是一副郁郁寡欢的样子，看起来心事重重，倒也不像是失恋了。

我看着手中小雯刚刚递交上来的项目报表，竟然发现有几处明显的常识性错误。要知道，这种情况在以前绝对不会出现。虽然我对她的工作十分满意，但并不代表我会允许这种工作上的错误。我打算走过去叫小雯的时候，看见她坐在办公桌前对着一本书发呆，一副若有所思的样子。我轻咳了两声，她才转过头慌忙站了起来。

"到我办公室来一趟，还有去财务部把公司最近这三个月的业务总结拿给我。"刚一说完，小雯就去了财务部。见她办公桌上半遮半掩地放着一本书，我顺手拿过来一看，书名里有"诗和远方"几个字眼。

在小雯到来之前，我打开音乐，将音量调到不大不小，重复循环着一首歌。我坐着等她进来，想着她这几个月为何转变如此之快，等待的过程中我随手翻开了那本书。书里面大都是鼓励年轻人放下包袱，多出去走

走，去远方看风景的看似暖心治愈系的心灵鸡汤。几乎每一页都有诗，或三行，或五行，每首诗都配有精美的图片，或是山清水秀的美景，或是满地的鲜花、空中飞舞的蝴蝶。梦幻而又不真实，我饶有兴趣地看着，内心却极其平静。没过一会儿，小雯敲门进来了。

看到我手里的书，小雯略显惊讶，但很快又恢复了镇定，把文件交到我手中。

"听过这首歌吗？"我先开口问。

"许巍的《生活不止眼前的苟且》。"她回答。

"你会写诗吗？"我随口问道。

"不会。"小雯如实地回答道，似乎对我的问题有点摸不着头脑。

"那你去过远方吗？"我继续问。

"也没有，不过，正在筹划……"

"连写诗的本事都没有，如何追到诗和远方？"我的话毫不客气，把书还给她。

"诗和远方不是这个意思。"她试图为自己辩解。

我叹了一口气，并没有反驳。过了一会儿，我才说道：

"我给你讲一段我的亲身经历吧，和诗和远方有关。"

大学的时候，我比较爱玩，加入了徒步旅行社。刚开始是短途的徒步，很快就能返校那种。不过这些市内短途的徒步根本就不能满足我们几个大男人的好奇心。我印象最深刻的一次徒步旅行是去神农架，不过不是我们常说的神农架景区。神农架很多地方尚未开发。而我们几个社员就打算暑假时徒步去。准备好所有行李之后，等社团成员都到齐了，我们就出发了。

在神农架市区下车以后，我们就开始了徒步。刚开始大家都兴趣高涨，因为一路上都有超市、商店，晚上也有旅店。可是等走到荒无人烟的地方，就只能搭帐篷睡，虽然是夏天，但山上的夜晚还是有些冷。而且手机完全没有信号，带的手电筒也没有办法充电，我们是能省则省。遇到山上险要的地方还需要用登山杖。有些女生本来就是跟着男朋友来的，到最后实在是受不了了，一路上哭哭啼啼地嚷着要回家。可是当时前不着村、后不着店的，我们不会为了她们半途而废，后来我们就继续走，而不想走的就等着别人来救援。那次徒步，对于我来说，不只是来看风景的，更是对自己的磨砺和考验。到最后，找到了下山的路，我们才集体松了一口气，总算是走出了困境。这一次对体力、精神的考验对我来说意义非常，可以说是我人生的宝贵财富。

听我说完自己的经历，小雯许久都没有说话。

"你以为的诗和远方，不会是这些山清水秀、江南烟雨的地方吧？"

"我……"小雯一时哑口无言。

"'诗和远方'已经严重影响到你的工作状态和工作效率了。"我决定直切主题，语气不免有些严肃，走过去把项目报表拿给她看，出错误的地方我特意用红笔圈出来了。

小雯拿过报表，仔细地看着，似乎十分懊恼自己会犯如此低级的错误。

"对不起，我马上改正了重新打印一份。"小雯十分歉意地说。

"好的，下不为例。"

"真正的诗和远方其实在你自己的心里。"小雯临走之前，我又补充了一句。

晚上，我打开邮箱，收到小雯发给我的一封信。

很感谢今天对我的提醒，我也深刻地反思了一下。

确实，最近这段时间我的工作状态很差。你也知道，我刚刚毕业，世界那么大，还没有好好去看看呢。这不，这阵子总想辞职，去看看心中的远方，去体会诗意般的生活。

但是，谢谢你今天的提醒。让我知道，我们要看到诗和远方，更要看到背后的万丈深渊。

请放心吧，我会调整好自己的工作状态。

很多年轻人由于对新鲜事物的好奇心，对未知事物的探究心理，很容易就会被其感染，陷入浪漫主义的陷阱里无法自拔。诗和远方，光想着就十分有意境，但大多数人都是想着诗和远方，想着梦想，勾画着未来，但实际上连写诗的本事都没有。都不会写诗，怎么能追到诗和到达远方？

如果你只是为了努力而努力，那还是洗冼睡吧

在这个人人追求成功的时代，"努力"一词成了大家的口头禅。说到成功，就必须要努力。很多人相信只要自己努力了，就会成功。可事实有时候不是这样，明明自己觉得很努力了，结果却不尽如人意。

这几年，我看到太多人，特别是初入职场的年轻人在这个问题上陷入了迷惑：到底什么是努力，什么样的努力才能让我们收获成功呢？我要说的是努力本身没有错，可是努力只是下点表面功夫，或者一时新鲜，那么这样的努力是没有任何意义的。

上课时，永远坐在第一排。可是一节课下来，老师讲的什么全然没有听进去。也许，他在想：窗外的蝉是公的呢，还是母的呢？

周末该泡泡图书馆啦。可其实是坐在图书馆里刷了一天朋友圈……想起还没怎么看书，刚把书翻开，又要回一条微信。晚上给妈妈打个电话："妈，我今天泡了一天图书馆，我在努力呢。"

放寒暑假了，书包里总要塞几本书带回家。回学校后，才发现书根本没有打开。

快毕业了，看见别人都在忙着考研、考公务员，也跟着凑各种热闹。

进入职场了，该努力了。上班时间，优哉游哉。等下班了，发现什么工作都没做呢，便开始加班到半夜。周末，去听各种成功讲座。可是，没有自己思考，也没有付出行动的魄力。几年下来，依然没有晋升的机会。

既然工作没有起色，那就把身体锻炼好吧。下班后去公园跑步，结果还没跑上半圈，就说歇会儿再跑，然后在公园的长椅上刷了半个小时朋友圈便回家吃饭了。周末去打篮球，刚投了几下，就坐到一边，说帮大家看衣服，其实又拿出手机开始玩了。

诸如此类。

最后，还大喊着"我很努力呀，天天加班到半夜"，或是"我每天都在运动呀，下班跑步，周末打篮球"。

但是，这么努力，为什么成功总是遥遥无期呢？

那么，我们再来看另一种努力吧。

这么多年来，我也接触到很多优秀的人，我发现他们有个共同点，他们在谈到自己的成就和能力时，往往倾向于"云淡风轻"。

有一个朋友，他在做了五年的纸媒工作后摇身一变去了投行。那天我和他一起吃饭，我好奇地问他："你一天到晚审稿子都要审到深夜的人，哪有时间为自己转行做准备啊？"

他说："其实时间是挤出来的，我一直在思考自己未来的发展方向和自己的出路，我推掉了所有应酬，每个周末都把自己关在家里，看书准备考试。"他点起一支烟，又接着说："你知道那段时间我是怎么过的吗？别人还在温暖的被窝里，我五点钟就起来；晚上夜深人静的时候，我还在拼命学习啃书本，我把所有的业余时间都利用起来，才终于顺利转行。"

他临走的时候说了一句话："我是那么努力，才让人看起来毫不费力的。"

我想对第一种情况的年轻人说，努力没有错，任何成功都需要付出汗水和泪水，但很多时候，我们不是不努力，而是受不了那种孤独寂寞，比起那些日积月累的默默付出，我们更愿意在人前努力，让别人看到，得到别人的认可，自己的心里仿佛得到了一丝安慰。然而现实是残酷的，有时候别人希望看到的是结果，而不是过程，你把时间花在哪儿了，其实是看得出来的。可以说，你们的那种所谓努力，是在营造一种"我要努力"的假象，反而忽视了真正该做的事。努力一定是一种发自内心的主动行为，如果只是做些表面功夫，便是自欺欺人，是一种愚蠢和肤浅，最终只会自我消耗。

　　真正的牛人都是不动声色地努力着，他们忍受了常人受不了的孤寂，在别人眼里几乎看不到他们努力的模样，突然有一天，所有人看到他的成就，他们对自己的付出却轻描淡写地一带而过，仿佛天经地义，就是那样。因为在他们的眼里，严格自律，努力进取，积极行动本来就是常态，根本不值得炫耀。

　　所以说，真正的努力一定会有一颗坚强的内心。每一步的成功都浸透着汗水和艰辛，没有随随便便的成功，唯有脚踏实地地向着自己的目标努力。不应该把精力和时间花在应对别人的评论，要把努力当成人生的常态，而不是看到别人在努力，做出一副努力的样子，最后适得其反。

　　真正的努力，到底是和谁比的，又是做给谁看的？如果你只是为了努力而努力，那还是洗洗睡吧，不要瞎耽误工夫了！

别让你列的计划，浪费了那张纸

前几天公司招来了一个实习生，是合伙人一个亲戚的小孩，刚毕业，是个长相十分清秀的男孩子。他有些腼腆，说话也斯斯文文的，不过工作倒是特别积极。有一天快下班的时候，我看见他正在办公桌上拿着笔紧张地写着什么。我走过去，一看就笑了。原来他在写明天的计划表，旁边还有很多工作表，表上用红笔画了很多圈圈，还有各种符号，估计是自创的。

"这些是什么？"我好奇地拿起一张表问。

"这是我计划的明天的工作进度，我从小就有这个习惯。"他不好意思地低下头。

"习惯是挺好的。但每次都能完成吗？"我问道。

"大部分时候都不能，就像学生时代每年放寒暑假都会计划写作业、看多少本书，总之假期来临之前就会写得好好的。但到最后总是计划得好好的，却没按计划进行。"他老实地回答。

"这样啊，其实不用每天都列计划的。在心里有一个规划就可以了。"走之前我善意地提醒道。

其实很多时候，有计划了却并没有实行，却又偏偏喜欢计划未来，这样的人不在少数。我有一个同学，从高中时代起，就计划着五年之内要骑单车去旅行。结果，一个五年过去了，在最悠闲的大学时光他也没能实现梦想；又一个五年过去了，他结婚生子，之前的计划、梦想，已经被生活磨得不剩一丝痕迹，只是家里还摆放着一些从网上买来的风景图片。不过他仍然在计划，因为朋友圈里经常能看见他发的自驾游攻略，或者是别人去过的微信推文。每次同学聚会，我们都会拿这件事取笑他：

"你还没骑单车去旅行啊？"

一个人有计划，对未来有规划，其实是一件好事。至少能证明他有自己的想法，对未来也有清醒的认识。我也曾经有过很多计划，但渐渐地，有的计划我真的去做了，而有的计划我只在心里形成一个大概的初稿，却在后来发现那并不是自己想要的，于是果断放弃了。

听说过这样一个寓言故事。有一只蜗牛想要去泰山，想站在山顶上领略大自然的雄奇风光。一只云雀路过，看到蜗牛正在一片叶子上缓慢地爬行。

云雀问它："你在做什么呀？"

蜗牛十分骄傲地说："我打算去泰山看看。"蜗牛兴奋地向云雀说出了自己的计划。

"你真了不起。"云雀由衷地赞叹道，说完就飞走了，在它看来去泰山不过是飞几天几夜；而蜗牛想用爬去泰山，云雀觉得蜗牛的计划也能行。

可是等云雀从南方回来，路过蜗牛的处所，发现它仍然在家里。

"你从泰山回来了？"云雀十分惊讶。

"我还没去。"蜗牛回答道，它觉得自己一定要选在一个恰当的时机、一个绝佳的时间去泰山，这样才能领略到大自然的雄奇壮观之美。

于是，日复一日，年复一年，很多路过蜗牛家的小动物都知道了蜗牛要去泰山的计划，小动物从最初的敬佩、赞同，到后来把蜗牛要去泰山这件事当成了笑话。因为一直到老去，爬不动了，蜗牛也没能去成泰山。

有的人列了一堆计划，却只是浪费了列计划的那张纸。因为虽然心里想着、计划着，却从来也不去落实，哪怕迈出一小步。在我看来，其实列计划并不能规划未来，真正有计划的人，不会把计划列在纸上，而会列在心里。用实际行动来证明自己的计划，证明自己的能力。以前别人说要做什么，我就会相信；而现在别人说什么，我都抱着半信半疑的态度，等到看到别人真正付出行动并为之努力的时候，我才会真正相信他是一个言出必行，而且对自己的未来有清醒规划的人。

有计划并不是坏事，计划可以让生活、让学习变得更加有条不紊。然而，我见过的大多数人都是空谈计划，却没有付出实际行动。有时候我常常在想，计划的内容无非是将来想做的事、想去的地方、对工作的期望等等，说到底，都是对未来的规划，是现在的自己在提醒未来的自己。按理来说，有了清醒的认识和规划，行动起来应该不会很困难。

为什么这么多人都只是喜欢列计划，却不付诸行动呢？也许是因为真正到了该落实的时候，忽然发现计划不可实施；或者是原先计划好的，到未来的那一刻却不想去做了，为别人找了无数个理由，到最后我才觉得这是人的惰性使然。因为很多人想去做什么，也只是想想而已，归根到底是自己不努力，才导致一个个计划随着时间的流逝而落空，而后又列出在更远的未来里的计划，陷入死循环，最终一事无成。

每个人都想要好的工作，想要出人头地，想要成功，然而现实中却不知努力，只沉浸在自己构建的梦想中，计划着未来，却懒于踏出现实的一步，每天得过且过，既浪费了时间也浪费了青春。人应该活得像一棵树，姿态笔直，有计划地向上生长，日复一日，年复一年，岁月会在心里刻下一圈又一圈的年轮勋章，那便是人生有计划而且充实生长过的真实印记。

别让瞎忙耗光你所有时间

你会不会觉得自己的时间被占得满满的，所有的时间都被计划好，什么时间用来工作，什么时间用来学习，什么时间用来运动，好像一刻也没放松过。身边从前经常一起吃饭逛街的朋友，也在微信或电话里说："唉，你这个大忙人可是怎么也约不到啊！"可事实上，当你静下来之后，发现自己什么收获也没有。加班工作没有效果，学习没有效果，运动也没有效果。为什么？那是因为你在瞎忙，这不光耗尽了你所有时间，而且让你一无所获。

大学时有个朋友，暂且称呼他小A吧。我俩一个宿舍，所以吃饭、泡图书馆都在一起。他常常跟我抱怨，有时候觉得自己明明很努力了，可考试时有些科目依然挂科。有时候，如果已经拼尽全力去做一件事，最终若还是以失败告终，着实让人心酸。就好像那些拼死拼活的日子不复存在一般，那些充满汗水的时光都变得没有意义。

其实平日里相处，我也没少观察小A，毕竟经常在一起，他的一举一动我都看在眼里。每次班级群里有什么消息，他总是第一个回应，然后当有同学陆陆续续回复后，小A便开始在群里有一搭没一搭地跟同学聊起天来，只要是在群里，小A永远都是最活跃的那一个。我们俩一起去泡图书馆时，他看书时也会心不在焉，一会儿看手机，一会儿听歌，一会儿跑到厕所抽根烟，甚至看到形象姣好的姑娘，他也会凑过来跟我讨论这个姑娘身材如何、皮肤如何。为了打断他，我总会佯装生气地翻翻他的复习资料，打趣说"你快看书吧，小心考试再挂科"，而手里翻过的他的资料都是大片大片的空白。

像这样把大把大把的时间耗在图书馆，却只是名义上的"泡图书馆"，实际上在做很多跟学习无关的事。在外人看来，你是多么多么努力，一天到晚都在知识的海洋遨游，可事实呢？

大四的时候，大家都开始复习考研，小A也追随了大部队的步伐。后来他有朋友准备考公务员，他便毅然决然地放弃了考研，又开始着手准备考公务员。后来他知道考公务员比考研还要难时，又回到考研的大部队。一开始小A的计划是考华中科技大学，后来听说考中南财经政法大学的专业更好，如此下来，小A根本没个定性，反反复复，人云亦云，等到真正沉下心的时候，大半年的时光已经过去了。结果毕业的时候，班上的同学一个个都找到了不错的单位，而小A却迟迟没有接到offer，因为考研失败，工作的事情也没有着落。

后来大学同学聚会，他就说："我已经努力了啊，考研那阵子天天早出晚归，常常开夜车到十一二点，可到头来，却一无所获。"在座的同学都替他惋惜，可我知道他为什么会一无所获。

看到他，我想到了高中时候的自己。刚高一的时候，因为考上高中且进入了新的环境，对自己的要求松懈了很多，虚度了一段光阴。当看到身边的同学都在朝着自己的目标奋进时，自己也慌了神。然后就开始给自己制订学习计划，买各种各样的辅导资料，甚至一科买好几套。到了高二的时候，老师说有才艺的同学出去比个赛得个奖，高考能够加分，于是我又报了书法班，然后天天两头跑。到了高三时被学习压力压得喘不过气，学习书法的事情也搁浅了，只得全身心投入到学习中。好在最后考上了大学。

事实上，我买的那些各式各样的辅导资料，翻开来看并没有做多少，有些甚至从头到尾都是空白。家里的柜子里，文房四宝都落了灰，宣纸也因为长久没有翻动而有些泛黄。后来想想，如果当初把这些瞎折腾的劲儿全部投入到学习里去，或许会考上一个更好的大学。说白了，那时候的自己就是在瞎忙乎，跟小A一样。好像觉得自己尽力了，什么都在努力地去做，到头来却一无所获。

往往人们都喜欢给自己或者外人营造一种"我很忙""我时间很紧张"的假象，寻求一种心理安慰，把时间计划得满满的，好像这样做自己的生活才会有意义、才不显得空虚。可做一会儿这个，又做一会儿那个，对这个感兴趣，又对那个感兴趣，想要做这个，又放弃了那个，这些都是我们生活里的常态。其实，一段时间下来总是会顾此失彼，得不偿失。

我们再来看这样一个故事：

山上，有个小和尚终日忙碌，人瘦了一圈，可是收获很少。

他问老和尚："师傅，我这么忙，为什么没有什么成就呢？"

老和尚微微一笑，对小和尚说："你去拿一个钵过来，再拿来一些核桃、大米、盐和水过来。"

不一会儿，小和尚把东西都取过来了。

"你把核桃放进钵里。"老和尚吩咐道。

小和尚照做了。不一会儿，核桃装满了。

"还能再装吗？"

"装不了了，再装的话就会滚下来。"

"那你放些大米进去看看。"老和尚又吩咐道。

小和尚又依照吩咐做了。

不一会儿，大米也装满了。

"还能再装吗？"

"装不了了。"

"那你再放些水进去。"

小和尚拿了一瓢水往钵里倒。在半碗水倒进去之后，钵被填得满满的。

"这次满了吗？"

"师傅，应该是全满了，再装不了了。"

"那你放些盐进去。"

小和尚又照做了。

盐巴被撒在水中，水一点都没溢出来。

"明白什么了吗？"老和尚问道。

小和尚若有所悟地说："我明白了，时间只要挤挤总是会有的。"

老和尚摇摇头，说道："这不是我想告诉你的。这样，你倒着来，先放盐，再放水和米，最后放核桃。"

小和尚依照吩咐做了。当钵里装满了大米的时候，却怎么也装不下核桃了。

老和尚说："人如同这个钵，当容纳太多细小的东西，就容不下重要的东西了。"

小和尚这才真正明白了。

由此可见，忙没有错，但是忙得要有意义、有价值。就像打蛇打七寸，你打不到七寸的地方，乱打一气，到最后可能蛇没打死自己却累得气喘吁吁，说不定还会被蛇咬一口。生活被安排得满满的，忙着鸡毛蒜皮，所有琐碎的事情都走马观花地进行着，重要的事情却被忽视了。

你是瞎忙吗？瞎忙会让你的生活越来越"瞎"，也会让你越来越"瞎"，到那个时候你所有时间都变得毫无意义！快看看你的日程簿或者计划表吧，把那些只是看似有意义、有价值的计划通通划掉，让你的生活真正充实起来，让你的人生真正充实起来！

对自己狠一点，世界对你更好一点

人生是一趟没有回程的旅行，沿途有看不完的春花秋月，也有数不尽的坎坷泥泞。不同人看到的世界是不同的，有多少人贪恋沿途的美景，却忘了世界的真相，真正的强者明白世界不只是鸟语花香、和风细雨，更多的时候却是向我们展现出冷酷无情、冰霜雨雪的一面。那些强者不会奢望世界自动给予他们美好和温柔，他们明白有时候对自己狠一点，却能换来一个美好的世界，让自己拥有一颗强大的内心。

读过一本关于生物的书，里面有一个故事让我至今难忘。有一种蛾子，叫"帝王蛾"。听到这个名字，你也许会说以"帝王"来命名一个弱小毫不起眼的蛾子，太夸张了吧。不过先别着急，等听完它的故事，你就知道原因了。

帝王蛾的幼年时期，是在一个洞口极其狭小的茧中度过的。当它要破茧而出的时候，这个狭小的通道便成了它最大的障碍。它娇小的身体必须拼尽全力才能飞出去。许多幼虫在往外冲杀的时候就已经力竭而亡。有人好心地想帮助它们，用剪刀把洞口剪大，这样一来，幼虫就能轻松地从牢笼里钻出来了。可这些得到了人类帮助的幼虫，破茧而出后，却都飞不起来。原来那些可怕的狭小的茧洞才是帮助帝王蛾两翼成长的关键。它们在穿越洞口的时候，用力挤压可以让两翼充血，这样它们才能振翅飞翔。

结果那些得到帮助的幼虫，却永远都没有了飞翔的机会。而那些经过残酷的挣扎挤压的幼虫，带着斑斑血迹，却能展翅翱翔。

这就是帝王蛾的故事，我们可以想见在那些残酷的日子里，那些不指望怜悯的施舍的帝王蛾，它们抱怨过现实的冷酷吗？它们知道，通往天空之路，必定要经过狭长的漆黑的隧道，它们对自己的狠，却换来了强大的力量，它们将血肉之躯铸成一支英勇无畏的箭镞，带着呼啸的风声，携着永不坠落的梦想，全力穿越命运设置的重重险阻，义无反顾地奔向那辽阔的天空……

今天当我们欣赏那些帝王蛾优美的飞翔姿态时，可曾想过，正是因为自己的狠心，它们才有今天的强大。破茧而出的帝王蛾是真正的强者，最终赢得了人们的赞叹！

记得看过一则报道，一名记者采访一位家喻户晓的明星，其中有一段对话让我印象极深。记者问道，如今他在事业上取得了巨大的成功，可有什么感想？他沉思了一会儿，说道："其实你们看到所谓明星风光的背后，却有不为人知的一面。"记者又问："作为一名长期在聚光灯下被万众瞩目的明星，在生活中不是要更外向一点吗？"

在我的印象中，太内向的人不适合当演员。可是，那位明星说的一番话，让我大吃一惊。他说："其实当演员的心要孤独一些，因为它要把自己融入到角色里去，观众看到的其实不是他本人，而是他塑造的角色。作为一名优秀的演员需要对人生有深刻的理解和感悟，这样才能塑造出感人的艺术形象，才能打动观众。艺术所有的灵感其实都来源于艰苦、苦行，太幸福太顺利了不行，我们有时候要像一头狼一样保持饥饿的状态，要对自己狠一点，一个优秀的艺术家是把美好留给观众，要把痛苦埋在心里。"

我至今记得看完那次采访后，好几天我的脑海里依然回响着他的话。他说得多好啊！多少人只看到别人表面的光彩，哪里知道这是用艰辛的付出换来的。

对自己狠一点，其实就是要锻炼出一颗无比强大的内心。真正的强大并不在于外表。

小和尚问老和尚："师傅，这世界上最可怕的是什么？"

"你以为呢？"老和尚笑着问他。

小和尚想了一下，说："是孤独。"

"不对。"

"那是误解。"

老和尚默不作声。

小和尚叹了一口气，又说道："那肯定是绝望。"他心想，这下我可说对了吧，世上还有比绝望更可怕的事吗？

老和尚听了哈哈大笑，摸着小和尚的头说："你呀，是个聪明的孩子，可是你只说对了一部分，世上最可怕的是你自己呀！"

"我自己？"小和尚惊讶地说。

"是呀，其实你刚才说的孤独、误解、绝望都是你自己的内心，你自己的心里装满了这些的时候，你就觉得这些是世界上最可怕的，可是你的心里要是没有这些呢？"

小和尚终于明白了师傅的用意，一颗强大的内心才是战胜挫折、困难的法宝啊！怎样才能有这样的一颗心呢？其实就是通常我们说的对自己狠一点，遇到困难挫折不退却、不逃避，对自己要求更高一点，更严格一些。生活中，总会有些人不停地给自己找借口，他们所有的借口就是在指责抱怨别人，总觉得这个世界对他们不好。可是他们有没有想过，真正的原因恰恰是他们对自己的姑息迁就、软弱放纵，不能把外部的压力转变为自己的动力。

正像没有人能施舍帝王蛾一双强大的翅膀一样，也没有人能施舍给你未来。人生之中，不需要别人廉价的同情，而要靠自己，努力磨炼自己，让自己强大起来。诚然，生活中我们遇到困难是需要别人的帮助，可是人要自救才能得救啊！其实那些得到别人帮助的人，首先要让自己振作起来，一个从心底里悲观绝望、一蹶不振的人又有什么资格让别人把你拉起来呢？

对自己狠一点，世界就能对你好一点。强大的内心才能战胜一切困难。有的时候，你是不是会遗憾，如果当初对自己狠一点就好了？

还有这样一个故事：

钢琴上摆放着一份新的乐谱。

"真是太难了。"他翻动着乐谱，小声说道。

但老师目光坚定地对他说："必须按这份乐谱来练习！"

一节课下来，他弹得错误百出，十分沮丧。

但老师仍旧让他在课余时间按照这份乐谱练习。

第二次上课，老师又给了他一份更高难度的乐谱。

他心里想着，为什么总是给我超高难度的乐谱呢，难道是为了整我吗？太狠心了。

但他也只好继续练习。

第三次，意料之中地，老师给出了更难的乐谱。

他心里有些崩溃，但也只能硬着头皮来弹奏。

......

过了一段时间，他实在无法忍受了。他有些气愤地问老师："您为什么总是要给我难度那么高的、我根本就弹不了的乐谱？难道是希望我一直出丑吗？"

老师并没有生气，拿出第一份乐谱，跟他说："弹这份乐谱吧。"

他有些疑惑。不过还是拿起乐谱弹了起来。令人惊讶的事情发生了，他居然将这份在之前看来根本弹奏不了的乐谱，弹得近乎完美！

老师笑着说："现在明白了吧？如果我一直让你练习简单的乐谱，你今天又怎么能弹奏出如此美妙的乐曲呢？只有对自己狠一点，最后的结果才会让你大吃一惊。"

今天对自己狠一点，明天将收获一个更美好的未来！

谁不曾在深夜痛哭过几回

　　眼泪是人的情绪的产物。我们生活的世界每天都在发生许多情理之中与意料之外的故事，如何选择合适的情绪表达方式是一个人一生都逃不开的课题。面对各种各样或近或远的人和事，我们可以预先定下一个应对标准。如果说微笑是一个人最初的礼貌，那么眼泪就是一个人最后的尊严。男女之间千差万别，眼泪也是一种。人们常说"男儿有泪不轻弹"，不过，后面还有一句话，那就是"只是未到伤心处"。

　　南丁格尔在战地照顾伤员时，一位将军认为这些被她悉心照料而感动落泪的战士在流泪的那一刻就失去了战斗力。将军对南丁格尔说："一个动不动就流眼泪的人，还能冲锋陷阵吗？"南丁格尔则回答："他们是人，是兄弟，他们受伤了，他们应该得到护理和安慰。"她的答案说明了一切：每个人合理的情感需求与情感表达都是值得捍卫的权利。

　　人之所以与其他动物相区别，感情是至关重要的原因。它的存在代表着人类意识的存在，细微但强烈，平淡却真实，各种情绪都是人类符号，只要无伤大雅，但凡情之所至，哭泣未必不可取。面对老友离别，心中无限感伤，忆往昔洒一滴泪亦是常有之事；面对爱情决断，忘掉过往重新出发亦是常有之事。

丽丽是我微信里的好友，她曾跟我谈过刚来北京时的艰辛。

房租对于刚毕业的大学生来说是笔大开销，即使十年前也是一样。刚来北京的时候，丽丽还没有找到工作，只得租了个没窗户的房子，冬冷夏热是家常饭，还时常有耗子出没。现在想起来，住在那里只是有个暂时落脚的地方罢了，根本谈不上温馨。

跨年夜，街头的情侣们手拉着手，一起跨年。在冰冷的小屋里，第一次离家这么久的丽丽忍不住大哭起来。

丽丽在那个没有窗户的黑屋子里整整住了三个月，三个月后才找到工作。发了工资，丽丽赶紧换了一个住所。

"现在忙了，没有时间流泪了。但是，那个夜晚流下的眼泪，我一直记在心里。"微信上，丽丽发来一个笑脸。

李蕾，以前是我们公司的客户，现在成了我的朋友，她也有过在深夜痛哭的经历。

李蕾说，她常常站在自己办公室的落地窗前，看着三环路上来往的人们，总是会想起自己刚来北京时的艰难。

2006年毕业后，家里给李蕾找了一份银行的工作。虽然工资不低，但是李蕾觉得每天数钱的生活太枯燥了，她决定去北京打拼。人生地不熟的她找了份很普通的售货员工作，开始了北漂之旅。当时她是一个电脑店的店员，主要工作就是卖电脑。正是因为这份工作，她从一个对电脑一问三不知的外行人，竟慢慢变成了行家。

后来，她觉得时机成熟之后就换了份工作。去了一家广告公司。虽然对电脑很在行，但是对软件却不熟，有好几个编辑软件她都不会。晚上同事都走了，她就在公司的沙发上将就一晚，利用晚上的时间自学软件操作。2008年的冬天异常寒冷，因为公司不提供住宿，到了晚上大厦也不供暖，李蕾就拿厚厚的棉被把自己包起来，坐在电脑前工作。真冷呀！何苦要受这份罪呢？如果在老家的话，说不定早就在暖气房里安然入睡了。想到这里，李蕾难过地哭了起来。

那段日子即便是现在想起来，李蕾也总是眼睛湿润，后来想想，喝水也塞牙的感觉不过如此吧。因为对业务不熟悉，她经常被上级批评。晚上压力大得睡不着，然后就爬起来把内心的感悟和想法一点一点地记录下来，有些段子都是哭着完成的。上天不眷顾她，身在异地，没有亲人朋友，没有一份称心的工作，她无数次想着："算了吧，太累了，回家吧！"可每天被新一轮的太阳照醒时，她又把这样的念头放下，开始了新一天的努力。

再后来，一家知名的IT网站招聘编辑，福利待遇、工作环境各方面都不错，李蕾把自己写的稿子投了几篇过去，幸运的是一下子就被看中了。当时参加复试的有十几个人，李蕾因为不光懂电脑软件，还掌握了很多硬件知识，再加上她文字功底好，所以从这十几个人中脱颖而出。

几年前，李蕾就有了自己的独立办公室，不用再挤格子间了。她知道，从前的所有磨难和不堪，都是在为成全今天的自己做铺垫。人生没有哪条路是白走的，每一条路，每一个弯，都有它存在的意义。而之前看似和现在没有关联的工作，都为她现在的工作增添了技能优势，让她稳稳地抓住了每一次让自己提升的机会。

"当坚强成为你唯一的选择，你就会知道自己有多么坚强。"李蕾说。

是啊，不管昨夜怎样痛哭，早晨醒来时，太阳依然高高升起。所有流过的泪水，都会在将来成为你脸上的笑颜。

第四章

无论什么时候，都请别放弃自己的骄傲

那些失去的，终将归来

　　人生如江上行舟，有风和日丽，也有狂风暴雨，这厢正春风得意马蹄疾，那厢却屋漏偏逢连夜雨。但是任小舟在风浪中如何飘摇欲坠，总有人镇定自若、面带春风，在挫折面前从容淡定、微笑以对。

　　《当幸福来敲门》这部影片讲述了一个濒临破产同时被妻子抛弃的小业务员，如何历尽艰辛做好一个单亲爸爸，并奋斗成为一个股票经纪人的故事。

　　电影讲了这样一个道理：如果你有梦想，就得去捍卫它。遇到挫折也不要失去信心，幸福会自己来敲门。

　　有一则和《当幸福来敲门》这部影片相似的故事：

　　早上起来，李冉发现家里停水停电了。没办法，她只好下楼去买纯净水洗漱。但是，楼下的小卖部关门了，门上贴着一张纸条：正在装修，暂时停业。

　　李冉一看手表，没时间再去远点的超市买水了，她只好爬上楼，回家用喝水杯子里剩的水打湿毛巾，草草擦了把脸就出门了。

　　等她气喘吁吁地赶到公司，迟到了一分钟，罚款一百元。

周一会开例会，新上任的经理正在念今年的业务报表，她的业绩不太理想，年底奖金也泡汤了。

午餐时间到了，同事们都闹着要新经理请客，大家有说有笑地出去了，却没有人叫她。

她独自去餐厅吃饭，刚坐下来就接到一个客户打来的电话。一个很大的订单被取消了，李冉愣了愣，却没有力气去点餐了。

那就回办公室休息吧。电话又响起来了。妈妈哭泣着说，姥姥今天去医院检查身体，医生说情况不太乐观。

她哽咽着安慰妈妈："别担心，我处理好工作的事情，就尽快回去看姥姥。"

晚上，她拖着疲惫的身体回到家里，家里依然一片漆黑。

嘀嘀一声，有条短信来了。

她有气无力地点开，是她的那个暗恋对象发来的："李冉，我喜欢上了一个女孩子，你可以帮我参谋参谋吗？"

那一刻，她的眼泪止不住地流了下来。

现实真是如此残酷吗？怎么一天内会失去这么多？

她靠在枕头上，难过地哭了起来。

但是，她马上平静下来，孤身一人的时候，只能自己给自己打气："不要怕，没有过不去的黑夜，一切都会好起来的。"

不知不觉，她睡着了。第二天醒来，她回了一条短信："不好意思，昨天睡着了。祝你幸福。"过了两分钟，短信又来了：工作别太累了。我昨天给阿姨打了电话，她说姥姥身体不太好，我们这个周末一起回家看看姥姥吧。

李冉吃了一惊：你要陪我回家看姥姥？

他说：是呀。我说的那个女孩就是你，我想姥姥知道了也会高兴吧。

在上班的路上，那个客户又打来电话："昨天的订单取消了，是因为公司的项目发生了调整。公司有了新的规划，也在招兵买马。你愿意过来帮忙吗？薪水翻倍。"

妈妈的电话又来了，李冉心里一紧。妈妈高兴地说："冉冉，你放心吧。昨天医生误诊了，姥姥身体没有大问题。"

李冉放下手机，长长地松了一口气。天空中，太阳正向她露出笑脸呢！

这个故事告诉我们：所有的故事都会有一个答案，所有的答案却未必都如最初所愿。重要的是，在最终的答案到来之前，你是否耐得住性子，守得稳初心，等得到转角的光明放宽心。坚持住，一切都是最好的安排！

人的一生不可能一直一帆风顺，所谓好花不常开，好景不常在，逆境和困难是每个人的必修课。那么当我们身处逆境、身陷困难之时该怎么办呢？是怨天尤人、长吁短叹，还是面对困难、走出逆境？是选择意志消沉、主动放弃，还是放手一搏、改变命运？

不经一番寒彻骨，怎得梅花扑鼻香？困境并不可怕，可怕的是你没有面对困难的勇气。我们在逆境面前，要有坚强如钢的意志，也要有从容不迫的淡然心态。朋友们，谁都会遇到不顺，就看你有没有当真。如果你被挫折打败了，那就真的失败了。如果你心狠一点，不要那么柔弱和害怕，也许转角就会遇到意想不到的幸福。

谁没有经历过黑夜，谁又没有沐浴过明媚的阳光？放心吧，没有治愈不了的伤痛，没有看不到太阳的明天，那些失去的，终将以另一种方式归来。

跌倒了，先别着急站起来

以前，老师常常这样告诫我们，在哪里跌倒了，就要在哪里爬起来。这句话肯定没有错，但是，老师却没有告诉我们，跌倒了，是马上爬起来，还是想一会儿再爬起来。抑或是直接爬起来，还是抖落身上的尘土和垃圾后，再爬起来？

在回答这个问题之前，我们先看看这样一个故事：

一头驴子不小心掉进了很深的枯井中。驴子想要自己爬出来，但是枯井太深，它的所有努力都是徒劳。

农夫知道后，也想了各种办法要救驴子出来。可是，在尝试多次后，所有救助办法都不起任何作用。无奈之下，农夫也决定放弃了。长痛不如短痛，为了解除驴子的痛苦，农夫打算将枯井填平。况且，这口枯井总是要填平的。而且，驴子也老了，没有必要继续折腾下去了。于是，农夫用铁锹将泥沙铲入井中。驴子看到一锹锹泥土从头而降时，知道农夫已经放弃救它了，便在枯井里面哀号痛哭，还在井底打滚，但是这又能起到什么作用呢？折腾了一会儿后，驴子也绝望了，它不想再浪费自己的力气，就静静地躺在井底。

农夫撒了几锹泥土之后，听到井底好像有些动静，便好奇地伸头朝下看看。

这一看不打紧，他大吃一惊。原来，驴子并未真正坐以待毙，而是将身上的泥土抖落干净，然后站在泥土堆上面。随着一锹锹泥土纷纷落下，驴子脚下的泥土越来越多，它离井口也越来越近了。就这样，驴子在绝望中用这种方法成功地逃出生天。

这个故事告诉我们，当人生走到谷底的时候，不要悲伤，不要绝望；当遇到挫折时，不要急着站起来，而要想办法抖落身上的灰尘，也许希望就在前方。所以说，如果跌倒了，先不要着急站起来，冷静地观察、反思，寻找突破重围的方法，像掉入枯井的驴子那样。越是暴躁，越是绝望，不如安静下来，反而能从绝境中发现逃生的方法。

每个人都会面临困境，在困难中不同的人会有不同的反应。有人一蹶不振，有人马上爬起，有人却会思考。

第一种人的做法肯定不可取。跌倒了，不能满脑子都是悲观失望，六神无主，怨天尤人，这样你的处境只会变得更糟。要尽量保持头脑冷静，只有冷静才会有理性，只有理性才能客观分析当前面临的情形，才可能找到隐藏在危机中的转机。所以，有人说，冷静是一种力量，一种决定成败的力量。

第二种人的做法没错，但是这样的话却让失败的价值贬低了。失败不是猛虎，无须逃之夭夭。否则，再次遇到类似的困境，你依然没有办法。

我们应该做第三种人。人来到这个世上，自然会遇到各种各样的不如意。在遭遇这些困难时，你要学会调节自己的心态，学会反思，积累经验。反思并获取经验对人的成长很重要。很多科学实验都表明，那些经常受到挫折的孩子，会成长得更加出色。

遭遇逆境是一种历练。陈毅元帅曾说："应知天地宽，何处无风云。应知山水远，到处有不平。"阐述的道理就是挫折与坎坷是人生的一部分，无法回避。既然如此，那就坦然对待，把逆境作为人生的一种历练。

逆境使你的事业、生活多了些波折，但是却让你的人生更加丰富。往大了说，"自古英雄多磨难"，每经历一次挫折，你就离成功更近了一部。逆境中成才的例子俯拾皆是。所以，法国作家巴尔扎克说："不幸，是天才的进身之阶，信徒的洗礼之水，能人的无价之宝，弱者的无底之渊。"

记住，当生活中有"泥土"不断倾倒下来的时候，要学会抖落身上的"泥土"，把"泥土"转化为通向成功的基石，而不是压垮自己的凶器。

常言道：吃一堑长一智，经一事长一能。道理虽浅显，但不是人人都能做到。如果做到了，便能走出困境，找到通往成功的阶梯。

失败了就是失败者吗

　　"失败"这个词，虽然不完全是个贬义词，但在生活中、工作中却一定是个高频词。相信大家常常遇到一些朋友跟你吐槽："怎么又失败了？""为了什么运气这么差？"什么时候才能成功呢？"

　　可见，每个人都会遇到失败。

　　但是，面对失败，不同的人却有不同的反应。

　　我们先看两个小故事吧：

　　森林里住着一只五彩斑斓的蟾蜍。蟾蜍是森林里很有名的歌手。它能把自己的叫声吹成萨克斯的声音，它的嗓音深受森林里各种动物的喜爱。蟾蜍为了参加比赛，天天早晨在一个池塘里的荷叶上练习嗓子，有一只乌龟实在是忍受不了，出言制止了蟾蜍：

　　"你能不能不要练了？严重影响了我的冬眠生活。"

　　"你不知道我是著名歌星吗？这是你的荣幸。"蟾蜍轻蔑地说道，打心眼里瞧不起这个丑得像黑炭一样的东西。

　　"我们来一场游泳比赛，如果我游得比你快，你就得离开这个地方。"乌龟信誓旦旦地说。

"如果你输了呢？"蟾蜍瞥了它一眼。

"我输了，我离开。"乌龟说道。

"行，那我们现在开始比赛吧。"蟾蜍跃跃欲试，森林里谁不知道乌龟的速度是最慢的。

"明天开始比吧，我要回去做一下准备。"乌龟说道。

蟾蜍愉快地答应了。乌龟慢慢地爬回家里，找到了自己的双胞胎弟弟。乌龟和自己的弟弟商量好了对策，就等着明天的到来。

第二天一大早，蟾蜍早就等在那里了。蟾蜍和乌龟一同跳入水中，乌龟沉到水底就没影了。等蟾蜍到了池塘的另一边，等在那里的乌龟弟弟探出水面，说道：

"我早就到了。"

蟾蜍怎么也不相信，又要求重新比赛，就这样来回游了很多次，总是乌龟赢。直到累得精疲力竭，蟾蜍才不得不服输。按照比赛规则，蟾蜍不得不离开这个池塘。一直以来，对于自己这次的失败，蟾蜍都百思不得其解。

其实，有的失败看起来不可思议，原因却非常简单。只是蟾蜍太注重失败的结果，而没有仔细去分析失败的原因，从而在一条路上一而再再而三地失败，直到精疲力竭也不知道原因。

蟾蜍是不值得同情的，可是下面一个故事，却值得人深思。

有一个集团老总，想招聘一位部门负责人。经过层层角逐，有三个人进了最终候选名额。最后一轮，董事长与三人进行面谈。

轮到第一个人，董事长问他："你曾经在生意上有过失败的经历吗？"

"当然没有，我是个出色的商人，我精通我所在的行业。"

面包师小心翼翼地回答着，并不敢说真话。他想：如果实话实说，不是揭自己的短吗。

"好了，你下去等通知吧。"董事长说道。其实董事长早就知道他在撒谎了，这样的人绝对不能担此职务，否则不知道会出现多少失误。

第二个人进来了，董事长又问了他同样的问题。

"我在之前的两个公司干过，成绩都不错，但确实失败过。"

第二个人实话实说道。

"那么，失败的原因是什么呢？"董事长又问道。

"我觉得，失败的原因主要是前任领导决策失误。"

"你下去等通知吧。"董事长说。他心想：这种人，犯了错把问题推在别人头上，难成大事。

第三个人进来了，是一个年轻人，他只是一个平凡而又普通的工作者。董事长问了他同样的问题：

"你在工作中曾经遭遇过失败吗？"

"当然，我失败过很多次。我曾经把数据写错，也曾经没做过调查就贸然写策划……"年轻人十分懊恼地说。

"如果重新给你一次机会，你会怎么做？你觉得你是一个失败者吗？"董事长在心里确定了他就是自己要找的人，勇于承认失败，是一种难得的品质。

"我会避免犯常识性的错误，万事先做调查，再去做，工作认真负责，努力做到完美。我相信，只要总结经验教训，那么失败了也不是失败者。"年轻人十分自信地说。

"恭喜你被录用了。"董事长说道。

其实，胜败不只是兵家常事。失败并没有什么难于启齿的，失败同样也是一件很平常的事。关键在于自己要承认失败，然后从失败中汲取养分，茁壮成长。

上面两个故事，讲述了两种对待失败的态度。一种人，屡战屡败，因为他们从不总结经验教训，经常在同一个地方摔跟头。而第二个故事，却讲述了善于总结经验教训的道理，失败就是成功之母。

很多时候，失败所表现出来的正是我们需要正视的问题，我们会发现是哪些原因导致我们被阻挡在成功之外。因此，面对失败，聪明人从来不会选择绝望、悲观，更不会就此放弃自己为之拼搏、奋斗的事业，而是会从中分析存在的弊端，并吸取失败的教训，总结经验，然后重拾信心继续拼搏。其实，想要脱离他人的羽翼独自取得成功并不是一件容易的事，因此有智慧的人早就做好了失败的准备，准备迎接各种风雨，同时也始终坚定自己必胜的信念。

吴汉是刘秀手下的著名将军。吴汉和刘秀的初次见面便是在战场上。当时，刘秀打了败仗，军中士气低落。刘秀没有告知身边的军官，独自一人去士兵的营帐看看。刚吃了败仗，士兵的情绪都很低落，有的庆幸自己没战死在战场，有的正在酗酒，似乎打算不醉不归，还有的正在擦拭伤口，然而更多的士兵则是三五成群地聚在一起痛哭流涕，思念家乡的亲人。此情此景，丝毫没有一个合格士兵该有的样子。

刘秀继续往下一个帐篷走去，下一个，再下一个，几乎和之前的场景一模一样。刘秀失望地往下一个帐篷走去，却发现帐篷里的士兵与之前的完全不同。他正在擦拭自己的盔甲和武器，一遍又一遍，脸上的神情十分平静，既没有战败的忧愁，更没有颓废沮丧，他就在帐篷里借着昏暗的灯光，一遍又一遍，不厌其烦地擦拭着自己所有的武器装备，似乎是为了迎接下一场战斗的到来。刘秀在心里思忖："此人将来必成大器。"

后来，刘秀口中的这人成了战场上骁勇善战的大将军，他就是吴汉。

这个故事告诉我们，失败了，不必灰心丧气，找到原因，继续战斗。因为，一次失败，不代表次次失败。

蒲柳之姿，望秋而零；松柏之质，经霜弥茂。这是大自然的选择，凡是能以坚韧之志度过严冬的植物都会愈加茂盛，而那些对困难望而生畏的植物必然会被自然淘汰，这就是大自然的法则——适者生存、物竞天择。同样的，当人生之舟逆水而行的时候，勇于搏击风浪、逆水前进的船只必然会看到风雨后的彩虹，放弃抵抗和前行的船只必然会被风雨摧残得体无完肤，甚至可能葬身大海。

宝剑锋从磨砺出，梅花香自苦寒来。遭遇困境，如同铁匠打铁，千锤百炼之下才会有质地坚韧的好铁，那些经不起锤打中途断掉的就只能被淘汰。所以当我们遇到困难之时，不要悲伤，不要放弃，微笑面对，把眼前的困难看作上天赐予的福利，克服它你就能看见更强大的自己，克服它你就能触摸到常人所不能及的幸福。你要相信乌云虽然能暂时让天空灰暗一片，但仍然阻挡不了太阳的光芒。

有些失败，可能真的是件好事

刚大学毕业那会儿，我一门心思想着创业。而且学校也有针对大学生创业的项目资金，还能提供几万元的贷款，甚至还帮我们办理营业执照。当时我跟宿舍两个哥们儿商量之下，觉得学校附近的奶茶店生意不错。于是，就琢磨着盘个店面，开一个奶茶店。刚好有个奶茶店老板资金短缺，正想转手。我们得知消息后，觉得这真是个好机会，马上接了下来。其实店面不大，差不多二十平方米。我们自己简单装修了一下，交了一年房租，就开始忙活起来了。

刚开始，我们的劲头都很足。看着来来往往的同学，总觉得生意不错。可是没过几个月，我们算下来，除了租金和成本，我们根本没有赚到钱，还把时间搭进去了。

问题出在哪里呢？我们几个开始总结。觉得问题出在两个方面，一是几个伙计都是大男生，客人看着也总觉得怪怪的。还有一个最大的问题是这个门面位置并不好，离同学们去学校的主路还有几分钟。许多同学上下学，都会去主路的奶茶店，不会绕道来我们这里。所以，奶茶店看似一直都有生意，但客流量并不密。

总结出这些问题后，我们才恍然大悟，怪不得上一位老板急着出手呢。但是，房租都交了一年了，我们只得咬牙坚持下去。硬撑了一年后，奶茶店关门大吉。再一算账，三个合伙人，每人平均亏损两万。

所以，现在有朋友开餐馆或者买房，问我意见的时候，我首先强调："地段，地段！"

这是我第一次创业的经历，也是进入社会后首尝败绩。但是，这次经历让我对地段特别重视，这也算是"吃一堑长一智吧"。

其实，失败并不可怕，可怕的是失败之后，没有总结经验，第二次又在同一个地方摔倒。如果失败了，能够汲取教训，那么失败就是一件好事。

有这样一个故事，讲的也是这个道理。

伊朗的德黑兰皇宫是建筑史上的传奇。而去过皇宫的人，都会被皇宫里星光闪耀的天花板和墙壁所折服，看上去，皇宫里的天花板和墙壁仿佛就是由钻石精心雕刻而成的，然而当你知道真相后，却不得不为当初的建筑师拍手称赞。

起初，负责修建皇宫的建筑师本来打算在天花板和墙壁上镶嵌一面面巨大的镜子，这样的设计不仅能使皇宫看起来富丽堂皇，而且视觉上也能营造一种宽广宏伟的气势。然而，不幸的事情发生了，巨大的镜子在运输过程中面目全非，几乎全部都碎了，没有一面是完整的。工人们十分惋惜，只得把这些镜子碎片给埋了，然后去告诉设计师这个不幸的消息。没想到设计师并没有感到惋惜，反而吩咐工人们把那些埋掉的镜子碎片都挖出来，并找人敲成更小的碎片。就这样，这些小碎片被镶嵌到了天花板和墙壁上，当阳光照进皇宫的时候，这些碎片闪闪发光，像钻石般耀眼，令游客们叹为观止，不得不佩服当初这位建筑师的巧夺天工之笔。

原本完整的镜子在支离破碎后却营造出了钻石般的效果，想到人生，即使在风雨中跌倒，梦想被摔得支离破碎，我们依然不能放弃。如果放弃，那么梦想就好似深埋地下的玻璃碎片，分文不值；而如果把失败当作人生的垫脚石，把这些碎片当作前进的动力，那么暂时支离破碎的现实同样也能营造出璀璨如钻石般的人生。

每个人都会遇到失败，只有清醒地认识到自己的不足，才能知道自己的长处。如果沉浸在失败的状态里无法自拔，而否定自己，或者失败了却不服输，仍旧按照先前的路子去尝试，结果也只能惨败而归。

所以，每一次的失败，其实也是给我们自己寻找改进不足的机会。人要每一次失败的根源都能在自己身上找到原因。有些失败，从长远来看，可能真的是一件好事。失败能让人看清自己的不足，哪一个环节出了问题，也才知道自己的优势在哪里，这样才能取得成功。不要羡慕一个轻而易举就成功的人，也不要因为一时的失败而灰心丧气，因为"暂时的失败，比暂时的成功要好很多"。

生命既是奋斗的过程，也是认识自我的过程，失败并没有什么大不了，人能在失败中认识到自己的缺点，也能看到自己真正的价值，这样才能够充分发挥自己的优势，也能让我们看清未来的方向，激励我们更加勇往直前。

说了这么多，只想说明一点，失败不是坏事。再以两个小故事来结束这个话题吧。

有个打鱼能手跟他的朋友诉苦："你看我这么会打鱼，可说来真让人不敢相信，我的儿子竟然不会打鱼。"

朋友问他："你怎么不教他呢？"

"哎呀，他10岁的时候，我就教他如何打鱼了。"

朋友疑惑地问："那他怎么不会打鱼呢，难道你不是手把手教的？"

"何止手把手地教，简直事无巨细，我把自己所有的技术都一一教给他了。"渔夫苦恼地说。

朋友说："你光教他技术，却没有把自己失败的经验传授给他。他又怎么能打好鱼呢？"

一个年轻人经历多次失败，遭受多次打击，一直找不到原因。

他问一个智者："怎么样能获得成功呢？"

智者说："精确的判断力。"

年轻人又问："从哪里能获得精确的判断力呢？"

智者说："经验。"

年轻人再问："经验从哪里来？"

智者说："错误的判断。"

可见，失败是一种财富，是成功路上的铺垫。我坚信，人生所走过的所有的路，都有意义。成功也好，失败也罢，都是你的宝贵经历，都积累成了现在的你。你说，是吗？

你以为光凭兴趣就能成功

人们常说兴趣是最好的老师。的确如此，很多闻名遐迩的世界名人在幼年时期就表现出现在所擅长领域的极大兴趣。牛顿对"为什么苹果会从树上掉下来"这个问题产生了浓烈的兴趣，从而发现了万有引力定律；达尔文从小就对自然界的各种现象表现出了浓厚的兴趣，最后发现了猿猴与人类之间的近亲关系，从而提出进化论；爱迪生从小就喜欢自己摆弄各种小工具，在此基础上进行改进创新，结果我们都知道，他最后成了"发明大王"。表面上看，似乎很多我们所熟知的科学家、历史名人，大都是因为从小的兴趣爱好，一路走向成功。成功对于他们来说，仿佛就是水到渠成的事情。每当谈论到某位成功人士，很多人都会说："他从小就很有天赋的。"然后就是举例说明，用来例证自己的观点，顺带自嘲没有那个天赋。

其实不然，很多人只看到了小时候的兴趣爱好，却没有发现其实成功并不容易。甚至可以说，那一点点天赋，对某种事物的兴趣浓烈等，其实并不能够决定一个人是否能够成功。你只看到了苹果砸在牛顿的身上，却没有像他那样陷入沉思，并用实际行动来解决心中的困惑；你只听到了森林里的猴子在嬉戏耍闹，却没想过大自然界物种生存的不易；你只会使用身边现成的工具，却从没思考过它们是如何运作的。你以为光凭兴趣就能成功吗？牛顿、达尔文、爱迪生，他们绝对不是仅凭小时候的兴趣就取得了现在举世瞩目的成就的。

成功并不是一蹴而就，而是需要付出大量的时间和精力，付出比别人多百倍甚至千百的努力。为了做研究，牛顿经常通宵达旦地在实验室里工作，他认为"没花在研究上的时间都是损失"，因而牛顿极其珍视自己的时间，他对科学研究的专心程度达到了如痴如醉的地步；达尔文穷尽一生踏遍了许多森林大川，花了近二十二年的时间，才写成《物种起源》一书；爱迪生失败了一千多次，才发明了电灯泡。

这些科学家不仅是光凭儿时的兴趣就成功了。除了兴趣，成功还需要不断学习，不断积累，不断尝试。这并不是说兴趣不重要，而是说兴趣并不是最重要的因素，而是基本要素。成功需要兴趣、学习和坚持。这三者缺一不可。有了兴趣，才会主动去学习，有了兴趣，才能坚持到底，三者都能做到，成功也就指日可待了。

"知之者不如好之者，好之者不如乐之者。"说的是：知道学习的人不如爱好学习的人，爱好学习的人不如以此为乐的人；强调的是兴趣的重要性。人有时候十分健忘，总喜欢丢三落四的，但是对于感兴趣的事情却充满了无限精力，如同被烙印在心底，无论时间怎样流逝，总是会铭记于心，对之念念不忘，这是兴趣使然。对自己感兴趣的事物，总是充满了无限的斗志；而对自己不感兴趣的事物，则总是提不起劲儿。

很多人在孩童时期都表现出对各种事物的极大兴趣，可以蹲在墙角看蚂蚁搬家，能在柳树下钓龙虾，会在操场里跳花绳等，这些童年趣事还称不上"兴趣"。小孩子敢于说出自己将来要做的事，勇敢地说出自己的理想，不过是一时兴趣，对自己的所求、所想，其实并没有很清晰的认识。而且这些儿时的"豪言壮语"随着年龄的增长会逐渐烟消云散，甚至在成年以后会羞于启齿。有兴趣固然是好事，但今天对这个感兴趣，明天对其他的感兴趣，这样就谈不上真正的热爱。事物都在发展变化中，一时的兴趣并不能持久，这就需要学习。

"人生在勤，不索何获？"通过勤奋地学习，我们会发现很多新奇的事物；通过学习，很多以前无法理解的地方能够一下子豁然开朗。学习是通向成功的有效捷径。通过学习，我们能以最有效的手段获取知识。这样，可以少走弯路，避免很多不必要的错误。学习，说的不只是书本上的知识、学术上的新发现。学习，更来源于生活。要想成功，必须向身边优秀的人学习，"三人行必有我师焉"，学习别人的优点，看到别人的缺点，要反省自己是否同样有这样的毛病，并加以改正，这样才能不断进步。

学习需要方法，不是亦步亦趋地跟着别人，而是需要提升自己的能力，要树立"终身学习"的意识，主动学习，养成学习习惯。无论做什么事，都需要认真学习，并坚持不懈，这样才能取得成功。

春笋冲破泥土的阻隔，成就了生命笔直向上的姿态；溪流绕过千山万水，成就了大海一望无际的尺度；沙砾在不断的挤压中，成就了珍珠的晶莹。正是因为坚持，生命才会如此绚丽多彩。人同样也应该这样，坚持追求自己的理想。

鲁迅先生曾说："即使慢，驰而不息，纵会落后，纵会失败，但一定可以达到他所向的目标。"说的是坚持不懈的力量。坚持就会成功，这么浅显的道理，很多人都不会去做。很多人只能坚持一时。时间一久就又摇摆不定，总是怀疑此路不通，想要另辟捷径。其实不坚持到最后，你永远不知道成功离自己有多近。而一旦放弃，成功就越来越遥不可及。要有坚持到底的勇气、势不可挡的魄力，这样，成功才会向你招手。

　　成功的道路并不平坦，甚至十分曲折。走这条路的人需要十分甚至百分的毅力。首先是自己感兴趣，这样就有了源动力，有了兴趣，遇到挫折困难也不会灰心丧气，通过学习克服困难，并坚持到底，这样，离目的地就会越来越近，那么，离成功也就不远了。

没有"独门绝技"，你靠什么镇住场子

没有铁布衫护身，得有金刚罩挡煞；不会凌波微步逃生，得有六脉神剑制敌；没有倚天屠龙那样的神兵利器，就得有降龙十八掌这样的扎实功底。行走江湖，你若是没点可靠的本事，那注定会经常挨刀。行走在人生路上亦是如此。有人说，人就是江湖，有人的地方就有江湖。事实上，人不是江湖，竞争才是，有竞争的地方，就有江湖。出来打拼，没有压得住人的本事怎么行呢？

想要成就更好的自己，就需要战胜对手。而想要在一群人中脱颖而出，你就要拥有属于自己的"独门绝技"。

在同事眼中，李丽丽是一位文文弱弱的女士。然而偶然的一次机会，她让所有人刮目相看。

那是公司组织的春游，大家带着烧烤的用具坐着车朝事先约好的地方走。天气很好，春光明媚，大家的兴致都很高。一路上聊天的聊天、唱歌的唱歌、自拍的自拍，忙得不亦可乎，可是车开到半路，忽然停了下来。

开车的同事下车一看，说是车胎爆了，没法再开。一时间大家面面相觑，这前不着村后不着店的，可怎么办啊？

有同事说车后面不是挂着备胎吗，换一下就好了，可是开车的那一位挠挠头，说自己并不会换胎。再问其他几位男士，纷纷摇头。大家都急了，有女同事说："你们好几个都有车，难道就没人会换胎吗？"男同事说："平时车都是定期保养，根本没遇到过这样的情况，再说即便是爆胎了，也是请拖车拖去修，哪里会自己去动手啊。"一番话说得大家哭笑不得。

这时，李丽丽下车看了看，说："我能帮忙换，不过可能要麻烦你们出出力了。"大家一听有人能换，忙说愿意出力。众人便都下了车。因为车上没有千斤顶，只好让几个男同事将车往上抬。女同事则在下面飞快地卸下废胎又将备用的安了上去，就在几个男同事要坚持不住的时候，备胎安好了。李丽丽又仔细检查了一下，比了个OK的手势。

那时候，大家都觉得李丽丽真是帅呆了。

开车的同事先试着开了一小会儿，发现没有问题才让大家都上车。坐在车上，大家都很好奇，问李丽丽怎么会修车。李丽丽笑了："都是被逼出来的。有一次，孩子他爸出差了，我开车带着孩子出去玩，半路上也是胎爆了。因为找不到能求助的人，而天也快黑了，我真是急坏了。后来，想着求人不如求己。好在车厢后面有个千斤顶，便打电话给一位相熟的师傅，他在电话里把方法告诉我，我就按照师傅说的方法自己把轮胎换上了。"

一群男同事一听，都有点不好意思。其实，只要肯动动脑，换轮胎也不是多难的事情。只不过，他们都没有这方面的经验，也就没有这方面的准备。

想要震住场子，事实上并不需要什么神技，只要你能漂亮地完成任务解决问题，那么你都能脱颖而出。不要小看自己的任何才能，在你看来它或许只是你的小小乐趣或者生活小助手，但是在别的场合下，它甚至可以发挥惊人的作用。

或许最初你只是因为喜欢动漫而学习了日语，可是在将来的某一天，或许你就能够凭此代表公司和日商交流谈判；或许你只是因为喜欢画画而一直坚持练习，可是在某个设计上，也许你能因此贡献出神来一笔；或许你只是出于好奇而学会用其他容器做饭炒菜，可是被困山林时，你用竹子煮出来的饭可以振奋人心。

朋友们，学会一点"独门绝技"吧，说不定哪天在遇到苦难时会让你摆脱困境，或者在竞争中让你脱颖而出。

有趣，有的时候比能力更重要

成功，是每个人所渴望的。因为成功，会让你更加自信，也让自己的人生更有价值。并且，能够为社会做出更大贡献，也能够帮助更多需要帮助的人。然而，促使你成功的因素有很多。除了兢兢业业，踏实又坚定地朝着你的目标前进，还需要选择一个对的方向。做自己喜欢的事情，能让你事半功倍，更接近成功。

我有一个叫王海运的同学，从小学、初中，到高中，我俩一直都在同一个学校。他高中时期文化课成绩很一般，如果单凭文化课成绩想上大学估计不太可能。那时候，他听从老师的建议由文化生转艺术生，这样艺术高考可以加分，再加上文化课成绩，上大学就容易得多。王海运几乎没有考虑就答应了。

其实王海运一直都挺喜欢画画的，不过他画的既不是国画也不是素描，有些不伦不类，如果非要归到一类里面的话，我觉着倒挺像卡通画的。作为朋友的我，休假的时候常去他家里跟他一起做功课，顺便可以辅导一下他的文化课。高三那一年，王海运基本没上文化课，半路出家开始学画画，晚上就找补习班补文化课。自从他转了艺术生，也不知是因为兴趣还是因为重心发生了转移。他常常在文化课上躲在书本后面埋头画画。一个学期下来，他画了好几本素描本。经过一年不眠不休的努力，王海运考上了大学。因为是艺术生的缘故，只能选择跟美术相关的专业，王海运毅然决然地选择了动漫设计，然后自己辅修了现代艺术。

后来因为不在一个城市念大学，我俩就只能偶尔通通电话，电话里他常常说高三转艺术生是人生最棒的决定，因为他发现，他比自己想象的还要热爱画画。有一年我生日，他给我寄了个厚厚的素描本，那个素描本上全是他画的从前我们相处的时光。从孩童到幼年，然后到少年，看着素描本，以前的时光历历在目。我打电话致谢，并称赞了他绘画的技术，他却谦虚地说道："没有你说的那么好，我觉得自己画得一般，但是因为兴趣，总是不知不觉地投入更多的时间在那上面。"

后来随着时间流逝，我俩各自为人生奋斗着，联系渐渐不似学生时代那么频繁了。

直到我30岁的这一年，我意外收到了一份邀请函，是一家外国的美术协会发来的。我一个从来不关注美术展览的人收到这样的邀请函实在是诧异，但一瞬间，我隐约猜到了什么。翻开手中的邀请函，看到王海运的名字，我特别激动。好像他的成功在我意料之中，又在意料之外。意料之中是因为他对美术的痴迷奠定了他成功的基础，意外的是没想到他这么快就获得了大师的青睐。

我带着妻子和儿子　同前往这个沙龙展览，在看展的过程中也惊叹于艺术给自己带来的震撼。看完展，便是颁奖仪式。七年未见，王海运的模样还是从前那般，但周身的气质却悄然发生了改变。现在的他温润又内敛，可依旧掩不住他散发的光芒。那是成功的光芒。

我情不自禁地蹲下来，对身边的儿子说道："做自己喜欢的事情，才能够事半功倍，更接近成功。所以，儿子你以后要去做自己喜欢的事情，爸爸会全力支持你。"儿子似懂非懂地点了点头。

有些事，只要你努力，只要你朝着目标踏实地前进，终有一日会取得成功。只不过可能是十年又或者是二十年，或者更久。然而做自己喜欢的事情时，你会发现，你在这件事情上会有使不完的劲儿，有前所未有的专注度。同样的一件事，因为你的喜爱，会事半功倍。别人也许需要十年才能完成的事，你可能五年就能够完成。还有，成功也不会因为你的年龄而与你擦肩而过，就像摩西奶奶。

摩西奶奶出生于1860年，是个穷农夫的女儿，27岁嫁人，养育10个孩子，双手被各种农活和家务占用，直到76岁因为关节炎而放弃了刺绣，改成了画画。她画的都是乡间景色，朴实而温情。后来她的女儿把她的作品带到镇上的杂货铺里售卖，直到被艺术收藏家相中，他买了这幅画甚至还想要更多，而且还希望能够将摩西的画带到纽约的画廊，让更多人看到。在摩西80岁时，她在纽约举办了个人展览，引起了业界乃至世界的轰动。80岁高龄，可以说是大器晚成。虽然她从未接受过专业训练，但是却展现了惊人的创作力。她有一句话鼓励了许多人，她说："如果一件事情有趣，你就会乐此不疲，上帝会高兴地为你打开成功的大门，哪怕你已经80岁了！"

我在想，如果王海运没有中途转艺术生，没有报美术专业，现在会是什么样子？是不是也像我一样成家立业，老老实实地做个小白领，一生也就这么过去了？如果摩西奶奶到了76岁放弃刺绣后没有选择画画，那她的晚年或许就跟众多老妇人一样吧！人生终究是自己走出来的，抛开已经拥有的一切，去追逐自己喜欢做的事情，兴趣会让你踏进成功的大门！

你若悲观，那才是最可怕的悲剧

没有人会永远沉浸在无限的快乐之中，每个人都会有困苦的时刻。然而，一时的难过、悲伤，只不过是生命长河中的一滴水罢了，过眼便蒸发消散。

人世间，或许会有众多艰难险阻埋伏在你途经的路上。大多数时候，路途坦荡，但有一天也会直面悬崖峭壁。

如果你被悲伤包围了，眼前一片黑暗。突然，一束光打在你身上，一个声音从遥远的地方传来：今后的日子你还能笑着面对吗？只要你点点头，阳光便会洒满你的全身；但如果你沉默不语、低下头去，这束光亮也将离你而去。

有一个故事生动地诠释了这个道理：

有个牧羊人将刚挤的一桶鲜牛奶放在了家门口，两只青蛙打闹的时候不小心都掉到桶里去了。牛奶比较黏稠，跳动的时候无法着力，两只青蛙都跳不出来。

第一只青蛙挣扎了一会儿，绝望地说："一点办法也没有，看来今天是要丧命于此了。"于是，它不再游动，就静静地躺在那里等死。没多久，它便淹死在了桶里。

第二只青蛙却不甘心，求生的欲望支撑着它不停地蹬着后腿，没有放弃。

时间一分分地过去，它的力气也越来越微弱了。突然，它感觉到桶里的牛奶越来越稠了，也慢慢变硬了。这只青蛙奋力一蹬，终于越过桶沿，跳了出来。

原来，牛奶在青蛙的搅拌下，慢慢变硬，变成了牛奶块。可是，第一只青蛙，却没等到这一刻，也没能出来。

你说第一只青蛙是被淹死的吗？是，也不是。确切地说，是悲观的情绪害死了它。

那么，什么是悲观呢？应该说，偶尔的消极情绪是人生中无法回避的人之常情，遇到困难就失去重新微笑的能力和继续拼搏的勇气才是悲观的定义。悲观更多的是从内心深处生出的一种无法摆脱的观念，这种观念会让你在遇到困难时，不由自主地往不好的方面想，变得情绪低落、信心全无。原本只要努力一下就能够完成的事情，结果连尝试一下都不敢了。

情绪和潜意识的作用不亚于现实对我们的影响。乐观变为悲观容易，而悲观变为乐观却难。

当悲观最终战胜你生命中一切美好的记忆时，你就彻彻底底成了它的傀儡。而悲观就像一个坏蛋，它只会指引你走向它的居所——一个充满消极、迷惘的地方。

于是，人生的正剧将会偏离它的剧本，很可能成为悲剧。你天真地以为一切都是所谓的命运，却不知道其实是你自己在最开始的时候埋下了伏笔。

第五章

当真，你的形象价值百万

你又不是大熊猫，为什么要让所有人都喜欢

生活中，我们每个人都希望做一个让别人喜欢的人，自己的努力能得到大家的认可。但有些人却走入了一个误区，觉得一定得让所有人都喜欢自己才行，结果适得其反，反倒给自己的工作和生活带来了很多烦恼。

大学同学郑明请大家吃饭。晚上大家聊得挺开心，席间我问他："最近怎么样，在新公司还好吧？"他皱起眉头，过了半晌，说："我想离开这家公司，想换个工作，这里简直受不了。"我说："为什么？干得好好的，上次你还跟我说这家公司不错，专业又对口，遇到什么事了？"他说："工作上的事我都应付，你是知道的，我是个把工作看得很重的人，工作能力也还可以，就是人际关系上不顺利，真是做事容易，做人难呀！"

原来，公司的副总看他业务能力很强，也挺欣赏他，很多重要的工作都交给他做。他也每次都能很好地完成任务，副总很高兴，每次开部门会议的时候，都表扬他。刚开始，他也很得意能获得领导的认可。渐渐地，他发现有几个同事看他的眼神不一样了，平时大家关系还不错，经常在工作之余聊聊天，下班后聚聚餐。结果，自打受到副总青睐后，他接连几次

约他们吃饭，都被推脱了。刚开始他也没在意，结果有一次，他从办公室小张口中得知，其实那几个同事，还是跟往常一样聚餐，只不过没有再通知他了。

有一次，那几个同事在谈论一部热播的电视剧，他忙搭腔想一起聊聊，结果大家哈哈笑了几声，又去谈别的话题了。他很尴尬，想缓和一下气氛，可是大家还是不冷不热的。

慢慢地，有些话就传到了他的耳朵里，说他跟副总关系这么好，成天围着领导转，看不出来平时挺老实的人，其实还这么会拍领导的马屁。他觉得真是冤枉，每次都是副总叫他到办公室去的，而且都是工作上的事。

他说："你知道吗，现在我都怕进办公室，太受煎熬了。"

我说："看得出来，你现在很焦虑，觉得工作毫无乐趣可言。"

他说："是啊，大家在一块儿工作，抬头不见低头见的，你说这样多难受。"

他很苦恼，问我现在怎么办。我说："你呀，这是自寻烦恼。你为什么要让所有人都喜欢你呢？因为你工作出色，副总认可你，那几个同事可能觉得你抢了他们风头。但如果你要让他们满意，就只能和他们一样，工作上平平庸庸。那你是选择努力工作，还是选择得过且过？"

"当然是努力工作。但我还是希望所有的同事都能喜欢我。"

我问他："你为了让那几个同事喜欢你，做了那么多努力，有什么结果吗？"

他苦笑着说："什么结果？实话跟你说，有几次聚会，虽然他们没喊我，但我自己去了，还抢着付账。结果他们还是那样，对我不冷不热。"

我说："和同事是需要搞好关系，但你越是努力工作，就可能越有人不喜欢你。而且好的关系也不是讨好别人换来的。你又不是大熊猫，别希望所有人都喜欢你，把你当国宝。你越是委屈自己，想拼命讨好所有人，就越是没有存在感。他们当然可以轻轻松松地拒绝你，而且也可以毫不顾及你的感受。"

"那我现在该怎么办？"我告诉他一定要放弃换一家公司的想法："如果你还是这样，无论换多少家公司都会是这样的结果。你先想清楚，你到底想要什么。如果你想要努力工作，让自己的事业更上一层楼，那就努力工作，不要在意那几个同事的偏见。如果你想要一个轻松愉快的工作环境，那你就跟副总保持距离，跟同事搞好关系。但是你要两边讨好，搞得自己精疲力竭，焦头烂额，两头就都丢了。"

他听了我的话说："你说得对，我以前真是没想到这些，确实，我要好好想想自己这样忙来忙去，到底是为了什么。前段时间我每天都把工作上的情绪带到家里，家里人也受不了了。昨天我还跟老婆吵了一架，她现在开始怀疑我在外面到底忙什么，为什么总是回家那么晚。"

走的时候，郑明一再感谢我对他的提醒。我说："希望你能好好调整自己，工作是为了更好地生活。"

我相信生活中有很多人都会遇到郑明这样的烦恼，我们每个人都处在各种各样的关系中，跟形形色色的人打交道，别人完全不喜欢你，对你的工作、生活肯定是不利的。但也不能把自己当大熊猫似的，为了让所有人都喜欢你，而一味地讨好别人。别人喜不喜欢你，是有很多因素造成的，每个人的性格、素质、位置不同，看人看事的角度也不一样。俗话说"众口难调"，就算是一个最优秀的厨师也不可能做出让所有人都满意的菜肴。

我们要学会做自己，更要看重那些真正尊重自己、理解自己、欣赏自己，在人生道路上不断鼓励自己的人！努力做好自己的工作，实现自己的价值！

想当你的敌人，先得看看他够不够格

我的一位同事小马，跟我讲过他刚毕业时候的故事，在此分享给大家：

刚毕业的时候，我去了一家知名的广告公司。在试用期的三个月里，我与同事相处融洽，在工作上也有很大的进步，还获得了公司领导的好评。

可是，成为正式员工后，我却发现部门经理对我明显冷淡了。试用期的时候，他觉得我工作做得好就会表扬一下，如果工作有失误也会委婉地提出来。可转正之后，他突然对我有些爱理不理的。

部门开会的时候，他把别的同事的小成就大大赞美一番，而我做的工作却一笔带过。有时候，分配任务时也把吃力不讨好的事给我。

明眼人都看得出来，他是故意针对我。

我到底是什么地方得罪他了？我百思不得其解。想不出原因就不想吧，我多次试图和他和解。

于是，一旦工作上有小困难，我都主动去找经理，他不是借故推脱，就是冷冷地来一句："这么简单都不会，你去找其他同事吧。"

其实，我也想过要不主动跟经理谈谈心，在我看来，男人与男人之间有什么事说开就好了，何必一直这样冷战呢？可是，一直没有找到合适的机会。

后来，一个同事实在看不下去了，对我说："你别再拿热脸贴人家冷屁股了，我知道为什么。"

"为什么？"我愣住了，自认为在公司这几个月，一直勤勤恳恳地工作，没有什么对不住他的地方。

"有一次我跟着经理和副总出差，我听到副总在他面前夸你能力不错，说我们部门以后的策划案由你和经理两人主笔，还说将来要好好培养你，经理当时脸色就不好了。"同事在我耳边悄悄地说。

"原来是这样。"我在心里苦笑了一下。也许副总无意的一句话让经理有了危机感，所以他才对我这样不咸不淡的。

后来，我想明白了，既然对方把我当作眼中钉，而我还一味地讨好他，只会让我自己难堪。我想既然经理这么排挤我，大不了辞职算了。

正在我起草辞职信的时候，一个念头闪过：我若是就这样辞职了，岂不是正中他的下怀？还是迎难而上、不当逃兵，面对刁难用实力说话？沉思一会儿后，我选择了后者。于是，我狠狠地划掉"辞职信"三个字，把纸搓成团扔进纸篓里，凭什么我要咽下这口气？整理好心情之后，我又专心投入到工作中。知道经理不待见我，自此以后，我更加努力工作，除了工作需要，尽量避免和他碰面。

有时候遇见了，出于礼貌，我也会跟他打声招呼：

"经理好。"

不过多数时候他都是装作没看见，或者直接走过去。对此，我只在心里冷笑。真希望永远都别跟这种小肚鸡肠的男人打交道。

我更加努力地工作，表面上不动神色，私底下却不放过任何一个提升自己的机会。当然，一切努力都有回报，虽然我和经理的关系已经降为冰点，但是我的几个策划案却在公司领导那里成为热门，连续受到表扬。

大概过了八九个月时间，经理跳槽到了我们公司的竞争对手那里。事情很突然，我也陡然觉得松了口气。回头一想，有这样一个对手在，自己过得也很充实；而现在对手不在了，反而有些不自在。

那天晚上，我打开邮箱，意外地发现竟然有一封经理发过来的邮件。

在邮件里，经理没有提他为什么如此刁难我，只是委婉地对他以前的做法表示歉意。最后，还对我表示感谢。

感谢什么？我有些纳闷，继续往下看。

原来，有一次，公司接到一个很重要的客户，需要连夜赶一个策划案。我和经理第二天都交上自己的策划案，在公司开讨论会的时候，最后选择了我的策划案。

我在开会的时候也看过经理的那份策划案，有似曾相识的感觉。散会后，我翻开一本期刊，大致浏览了一下。原来，经理是抄袭了里面的一个策划方案。

当然，整个公司只有我知道这件事，因为只有我和经理有这本期刊。

"我知道你看过那篇策划方案，但你没有揭穿我，让我走得这么光彩。谢谢你。"经理在邮件里说。

几天之后，我被公司任命为新的部门经理。

其实，这只是我职业生涯里面的一个小插曲而已，也可以说是工作中遇到的一次刁难。说经理是我的敌人，当然言重了，但是当时他确实对我存在敌意。当然，一切都已经随着时间而风轻云淡了。

如果说朋友是我们人生路上的动力，带着朋友的鼓励前行，让我们内心充满温暖。而敌人却像一面镜子，能照出我们自己。

敌人的存在可以激发我们的斗志和潜力，从理智上带来深刻的刺激。真正有实力的人会看重自己的敌人，知道敌人是自己成功的催化剂。

正如大自然中不能没有天敌，没有对手的危机感会让人意志松懈而倦怠。竞争是一种精神，是一种动力。而要在竞争中胜出，选择一个强有力的、能推动自己不断进步的对手至关重要。我们要在竞争中学习，向对手学习。一个真正有实力的人，会明白做自己的对手是要有资格的，你是怎样的人就配有怎样的对手。

感谢你的对手，是他让你强大，强大的对手更激发你无穷的斗志，让你保持清醒的头脑！

人类的进步就是不断挑战自我的过程，想要胜利，先找好对手，你会自信地说："想要当我的敌人，先得看你够不够格！"

别把时间浪费在讨厌的人和事上

前几天，我的大学同学苏明请吃饭。见面后我问他："老同学，你现在在哪里发财呀？这么长时间都没跟我们联系，把我们都忘了。"他笑着说："哪里啊，发财谈不上，不过嘛，最近我离开了原来的公司。你是知道的，我那个公司是传统行业，要死不活的，我一直都想出来自己做点什么。这不，前段时间我下定决心离开了，现在自己创业了。"

我笑着说："苏总创业了，恭喜啊！"他有点得意地说："现在你说什么最赚钱？"我还没回答，他就接着说："这个不用说，大家都知道，中国最有钱的是谁？马云啊，那可是我最崇拜的人。当初考大学的时候，家里人非逼着我学这个专业，我一点都不喜欢，你看这几年，传统行业都不景气了吧，还是互联网最厉害，只要跟互联网挂上钩的，哪有不赚钱的。你说是不是？"

我说："是啊，当初哪想得到，真是变化太快了。说了半天，你现在到底在做什么呢？"他告诉我离开原公司后，他和几个同学注册了一家公司做电商，目前收入还不错。我由衷地祝贺他，同时没忘了调侃一下："苏总，发财了可别忘了老同学啊！"

过了一段时间，我给他打电话："有几个同学到我这里来了，晚上去唱歌吧！"电话那头的他好像兴致不高，我说："怎么了，生意还好吧，怎么不高兴呢？"他说："这段时间烦死我了，见面再说吧。"

晚上大家玩得很开心，他却闷闷不乐。回来的路上，他向我诉苦，原来最近公司的客服出了点问题，让他头疼不已。有几次，他发现客户投诉客服态度不好、产品质量有问题……而客服又向他抱怨说有些客户真难伺候。

他想客服有什么难的，不就是回答客户的问题，要耐心点嘛。前几天，客服小王请了假，他去顶了一天，遇到一个客户，问他订的东西为什么还没到，他赶紧跟客户解释。没过一会儿，客户又说不要了，要退货。虽然他一再跟客户保证东西很快会送到，而公司的产品质量绝对优质。可客户就是不听，而且态度蛮横，没说几句就跟他吵了起来。

老同学心想自己是个小公司，又刚成立不久，不能得罪客户，便又耐着性子，说尽了好话，可客户还是不依不饶，说了一大堆难听的话：我真是上当了啊，你们的东西看着就差劲，这公司完全是骗人的啊……老同学只好把东西给他退了，结果那位客户又在网上留言，说这家公司的东西不能相信，都是骗人的。老同学一看，头都大了，这怎么办？

他苦着脸说："真是不做不知道，一做吓一跳啊！有的人根本就不是来买东西的，而是故意找茬，完全不讲道理。只要稍微有一点不满意，就说我们是骗人的，真是烦死了！"

我说："你呀，虽然现在做的是互联网企业，可脑子里的观念还是没转变过来，你满脑子想的就是客户是上帝，要服务好他，他才满意。传统的企业是这样，产品是服务于所有人的，要尽可能让所有的顾客满意。可你做的是互联网企业，你的产品又有特定人群，你明知道那个客户不相信你，为什么还要拼命去讨好他呢？"

他说："那他在网上骂我们公司，所有人都看到了呀，我们公司名誉不就扫地了嘛，今后还怎么做啊？"我说："其实你这种担心是多余的，网络确实是一个放大器，它可以集合所有的资源，但同时它也是一个高度集中的地方，你想想，那些真正相信你的，用过你产品的人，他们还是会相信你。你为什么觉得那个客户那么讨厌？是因为他与你观念不同，你们根本谈不到一起去。现在有一个词你听说过没有，叫'社群经济'？互联网时代，大家越来越看重圈子，为什么有那么多微信群和垂直社区，那就是圈子，每个人都有自己的圈子，大家是以相同的兴趣爱好聚合在一起。"

听到这里，苏明若有所悟地说："你是说不要想着要获得所有的客户，而是专注于目标客户。并且，目标客户也会通过口碑传播为我们带来更多的客户。"

我说："是啊。你想想，为什么要把大量的时间和精力放在那些不可能成为你的客户的人身上，甚至是你讨厌的人和事上呢？传统的销售卖的是产品本身，而互联网卖的是观念。你的公司和产品都是反映你的生活理念与文化追求的，只有那些接受你的观念的人才会接受你的产品。做企业首先是要找到目标客户，有的人不认同你的产品理念，当然不会购买你的产品。而那些认同你的人，则会相信你，并会在朋友圈里介绍你的产品，这样一传十、十传百，你的口碑不就有了吗？与其在网上大海捞针，不如有针对性地选择潜在的目标客户。"

苏明听了恍然大悟，说："哎呀，听君一席话，胜读十年书啊！看来，我的观念确实要转变，我还是满脑子的传统观念，要用互联网思维做事。创业初期，时间这么紧迫，整天睡觉的时间都不够用，哪还有时间和精力去应付那些本来就不是我的目标的客户，还那么不讲道理。我回去后要好好想想，你说得确实有道理，我以前根本就没想到。"

我说："是啊，现代社会技术日新月异，但是人才是最主要的因素，只有人改变观念才行啊。不管是工作还是生活中，如果一个人整天把时间浪费在讨厌的人和事上，本身就是低情商的表现，你想讨好所有人是不可能的，你要服务那些相信你、能一直跟着你走下去的人，这样你才能成功。否则你浪费了大量的时间和他们纠缠，反而会错过很多机会，真是得不偿失。而且，从我工作这些年的经验来看，有句话我特别赞同，叫作'圈子不同，不必强融'。你不必去讨好那些不必要的人，也不要把时间浪费在对自己人生毫无帮助的事上。"

过了一段时间，苏明给我打电话，他现在再也不像以前那样焦虑了，他很感谢我这个老同学的提醒和帮助，我则祝他生意兴隆。

每个人的时间和精力都是有限的。在今天这样快节奏、高效率的时代，不要把时间浪费在我们讨厌的人和事上，所谓"话不投机半句多，志不同道不合不相为谋"，我们要找到那些和我们志同道合的人，和他们一起创造更大的价值。

为什么有人如鱼得水，你却步履维艰

有的人无论是事业上还是生活上都是步步高升、如鱼得水，而有的人却举步维艰，慢慢地，心里失去了平衡，总是怨天尤人。

其实造成这种巨大差异有很多因素，除了家庭、性格、能力等因素，我们还要从自身找原因，生活中你会发现一个现象，同样一件事，有人做起来很顺利，有的人却异常困难，处处不顺。有人很委屈，为什么我付出了那么多努力，却不能成功？而有的人看起来没有那么努力，就是比自己过得好。

我的好朋友小玫的故事或许能给我们一些启示。前些时候她打电话给我，告诉我她要去一家新公司应聘。过了两天，我们见面的时候，我问她应聘的事怎么样了。她一脸沮丧地说："唉，真倒霉！"

为了这个职位，小玫可真是下了功夫，一路上过关斩将，好不容易到了面试的最后一关，谁知那天，老板看了看她的简历，淡淡地说："不好意思，我们不能录用你。因为你连个简历都保管不好，我们又怎么能放心地把工作交给你呢？"

原来，为了赶时间，她早上出门时一不小心把桌上的茶杯打翻了，茶水流到了简历上。她一看时间来不及了，又怕迟到，只好带着那份皱巴巴的简历出门了，谁知问题就出在这儿。

她一脸委屈地说："这能怪我吗？我又不是故意的。这个老板也太不近人情了。就因为这一点小事，我前面的努力都白费了。你说我倒不倒霉？"

我倒了一杯水，等她情绪安定了一些，问她："你有没有想过你自己有问题？是的，看起来，你是做了很多努力，可是你做事的方法不对，才造成了今天这个结果。你想想这个事表面上看是外在的影响因素，可是有一句话你听说过没有？"

"什么话？"

"事在人为！"

我接着说："如果我是你，遇到那样的情况，我会换一种处理方式，首先不管老板对那份简历多么不满，说的话有多不中听，我都会诚恳地跟他谈，向他表明我对这个工作的向往和重视，我会告诉他，贵公司一直是我心仪已久的单位，为了这个职位，我做了很多努力和准备工作，关于简历这个问题，我不会为自己辩解，反而从这件事中，看出贵公司在管理上的认真与严谨，精益求精，这正是我希望的。能到这样的公司工作，是我的荣幸，我相信在这里，我会严格要求自己，不断进步，也相信这样的公司会兴旺发达，前途无量。"

小玫听后半天说不出一句话，沉默半晌，她才说："你说得对。"

过了一段时间，小玫给我打电话，她已经找到心仪的工作了，并对我前段时间的提醒表示感谢。

其实生活中哪能事事顺利，那些看起来如鱼得水、游刃有余的人，他们只不过比你掌握了更好的为人处世的方法和技巧，尤其是高效的沟通能力、准确的理解能力、恰如其分的表达等等，这些都是我们要用心去学习、在实践中去体会的。

有些看起来很聪明的人，做事却事事不顺利。小聪明不如大智慧，有智慧有头脑的人才能在竞争中脱颖而出，哪怕遇到了困难，他们也能巧妙地化解。像小玫这样的问题，其实你天天都会遇到，关键是你要学会立即采取补救措施，化不利为有利，灵活应变，不拘泥，不死板，给自己创造机会。

如果不能摆正心态，积极努力地想办法，只知道一味怨天尤人，那等待你的永远是步履艰难。

古人说"天时，地利，人和"，有些事是我们没办法掌控和改变的，但我们要用智慧去改变那些我们能够改变的。马云说成功不在于你做了什么事，而在于你能克服多大的困难。当我们面对问题想办法时，不管你做什么，都不会差到哪里去。反之，只知道埋头苦干，不会与人沟通，总是为眼前的得失计较，你又能做成什么事呢？

在工作中，不管是同事与同事之间的合作关系，还是领导与下属之间的上下级关系，或者是与客户之间的服务关系，沟通都是极其重要的一环。良好而有效的沟通，可以在短时间内解决问题，提高工作效率，降低时间成本。

对于良好而有效的沟通，可能每个人都有自己的观点和看法。在追求成功的路上，有的人注重真诚，有的人注重态度，有的人注重谈话的方式，还有的人注重谈话的时机。但无论你注重哪一方面，都请记住，融会贯通、积极沟通都是一剂有效的良方。

从今天开始，学会积极面对一切困难，不抱怨、不沮丧，做自己人生的主人吧！

你要坚持原则，也要学会妥协

　　"坚持"一词往往与成功连在一起，在大多数人心中，"坚持"就是成功的代名词，想要实现自己的梦想，就一定要坚持。可是随着年龄的增长，慢慢地我们会发现，理想与现实之间是有很大差距的。在生活中，往往一味坚持不见得会换来好的结果，有时候我们反而要学会妥协。

　　大自然中，很少有江河是一条直线，大多数是拐来拐去的。为什么，因为水要向大地妥协，经过九曲十八弯，最终才能奔向大海。培根说："人生如同道路，最近的捷径往往是最坏的路。"人生不是一马平川，难免磕磕碰碰，笔直的道路往往会遇到乱石穿空，困难挡道。此时我们要向江河学习，学会让步，学会拐弯，这样才能在人生路上闲庭信步。

　　几年前，我曾在一家初创的互联网公司工作，同事都很年轻。老总常跟大家开玩笑说，跟你们在一起我都觉得年轻了10岁，真是青春无敌啊！

　　到公司一个多月后，有一家大公司提出要跟我们公司合作。公司上上下下都兴奋不已，都想赢得这个项目。

　　不过，谈判却不那么顺利。因为我们公司成立不久，对方提出的条件非常苛刻，利润十分微薄，而且在谈判时他们的代表气势凌人，根本不容我们提出更高的要求。如果我们同意他们的条件，那么我们几乎无利可图。

在开会讨论时，大家都一致反对，觉得既然条件苛刻，干脆放弃得了。有的员工还提出辞职，说这个项目纯粹是赔本，如果继续跟对方合作的话，我们的原则何在？

可是，老总最后拍板，决定合作。

看着大家疑惑的表情，老总说："年轻有年轻的好处，那就是有朝气、敢冒险。可是，在策略和战略上却有些经验不足。虽然在商言商，这次合作不能赢利，但是我们一定要想得更长远一些，看到对方公司的实力。我们公司刚成立不久，迫切需要开拓市场、获得口碑。如果这个项目做好了，以后开拓市场就容易多了。有的时候，我们妥协，是为了获得更长远的利益。"

最后，双方签订了合同。结果也正如老总所料，这次合作我们公司并没有赢利，但是却成功赢得了口碑，有几家大公司跟我们签订了更大的订单，公司的业务蒸蒸日上。

事后，我们几个年轻人都觉得，姜还是老的辣，对老总的远见和魄力佩服不已，更学会了在必要的时候，可以在坚持原则的前提下，适当地进行一些妥协。

由此可见，妥协、让步都只是一种策略，只有这样最后才能达到共赢的结果。

历史上，能成大事者都会先低头、再抬头，先妥协、再发展。

清朝开国皇帝皇太极驾崩后，多尔衮和豪格的皇位之争正式拉开序幕。豪格是皇太极的长子，在战场上勇猛过人，建立了许多战功。而多尔衮，是努尔哈赤的十四子，也就是皇太极的弟弟，豪格的叔父。

多尔衮一直跟随着皇太极，很多重大的战役，多尔衮都功不可没。八旗军有拥立豪格的，也有支持多尔衮的，两股势力不分伯仲。事态发展到最后，豪格试图以带军隐退逼迫多尔衮退让，而多尔衮本想强行登基，但最终又担心刚建立不久的清朝会在这场风波中陷入四分五裂的境况，于是暂时妥协，提出拥立福临为储君。福临是皇太极的第九子，站在豪格一边的八旗老臣们本就感激皇太极，誓死要立皇太极的子嗣为储君。这样一来，两方势力的矛盾缓和了，而豪格见支持自己的老臣有所松动，也就不再坚持要争帝位了。这样年仅6岁的福临当上了皇帝，多尔衮成了摄政王，而豪格却在这场较量中输得一败涂地。

在工作和生活中，我们需要擦亮双眼，看清形势，正确处理与他人的矛盾，一味地坚持原则是不会变通的表现，往往会搞得双方剑拔弩张。如果说理想是彼岸，现实是此岸，中间隔着湍急的河流，真正的智者知道要绕过眼前的河流，不被它吞没，让自己保持实力，才可以到达目的地。

现实中有人把坚持和妥协看作对立面，其实妥协是一种温柔的坚持，它不是毫无底线的让步，是一门艺术，是一种坚韧。生活中很多人为家庭的繁杂事务搞得焦头烂额，烦恼不已，都是因为他们一味坚持自己的道理、自己的观点。实际上，家不是讲道理的地方，讲来讲去，相持不下，最后争吵不休，家庭关系千疮百孔，多少夫妻最后分道扬镳。如果大家都能让一步，学会妥协，正所谓"退一步海阔天空"。妥协其实是生活的一剂润滑剂。

人生没有坚持是不行的，我们要坚持自己的尊严和原则，因为那是做人的根本。可是，在实现梦想和追求成功的路上，我们更要学会妥协。妥协不是简单的让步和放弃，而是在权衡利弊的基础上达成一种共识，是在知己知彼的前提下所做的一种选择。人生时时刻刻都面临选择，有时候自己也要跟自己做交易，并且讨价还价，而善意的妥协和善意的谎言一样，都是一种必要的策略。

在需要的时候，做些适当的妥协是很有必要的。当你自己力有不逮时，那就做些妥协吧——减少对生活的要求；当你能力还不够时，那就妥协吧——减少对对方的要求。

有位哲学家这样说过，经营美好人生需要妥协与自知之明！可以说，妥协也是一种努力和前进。

所谓情商高，就是会说话吗

我们常常听到别人说："看一个人的情商高不高，就要看这个人会不会说话。"的确，我不否认这一说法，但是我也并不完全赞同。会说话固然是情商高的表现之一，但是实际上会说话的人也可能只是智商高罢了。

情商高不光体现在嘴巴上，还体现在行为举止上，甚至是穿着上。为什么说穿着也能看得出一个人的情商呢？就拿生活中去参加朋友的婚礼来说，作为伴娘的你，如果穿的衣服比新娘子还夺目，那么来往宾客是不是就会说你这个伴娘善妒且虚荣，就连婚礼上新人为大，伴娘团应以众星拱月的姿态去参加婚礼的道理都不懂，简直是情商堪忧啊！

其实穿着，只不过是生活里众多组成的一部分。提到穿着，只是想告诉大家，任何一个细节，都能体现你情商的高低，而不仅仅是说话。

比如在公司销售组的会议上，一大帮年轻人叽叽喳喳讨论个不休，你以倾听者的姿态身居其中，用点头和应答"对的""我同意"来表示你也在参与这场会议，事后被上级问到会议纪要时，能够很好地归纳总结，而不是只顾着自己叽叽喳喳而忽略了其他人的意见。这场会议中你可能前后说了不到十字，但是你却收获甚多。不开口的你，用聆听证明了你的高情商。

在职场上，更多时候不是总在让别人帮你完成这个，让别人帮你完成那个，而是适时地去帮助身边的同事和朋友，这也是情商高的表现。不需要说任何话的话，可能只是每次第一个先进电梯然后耐心帮助电梯里的同事按好楼层，又或者是每天早到办公室十分钟先烧好一壶开水，又或者是每次有好的行业资料时总会多打几份分享给同一个专业板块的同事。不开口的你，用乐于助人证明了你的高情商。

　　每次下班回家的你，总能在小区里碰到许多扎堆乘凉的阿姨。总有几个阿姨，看到你时就会问你："今年都27岁了吧，找男朋友没有啊？这个年纪也该要结婚了吧。你看我家丫头啊，今年都添第二个孩子了……"其实你心里很想说："我结不结婚找不找男朋友生不生孩子都是我自己的事，您女儿的事情我也不太想知道。"但是你面上却只是笑笑然后离开了。不开口的你，用微笑证明了你的高情商。

　　高考的时候，得知考上大学后全家都在为你这个家里唯一的大学生而高兴，却碰到同样家里有高考学生的家长打听你考上了什么学校，你礼貌地回应，哪知对方却说："哎哟，这个大学读了还不如读专科呢，听别人说这个学校不好的，你看我家小孩，上的这个大学毕业了好多单位抢着要呢，随随便便就有八千多的薪水……"其实你心里想说的是："你家孩子考上了好大学是你家里的事，跟别人有什么关系？我考得好不好，又跟你们有什么关系？"但是你笑了笑不予理会，拉着父母离去了。不开口的你，用沉默证明了你的高情商。

　　情商高的人，还要知道如何控制自己的情绪。不易动怒，不易狂躁，处理任何事情都有条不紊，不会因为情绪的失控而将事情推向一个不可控制的方向。你看看你身边那些人缘好的朋友是不是都是宽容大度的，而那些人缘差的朋友多半都是脾气坏且容易动怒的人。

　　情商高的人，善于观察身边人的一些小行为，善于观察事物的小细节。比如别人在跟你说话时可能有意无意地在看手机或者手表，也许这代表这个人赶时间或有事情要处理。那么高情商的表现就是适时中断对话，表示下次再聊。

情商高的人，懂得自嘲，同时也善于帮人化解尴尬。自嘲是需要勇气和强大的心理素质的，这些东西不能装。比如，别人调侃甚至嘲笑你的某个缺点时，你若气定神闲地接受且调侃自己一番，除了能让身边的朋友觉得你心胸宽广外，也会让开你玩笑的朋友觉得不好意思。又或者在别人尴尬时，一句自嘲把气氛活跃起来，这样除了化解了尴尬的气氛，也让朋友心生感激。

情商高的人，知道分场合做事。其实简而言之就是做与自己身份相符的事情，比如，你是一个刚入职场的小年轻，参加商务酒会时见到大咖就不顾一切冲上去递名片，然后夸夸其谈，这样反而让人厌恶。与之相反，你少说话多做事，在餐桌上为长者布菜、询问女性的需求、帮助小孩子取餐等等，反而会给人留下稳重可靠的印象。

情商高的人，都会言出必行，信守承诺。这一点看似与情商高不相干，但实际上，情商高的人都极少失信于人。他们说出来的话，答应过别人的事，都会在第一时间兑现或完成，即便遇到了困难无法完成，也会坦诚相告并采取补救措施。这样做，会让人觉得你是一个值得信赖的人。

由此可见，所谓的情商高，不仅仅是会说话。话说得漂亮到位，只是情商高的表现之一。情商高的表现，还可以从一个人的穿着、行为举止、性格等方面体现出来。并且，严格意义上情商高的人，多数不以言辞来展现自己的高情商，多半是严格地要求自己和诚恳地待人处世。说话毕竟是表面功夫，纵然漂亮话可以把上级或者朋友哄得高兴，但这些都不如踏实做事、诚恳交往来得实在。

如果你想成为一个高情商的人，除了学习说话的技巧外，还要从自身行为、性格方面下功夫，做一个高情商的人，才会有高格调的人生。

做人要宽容，但别无原则地宽容

在人类的所有美德中，宽容历来被人赞扬。"海纳百川，有容乃大"，这句话说的就是宽容的作用。很多文学家也用他们的生花妙笔歌颂宽容："宽容就像清凉的甘露，浇灌了干涸的心灵；宽容就像温暖的火炉，温暖了冰冷麻木的心……"读着这样的文字，让我们觉得只要有宽容之心，世界就会无比美好。事实真是如此吗？宽容诚然是一种美好的品质，可是不是所有的宽容都能换来好的结果，无原则的、廉价的宽容甚至会适得其反。

记得刚在广告公司担任部门经理时，为了争取一个大项目，部门里的每个人都忙得焦头烂额，还好公司招了新人，小周正好被分到我的部门。

第一天开会，我就强调说："目前我们是机遇与压力同在，这个项目很重要，希望大家认真工作，能够在投标中胜出。现在竞争越来越激烈，客户要求也越来越高，而且我们还有一个实力相当的对手，听说他们也在紧锣密鼓地准备，想要拿下这个项目。"

我所说的竞争对手，就称为A公司吧。

可是，才过了一个星期，我就发现小周太过于散漫了。一周时间，她迟到了三次。这一个星期部门的人天天加班，可一次也没有看见她的身影。让她写一份比较简单的方案，经过几次催促，她交上来一份错误百出的稿子。

我想，这哪里是公司分配的帮手啊！

下班之前，我把小周叫到办公室，对她说："我看了你写的方案，很多基础性的东西都写错了，希望你的工作态度能更认真点，下班后也多学习学习。还有，这阵子我们部门很忙，其他同事都非常辛苦，天天加班加点，你不能再经常迟到了。"

小周一脸诚恳地点点头，我也没再多说什么。

看着她离开的背影，我心想："刚刚毕业的小姑娘，懒散一点，经验不足，也算是正常的。经过提醒下周应该有所改观吧。"

但是，我想得太乐观了。

第二个星期，情况依然如此。甚至还有同事跟我说，上次我批评了小周之后，她还在下面发牢骚："我是广告专业的科班毕业生，写的文案多了去了，怎么会不成熟？是看不懂吧？"

听到同事这样说，我当时很生气。但是，理智告诉我，先冷静一下。再说了，这些只是同事转告我的话，并无凭证。最近这么忙，也实在顾不上，还是忙完这段时间再说吧。

又过了两周，到了公布竞标结果的日子。我们部门忙碌了一个月的方案，没能中标。

得知这个结果后，我呆坐在椅子上，半天都不想说话。一个月的辛苦，白费了。

中午吃饭的时候，我问助理："这次是哪个公司竞标成功？"

助理告诉我："是我们的老对手，A公司。对了，经理，有件事我想跟你说一下。上周我在下班的路上，看见小周和他男朋友在大街上散步。我认识他男朋友，是A公司的，并且也参与了这个项目。经理，我……"

看着助理支支吾吾的样子，我问道："你想说什么？"

"经理，我觉得……可能是我猜错了。不过，我的直觉告诉我，应该没错。可能，我们这次的策划方案，提前泄密了。"

我大吃一惊，联想到前几天，有同事跟我说，小周虽然工作不努力，但是特别关心我们的竞标方案。每次修改后，她都要看看，说是学习学习……

第二天，我向公司上级陈述了事情的经过，上级决定辞退她。

理由很简单，如果只是工作经验不足，可以宽容。但是触碰了工作底线，那就不能纵容不管了。

宽容不是纵容，不是无原则的宽大和包容，而是在一定范围内、有限度的宽大理解，必须遵循游戏规则和道德规范。对于知错就改的人，我们可以宽容；但是，对那些屡教不改的人，甚至要去触碰法律法规、违法犯罪的人，则不能没有原则地宽容。否则，就变成了纵容，最后只会害人害己。

有这样一个小故事，也是讲述了无原则宽容所导致的不良后果。

一位母亲找到心理专家，倾诉道："我的孩子把我的心伤透了……"

专家问："我问几个问题，你看是不是这样。孩子第一次洗衣服，弄得自己一身是水，你是不是从此就不让他洗衣服？"

母亲点点头。

"孩子第一次做饭就被烫伤了，你是不是再也没让他进过厨房？"

母亲点点头。

"孩子第一次穿衣服，用了半天时间，你是不是以后都帮他穿衣服？"

母亲点点头，并好奇地问："你怎么知道的？"

专家没有回答，继续说："等孩子长大了。他想要找工作，你托关系给他找了个饭碗；当孩子没钱了，你马上把钱打到他卡上……"

母亲睁大了眼睛。

专家摇摇头，说："后面的事情，我也帮不了你了。"

这个故事中的母亲，打着爱孩子的名义，对孩子的行为一次次宽容，最后让宽容变成纵容。想要改变的时候，已经无力回天了。

我们要宽容，但不是所有行为都能够得到原谅，不是任何人都可以打着"你应该宽容"的旗号来要挟别人，做错事就应该付出代价。宽容只能给那些值得宽容的人，自己不要处处做"滥好人"，该讲原则和底线的时候，就必须要讲。而不要担心别人误解或者说闲话，因为那些无原则、廉价的宽容才更可怕。

朋友们，在工作中，我们不能对错误无原则地宽容，那样的话，只会削弱团队的力量；在追逐梦想、成就卓越的路上，我们也不能对自己一味宽容，那样的话，只会放慢自己的脚步。

做人别太精明了，因为大家都不傻

去年过年回老家，胡叔为了他儿子小胡工作的事找我，我说："听说小胡刚去新公司没多久啊？怎么又要找工作呢？"

胡叔说："哎，这小子真是把我气死了，从小就是个不省心的孩子。找了几份工作，总是干不长，每次回来总说这个不好那个不好，牢骚满腹。你看，又说现在的工作干不下去了，要换个工作。晚上要不忙，就来家里坐坐，顺便帮我好好劝劝他。"

胡叔是我爸的老同事，小胡算是我看着长大的。说实话，这孩子从小就有股子聪明劲儿，但就是不踏实，成绩不好，读了个中专就出来了。听说家里托人给找了几份工作，结果到哪儿都干不长久。

那天晚上，我去了胡叔家，小胡一看到我，赶紧过来打招呼。聊了一会儿，我发现小胡跟以前变化很大，嘴里一套一套的，以前挺实在的孩子，现在连眼神里都透着精明。我说："你这变化也太大了啊！"他得意地说："是啊，这几年在社会上，才发现以前多傻，我爸妈他们就太老实，我哪能像他们那样啊。"

我问："像他们什么样啊？"

他说："太老实，做老实人太吃亏。你看混得好的哪个是老老实实的，我现在一听到他们唠叨就烦。"

我问小胡，为什么好几份工作，没有一份能干长久的？小胡抱怨说那些工作都没什么技术含量，做得差不多就行。但同事总是挑他毛病，说他工作不认真啊，总想偷懒啊。

小胡说："他们以为我傻啊，总想让我多干活，就给那么点工资。"

我跟小胡讲了半天道理，甚至还用上了自己的例子，让他认真踏实工作，这不仅是对工作负责，更是对自己负责。结果小胡露出了一丝不屑的神情，我最后只好有些无奈地说："你现在是能言善道，连我都说不过你了。"

他说："是啊，你在外面不会说话怎么行啊，光想着老老实实工作，别人还不欺负死你，什么好处都轮不到你啊。"

过了几天，胡叔又给我打电话，话说得很客气，问小胡能不能年后去北京找我，到我们公司学习学习，现在在老家也找不到工作了，这么大个小伙子待在家里也不是个事。想着胡叔也不容易，我勉强答应了。

过完年，小胡来了北京。我特地跟他说："作为新人，要好好跟同事们学习。你很聪明，但一定要踏踏实实，别光顾着嘴上功夫，工作是认真做出来的，不是说出来的。"

他拍着胸脯向我保证在这里好好干。过了一段时间，部门主管找到我，向我诉苦，新来的小胡太难管了。我问他："怎么了，挺聪明的小伙子啊，听同事反映他性格开朗，十分健谈，跟同事关系处得不错啊！"

主管说："你说的这些我都知道。刚开始，他是跟同事关系不错，可时间长了，大伙都有意见。他也太精了，一点亏都吃不得。有时候忙起来，大家都加班，他却找各种理由开溜。而且，他特能说，你说一句话，他就有十句话等着你，有时候把我噎得不知道说什么好。我想看他是新来的，对公司业务又不熟悉，时间长了会好点。可是，过去一两个月了，他还是这样。"

我找小胡谈了一下，把主管的意见跟他说了，他一听特委屈，跟我抱怨主管工作上偏心，对他有成见，等等。

我说："大家都在努力付出，你却总觉得多做一点，就是吃亏。光想着收获，却不知道付出？"我耐着性子跟他语重心长地又说了一番。

过了几天，主管又来找我，希望把小胡调到其他部门去。我同意了。一个月后，小胡跟我说，他要辞职，因为他也不适应新的部门。我实在不知道能跟他再说些什么了，他还是不知道他的问题出在哪儿。

在工作和生活中，像小胡这样的人并不少见。因为自己比别人多做了一点点，就觉得吃了大亏，斤斤计较。总想着占便宜。处处都不能吃亏的人一定想着让别人吃亏，可他忘了，谁都不傻。这样的人刚和他交往的时候，会很愉快，但时间长了真让人受不了，慢慢地他们也会失去别人的信任。

再讲一个亲戚的故事。主人公叫小冬，他不像小胡那样精明过头，但却因为所谓的"直肠子"，也是不断换工作，到哪儿都不能跟同事融洽相处。

有的时候，我们说一个人是"直肠子"，是说这个人实在，心里不藏话。但凡事总有个度，如果过于"直"，丝毫不考虑他人的感受，也会落得和小胡一样的结果。

小冬大学毕业后，在上海一家公司上班。有几次，他在大会上反驳上司的意见，把上司弄得面红耳赤。

在讨论工作时，他也常常跟同事争得面红耳赤。一次，他还怒气冲冲地对一个女同事说："你的专业知识太缺乏了，这么简单的问题都不懂。"那位女同事当时就下不来台了，跑到领导那里哭诉。

可想而知，冬冬工作能力虽强，但他实在不能与同事融洽相处。一个人能力再强，离开团队的支持，也是孤掌难鸣。不懂得团队合作的人，也不会有更大的发展。

实际上，无论是小胡那样过于精明，还是小冬这样太直肠子，都是不懂得人情世故的表现。

工作和生活中，请别太精明，因为大家都不傻。只有踏实做事、真诚待人，才能更好地与同事和朋友相处，让自己的工作和生活都更加顺利，也让自己获得更好地提升与发展。

将来的你，
一定会感谢现在
奋斗的自己

谢英明 ——

编著

写给心怀梦想，正在努力奔跑的你

每一篇暖心的故事，都会为你照亮前方的路，
带给你前行的力量，让你不再迷茫、困惑，勇敢前行！

北京时代华文书局

图书在版编目（CIP）数据

将来的你，一定会感谢现在奋斗的自己 / 谢英明编著. -- 北京 ： 北京时代华文书局，2019.10（2019.12重印）

（励志人生）

ISBN 978-7-5699-3204-1

Ⅰ. ①将… Ⅱ. ①谢… Ⅲ. ①成功心理－通俗读物 Ⅳ. ①B848.4-49

中国版本图书馆 CIP 数据核字（2019）第 221235 号

将来的你，一定会感谢现在奋斗的自己
JIANGLAI DE NI，YIDING HUI GANXIE XIANZAI FENDOU DE ZIJI

编　　著丨谢英明

出 版 人丨王训海
选题策划丨王　生
责任编辑丨周连杰
封面设计丨乔景香
责任印制丨刘　银

出版发行丨北京时代华文书局 http://www.bjsdsj.com.cn
　　　　　北京市东城区安定门外大街136号皇城国际大厦A座8楼
　　　　　邮编：100011　电话：010-64267955　64267677

印　　刷丨三河市京兰印务有限公司　　电话：0316-3653362
　　　　　（如发现印装质量问题，请与印刷厂联系调换）

开　　本丨889mm×1194mm　1/32　印　张丨5　字　数丨103千字
版　　次丨2019 年 10 月第 1 版　　印　次丨2019 年 12 月第 2 次印刷
书　　号丨ISBN 978-7-5699-3204-1
定　　价丨168.00元（全五册）

别让不努力成为你前进的阻力

将来的你，一定会感谢现在奋斗的自己。这看似简单的一句话，实则是个复杂又艰巨的命题。未来的你会如何看待自己？是骄傲，是悔恨，是不甘与渴望，还是会后悔自己为什么没能早些明白奋斗才有未来的道理？

所有人都渴望成功，希望自己未来幸福，能学业有成、事业步步高升，能有一位佳偶相伴一生，能带着家人到处旅行。这一切不是空想，都是可以实现的，但取决于你今天是否为未来努力过。

我有个朋友毕业后直接回了县城，进了一家企业工作。县城工资不高，每月三千多元，他总抱怨说钱不够花。他以前打游戏、买名牌眼都不眨一下，现在自己挣钱了，不能再花家里的钱了，在专卖店看上了一双七百多元的鞋子，考虑了好久，最后还是放弃了。他总喜欢说自己想要有一番作为，刚开始时的确也抱着满腔热血，但是每天重复性的工作，渐渐消磨了他的意志。

我也问过他："你既然有雄心壮志，干吗不出来闯一闯，为自己的未来奋斗呢？"

他解释说："父母之命难违啊。在父母看来，我在老家找一份稳定的工作，他们心里才能踏实。我也不能不听他们的意见啊。"

我说："你既然选择了安逸，就别抱怨得不到想要的生活；你自己不为未来打拼，就不要拿父母做挡箭牌了。咱们班的李阳，家里开了十几家连锁酒店，作为家中的独子，父母当然希望他继承家业。但是他偏偏喜欢DIY（手工制作），未来就想开一个DIY香皂网店。他便真的放弃了家业，选择自己贷款创业。后来，他在淘宝网开起了自己的店铺，月销量在同类别店铺里名列前茅。未来他还要扩大生产，自己开厂。"

其实任何人想要个好的将来，都是需要付出更多努力和代价的，并且付出的越多，得到的就越多。

行走在时间里的所有人，都是普通人，不管是富翁还是名人，都只是个标签而已。其实他们每个人的生活都是用自己的双手奋斗出来的，而不是随便得到的。你看到的，是他们最光鲜的一面，你未曾看到的是他们为了现在的生活，曾经有多努力，吃了多少苦。

你现在的奋斗决定着你的将来，你不努力，真的没人帮得了你，你也永远过不上自己想要的美好生活。别让不努力成为你前进的阻力。

目 录
CONTENTS

第一章
青春不言败

人活一世，青春稍纵即逝，
珍惜当下，努力活好每一天，
别让青春留下遗憾。

笑过哭过闯过累过，青春才算没白过

青春，是一段可以肆意飞扬的时光。多年后，回想起那段青葱岁月，我们不由得嘴角微微上扬，哦，其实我的青春没白活，哭过、笑过、闯过、累过。

我听过这样一个关于青春的故事。

淑媛是传媒大学大二的学生，面容姣好，声音清亮。她曾无数次幻想过自己主播新闻的模样，但一次没及时就医的感冒，却打碎了她的梦。她被医院诊断为"慢性鼻炎"，说话时声音听起来像是娃娃音，不能再当主播了。一时间，她难以接受这样的现实，哭着跟妈妈说："为什么我的青春这么苦？"

无精打采的她，漫无目地走在大学校园中，无意中看到了有人在跳拉丁舞。动感的旋律、轻盈的舞步一下子就迷住了她。暑假回到家，她在网上拼命地翻看各种国标舞比赛和训练视频。

毕业后，她并没有急着找工作，而是只身前往深圳的体育舞蹈大学进行学习。家人都劝她放弃，毕竟舞蹈是个青春饭。但是她决绝地说："青春本来就是得试过、拼过才不后悔。我以前喜欢当主播，可现在这个梦破灭了，是舞蹈再次激活了我的青春，我不能错过这样的机会，我得去试试。"

第一天上课，她就感受到了强大的冲击力。班上的同学基本都是十几岁的孩子，只有她是22岁，俨然成了"老大姐"。没经过舞蹈训练的她，在进行拉伸肌肉和压腿等基础训练时，只有一个感觉——疼痛。可尽管如此，她学习舞蹈的热情也丝毫未减。一天24小时，有16小时她都在舞蹈房练舞。

两年后学成归来，她打算在舞蹈界大展拳脚，自主创业，但父母希望她毕业后能找个稳定的工作，不同意她创业。为此，母亲还把她关在了家里。

无奈之下，淑媛选择了离家出走。

来到火车站，她打电话找朋友借了1000元钱，然后就坐上了去省城的列车。到了省城，她租了个十几平方米的小平房，安顿了下来。刚开始创业的时候，舞蹈培训班招不到学生，她就免费教学。后来，第一批的十几个学生都顺利考上了省重点艺术学校，而她也在一次舞蹈大赛中获得了冠军。于是她的名气渐渐大了起来，学生也越来越多。最高峰时她一个人带11个班，忙到一点自己的业余时间都没有，饿了，就随便吃点面包或煮包方便面吃，回家也是直接倒头就睡。

有一次父母来省城，看到既消瘦又疲惫的女儿，他们难受极了。"要不跟我们回家吧，随便考个高中老师，不比这样轻松很多吗？"

"虽然很累，但是每次看到学生们的笑容，还有他们的进步，我就觉得自己的青春是有价值的，一切都是值得的。"

因为青春，敢想敢拼；因为哭过、笑过、累过、苦过、拼过，才不后悔。当我们老了，回忆起来也会"不因碌碌无为而羞愧，不因虚度年华而悔恨"，因为我们的青春是有价值的！

我有个同学叫张磊，他大学时读的是计算机专业，由于学习成绩优异，当时还被保送了研究生。按理说以他的学历和成绩，研究生毕业后到任何一家软件公司就职，都能有一番作为。但是临近毕业，所有同学都忙着找工作，他却不以为然："上了二十几年学了，我需要好好思考一下自己的人生，规划一下自己的未来，顺便也放松一下自己。"

于是，他买了一台新的笔记本电脑，在家研究起某大型游戏来，每天除了吃饭、睡觉，足不出户，完全沉浸在游戏世界里。靠玩游戏，他也赚了一些小钱。看着他的同学，不是结婚生子，就是考博创业，他的父母心里很焦急。

父亲严肃地说："儿子，玩游戏始终不是长久之计。你现在还年轻，不能把时间都浪费在游戏上。不如明天你出去找工作吧！"

他却不以为然地说："老爸，你一点也不理解我。是金子总会发光的，齐白石50岁才出名，姜子牙80岁才出相。我这是利用大好青春修炼自己，等我玩到最高级别，把游戏研究透了，我一定能出一款大型游戏。到时候你们二老就等着享福吧。"

父母说不过他，只能任由他在家打游戏。

几年后同寝室的几个同学聚会，大家七嘴八舌的一番话一下子点醒了张磊。

"老李，你可以啊，现在都是部门经理了？"

"惭愧惭愧啊。一开始我也只是个小业务员，啥也不懂，经历了很多困难和失败，想过放弃，想过转行。那时候，真是纠结、难熬啊！不过还好，我坚持下来了。如今回过头看，我还是挺为自己骄傲的。"

"你也不错啊，自己创业，现在手下都有十几个员工了。"

"这年头创业有多难，只有经历过才知道。各种麻烦事不说，资金、生产、销售每个环节都得考虑到啊！哭过，也想过放弃，但还是咬牙坚持住了。"

"小强也不错啊，世界500强的工作还是挺舒坦吧。"

"那是你们不知道我花了多少时间，付出了多少努力。现在，也算是苦尽甘来吧。"

听着他们的话，张磊有些丧气地说："看来大家都混得不错啊！"

几杯酒下肚，几个同学你一言我一语劝起了张磊："张啊，你是咱宿舍老大，按理说你应该是最先结婚生子，可得抓紧！""就是就是，还有啊，赶紧趁着年轻找个正当工作，别老玩游戏了。""没错，游戏能给你一时的快感，但是青春被耽误了就回不来了。父母岁数越来越大，我们也快到了而立之年，该想想怎么撑起一个家了，可不能再浪费和虚度了！"

听着同学们的这些话，张磊有些惭愧，倒不是因为同学们过得比他好，而是在交谈中他发现，大家的青春都经历了酸甜苦辣，只有他在游戏中找寻胜败的乐趣。

回家后，他反思了一晚上。第二天，他就把简历投放到了各个招聘网上。

哭过、笑过、拼过、累过、痛过，才算尝过青春的滋味。人活一世，青春虽稍纵即逝，但我们要珍惜当下，努力活好每一天，才能不让青春留下遗憾。

年少轻狂的时代，错过了就不再回来

年少轻狂、少不更事，每个人都有过这样的时期。也正是这样的时期，让我们成长，让我们学会了更多的道理，结下了更深刻的友谊，但青春过去了就不会再回来。

我看过一部片名为《青春派》的电影。影片开头是一群高三毕业生正在拍毕业合照，老师眼中的16岁天才（男主人公）居然当着所有师生的面，用泰戈尔的诗句向暗恋已久的黄晶晶深情告白："黄晶晶同学，你愿意携手和我告别高中时代吗？"

影片中的居然想抓住距离高考还有五天的时间，用自己的方式赢得爱情，而黄晶晶一则因为大家的鼓动，二则因为自己也喜欢居然，于是接受了居然的告白。班主任偷偷把这件事告诉了居然的母亲。面对母亲的斥责和质疑，居然选择低头沉默不语，而黄晶晶选择愤然离去。其实这就是青春本来的样子，有点疯狂，又有点怯懦。

为了证明自己爱得真诚，被母亲锁在家里的居然竟然从楼上阳台跳下去看黄晶晶，结果却摔了下去，导致尾骨骨折。只能站着高考的居然，依然心心念念着黄晶晶。结果可想而知，居然成了火箭班唯一的落榜生。在火车站，他目送黄晶晶前往复旦大学的身影，却依然没有放弃追逐爱情。

"早恋害人，但我不后悔"，这是居然说的一句话。

但是人是会变的，上了大学的黄晶晶思想变得更为自由，于是依然执着地爱着她的居然，被告知彻底没有机会了。

失恋后的居然申请加入了校足球队。他对校足球队教练说："中国足球踢得实在太臭了，我决定从自己做起，为伟大祖国的足球事业做出一份贡献……对不起教练，我编不下去了，其实我失恋了。"教练说："中国足球缺的是什么？缺的就是力量。你为什么要复读？无论是为了爱情还是为了前途，都应该化悲愤为力量。"

几天后，居然从失恋中走了出来，把对爱情坚持不懈的精神用到了复读备考中。

高考结束后，居然如愿考上了中国人民大学。

年少轻狂的决定或许是一时兴起，或许是为了所谓的面子，但是时光不会倒流，错过了就是错过了，甚至一错就可能是一辈子。

"曾经年少爱追梦，一心只想往前飞，行遍千山和万水，一路走来不能回。"爱情也好，轻狂也罢，作为青春的一部分，都会一去不复返。所以，珍惜眼前的一切，努力过好每一天，未来才会无悔。

青春不言败

"你翅膀硬了吧？"很多人从小就听过这句话，因为父母经常会对不听话的孩子这么说。其实这句话是父母警告孩子，你还缺乏知识和经验，还有待历练。也就是说，只有翅膀硬了，你才能振翅高飞；只有自己有了更多的知识、能力和经验，才能抓住更多的机会做选择。

我曾经在一档节目中看到一个高考状元讲述自己的故事。

"模拟考我只考了260分，我高度近视也当不了兵，所以当时我爸已经给我想好了退路。他跟我说，他已经帮我联系好了当地一家工厂，先实习三个月，成为正式工以后一个月就能拿3500元以上的工资。虽然我学习不好，但是我也想上大学。当时听到老爸的话，我的内心是崩溃的。我问他，为什么总是替我做决定和选择？

"然后我爸就开始跟我讲道理：'200多分连个专科都考不上，你没有文凭，高中毕业能做什么？你虽然成年了，但是你一没社会经验，二没学历，三没社会关系，什么都没有，选择余地本来就小，要是再让你自己选，我们怎么能放心？怎么舍得放手让你飞翔？可要是你上了大学，一来你积累的知识和经验会更多，二来你将来选择的机会也会更多。所以，现在你要么努力学习，考上大学，要么就服从我的安排，去工厂上班。'

"我爸的话让我明白，如果想要未来的路按自己的意愿发展，我需要从现在开始就为未来努力，而不是得过且过。于是，我改变了自己以前不认真的学习态度，又根据老师的复习进度，调整了自己的学习计划。按计划坚持了一个月后，第二次模拟考我的成绩提升到了430分。我没有沾沾自喜，而是每天依然坚持学习，并且加强了训练量。第三次模拟考我考了550分。就这样，我一天天地向自己的目标接近。

"当我拿到大学录取通知书时，爸爸很激动。填报志愿时，他再也没有干涉我，而是让我选择自己喜欢的学校和专业。他对我说：'你现在长大了，知道什么事该做，什么事不该做，我和你妈妈也就不需要再替你做选择了，以后遇到什么事就自己决定吧。'"

羽翼丰满需要一个过程，很多人都以为在这个漫长的过程中自己长大了、成熟了，可以做决定了，可时间终会证明，其实你的心智并不成熟，仍需历练。

但是，在这个过程中，要坚持不懈、永不言败，这样才能不负青春、不负自己。

生活，总需要一些改变

随着现代社会的不断发展，任何事物都在发生着改变，生活亦是如此。没有谁的人生是一成不变的，没有谁的人生是坦坦荡荡、一马平川的，更没有谁的人生不被时代的需求改变的。如果一个人的生活总是平淡无奇、乏味不堪，那么他的生活将注定一成不变。

生活本就应该是绚丽多彩的，每个人都有自己的生活方式、生活目标。只有这样才能有多姿多彩的生活，也只有这样才能获得自己想要的生活，并为之努力奋斗。如果所有人的生活都千篇一律没有一点改变，所有人都重复着相同的生活，没有勇气去改变自己，改变自己的生活态度，那生活将会失去乐趣，失去光彩。

罗兹有句名言是这样说的：生活的最大成就，就是不断地改变自己，以使自己悟出生活之道。这句话其实就是对生活的总结。生活，就是生下来、活下去，随着年龄的增长，不断地学习更多的知识，无论这些知识是在学校还是社会学到的，都可能成为改变自己的动力和能量。凭借着这些能量，拓宽自己的眼界，悟出自己该怎样生活。

小桐和小涛在高中的时候不仅是关系很好的朋友，还是同桌。每天上课的时候，俩人不是发呆、睡觉，就是偷偷玩手机。更过分的是，他们还结伴晚上逃课去电玩城玩游戏。他们的种种行为，用老师的话来说，就是不听课，布置的学习任务也是有千奇百怪的理由不完成。

从高一到高二下半学期，两人一直都是这种状态，没有一丁点改变。就这样，俩人耗费了两年的光阴。当听到别人劝诫他们要好好学习的时候，两个人总是不屑一顾地看着对方说："男生就算不好好学习，以后到社会上多闯闯也是能闯出一番天地的。"

很快，他们迎来了高考。可是突然发生的一件事，改变了两个人的现状。

小桐家里发生了一些变故，他的母亲得了一种病，不能进行体力劳动了。而且，后续所需要的药物治疗费用也是个天文数字。没有兄弟姐妹的小桐，家里就靠父亲的工资勉强维持生计。小桐虽然不爱学习，但是个懂事孝顺的孩子，知道自己在学校没有学到什么知识，于是就决定去技术学校学些技术，想着以后在工厂或者什么地方还能找到一份补贴家用的工作，减轻家里的负担。

一天，小桐问小涛："愿不愿意和我一起去学习一门技术？"

小涛拒绝了和小桐一起学习的邀请。小桐的这个决定丝毫没有改变小涛的想法，小涛每天还是像以前一样无所事事，没有一点生活追求，也没有想过去改变。小桐看着小涛这样的决定，心里不免有点难过，可是各人有各人的选择，也不能勉强人家。

高考过后，小桐进入技术学校学习技术。为了减轻家里的负担，他努力学习专业技术，哪里不懂就问老师，做不好的就一遍一遍地练习，直到做到自己满意为止。就这样，他在学校的成绩一直都是名列前茅，与当初高中那个逃学不听课的小桐，完全判若两人。

多年之后，小桐通过自己的技术和在公司的工作经验，成立了自己的公司，虽然规模不是很大，但无论怎么说，这也是小桐一步一步学习、努力得来的。

一个小小的改变，能够改变一个人的人生；一个小小的改变，能够改变一个人的生活态度；一个小小的改变，能够改变一个人对生活的态度。

我家门口有个小超市，男主人在一家小工厂上班。他老婆之前四处打零工，很不稳定，后来就在小区里经营了这家小超市。平日里男人喜欢招呼三五朋友聚餐、喝酒、打麻将。他们的儿子学习成绩很不理想，中考成绩都迈不进高中的门槛，勉勉强强才进了职业高中。更无奈的是，孩子上了职高后并不知道珍惜，每天不是逃课，就是打架，还学会了抽烟、喝酒。

有一日，我去超市买东西，见到夫妻二人在吵架。

"你看看你，一个女人也不知道打扮收拾一下自己，整天穿得这么破破烂烂的，像个大妈似的。跟你一起十几年了，你都没有变过。每天就只会做炸酱面，我现在想想都觉得反胃。"男人摔碎了碗，冲着女人嘶吼道。

女人抽泣着回应："你说什么？你嫌弃我？那你呢？从结婚到现在，你升职了吗？加薪了吗？家里的事你一件都不放在心上，家里缺什么了，什么时候该买什么了，你想过吗？我为什么弄这个小超市，还不是为了咱们着想。现在孩子都不正眼瞧你，你哪怕改变一点点，我和孩子都不会觉得这日子过得没希望、没滋味。"

虽然吵架是一个巴掌拍不响，但是他们的日子确实过得有些灰暗。我以前去过他们家，清楚地记得他家那时的样子，没想到现在去居然还是老样子。昏暗的灯光、破旧的家具，厨房的油烟机满是油渍，水龙头似乎已经坏了，一直在滴水，水池里摆满了还没洗的锅碗瓢盆。这么多年了，这屋子里居然一点变化都没有。可想而知，他们的生活是多么枯燥无味，没有一丁点的变化和激情。

生活是一场旅行，每个人可以选择不同的生活方式，改变旅行线路，观看不同的生活风景，体味不同的人生意味。

生活是一场战斗，每个人可以选择不同的战斗方式，改变进攻的方向、方法，战斗出一片属于自己的天地。

生活是一场苦旅，只有自己才能了解自己的苦楚，改变自己的心态，才能将苦楚变为生活的动力，才能活出精彩的人生。

第二章
心中有梦，脚下有路

每个人心中都有一束光，尽管困难让你倍感疼痛，
但只要披上梦想的衣裳，奋不顾身地追寻光亮，
终会找到幸福的光。

只要心中有目标，人生就不会迷茫

"迷茫"一词似乎成了当下很多人的常态。高考时，迷茫于报考什么学校、什么专业；上了大学，不是自己喜欢的专业，于是感到迷茫；四年大学时光转眼即逝，不知道自己适合什么工作，同样感到迷茫；毕业了，好不容易找到一份工作，但是看不到未来，依旧觉得迷茫。

生活中并不是所有人都会迷茫，那些心中有目标，知道自己想要什么，义无反顾地追寻的人，从来不会把时间用来感叹自己如何如何迷茫。

我曾听过这样一对"90后"情侣努力追梦的故事。

女孩露露和男孩小浩两人相识于大学某社团，酷爱养花种草的两人一见如故。在露露的宿舍阳台上，摆满了各种各样的多肉植物，她说："看着它们一点点长大，是一件很有成就感的事情。"两人经常一起畅想自己毕业后的生活：一间花房、一条狗，一起看日出日落，坐拥花团锦簇……这就是他们理想的生活。

小浩读的是微生物专业，大三时就决定了要考研，经过一年的努力，终于考取了本校的林学专业。毕业后，他到一家多肉种植公司实习。在几个月的大规模养殖过程中，他开始把心思放在了提升多肉植物成活率上。为了实验，他在租住的房子里种了几百盆各种各样的多肉植物，以此来观察它们。在临近开学时，他毅然放弃了学籍，决定带着自己的多肉植物，回乡当个"花匠"。

露露读的是经贸专业，在校时已经开始开网店。毕业后，她在一家外贸公司做销售员。尽管在自己的岗位上已经小有建树，但是听到男朋友要回乡创业的消息，她毫不犹豫地提出了辞职。她说："两个人一起创业，一起实现梦想是件很美好的事情。"

两人拿出全部积蓄和父母的资助，开始了多肉植物种植之路。但是，创业不是那么容易的，大棚坏了得自己修，客户和渠道要自己开拓，线上店铺也要自己经营打理，尤其是在难熬的冬夏两季，多肉植物更是需要格外精心的照顾……

虽然苦点、累点，但两人总是互相鼓励。"毕竟创业需要坚持，梦想实现的路上一定会有障碍，咬咬牙就会过去了。""是啊，喜欢的就是你义无反顾的那股执着，既然我们知道自己想要的生活是什么，那就必须努力，必须坚持。"

人人都说多肉植物好养活，是懒人植物，实际上多肉植物主要生长在春秋两季，夏天需要注意水分和通风，冬天则要保温和防治病虫。刚开始种植多肉时，正赶上连续一周的高温，大棚里几千株新品种都死光了。这可把小浩和露露急坏了，两人一商量，决定干脆把家安在大棚边上，这样就可以时时照顾这些多肉植物。冬天的时候，他们还要定时给大棚加炭火，一晚上需要添加好几次。

如今，经过小浩和露露的摸索、实验，他们已经能够很好地照顾多肉植物，并且还经营了一家自己的淘宝店。不仅如此，还时不时会有顾客来大棚参观。他们给自己的大棚起名为"多肉家庭农场"，现在已经有10多亩的种植基地，数量达到5万多株。小浩还承诺露露："当大棚种满多肉植物，就娶你回家。"

实际上，"不知道该干什么"这样的迷茫，谁都经历过。我也曾经有段时间过着每天刷朋友圈、看微博，经常到半夜一两点的生活。可是，时间一长，身心疲惫不堪。我不想继续这样的生活，却又不知道怎么改变，如何朝着心中的目标坚持下去。

小敏是我的大学学妹，相比于其他同学，她算是走得比较顺的。她从小就学习好，大学毕业后进入了一家大型企业，让我们很羡慕。

最近，我经常听她抱怨"工作之后却越来越感觉迷茫，定下的目标什么时候才能实现"之类的话。

起初进入公司，她也怀着雄心壮志，抱着要有一番作为的心态。但是，作为刚毕业的新人，不免要做一些杂活，诸如端茶倒水、复印文件、跑跑腿。她觉得自己是个新人，做这些事也无妨，就当是锻炼了。

但是时间久了，她除了要完成本职工作，还要来做这些杂活。她觉得工作压力很大，内向的性格又使得她无处诉说。父母此时还不断给她介绍相亲对象，说找个工作好、挣钱多的，外貌、学历、性格都不重要，关键是有前途。小敏一下子觉得自己没有了目标，不知道是该听从父母的安排，还是委屈自己继续在公司干下去，不知道自己的未来会是什么样，不知道自己喜欢的另一半该是什么样的。

她总说想要辞职，想要自己开店，但是说了半年，还是停留在计划上。

有一天，我忍不住问她："有没有想过自己为什么这么迷茫，感觉这么累呢？"

她说："每天朝九晚五都是那些重复的工作，我觉得不是自己想要的。"

我说："那是因为你缺少了目标和渴望，对未来没有希望，就会失去努力的动力，做什么就会觉得没劲。你可能不喜欢现在的工作，或者心生厌倦。你应该静下来好好想想自己到底想要什么，然后一步步朝着那个方向努力。只要确定好目标，就要去做。"

不久之后，小敏辞职，开了一家自己的花店。

要想不再迷茫，就给自己树立一个目标，这个目标就是你最想实现的梦想，最感兴趣的一件事情。

只要心中有目标，人生就不会迷茫。

大部分的悔不当初，都是自食其果

经常听人说："真后悔当初不应该……否则我现在早就……"如果真的有"后悔药"，你会吃吗？我们能做的就是努力过好每一天，为了梦想不断努力向前跑，从而青春无悔。

我曾经听过这样一个故事，故事的主人公叫念念。25岁的念念，是最后一次参加全国围棋个人资格赛。她骄傲地说："比赛完毕，我就要成为北方电力的正式员工了！"

小时候，念念在爸爸的影响下，爱上了下围棋。起初，念念以为围棋就是吃子。一直到她上了少年宫的围棋班，才仿佛看到了另一个世界。在一次定级赛中，念念从无等级升到了一级，这无疑给了她信心。

可是对于念念来说，学习围棋只能利用业余时间，这也就意味着念念要比别的孩子下围棋的时间更少，要想达到和别的孩子一样的水平，她需要付出更多的努力。念念坚持了下来。

然而，念念在冲击职业初段的时候，由于发挥失常，以一子之差落选。经过两年的努力练习后，她再次冲击，可仅仅位列第三，再次失败。接连两次的失败对念念的打击很大，她开始怀疑自己的逻辑运算能力，甚至觉得自己有些活泼的性格是不是不适合下围棋。

高考时，念念考取了某师范大学日语专业。随后，她突然得知职业棋手扩军的消息，由以前的2个名额增加到3个名额。她觉得自己的梦想又回来了。于是，她决定再苦练两年，冲击试试。

在校期间，她把业余时间都花在了苦练围棋和翻阅各种围棋书籍上。临近毕业，别的同学都忙着找工作，她也在无意中参加了某大型企业的招考，并且凭借出色的逻辑思维和运算能力，被公司录取了。公司人事问她："何时能到岗？"她有些不好意思地说："马上到来的围棋全国定段赛，我想参加完再来公司报到。"可是，她还是失败了。

当时有记者采访她，问她："为了下围棋把自己最美好的青春年华都留在了棋盘上，后悔吗？"她摇摇头说："当然不后悔了。曾经我最大的愿望是成为围棋专业棋手，虽然没能实现，但是我在下围棋的过程中收获了友谊，学习到了换位思考和逻辑思维能力。而且我考上大学、找到理想的工作也都和围棋分不开。我想说青春无悔。"

拼搏的青春是无悔的，而该奋斗、该追梦的年纪，你选择了安逸和茫然，等待你的只有后悔。

我记得我们村有个学习特别好的孩子叫小霞，那可是我们村第一个考上211大学的孩子。所有人都猜测她将来会留在大城市打拼。

意外的是，毕业后她选择了回家乡小县城，然后去了一家广告公司工作。由于她性子比较直，同事有时候会有意无意地刁难她，她工作起来不是很如意。一想到自己多年后可能还是这个样子，她就觉得这份工作不适合自己。于是，她准备考研。可恰在这时，家里给她安排了相亲，对方是个小公司的老板。在父母的劝说下，小霞跟这个老板结婚了。婚后的二人幸福甜蜜，她也当起了全职太太，每天在家带带孩子、做做饭，收拾一下家务。等孩子上了幼儿园，除了接送孩子外，她似乎也没什么事情可做了。

没想到，后来她老公的生意失败，生活一下子变得拮据起来。于是，她老公对她说："要不你出去找份工作吧。孩子慢慢大了，花销的地方也多了。"

可是，年近四十的小霞多年赋闲在家，大学所学的专业知识也早就丢下了，要经验没经验，要职称没职称。她好不容易鼓起勇气投出去的简历，石沉大海。

她叹气说："要是当初我继续考研，就不会是现在这个样子了。"

她老公有些不以为然地说："是啊，你要是不当全职太太也不会是现在这个样子。起码你有工作经验，找起工作来容易些。可是，现在说什么都晚了，后悔药没得买。"

后来，她应聘到了一家公司当文员。虽然工资不是很高，但是凭着一股韧劲和踏实的态度，她多次得到老板的赏识，一年后就被任命为部门主管。

人在年轻的时候，尤其是在最好的年纪，如果没有把握住学习和奋斗的机会，而是选择安逸的生活，那么无论你的起点多高，毕业于多么好的学校，或者能力曾经有多强，都会被时间、生活慢慢消磨掉。千万别等到一事无成，才去慨叹和后悔。

只求安稳，有时候就是对生活的否定

都说年龄越大，越喜欢安稳，实际上安稳不过是放弃努力的一种借口，对所向往的生活的一种否定。如果你有一颗不安于现状、跌倒后勇于重新站起来的心，那么你就不会停下努力前进的脚步。

云南红塔集团原董事长褚时健，是个颇受争议的风云人物。他曾因经济问题，于1999年被判处无期徒刑，剥夺政治权利终身。

在褚时健服刑期间，唯一的女儿在狱中自杀身亡。听闻这样白发人送黑发人的消息，他深受打击，精神不振。当所有人都认为这位老人将在狱中孤独终老时，他却通过在狱中良好的表现，获得了减刑。后来，由于他患有严重的糖尿病，获批保外就医。

在医院调养了一段时间以后，褚时健觉得他的人生机会来了，于是他和妻子商量承包荒山种橙子。起初妻子并不同意，毕竟都是70多岁的人了，还折腾什么呢。

可是，褚时健却说："很多人以为我能成为一代烟草大王，靠的是天时地利，靠的是云南得天独厚的地理优势。现在我就想在余生种种橙子消磨一下时间，也证明一下自己还折腾得动。"

就这样，褚时健用东拼西凑的钱承包了上千亩的荒山，开始种植培育橙子。现在，"褚橙"正成为"橙界"大品牌。他常说："人活着就得干事情，既然干事情就要干好。活着的每一天，把每件事情做好，尽好自己的每一份责任，就不是白白过这一生。不要去想太多安逸和死亡的事情，它来或者不来，谁也控制不了。"

"生于忧患，死于安乐"，求安稳或许是人在某个阶段想要的安全感。但是现实是残酷的，不存在长期的安稳和不改变的安全感。安于现状就意味着没有勇气突破自己，意味着早晚被社会淘汰。

我回到老家后，陪老母亲逛街时无意中遇到了多年的老邻居徐大哥。目光相对的那一瞬，一下子感觉他苍老了许多，斑白的头发，微驼的背，没了精气神的眼眸。看着眼前的他，我心里不禁有些酸楚。

回家路上，母亲才告诉我："他现在日子不好过，在家待着呢。"

我有些错愕："不会吧，他以前挺能干的啊，不是什么销售部主管吗？"

想当年，作为重点大学的高材生，徐大哥回到老家后很受欢迎。但是他没有选择进入相对稳定的公司，反而是选择了一家私营小企业，做了一名销售。

这家企业当时虽然在起步阶段，但是经过几年的经营，业务已经遍及多个地区。徐大哥也从一名小小的销售员，提升到了销售部主管的位置。

他多年辛苦工作，这下终于可以休息休息了。于是，他不再跟客户谈业务，也不再一心扑在工作上，而是没事就带着全家去旅旅游，找几个朋友打打麻将。日子就这样一天天过去，一转眼就是十年。

随着市场竞争的日趋激烈，这家企业的产品销量下滑严重，老板决定组建新的销售团队。于是，他下岗了。

生活中有很多类似徐大哥这样的人，奋斗过几年后就想图个清静和安稳，以为这样的人生就是自己向往的生活，以为只要守住自己现在拥有的，就能幸福快乐。但是现实不尽如人意，只要你停下前进的脚步，不思进取，就会被淘汰出局。所以，在能拼搏的时候，就拼搏吧。等到你拥有足够的资本时，再选择自己理想中的生活方式也不迟。

不管多难，也要努力寻找光亮

杨向阳出生时母亲难产，因长时间严重缺氧，全身发黑发紫，甚至一度被认为是活不下来的。父亲很爱他，给他起了个很有朝气的名字——杨向阳，希望他永远向阳而生，勇敢地面对生活中所有的困难。

但是命运还是没有怜悯小向阳，两岁的他被医生诊断为"脑瘫患儿"，很有可能活不过七岁。尽管如此，小向阳还是凭着坚强的生存意志活了下来，而且学会了说话和走路。父母为了让他和同龄孩子一样，送他上了学。

上学后，每天上下学成了小向阳最大的困难。刚开始时，父亲每天都背着他上下学，渐渐地，他觉得自己认得路了，虽然走得慢，要提前几个小时出门，但还是坚持自己去上学。

有同学经常问他："为什么你要这么辛苦上学呢？身体有残疾，还这么拼命，你图什么呀？"

他眼神里满是坚定，回答道："我想上大学，想到外面的世界看看，我要活得精彩些。"就这样，别人读一遍，小向阳就读十遍、写十遍，成绩一直名列前茅。中考时他考了全村第一，被全县最好的高中录取。

开学的那天，父亲送他去上学，没想到却被校长拒之门外。向阳争辩道："我是自己考上的，凭什么不能进。"虽然向阳努力争辩，但最终还是没能走进学校的大门。

他伤心地看了看学校大门，对父亲说："回村里上高中去，我不信自己考不上大学，只要努力，在哪里学习都一样。"

功夫不负有心人，经过三年的刻苦学习，向阳考上了自己理想的大学。收到录取通知书时，他高兴地哭了。

大学毕业后，他在家乡开了一家书店。由于经常上网了解图书市场的情况，他看到了电商的巨大商机。于是，他学着别人开起了网店。

起初他不懂得经营，赔了不少钱。后来，他请教了不少电商方面的人，最后决定学习做传统中式服饰。于是，向阳四处拜师学艺。店开起来后，从选料裁剪到刺绣，再到销售，他都亲力亲为。他常说："无论多么艰难，人都应该努力向着有光的地方前进！"

人都会遇到各种困难，只要坚定信念，不惧风雨，不怕孤独和艰险，努力向前，就一定能迎来曙光。反之，要是畏惧困境，自怜自艾，就会离自己想要的生活越来越远。

从前有一个有钱人在山上游玩时，遇见了一个穷人。有钱人看到穷人衣衫褴褛、瘦骨嶙峋的模样，就大发慈悲地对他说："这样吧，我给你一头牛，再给你一些种子。有了这些东西，你就能在山上开垦出一片土地，春天播上种子，秋天就可以收获了。这样，起码不会饿着了。"穷人听了连忙鞠躬道谢。

穷人开始犁地，开荒。可是没过几天，他就觉得熬不下去了，心想：牛吃饱了草才能干活，可是我都饿了几天了，没有力气，要不把牛卖了换几只羊，一只可以杀了吃掉，剩下的留着生小羊，这样既能吃饱又能赚钱，不是更好吗？

于是，穷人就到集市上用牛换了几只羊。可是小羊长大尚需时日，他忍不住吃了一只羊。他想：这样等着生小羊实在太漫长了，我不饿死才怪，不如换成小鸭子和小鸡，生蛋赚钱比较快，这样我的生活会很快好起来。

可是，他的生活不但没有任何变化，反而更加艰难了。

秋天的时候，有钱人来到山上，发现穷人颗粒无收，大白天坐在屋子里吃着咸菜喝着小酒。

"你的牛呢？种的庄稼呢？"

"都卖了，我就是个穷命。"穷人向有钱人讲述了自己的经历。

"你根本没有尽自己最大的努力，一心想着赚快钱，这怎么可能呢？想要收获，总得付出努力，像你这样想一步登天，怨天怨地有什么用，不会改变任何结果。你要想摆脱贫困，只有比别人更努力，才能获得收获。"

坚持努力，不要彷徨，人生才会有所得。

心中有梦，脚下有路

香港的青年读者用这样的话献给巴金："没有人因为多活几年而变老，人老只是因为他抛弃了理想。"人只要心中有梦想，就会有活力和动力，就不会感到茫然，就会知道接下来的路自己应该怎么走下去。

我曾经听过这样一个创业故事。小鹏大学毕业后通过面试进入了一家知名企业，但是朝九晚五的工作让他时常感到很没趣。他经常对父母说："还是小时候鼓捣那些机器零件有趣。"虽是一句玩笑话，却潜藏着小鹏的梦想。

有一天，小鹏的父亲突然脑溢血病倒了，虽然抢救及时，但是身体落下了后遗症。看着口眼歪斜、四肢活动有障碍的老父亲，他心里难过极了，不禁感叹生命无常。于是，他没有和家人商量，就辞了工作。

老父亲一听，很生气。小鹏认真地跟老父亲说："老爸，我从小就有个机械师的梦想，以前我觉得它离我很远，可经过您生病这事，我突然觉得自己离这个梦想又近了。老爸，我想试着做一个康复器械，帮您恢复健康。"

家人不再反对，他开始一步步实现自己的梦想。每天除了在电脑上画图建模，就是捣鼓各种零部件。由于每天长时间对着电脑，他患上了干眼症，医生说除非不看电脑，否则视力会大受影响。但是为了绘制图纸，他还是选择继续工作，只不过每隔一个小时就需要滴一次眼药水。

就这样，小鹏在每天制图、组装、焊接中度过了漫长的五年，终于成功做出了康复床。"右胳膊向前伸，右肩向前探一下，左腿向前伸展，左脚抬起来……"老父亲激动地流下了眼泪。通过几个月的测试，在康复床的帮助下，父亲的左腿渐渐有了知觉。但小鹏并没有停下脚步，他有了更大的梦想，希望通过这款康复床帮助更多需要康复治疗的人。

于是，他贷了款，准备批量生产这款康复床。几个月过去了，一张床也没卖出去，员工们纷纷离职。但小鹏没有放弃，仍然努力推广。功夫不负有心人，终于有一家医疗器械公司决定订一批康复床试试。没想到，很多人使用后，反响不错。

在一次采访中，记者问他为什么这么辛苦还要继续前行，他坚定地回答："因为有梦想，就感觉浑身充满了能量。"现在已经有许多医疗器械公司向他发出订单，希望与他合作。

人生有了目标，只要努力就会开始聚焦，积累到一定程度就会"燃烧"。但是有了目标，如果不去行动，那也是徒劳。

我有个朋友叫亚明，每次聚会都抱怨有忙不完的工作，说自己像个无头苍蝇，越忙越心烦。这几天老板安排他策划一个童装展销会，在上班途中，他就喃喃自语地说："唉，一到公司我就得搜集材料，准备做策划案。"

他走进办公室，看着杂乱的桌子，心里不禁一阵烦躁，心想，有段时间不得清闲了，倒不如趁着熟悉资料的机会，休闲放松一下，说不定还能有灵感呢。于是，他收拾了一下桌子，冲了一杯咖啡，戴上耳机，开始听音乐。然后，他又开始浏览网页，看到有一个新上线的电影，果断打开网站看了起来。

半小时过去了，他突然想起策划案的事情，赶紧关掉网站。这时，手机突然铃声大作，原来是老客户的投诉电话："你们这次的策划案是不是有点太敷衍了，和去年的没什么变化啊？"他连忙道歉解释，说尽了好话安抚，才平息了客户的怒气。挂了电话，他又去抽了根烟。

出来后，闻到一股茶香，他心想：工作节奏总被打乱，策划案也是一件费脑子的事情，喝点茶醒醒脑，总归是好的。于是，他开启了上午茶时间。

回到办公室，已经接近十一点了，距离例会还有十五分钟，干脆吃过午饭下午再做好了。

上午很快就过去了，但亚明还是没有一点紧迫感，直到中午老板打电话来问他进度，他才发觉自己什么都还没做，只能心虚地说："还在修改和完善中，下班前给您准时送到办公室。"这时，他看着一大堆资料，心乱如麻。

"千里之行，始于足下。"只有目标是不够的，要知道实现目标需要一个过程，在这个过程中我们必须付诸行动，通过艰苦的努力，把梦想和目标转化为实际行动，这样目标才能实现，否则的话只能是空想。

束之高阁的梦想，只会是一事无成。

第三章
人生不是重在起点，而是贵在努力

人生就像一场你追我赶的比赛，
没有永远的胜者，只有努力不停地向前奔跑。

人生不是重在起点，而是贵在努力

人生就像是一场马拉松，你的起点无论是领先还是落后，其实都不重要，重要的是不停下前进的脚步，努力朝着终点前进。

大学毕业之后，大家再相聚，觥筹交错之间喜欢议论的往往是那些变化比较大的。就拿我的发小鸣鸣来说，我们父母都是一个单位的，两家住得也近。从幼儿园开始，我们就是很好的朋友。鸣鸣不仅生得十分俊俏，而且很是聪明伶俐。从上学第一天开始，他就成了父母眼里的完美标杆。

小学二年级时，由于鸣鸣父母调动工作，他也跟着转学到市里的小学。后来，每每听到两家父母打电话，总是可以听到"他在学校又获得了什么比赛大奖""又得了几个第一"等。寒暑假时，我们会偶尔见见面，他总是滔滔不绝地说着自己远大的"救死扶伤"梦。高考时，他也没让大家失望，以全市状元的优异成绩考取了医学院。

进入大学的鸣鸣并没有像其他人那样放松对自己的要求，反而更加好学。他每天5点起床，去操场跑步，然后吃饭；8点的时候一定去图书馆看书学习；晚上12点才熄灯睡觉。这本来是很正常的学习作息，但是有一天我却听到了一个令人震惊的消息——鸣鸣在学校得了精神病，不得不退学了。

我眼前一晕，赶忙打电话。接电话的是他的妈妈。原来太过追求完美的他，对自己要求近乎苛刻，又加上住校跟同学闹别扭，使得长期压抑的情绪和精神压力一下爆发，让他有些神志不清了。

真是可惜啊！这可能是所有认识鸣鸣的人的想法。但是多年后，我再见到他时，却大吃一惊，又黑又胖的身材，再也看不出当年的清秀。

他调侃着问道："怎么了老同学，你认不出我了啊？"

我不好意思地说："是啊，跟以前变化挺大的。"

他解释说："都是激素闹的。当时生病吃了不少激素类药物，这身体就成这样了。"

我关切地问："那你现在身体和工作怎么样了？"

他有些自嘲地说："你看我这身体就知道了。至于工作，因为当时半路退学了，但是凭借以前学得一点皮毛，现在在做医药代理和销售的工作。"

我点了点头，说道："挺好的，人生嘛，总有起伏，慢慢来呗。"

他说："是啊，人生就是场长跑，我虽然跑得快，但是中场休息了一会儿。不过好在我缓过来了，正在努力追赶落下的路程呢。这几年病愈之后，当医药代表也挺开心的。现在我正准备开一个关于精神病人心理健康咨询中心，在自己的范围内能够承担更多的责任。"

从他的眼神中，我看到了他的坚定，也感受到了一股力量。

其实很多时候人生就是这么难料，经常考试第一的学霸，几秒钟单手玩魔方的怪才，有可能会被时间消去了优势，再次站在起跑线上。人生之路漫漫，总会有在你前面的人，也有落于你后面的人。如果你停下脚步，后面的人就会超过你；如果你加快脚步，你则会超越前面的人。

倘若你只是靠着天资或者暂时领先而骄傲，把人生当成百米冲刺，只努力一小段路程，之后就慢下来，甚至停下努力的脚步的话，那么你的人生很快会被别人超越。

我家邻居的孩子小张，别人都说她从小就是个当作家的"料"。也许是受到同是语文教师的父母影响，也许是她家的藏书丰富，总之还在上幼儿园时就能诵读古诗。上了小学以后，她更是成了班级和学校的"小明星"，总是各大作文比赛的常客和金牌得主。

高考时，她作文满分，以文学院第一的成绩考入重点大学。在校时，她不仅做了校刊编辑和小记者，还是广播站播音员，更是在很多杂志上发表了自己的小说。毕业时，她凭借丰富的社会经历和优异的面试表现，被一家杂志社聘用为助理编辑。虽然有两个月的实习期，但只要通过实习，达到职位要求就可以成为正式员工。

刚开始实习时，作为职场新人的她处处谨慎小心，有经验的老编辑们说什么，她就照做什么。大家都暗地里称赞："这孩子可以啊，刚毕业挺有眼力见儿，而且勤奋好学。""对，工作效率也挺高的，有时候加班加点也没有任何怨言。""不挑活，打扫、收发快递、改错别字、打字，这些杂活干得也不错，真是难得啊……"大家你一言我一语地称赞小张，觉得她是个可造之才。

和她一起进公司的小杨，则显得有些木讷，写作水平也一般。但是她却一直默默地努力，没事就在家抱着各种书籍阅读，在公司也常找经验丰富的老编辑们请教，怎么才能写好过渡、开头，还把一些优美的文字和写作思路记录下来。每天分配给她的稿件任务，也都按时完成，编辑们对她的稿件的批注，她都会第一时间修改，不明白的地方也会虚心去讨教。

就这样，两个月的实习期很快就过去了。两人也都收到了成为正式员工的通知。

"小张，昨天的稿子你还没发我呢，是不是忘了？哈哈。"刘编辑发来消息。

小张喝了口水，懒懒地回复道："昨天没什么灵感，就写了一节稿子，剩下的今天完成。"

上午刘编辑经过小张旁边时，无意中看了一眼，本来以为她在写稿子，却发现小张正在追剧。

小张在工作上不如以前上进，而且还经常迟到、请假。一次开会她又在打瞌睡，会议结束时主任找她谈话。"其实，公司从看到你的简历时就对你很满意，面试后也感觉你很适合我们编辑的岗位。你实习期间的表现也不错。但是最近我发现你老是拖稿，上班时间开小差，连刚才开会你都打盹。小时候都爱讲龟兔赛跑的故事，其实人生何尝不是一场长跑比赛呢？在你懈怠工作的时候，与你一起进社的小杨已经完成了任务。长此下去，你们之间的差距可就不是一星半点了。小张，趁着还年轻，踏踏实实努力吧。"

其实，一个人的起点如何并不重要，重要的是，他是否能够在经历挫折后仍努力前行。

不想被"out"，就得拼命向前跑

我小时候看过一部叫《阿甘正传》的电影。那时候只是觉得电影里的有些情节比较好玩，没什么感悟。如今重温这部电影，让我有了新的感触。

阿甘是一个刚出生就被判定智商只有75的低能儿，只能利用沉重的脚撑才能勉强行走。好不容易得到了小学的入学名额，但是由于行动不便，他在学校受到了几个小男孩的欺负。有一次，几个小男孩又拿着石头追打阿甘，阿甘拼命地向前跑。

由于阿甘跑得太快了，脚撑竟然脱落了。可是，阿甘没有停下脚步，仍然向前跑。就这样，他不但摆脱了男孩子们的追打，也开启了自己不断努力奔跑的新人生。

可是，到了高中，阿甘也没能摆脱被同学欺负的命运。于是，努力向前奔跑，便成了他的生活常态。在一次慌不择路地逃命奔跑中，他冲进了正在比赛的橄榄球场。没想到，他竟比运动员们跑得还快。就这样，他入选了橄榄球国家队。

大学毕业后，他又应征入伍。在越战中，他凭借努力奔跑，成功活了下来，而且还救了很多战友。

他一直坚信妈妈说的话："只要坚持努力向前奔跑，就一定能够成功。"退伍后，他在医院休养时无意中学会了乒乓球，通过反复练习，他的球技日渐高超。后来作为美国乒乓球队员，阿甘为中美建交立下了功劳。

没有人生下来就懂得一切，拥有一切，只有在成长中不断进步，不断向前，才不会被淘汰。就像阿甘，他从不知道什么叫失败，不知道失败了怎么办，不知道被人嘲笑怎么办……但他知道，如果不努力向前奔跑，自己就会挨打。其实，生活对于每个人都是公平的，你付出多少，生活就会回报你多少。

我表叔家的孩子婷婷，从小就生活在蜜罐里，过着"饭来张口，衣来伸手"的日子。作为家里的独生女，全家人都宠着她。为了她能专心于学习，什么家务活都没舍得让她做过。上了高中，她连袜子都不会自己洗。

由于学习成绩一般，高考填报志愿时，她索性选择了当地的一所大专院校。本以为到了大学，会学着努力一点，谁知她还是老样子，每天一下课，她就骑着自行车回家，一回家就抱着笔记本电脑开始追剧，到了饭点还得老妈把饭端到面前才肯吃。

父母尽管对她有些不满意，但是总觉得孩子还小，也就没怎么管束。

毕业那天，她兴冲冲地对父母说："从今天起，我要努力了。以前你们养我，以后我努力奋斗养活你们。"

　　话说得好听，可事难做。她在找到的第一份工作——超市收银员试用期就经常算错账，还收了几次假币，不仅被老板狠狠地训了一顿，还被扣了不少工资。一个月下来，她钱没挣到，反而每天在外面吃吃喝喝，还得管父母要钱。

　　于是，她换了一份工作，在某公司做市场调研员。刚开始，她觉得每天接触很多客户，聊聊天问问问题，还挺有趣。后来时间越长，她就越觉得无聊、烦琐。于是她就想出个办法，随意编造许多调查问卷和数据来应付上司。结果公司很快发现了婷婷的这种恶劣行为，直接开除了她。

　　婷婷十分委屈地对父母说："我不想再工作了。就算要工作，那至少也要休息半年以后再说。"

　　爸爸忍不住教训起她来："我们不怕养你，怕的是你不知道努力，不知道适者生存这个道理。要知道生活不会像我们这样包容你，生活是残酷的，你不努力，它就会抛弃你。"

　　婷婷满不在意地说："那我接着找工作呗。"

　　"这是一个充满竞争的社会，连我和你妈妈都还每天看看书呢。虽然我们还没退休，还算得上是公司的骨干，但是如果我们不努力，那我们可能就会因为跟不上时代的步伐而被淘汰，这就是竞争的残酷性。"

当你吃喝玩乐的时候，同事在加班给自己充电；当你遇到困难想退缩时，其他人却努力坚持着；当你顶不住压力想要放弃时，别人却挑起重担……无数次继续奔跑，会取得成功；无数次退缩和放弃，也会导致失败。

在生活的竞技场上，从来没有全身而退、坐享其成一说，尤其是在这个人才辈出的时代，不努力就会出局。

在努力的路上，一起加油，不努力就Out!

只有为了生活奋斗，才有资格喊累

上周末，我在一本书上看到了一个励志故事，不禁有些感慨。我们经常喊累，但其实真正为生活而努力奋斗的人，从不轻易喊累。

故事的男主人公叫夏伟，是一个"90后"的送奶工。每天凌晨三点钟闹铃声一响，就意味着夏伟一天忙碌生活的开始。作为外来务工人员，他刚开始时做过很多工作，直到在一家锅炉厂当工人后，才渐渐站稳了脚跟。可是锅炉的工作是冬天忙得连轴转，夏天又闲得整天睡大觉。于是，为了多赚点钱，夏伟又应聘了送奶的工作。

由于租住的房屋距离奶站有一段距离，他需要骑半小时的电动车才能到达奶站。一到奶站，夏伟就得开始忙活。

因为每天都很忙，夏伟一年四季都不停歇，只有过年的时候才休息几天。他对工作很认真，无论天气多么恶劣，他都没有少送或送错过一次奶。就这样，他坚持了两年，而且两年来没有接到过任何投诉。

最近他成了公司的骨干，开始当起了师傅，带着新同事熟悉各个小区，任务和责任比以前更重了，但是他总是轻松地笑着说："我还年轻，现在我就是一门心思奋斗，再苦再累也不怕，只要我还干得动，就会努力拼一拼。"

其实，每个人都有梦想，实现梦想的途中，会遇到各种压力，身体上会觉得累，有时候会想要放弃，但是想想自己的家人，想想自己已经付出过的努力，想想自己的梦想，又会觉得充满了力量，继续全力以赴。唯有坚持奋斗拼搏，才能勇敢地走下去。反之，你不努力，每天喊累，结果只会让你觉得更辛苦。

小乖和强仔的故事，就说明了这一点。

小乖因为没考上心仪的大学，被调剂到一个不喜欢的大学学一个冷门专业。由于对自己的专业没什么兴趣，他就每天没日没夜地玩网络游戏麻醉自己，把自己搞得疲惫不堪。可是，越是这样他就越觉得空虚无聊。为了摆脱这种痛苦，他花更多的时间玩游戏。

相对于小乖，强仔不仅考上了大学，大学的各科成绩更是名列前茅，在学校各种活动中也崭露头角，还在学生会竞选中当选了副主席。大三的时候他更是把目光投向了社会实践。

小乖经常说："强仔你活得好累啊，人生在世没有必要那么累。"强仔则嫌弃小乖不思进取，他经常说："你现在不累一点，生活会让你以后更累。"

临近毕业，面对就业问题小乖才有了紧迫感。他开始想着考研，但是复习了没几天就觉得很累。"唉，英语是我迈不过去的坎儿啊，累死也学不会。"最后，他放弃了考研，转向找工作。

但他在网上投了许多简历大都是石沉大海，有消息的几家公司，应聘都失败了。父母打电话询问，让他别挑三拣四。他反倒抱怨："我都累死了，你们一点不理解我。"

小乖挑来挑去，才勉强找到一份工作。尽管他并不喜欢，也不擅长，但是为了生存只能从事这份工作。每天下班之后，他都感觉自己筋疲力尽，生活没有一点乐趣。

同样英语基础不好的强仔，则选择报了一个商务英语短训班。在学习的过程中，他无意中结识了某公司人事资源主管刘明。通过交谈，刘明觉得强仔很不错，就把他推荐到了自己所在的公司。

经过两个月的努力，强仔成了这家公司的正式员工。部门主管很器重强仔，经常带他到全国各地洽谈业务。虽然他每天都会加班到深夜，但是他过得很充实、很快乐。强仔说："努力奋斗的每一天都是充满希望的，再苦再累也值得。"

生活虽然辛苦，但只要努力奋斗了，就会有收获。因此，面对压力的时候，不要焦躁，因为这只是生活对你的一点小考验，相信自己一切都能处理好。人只有累一点的时候，才会更接近希望，更接近梦想。

精致，是一种生活态度

　　什么是精致的生活？是奢侈豪华，是高高在上，还是远离世俗喧嚣？实际上，精致，就是一种生活态度，一种取决于你对生活的态度，并非需要花费金钱去铺垫。正如钱锺书先生所说："洗一个澡，看一朵花，吃一顿饭，假使你觉得快活，并非全因为澡洗得干净，花开得好，或者食物符合你的口味，主要因为你心上没有挂念。"

　　其实精致就是简单到心情难过时，买束花送给自己；出门上班时，画个淡妆，喷点香水；工作时，努力做好每个细节，不应付，不敷衍，哪怕只是每天进步一点点，也会让自己不断成长。真正的精致，就是努力过好每一天，让生活充满热情和活力。

　　我的同学杨启华是某知名广告公司的项目经理，年薪百万，他太太张琪在我们学校里也是校花级别的美女。毕业就结婚的他们，可以说是我们经常羡慕的"神仙眷侣"。婚后张琪做过一段时间的设计师，但是随着女儿的出生，杨启华让张琪做了全职太太。

　　当了全职太太的张琪，没有了工作的忙碌，白天不是约朋友打麻将，就是自己逛街购物，家务活不用自己动手，全都交给保姆，孩子也是交给专人负责照顾。

时间一长，两人之间开始矛盾不断，经常为了一点鸡毛蒜皮的小事就争吵不断。

在女儿十岁生日过后，杨启华向张琪提出了离婚。张琪在家哭成了泪人，放学的女儿看见她这副模样，又急又气，不禁跟她说："虽然爸爸让你不用工作，但你可以找些自己喜欢的事来做，比如手工、插花等，可是你不是逛街，就是在家待着，还老是跟爸爸吵架。"

女儿的话让她一下子明白了自己引以为傲的精致生活，是多么脆弱，也明白了精致生活不只是外表的光鲜亮丽，而是心态上的不放纵，不断地自强自立。

于是，张琪走出家门，从销售员做起，也学着关心女儿和家人，努力做好每一件事。经过几个月的打磨，从头开始的张琪，又焕发了新的生机，也开启了新的精致人生。

她说："精致的外表，不是穿得多昂贵高雅，而是清新的发型和妆容，搭配得体的服饰；精致的内心，不是学历有多高、经历有多丰富，而是有思想、有内涵；精致优雅的气质，不是喝喝茶、逛逛街，而是经济独立，有能力独当一面，有自己的事业。"

现在她住的地方，虽然只放得下一张床和一张书桌，却是她和女儿温暖相伴的小窝。现在的她，每天穿着高跟鞋挤地铁和公交车，却乐此不疲。现在的她，学会了买菜时讨价还价。现在的她，不再去美容院，也不再用高档化妆品，但是却更加自信美丽。

精致作为一种生活态度，并不是用金钱和地位堆砌的奢侈，而是一种积极向上的气象，是一种思想上的理性认识。

第四章
与其羡慕别人，不如改变自己

如果把白日梦变成一个远大的目标，
尽自己最大的努力踏踏实实过好每一天，
那么这就不是白日梦，而是可以实现的梦想。

越是躺着做梦，越容易遍体鳞伤

很多人都做过白日梦。所谓白日梦，其实就是大脑中的幻想，实现与否，取决于我们自己本身。人如果不切实际、不脚踏实地地去实现梦想，那白日梦终究只会是白日梦，只会让自己更加沉沦。但是，如果把白日梦变成一个远大的目标，每天尽自己最大的努力踏踏实实过好每一天，那么它就不是白日梦，而是梦想，而且终有一天可以实现。

美国著名思想家、文学家爱默生有一次在家读书时，突然有一位年轻的小伙子登门拜访。这位小伙子是爱默生的忠实粉丝，不远万里来拜访爱默生，目的就是想要得到爱默生在文学上对他的指点。

从有些破旧的衣衫来看，这位小伙子家境并不富裕。但是交谈了一会儿，爱默生就感觉这孩子是个可造之材，言谈间显得有些气度不凡。尽管二人是第一次见面，但是经过交谈，二人有种一见如故、相见恨晚的感觉。临走前，小伙子留下了联系方式以及自己写好的诗歌文稿，希望爱默生可以有所指教。

爱默生简单地读了几页，发现这个小伙子很有写作天分。他对小伙子大加赞赏，还说："你的文章我会推荐的，但你回去之后一定要多读书、多下笔创作。只要你坚持写作，你的前途不可限量。"

随后，爱默生也实践了自己的诺言，把小伙子的文章推荐到一些杂志上发表，但是并没有一下子引起轰动。于是，他继续写信鼓励小伙子："孩子，你的作品还是很不错的，只是还需要读者慢慢地接受。希望你以后可以有更多、更优秀的作品寄给我，我会努力帮你实现你的文学梦的。"

就这样，两个人开始了频繁的书信往来。

在书信中，小伙子谈了自己对文学的许多看法，爱默生也会经常给他回信。不仅如此，爱默生还经常在自己的朋友圈提起这位小伙子。渐渐地，在爱默生的提携之下，小伙子在文坛有了一点名气。

也正是从这时候开始，小伙子有些骄傲了。他不再常常给爱默生邮寄诗稿作品，而是长篇大论地说自己的一些天马行空的想法。爱默生有些害怕，他担心小伙子正在走向白日梦的深渊。尽管二人仍然继续通信，但是爱默生却变成了倾听者。

秋天到了，小伙子和爱默生一起被邀请参加一个聚会。在聚会上，爱默生忍不住关切地追问道："为什么不给我邮寄你的诗稿了呢？"

小伙子不屑一顾地说道："我正在创作一部不朽的著作，一首长篇史诗。"

"可是，在找看来，你的抒情诗更好，你没有必要创作自己不擅长的作品啊。"

小伙子傲慢地回答："那些抒情诗怎么能够体现我的才华，只不过是小打小闹罢了。想要创作的著作世纪不朽，就得是长篇史诗。何况我已经是大诗人了，有很多人都认识我，我得有自己拿得出手的大作。而且，长篇史诗我已经写完了上半部，下半部很快就完成了。"

尽管这位小伙子喋喋不休地向在场的人吹嘘自己的大作，但实际上他发表过的诗歌，在场读过的人寥寥无几。

冬天到了，二人虽然还有书信往来，但小伙子言语间却只字不提自己的长篇史诗，而且还有些灰心丧气。直到有一天他终于忍不住向爱默生哭诉："其实我最近感到很苦恼。我写过几首小诗歌，您也曾赏识过我，我也因此感到无比骄傲。如今我的灵感消失殆尽，再也写不出任何东西。我感到很无助，我觉得自己是在浪费才华。但是在我的想象中，我本应该举世瞩目，本应该万人敬仰，我应该早就创作出自己的旷世之作。"

爱默生简单地回复了小伙子的来信："尊敬的大诗人，请原谅我的冒昧，原谅我这个乡野无知的小卒……"

收到来信后，小伙子再也没有写过回信。

故事中的这位小伙子，当他养成做白日梦的习惯后，他根本就不会去考虑如何才能走向成功，如何才能实现自身的社会价值。事实上，当他陷入难以自拔的白日梦的泥潭之中时，他原有的才华就已经在慢慢丧失了。最终的结果，就是他只能成为一名失去才华的平凡人。

我曾听过这样一个故事。

在英国北部有个8岁的男孩叫约翰，从小跟着魔术师父亲东奔西走，可以说是在剧场后台长大的。四处奔波的生活，使小男孩频繁地更换学校。有一天在作文课上，语文老师说："今天这堂课我们的题目是，长大后我想要成为……"小约翰认真地想了想，然后就开始动笔了。他一笔一画地写下了题目：我想当个农场主。这篇作文，他洋洋洒洒地写了整整3页纸，描述自己当上农场主之后的情景，还画上了自己对农场的规划设计图。当时，他的语文老师给了他极大的赞赏，还让他当着全班同学的面朗读了他的作文。

到了18岁时，约翰考上了当地一所私立大学。

但是从进入校门开始，他的生活就好像变得一成不变了。每天他都在食堂、网吧、宿舍混日子，好像大学生活跟他一点关系都没有。每次开学开班会时，说起自己的计划和目标，他就会想起自己的农场主梦，然后滔滔不绝地描绘着美丽的梦。但是，他所谓的努力拼搏只不过是说说而已，每天的生活还是一如往昔的吃喝玩乐。

有一次老师好久都没见他来上课，就打电话叫他来办公室。老师开玩笑地调侃道："以后还是喊你白日梦男孩吧。"

"老师，干吗这么打击人啊！谁都有资格有梦想吧？"他有点气愤地质问老师。

"那你想想自己为了梦想都做过什么呢？你是有做过任何兼职攒过一分钱，还是利用业余时间学习过专业知识，抑或是接触和照顾过牛、马、羊这样的牲畜呢？"

他的脸一下子涨红了，不知道怎么回答。

"想做农场主，你得有资金、场地、牲畜等，显然你没有；想做农场主，你得有农业知识，但是你在学校这三年是怎样的，不用我说吧？这样的梦想不是白日梦是什么？每个人都可以有梦，也可以做做白日梦，想想自己未来想要过什么样的生活，从事什么样的工作，但是一味沉溺于这样的空想是很可怕的，它会让你的思维麻痹，会让你以为自己就这样混混沌沌也可以实现梦想。"

约翰听完老师的话，羞愧地离开了老师的办公室。

永远躺着做梦的人，只能永远做梦。只有努力过好每一天，才会让梦变成现实。

三分钟热度

　　我身边有这样一位做事三分钟热度的朋友，名叫阿韬。初中时，电视热播各种选秀节目，那些抱着一把吉他唱歌的男生，给他留下极深的印象。阿韬也不例外，他饶有兴致地买了一把吉他和各种教学光盘，还哀求父母在周末给他报了个吉他训练班。

　　第一天上课，阿韬整理好发型，背着吉他，骑着赛车前往音乐教室。可是一天学习下来，他就有些后悔了。晚上，他垂头丧气地回到家，一屁股瘫倒在沙发上。妈妈见状关切地问："怎么了，第一天学习什么感觉啊？"

　　他有些懊悔地说："手指按压了一天琴弦，好疼啊。也不知道老师为什么不直接教我们弹曲子。而且，我发现我可能不适合弹吉他，我的手指不够长。"

　　就这样，阿韬上了两节课后，吉他、琴谱和教学光盘就都被丢进了柜子里。后来，这也成了他拿来炫耀的事："想当年，我要是坚持学好吉他，估计现在我也早就成了下一个选秀冠军了，只可惜当时我就新鲜了几分钟，现在想想真是遗憾啊。"

　　到了高中，阿韬觉得还是要学会一门乐器，这样的话生活才会比较丰富，于是他选择了方便携带的口琴。满怀憧憬的他，心想：等我学会了口琴，无论走到学校还是大街上，随时掏出口琴吹上一曲，不知会吸引多少驻足的目光啊。但是，他买完了口琴就把学口琴这事搁置了。"买回来一吹才发现高、中、低音好难控制，自学根本不可能啊！"他很有道理地说。

后来，学校来了个泰国外教，他又一时兴起，决定学习泰语。这次他倒是真的行动起来了，不仅买了泰语书籍，还上网报了泰语学习班，又找老师印了一份泰语基本口语对话的句式，有事没事跟同学聊天时，还说上几句基础的泰语。但是，阿韬坚持了不到两个月就放弃了。现在再问他泰语，也就只能和我们一样说一句："萨瓦迪卡。"

到了大学，他又跟着同学一起迷上了塔罗牌，成为一个塔罗牌大师成了他业余最大的梦想。于是，他把业余时间全用在研究各种塔罗牌占卜书籍上。看着他没事拿着一副塔罗牌给女生们占卜爱情、运势，并且说得头头是道的样子，室友们还颇有些羡慕。可谁知没过两个月，正当他的室友们开始准备跟他学几手占卜时，他却有些嫌弃地说："大男人还是志在四方比较好，学什么占卜啊，这玩意儿更适合女生玩。"

虽然敢于尝试各种事物是好事，但是只有三分钟热度，难以坚持，就很难有所成就。

任何成功都不是一蹴而就的，而是下了很多苦功夫的结果。做事不要三分钟热度，持续努力，才能持续燃烧，持续发光发热，走得更远更久，更接近目标。

别以为游手好闲就能做文艺青年

　　不知道从什么时候开始，人们喜欢称那些向往文艺生活的人为文艺青年。他们喜欢读书写作，向往成为村上春树这样的作家；他们喜欢看小众的文艺电影，在里面找寻回忆的影子和心灵的归宿；他们喜欢听朴树、许巍的歌，因为歌里是纯净的世界和孩提般的童真。

　　导演、编剧、制片人、音乐人高晓松说："文艺青年必定是有志气、有理想的。其中有一类文青是'全副武装'的，比如……我有吉他、摄影机、笔；而另一些则是手无寸铁，只是喜欢电影、小说、音乐，他们只能算是文艺青年爱好者。"

　　那些游手好闲，整日无所事事，表面上爱好艺术，实际与大众格格不入的年轻人，尽管也标榜自己是所谓的文艺青年，却是地地道道的混日子的伪文艺青年。

　　一天，我无意中翻看朋友圈，看见老同学赵哥发了一条很有腔调的文字："我想变成一条鱼，不洗澡也不会脏，在七秒的记忆里，我永远是最可爱的。即使我大腹便便，即使我邋里邋遢，即使我一无是处，我依旧不会感到忧伤。"

乍一看，还真有那么点文采，颇有点文艺男青年的感觉。但是仔细一想，这不就是既什么都不想做，又想给自己的游手好闲披个好看的外衣的意思吗？

记得上学时，赵哥爱装"社会人"，在肩膀上弄了个假文身，写着"HATE"（讨厌）。在阳光下，他的文身颇有些刺眼，夏天热的时候也会掉色儿。在穿衣打扮上，他更是喜欢走非主流路线，学校规定必须穿校服，禁止奇装异服，他就故意不穿校服，而穿破洞牛仔裤搭配白背心、人字拖。平时遇到不高兴的事，他就直接用"武力"解决，哪怕是女生招惹了他，他也会骂骂咧咧。

在老师眼里，他是不爱学习、游手好闲的坏学生；在同学眼里，他满嘴脏活，动不动就爱打架。可是，在他自己看来，他就是文艺范儿，就是与众不同，就是文艺青年，他觉得没有人懂他。

赵哥平时更是喜欢标榜"自由"，经常在课上老师不注意时，叼个烟卷，装一下所谓的"自由范儿"。一次学校组织文艺演出，他主动报名参加节目，排练的时候还挺认真。老师们说："这孩子弹吉他唱歌还是不错的，希望晚上演出能有更好的表现。"演出当晚，歌曲前半段他唱得还不错，可是后半段他却突然把吉他摔了，高喊："不要考试，不要读书，我要成为下一个许巍！"结果被保安轰下了舞台。

再见赵哥时，他依旧是个"自由"人，干着各种自由职业，但总是干不了多久就转行。有一次大家在微信群里聊天，他在群里发了一些推销商品的链接。有的同学问他："怎么，赵哥也接地气了、食人间烟火了，开始上班挣钱了，不当文艺青年了？"

赵哥笑了一声，淡淡地说："谁说的，我一直都在追寻我的文艺青年梦啊。瞧你们每天都累得跟什么似的，我想干就干，不想干就睡觉，这么惬意的生活多美好啊，你们不羡慕吗？"

金银不贪，情怀不减。生活有所依，精神亦有所依。

文艺可以成为你的标签、爱好、技能，甚至生存之道，但绝不应该成为你游手好闲的借口。

自律，才能获得向往的生活

自律这个词很多时候都会和自由放在一起。那什么是自律呢？我的理解是，自律是一种主动生活的状态，而不是放任自己随波逐流。人只有选择自律地活着，才能让自己朝着目标一步步进发，最终过上向往的生活。

乔布斯曾说："自由从何而来，从自信来，而自信则是从自律来，先学会克制自己，用严格的日程表控制生活，才能在这种自律中不断磨炼出自信来。"

对于著名作家严歌苓来说，在漫长而孤独的写作路上，比起天分，勤奋、坚持才是更为重要的东西。她过着一种自律的生活：每天写作六小时，每隔一天就要游泳1000米。每隔一两年，严歌苓的名字就会出现在畅销书架或者改编的影视作品上。她出书就像交作业一样"规律"，于是总会被问道："你怎么能写那么多书？"严歌苓的答案跟她每天的生活一样简单："我当过兵，对自己是有纪律要求的，当你懂得自律，那些困难都不算什么。"

对于有理想和有追求的人来说，想要实现目标，就必须对自己有要求，用自律和行动突破心中的障碍，才能走向诗和远方。

我的表弟上大三的时候，没事总跟我抱怨大学生活无聊。

我很好奇，不解地问："大学生活应该比以前丰富多彩才对呀，你怎么会感觉无聊呢？"

于是，他就开始列举自己的生活状态："每天上午拿着课本去教室上课，中午晚上去食堂排队抢饭，回到宿舍就开始和室友们一起打游戏。有时总是输，也就觉得没什么意思，但是又不知道该干什么。"

我提醒他说："学生主要的当然还是学习啊。"

他狡辩说："宿舍人都在玩，没有学习的环境啊，根本读不下去。"

"那你可以去图书馆或者自习室啊。"

"图书馆太远了，懒得去。自习室还需要早早去占座，多麻烦啊。"

"那你就多参加社团或者打工做个兼职也行啊。我那时候就是参加了很多社团活动，业余时间还做家教什么的。再不济，男生可以踢踢足球或者打打篮球什么的。"

他却说："上了一天课了，哪还有力气运动啊。"

我突然明白了他的问题所在："你其实不是生活无聊，而是你生活学习太不自律。你也不是无事可做，而是只想打游戏混日子，却偏要把责任归咎于别人的干扰和环境的影响。你无法管住自己，又不知道怎么解决，索性就放任堕落，因此才会觉得大学生活过得一塌糊涂。"

我把自己经历过的同样不自律的生活跟表弟讲，他听后若有所思，表示以后绝不会这样浑浑噩噩地度日了。

一年过去了，表弟圆满完成了学业，还在业余时间练习毛笔字。无论是毕业忙着写论文、找工作，还是工作后琐事繁忙，他都不曾放弃练习毛笔字。这一年的时间，他用自律保持了一项优雅的兴趣，也懂得了用自律控制自己的欲望，甚至掌控了自己的人生。如今，他已经是一家企业的主管，事业小有所成。

如今，很多年轻人面对各种应酬和不健康的生活方式时无法做到自律。实际上，选择什么样的生活方式外人无法干涉，只有自己能够决定生活的样子，就像康德所说："我们不是动物，不能任由欲望和冲动蔓延。唯有选择自律，才能让我们区别于动物，也会让我们活得更高级。"

你能否为自己的人生自律一次呢？坚持不懈的自律，终究会助你破茧蜕变成蝶。

与其羡慕别人，不如改变自己

有句话叫"心动不如行动"，其实说的就是与其羡慕别人，不如行动起来改变自己。任何成功，都不是凭空而来的，而是努力和付出的结果。你羡慕别人拥有婀娜的身姿，就要改变不良的生活习惯，多运动；你羡慕同事在工作上有所成就，就要改变做一天和尚撞一天钟的想法，每天进步一点点。

我曾经听过这样一个励志的故事。

女主人公结婚后，很快就怀孕了。于是，她为了更好地养胎，辞了广告公司设计师的职位。和公婆一起居住的她，每天照顾全家人的生活起居、一口二餐。

尽管她顺利诞下了双胞胎，还是觉得有些失落。老公整天忙着工作，两个小宝宝也由公婆照顾，她的任务就是每天做饭。

有时候，饭菜做多了，她觉得扔掉太可惜，索性就自己吃掉，这样做的结果就是她的体重一下子由生产前的45公斤，飙升到了80公斤。

现在的她，只能买男士衣服，不再穿高跟鞋，告别了紧身服饰。她越来越自卑，变得敏感和神经质，动不动就乱发脾气。可她越是心情不好，就越想吃东西，身材就越走样。

尽管只是在家做家务、照顾宝宝，但是肥胖的身体依旧让她吃不消，她经常感觉到腰疼、膝盖疼。去医院看过医生后，医生建议她必须立刻开始减肥，否则肥胖会严重影响身体健康。

于是，她开始了减肥运动。每天早晨6点起床做伸展运动，下午爬楼梯、跳绳，晚饭后慢跑、游泳；一天只吃三顿正餐，不再吃零食，以免暴饮暴食。

半年后，她成功瘦身到50公斤，也成了很多宝妈们羡慕的对象，但她却常说："没什么可以羡慕的，只要你们愿意改变自己，你们也可以的。如果只是羡慕别人，自己不肯尝试努力，不肯改变，那一切都是徒劳。"

"临渊羡鱼，不如退而结网。"与其站在深潭边看着活蹦乱跳的鱼羡慕不已，倒不如回去结网，痛痛快快地撒网打鱼。同样，羡慕别人的成就，可以激发你的潜力，但是做事仅有雄心是不够的，踏踏实实地行动，扎实走好每一步，才是真正改变现有生活的开始。反之，仅仅是羡慕别人的成功和生活，那也只能是羡慕了。

前几天，一位工作没几天就辞职的朋友对我大吐苦水："我之前那个老板，一直对我有成见，挑三拣四的，一点错误就抓住不放。一会儿说我不懂电脑操作，一会说我文案的格式不对，一会儿又说文案传达的理念不对。总之，在他的眼里，我什么都做不好，哪一项工作都是一团糟。现在我辞职了，看他怎么给我找事儿。"

我笑了笑，而后平静地问："既然你之前的老板老是说你，那你觉得他说得对不对呢？"

朋友说："当然不对了，我哪有他说得那么差，我觉得自己做得很好了。如果不是他百般挑剔，我绝对可以胜任这份工作的！这个老板太偏心了，对公司新来的小姑娘倒是挺照顾的，从来没有教训过她！"

朋友口中的姑娘我倒是知道，朋友之前说起过。她毕业于重点大学，在学校里就是风云人物，担任过学生会主席，负责过社团。她的工作能力应该很强，老板可能只是因才适用。

想到这里，我突然想起，这个姑娘刚来到朋友所在的单位时，朋友还想过追求人家呢！现在几杯啤酒下肚，居然说出这样的话。我摇了摇头，对朋友说："你之前不是说那个姑娘是重点大学毕业吗？人家得到老板的器重，肯定有自己的实力。"

"我没有实力吗？"朋友嚷嚷着，然后又打开了一瓶酒，"你是不是也觉得我挺差劲的？"

我没想到朋友会这么问，一时间愣住了，不知道怎么回答。朋友见我不吭声，又自言自语地说道："唉！其实我也觉得自己混得蛮差劲的，你看以前一起玩的几个哥们儿，哪一个现在混得不比我好？一个个光鲜亮丽的，我在你们中间就像陪衬一样。"

的确，当初几个一起玩的哥们儿，只有我和他关系最好。后来工作了，大家都忙，渐渐地联系就少了，感情也淡了。只有我和他会常常一起出来吃饭、喝酒。经过了年少轻狂的时光，这份友情显得更加弥足珍贵。

"谁说你是陪衬了，我们认识这么多年了，哪有那么多这样那样的事。这句话我之前说过很多次了，我今天再说一次，你与其天天抱怨自己不如别人、羡慕别人的生活，为什么不试着去改变这种情况呢？"

"改变？"朋友喊道，"我拿什么改变？现在从头开始重新上学吗？我已经落后那么多了，怎么赶得上？"

"就从现在这一刻开始改变。老板说你做得不好，那你就努力去学习，努力做好，让老板看到你的实力。你说你落后别人很多，那从大山里走出来的孩子又落后我们多少，人家长大后不也是站在了同样的位置。知道为什么吗？那是因为他们肯努力。"喝了点酒的我有些激动，语速有些快，朋友一时间没有反应过来。

半晌，朋友似乎明白我说了什么，对我说道："你说得对，不管落后多少，从这一刻开始改变自己都是好的。"

我原以为我的话并没有说进朋友的心里，可事实证明我想错了。原本隔三岔五就找我喝酒的朋友，已经一个多星期没给我打电话了。偶尔聊聊微信，说不了几句话他就说自己要工作去了。虽然朋友这样的改变让我有些不适应，但我还是为他感到开心。

事实上，羡慕是最没有价值的一种情愫。有的时候，过度羡慕某个人、某件事，反而会给自己带来更多负面的情绪，甚至因羡慕而心生忌妒。所以，与其羡慕别人，不如从这一刻开始改变自己。

第五章
无所畏惧的你，才是真正的自己

无所畏惧是一种信念、一种精神，
是在经历过绝望无助后依然对这个世界保有最温暖的初心。

不完美的人生才是人生

什么是完美？什么是无缺？每个人都在努力，努力让自己变得更好，努力成为那个想要成为的人。如果每个人都是完美无缺的，那我们又如何进步？我们的价值又在哪里？

即使是那些光环绕身的成功人士，也并非完美之人。每个人都有自己的缺点，而正是这些缺点让他们督促自己变得更好，时刻提醒自己自身所有的不足。

人生的不完美有些是有形的，有些是无形的。有形的不完美似乎更让人接受不了，而有些人诚实面对并接纳了那个不完美的自己，反而活出了自己的精彩。把不完美的人生活成最完美的样子的代表当属尼克·胡哲了。

人生除了惊喜就是惊吓。尼克·胡哲的出生对于父母来说算不上惊喜，因为尼克·胡哲天生患有海豹肢症，缺少双手双脚。他的父母非常震惊，找到医生，医生表示无能为力。他的妈妈坦然接受了自己的孩子跟其他孩子的"不一样"。

走过了最初的震惊与痛苦，尼克·胡哲的家人也都接受了孩子的特殊之处。家人的不离不弃，给了尼克·胡哲无数信心，家人从未说过尼克·胡哲身体缺陷是什么缺点，因此尼克·胡哲并未觉得自己异于常人，也不觉得自己跟别人有什么不一样。

每个健全的人不要说失去四肢，即使眼睛失明都会觉得万分痛苦，由此可见，尼克·胡哲的父母当时付出了多少的耐心与爱心。尼克·胡哲逐渐到了读书的年龄，因为身体的原因，他需要特质的轮椅以及护理人员的陪同才能去学校。

但是，尼克·胡哲没有去残疾人士学校，因为他的父母始终相信自己的孩子没有异于常人。事实上，在生活的种种困难中，尼克·胡哲从未退让。在学校里，尼克·胡哲因为同学的嘲笑和异样的眼光被深深伤害了，感受到了前所未有的自卑与绝望，甚至一度消沉，产生了轻生的念头。父母既着急又心疼，想出各种办法来帮助尼克·胡哲走出这种自卑与绝望的困境。

直到有一天，尼克·胡哲看到了一篇文章，文章的主人公是一名残疾人士，却用自己的方法活出了不一样的人生，而且帮助、影响了许多人。尼克·胡哲终于恍然大悟，原来自己不是唯一一个不幸的人，自己也不是只有悲伤的选择。

从那以后，尼克·胡哲面对生活不再消沉，而是乐观、积极地去面对，去克服身边的一切困难。虽然在征服生活困难的这条路上，跌倒的次数已经数不清，但成功的喜悦超越了所有困难带来的痛苦。尼克·胡哲不但在生活中如鱼得水，而且在体育界取得了很好的成绩。

不仅如此，尼克·胡哲抱着初心与热情，给残疾人士演讲，足迹遍布世界各地，每一场演讲都让人热泪盈眶。每一个观看过尼克·胡哲演讲的人，都被他那种不畏艰难、不怕失败的精神所震撼，因为他的成长历程要比普通人的成长艰难很多，可他从来没有放弃，也从没有抱怨过自己身上的不足。而恰恰是尼克·胡哲自己身上的不足，才让他的勇气更有影响力。

每一个人身上都有大大小小的缺点，就像人生旅程中总有遗憾。经常听到人说，如果时光倒流我会怎么做，其实不用时光倒流，我们也可以获得幸福。遇到困难多坚持一会儿，遇到挫折多点耐心，遇到问题多想一个方法，就会让你的人生变得更加美好，而不是未经尝试就放弃、抱怨与哀叹。幸福和完美不取决于它们本身的美好，而是你在追求幸福和完美的旅程中看到了多少独特的风景，有着怎样独特而美好的体验。每个人都有自己的特性，正是人生的不完美让我们找到自己的独特性。

没有谁的人生是完美无缺的，缺憾才是人生常态。关键在于，如何对待缺憾，这就是为什么有的人活得幸福，有的人活得不幸的原因。

我们身边的一切人，包括朋友、亲人、伴侣和自己，没有谁是完美的，可正是那些不完美，才让我们更需要彼此，也相信彼此的存在会让我们拥有一个完整的人生。

越是无路可走，越要努力向前

生活由一个又一个的希望组成，而且生活充满着各种滋味：喜悦、悲伤、哀愁、无奈和痛苦。没有谁的人生是一帆风顺的，在通往终点的过程中，我们会经历数不清的考验和磨难，正因如此，我们的人生有了厚重感。

人生的大部分成长和蜕变都离不开生活的磨炼。有的人被生活的磨炼吓住了，止步不前；有的人面对生活的磨炼选择坚持到底，不管遇到多大的困难，都勇往直前。

我听朋友说过这样一个故事。

男孩和女孩是班里的"模范情侣"，在学校走过了很多风风雨雨。毕业季的到来让两个人面对分隔两地的情况，男孩对女孩说："你还是跟我一起走吧，这样方便我照顾你，不然你生病的时候怎么办？"女孩听完后感动得一塌糊涂，于是跟随男孩去了他的城市。

最初两个人互相扶持，男孩也履行着自己的承诺，处处照顾女孩。后来时间一长，男孩干脆就让女孩不去上班了，说自己以后养活女孩。

于是，女孩放弃了工作，放弃了原有的独立，整天在家看美剧、打游戏、睡觉。日子过得看似很惬意，女孩更是每天沉浸在幻想中，憧憬着和男孩的未来生活。

可是有一天男孩突然跟女孩提出分手，说两人之间已经没有了共同语言。女孩满心委屈却无处诉说。被分手的女孩拖着自己的行李，走在拥挤的人海，觉得特别孤独。身边的人那么多，却没有一个人可以诉说。

女孩没有回家，也没有对家人说起自己的处境。女孩在网上投了简历，每个面试邀请都准时到场，可每次都被人事以各种理由拒绝。女孩这才发现自己与社会已然脱轨，不再是那个刚刚毕业的大学生了。

女孩分析了自己的情况，决定放低自己的要求，从基础做起，只要有公司肯给自己机会，不管薪资多少都要尝试，就当是积累经验，历练历练。女孩的第一份工作是在一家小公司做行政文秘，虽是行政，但也解决了自己的生存困境。好在她的外语不错，再加上勤恳的工作态度，她得到了上司的赏识。在一次商务洽谈中女孩被外方的总经理看中，于是去了外企。外企工作节奏快、竞争压力大、讲求高效率，女孩便把所有的精力都放在了工作上，而且利用平时休息时间报了其他外语班。

经过几年的打拼，女孩从基层的人事专员，晋升到了人事经理，后来经过自己的不断深造成了人事总监。女孩回顾自己的职场路程，不禁感慨万分，明白了人要是被逼到无路可走，就会奋起向前，也明白了只有经济独立，内外兼修才是一个女生最美的样子。

每个人面对困境的反应不同，有些人会被困境吓倒，有些人则会走出困境，看到另外一片天。

在生活中，我们多多少少都会放弃一些东西，因为我们一生中要做出无数选择。但无论如何选择，都要心里无悔。

李某和女友从恋爱到结婚都是一帆风顺，家里条件也算可以，自己事业也不错。两人结婚后，妻子便待在家，十指不沾阳春水，家务也从不理会，丈夫虽心里不悦，但也没有说过什么。

一年后，宝宝出生了，全家人都沉浸在喜悦中。可是，金融危机席卷全球，很多公司都未能幸免，李某的公司也不例外。当李某的妻子得知丈夫的公司倒闭还欠下巨债的时候，她提出了离婚。李某再三恳求，妻子还是带着孩子走了。李某的父亲得知后，受不住刺激，一下子晕过去了。李某感觉自己陷入了绝境，家庭、事业、孩子一夜之间都没了。

李某开始变得颓废起来，天天待在家里喝酒。父母心里着急，于是托人给他找了份工作。李某觉得面子拉不下来，太丢人，没有去，仍然天天在家里"啃老"。

每个人都会有自己糟糕的境遇，自己的苦恼忧愁，这个时候，放弃很容易，承认失败也很容易。可是，放弃就能解决问题了？我从来不相信这个世界上会无路可走，而相信即使遇到再大的难题，也会有"船到桥头自然直"的时候，只要坚持住，不改初心，努力向前，就会遇到更好的自己。

哪怕带着伤，也要砥砺前行

人生不如意之事经常会有，每个人的一生不可能都是一帆风顺的。人生在世，会遇到高兴、顺心、幸福的事情，同样也会遇到挫折和苦难，关键在于，你是否能克服挫折和苦难，努力地往前走。

相信大家对张韶涵都不陌生，当年她唱的那首《隐形的翅膀》可谓火爆非常，还被用来当作高考作文的题目。最近，她参加了《我是歌手》这档综艺节目，让我对她又有了新的认识。

最初知道张韶涵，是由于看《海豚湾恋人》这部电视剧。那个时候对她的印象并不深刻，只是被她青春靓丽的外表以及她那海豚般的嗓音所吸引，觉得这个小小的女生身上有一股大大的力量。

渐渐地，我听说了她很多不好的事。网上关于她的传言，更是满天飞。可是，她没有被这些传言打倒，而是选择默默接受这一切，带着一身的伤，砥砺前行。

在这期间，她一直都很努力，没有放弃对音乐的喜爱，继续学习深造。经历了那一段黑暗人生后，张韶涵重返舞台，她变得更加坚强了。

回归后的张韶涵，不再是那个柔弱的小女生，而是成熟的大女人，她知道风雨过后，迎来的会是彩虹，就算受伤，也要爬起来继续前行，因为人生没有回头路，就像那首《隐形的翅膀》里所唱的："每一次都在徘徊孤单中坚强，每一次就算很受伤也不闪泪光，我知道我一直有双隐形的翅膀，带我飞，飞过绝望……"

受过伤不可怕，可怕的是你没有勇气继续前行。张韶涵完美地诠释了即使受伤，也要勇敢前行。但是，并不是每个人都能像她那么勇敢。

我身边有这么一个女孩，让我们看看发生在她身上的故事。

女孩和她的对象当时是高中同学，两人因为分班的原因，成为前后桌。当时女孩学习非常好，在班级里的成绩名列前茅，是老师的重点培养对象。可是，男孩的学习成绩却一塌糊涂，他不仅不爱学习，每天还调皮捣蛋、逃课，甚至还与校外生打架，简直就是一个问题少年。男孩爱和女孩开玩笑，喜欢喊她"书呆子"，但女孩不搭理他。可越是这样，男孩越想要和女孩说话。

后来，男孩渐渐地发现自己好像对女孩有种不一样的感觉。为了得到女孩更多的关注，他开始时不时的"找事"，拿各种不懂的问题问女孩，甚至找些很幼稚的问题。女孩有时也会被他可爱的一面所吸引。

这样一来一往，彼此有了好感。于是，女孩和男孩约定要考上同一所大学。男孩为了女孩，开始把心思放在了学习上，女孩也在课后帮男孩补习功课。功夫不负苦心人，经过一段时间的努力，男孩的成绩从班级倒数几名提升到了班级前十。但男孩并没有因此沾沾自喜，反而更加努力。

后来，男孩和女孩如愿考上了同一所大学。本来以为，他们会像所有美好故事的结局那样，开始幸福的生活，可生活毕竟不是故事。

上了大学的男孩慢慢变了，变得不爱去上课，而是在宿舍打游戏，成绩更是一落千丈，对待女孩也不像从前一样给她打饭、帮她打水。曾经形影不离的两人，如今见面不是争吵，就是无话可说。最终，男孩提出了分手。

看着男孩离去的背影，女孩难过极了。她感觉自己就像一个无家可归的孩子一样，孤独无助。

女孩开始放任自己，整个人变得很颓废。据说后来大学也没有念完，女孩就回老家了。

再后来，女孩嫁给了本村的一个人，日子过得也是不温不火。

人生路上总会有困难和磨难，总会有跌倒、受伤的时候。跌倒了不可怕，可怕的是你不敢站起来。受伤了不可怕，可怕的是你放弃"治疗"。不管遇到多大的磨难，受过多大的伤，也要克服困难，勇敢大步地向前走。

无所畏惧的你，才是真正的自己

　　说起无所畏惧你会先想起谁呢？是电影中的超级英雄，还是漫画中永远满腔热血的主人公？

　　然而，在我看来，无所畏惧是一种信念、一种精神，是在经历过绝望无助后依然对这个世界保有最温暖的初心。

　　有位高僧曾说，无所畏惧的基础，是放弃坚硬，对自己格外温柔，允许自己全面呈现脆弱、伤感和现在的感受。

　　就像我一个朋友的亲身经历。

　　我的朋友姓白，就叫他小白吧。小白是一位非常开朗乐观的时尚买手，可谁也想不到曾经的他居然是校园暴力的受害者。

　　小白从小就是一个非常文静、帅气的男孩子。他不像其他男孩子一样喜欢打篮球、踢足球，他的爱好是看小说、杂志、偶像剧。

　　这样的爱好，在男生看来有些另类，再加上小白的性格，他自然就成了其他男生为难的对象。

　　小白的小学过得还算平稳，但初中就不那么如意了。刚开始，小白的初中生活还算平静，后来，男生们给小白起了难听的绰号——"娘炮""娘娘腔"。

小白不喜欢那些侮辱性的绰号，可是他的反对没有什么用，反而迎来更加过分的辱骂。他想找他们谈，没想到面临的却是更加过分的校园暴力。

从那之后，小白变得更加内向，他想把自己缩到最小，最好是什么人都注意不到他。可是他即使什么都不做依然会被当作恶作剧的对象——他的书本经常不翼而飞，他的课桌有时候会被搬到操场，上课时只要他站起来回答问题同学总是哄笑……小白跟父母说自己想转学，父母却觉得这都是小白的问题，反而批评他成绩下降，让他把心思多放在学习上。

直到小白进入高中部学习，这种状况依然没有得到改善，甚至有时候一听到别人喊他的名字，他就会吓得躲到墙角。那时候我一度以为小白需要心理医生的辅导。

可是，没想到经过一个暑假，小白的症状不仅减轻不少，而且人也变得开朗起来。原来，小白找到了自己情绪的发泄口，把自己的负面情绪转移了出去。小白的文笔很好，高中毕业后他有了时间做自己喜欢的事情，经常做些小视频解说当下的时尚单品，也经常发布自己喜欢的服饰搭配方式，以及一些自己对时尚搭配见解的软文。他的视频和软文受到了很多网友的喜爱，甚至还有品牌方找到他想要合作。

刚开始，小白也很忐忑、犹豫，可是一想到自己的现状，就果断答应了品牌方的提议。

小白接受了第一个品牌方的赞助，合作视频令他一下子进入了大众视野，越来越多的人来找他合作。看着网上网友们对他作品的喜爱和评价，他突然对自己遭受的一切释怀了。如果没有经历过低沉、失落、伤感、无助、彷徨、绝望……自己可能无法练就一颗无所畏惧的心。所以，无论你正在经历何种苦难，请不要对这个世界失望。

有的时候，随着年龄的增长，我们拥有得越多，想得就越多，可能担心就会越多。

年纪小的时候希望可以快点长大去闯荡、去冒险，可是越长大就越想念小时候天不怕地不怕的自己。是生活让我们失去了曾经的自己，还是已忘记了自己最初的模样？

在一次同学聚会上发生了这样一件事。

一个女同学小杜刚从外地辞职回来，原因是那边工作实在太辛苦了，连给父母打电话的时间都没有，每天睁开眼睛就是工作，闭上眼睛梦里想的还是工作，即使生病都不敢请假。一个人在外地苦苦支撑了三年终于撑不下去了。

我和小杜平日交集少，不了解她的情况，只听到旁边的同学宽慰她道："撑不下去正好回来休整休整，女孩子早晚要回家的。"

小杜听着同学的话，并没有往心里去，一直到有人问她怎么选了这样一个不喜欢的专业。

我忽然想起来她好像从小学音乐，弹得一手好钢琴，唱歌也非常好听。在学校时每每需要演出，她就是全班的希望。当我们都以为她会报考音乐学院的时候，她却选择了金融专业，毕业后去了一家保险公司。没日没夜、随叫随到的工作让她再也没有时间接触曾经的最爱——音乐。

刚刚同学的疑问显然问到了小杜心里，她把头垂得几乎贴到了手中的酒杯上，气氛一下变了。就在有人想跳出来打破僵局的时候，小杜肩膀有些颤抖，声音哽咽着说："大概就为了能有今天吧……"

这句话更加让我们无言以对。

接下来的时间，小杜一杯酒接一杯酒的消愁，聚会还没散就已经喝得不省人事，我们只好先送走了喝醉的她。之后听报平安的同学说，她当时是想报考音乐学院的，可高考前她妈妈听人说艺术学校是千军万马过独木桥，加上她表姐连考好几年音乐学院落榜的事，就不让她报艺术学院，而是每天在她耳边劝她选别的专业，可谓是好话坏话说了个遍："你现在18岁，人生最重要的时候必须好好选！不能像你表姐那样考好几年。就算你考上了，以后年纪大了你该怎么办！"原来信心满满的小杜逐渐动摇了，最后因为担心前途而选择了不喜欢的热门专业——金融。

生活的方式有很多种，无论物质条件是好是坏，大多数人的成长道路可能都会按照家长规划的路线走。小时候科学家、医生、飞行员的梦想逐渐被归类到不切实际的行列，即使偶尔被关于梦想的演讲激励，也会被身边人口中的困难所击退，过着所谓的"有前途"的生活。

可是，这样的生活真的是你想要的吗？冷静下来，好好想一下，然后用最真实的自己去面对一切。希望你能找回曾经那个不畏艰辛、不惧困难、无所畏惧的自己。

第六章
人生每一步，都是最好的纪念

人生路漫漫，在这条路上有上坡路也有下坡路，
有平坦的路也有弯曲的路，
每一条路都是你必须要经过的。

有些弯路非走不可

人生路漫漫，每一步都要慎重选择。在这条路上有上坡路也有下坡路，有平坦的路也有弯曲的路，每一条路都是你必须要经过的。即使是弯路，有些也是非走不可。要知道，现在走的弯路是为了以后能更好地走下去。

2003年，丁磊以持有网易公司58.5%的股份，在美国《财富》杂志推出的2003年全球40岁以下40位富豪排行榜中，位居第14位。同时，丁磊还位居"2003年福布斯中国富豪榜"第一名。但是就是这样一个成功的人，他也有不顺、走弯路，在磕磕碰碰中寻找成功的时候。

大学毕业后，丁磊回到家乡，在宁波市电信局工作。尽管电信局待遇不错，但丁磊觉得有一种难尽其才的苦恼。1995年，他想从电信局辞职，遭到了家人的强烈反对，但他坚持了自己的决定，一心要出去闯一闯。

丁磊选择去广州，在一家刚起步的公司工作，但只干了一年就辞职了。后来，他又应聘到一家公司当总经理技术助理，可是这份工作也没有做多久，他就又辞职了。

后来，凭着多年积累的经验，丁磊创办了网易公司，而且越做越大。2000年6月，网易公司在纳斯达克正式挂牌上市，丁磊的个人财富也大幅提升，而当时的丁磊也不过是而立之年。

走弯路虽然会撞得头破血流，可你终会笑着走出来，成为一个"过来人"，积累更多的经验。可是，如果因为走了弯路，以后再也不敢尝试走任何路了，那只会在畏惧中一事无成。

下面这个故事是我在别人那里听到的。

大刚是村里唯一上过大学的人，可是现在他将近50岁了，依然一事无成，每天在村里晃晃悠悠，几十年都没有正经工作过，既没有媳妇也没有孩子，一直是自己一个人。

村里人都说在大刚那个时候，上大学的人很少，一般家庭都上不起大学，大刚的父母辛辛苦苦才供他上完大学，想着让他以后找个好工作，不再像他们一样每天面朝黄土背朝天。可是大刚的父母万万没有想到，自己辛辛苦苦供着上大学的儿子变成了现在这般模样，甚至还不如村里没有上过学的人。

其实，大刚在大学的时候也是雄心壮志地想成为一个有出息的人。大学毕业后，大刚留在了大城市，下定决心要打拼一番，混出个样子再回去见父母。于是，他选择了自己创业。

刚成立自己的小公司的时候，大刚凭着一腔热血，凭着敢闯敢拼的劲，挣了一小笔钱。他回家时给父母买了很多东西，并且告诉父母等他挣了足够多的钱后，就会把他们都接到城市里去住。父母看到儿子有出息，自然开心。

公司慢慢变得小有规模，大刚便有些冒进，没有经过慎重考虑，就接了一个大单。

接下单子后，大刚投入了大量的资金，还去银行贷了款。可是投入资金后，对方的人就联系不到了，电话也变成了空号，一查，留的地址也是假的，大刚一下就慌了。可是事情已经出了，还能怎么办呢？无奈，他只能关闭公司，抵押还债。

大刚从这时开始一蹶不振。他选择了逃避，不回家见自己的父母，把自己一个人关在屋里，每天浑浑噩噩地过日子，完全像是变了一个人。

多年之后，他还是回到了村里，可是他的父母已经老了很多。他回到家后每天不出门，就在家里待着，别人给他介绍对象他也不见。

大刚就这样走到了人生半百的年岁，依然是一个人生活，依然是一事无成，每天在村里溜达、晒太阳，不挣钱的时候连自己的温饱问题都解决不了。

走了弯路就畏畏缩缩、不敢前进的人，最后的结果肯定是一事无成。人生中难免要走很多的弯路，弯路只是为了让你更好、更快的成长，并不是想把你打趴下。正视自己走的弯路，即使撞得头破血流，也要笑着走下去，因为你所走过的弯路都会在人生不经意的瞬间给予光明与力量。

认真走过的路，每一步都算数

人生路很长，每一步都需要自己去走，谁也代替不了你。路怎么走也只能由自己决定，一步一个脚印、踏踏实实走的人与只想走捷径的人，最后的结果肯定是不一样的。认真走过的每一步路，都会在你未来的日子里带给你惊喜。

在英格兰东北部的一个小镇上有个叫伊芙琳·格兰妮的小女孩，她从小就喜欢听着音乐跟着节奏敲击乐器。7岁时就开始学习打击乐的她，在音乐上很有天分。不幸的是，8岁那年，她的双耳听力逐渐下降。经过医生诊断，小女孩的听力受损严重，无法恢复，甚至双耳可能会在12岁左右完全失聪。

尽管音乐老师和父母都劝她放弃打击乐的学习，但她坚定地说："我相信，认真走过的每一步都算数，认真学习过的音乐都是有灵魂的。我最崇拜的音乐家贝多芬，当年也是双耳失聪，可他却用嘴咬着木头感受琴键的跳动，并且创作出了那么多动人的音乐。我相信，我也一样可以坚持学习。"

就这样，为了能够继续学习打击乐，格兰妮尝试用自己其他的感官来感受音乐。她开始只穿着长袜，用身体每一个感官来感受音符的跃动。别人练习几遍就学会的曲子，她要花费十倍甚至二十倍的时间反复感受、琢磨、合拍才能完成。无论屋内气温多么低或者多么闷热难耐，格兰妮都坚持穿着长袜练习打击乐，这也渐渐成了音乐教室一道独特的风景线。

一天，即将高中毕业的格兰妮向老师问道："如何才能申请考取著名的伦敦音乐学院呢？"

老师一脸惊讶地望着她比画道："我知道你很努力，对音乐的态度也极其执着和认真，但是目前还没有一个失聪的学生提出过申请，你这样是不是太冒险了？"

她一本正经地回答："不，我觉得什么也阻挡不了我想要继续深造的愿望。"随即她向伦敦音乐学院提出了入学申请。学院的许多老师都提出了质疑，但是仍有个别老师希望给她一个机会展示自我。于是，格兰妮获得了面试的机会。

格兰妮在面试现场的精彩演奏，征服了在场的所有老师。她顺利通过了入学面试，成为伦敦音乐学院的学生。入学后，她更加努力，把所有课余时间都用在了练习上，为打击乐谱写和改编了许多新的乐章。当时，还没有真正专门为打击乐谱写的乐谱，她也因此在毕业时获得了伦敦音乐学院的最高荣誉奖。

手捧着奖杯，她不禁有些激动地说："感谢自己每天的努力，感谢所有老师和同学的帮助。有了这些，我才能有今天的成绩。"

如今，格兰妮已经成为世界上首位全职独奏打击乐家。2007年，格兰妮被授予女爵士勋章。她曾两次获得格莱美奖，还获得过英国电影学院奖提名。据了解，全球众多杰出的打击乐独奏新作中，有170部作品由格兰妮担任首席演奏职务。毫无疑问，她的事迹不断启蒙、引导着下一代人的成长。

太多的事例告诉我们，要走好脚下的每一步路，脚踏实地才能仰望属于自己头顶的星空。任何人的成功都不是偶然的，在你看不见的地方，他们都在努力着。走好每一步路，认真对待每一步路。

我有一个高中同学叫王婷，是个"学霸"。她小小的个子，坐在教室的第一排，不言不语，很少和我们进行交流，但是她的身体里却蕴藏着巨大的能量。

高一的时候，她的成绩并不是很好，英语成绩很差。可是这个女生自尊心很强，她会在别人笑自己的时候脸红，有时还会躲在厕所里哭。

可能是改变了自己的心态，王婷开始早出晚归。我们早上看不到王婷，因为她已经出去了，晚上睡觉也看不到王婷，因为她还没有回来。我们都很好奇她每天在干什么，问她她也不说。

直到有一天，我早起去操场跑步，刚到操场就听到有人在大声朗读英语课文，我很奇怪，就循声找去。

我在操场的一角看到了王婷，她面对着墙，在特别认真地读英语课文。

后来高二开学，老师提问她时，她流畅的口语让班上的同学震惊。

高三那年，王婷更加废寝忘食。她总是跑着去吃饭，吃完饭回来就坐在座位上学习。别的同学在打闹时，她一点不受周围人的影响，继续学习。晚上在宿舍她也总是拿着手电筒看书，一直看到很晚才睡觉。

高考结束后，她以优异的成绩考上了理想的大学。三年的努力没有白费，她的成绩都是三年来一步一步、踏踏实实努力的结果，所有的一切都是她应得的。

认真走过的路，每一步都算数。只要你脚踏实地、拼尽全力，生活就不会亏待你。

经历过磨难，才能看得到曙光

人总是要经历一些磨难，才能看得到曙光，迎来生命的新篇章。就像爬山一样，当你用尽全身的力气登上山顶的时候，山顶的美景会让你顿时充满力量。

《中国达人秀》中的男孩刘伟，凭借一曲《梦中的婚礼》让观众都记住了他——一个用双脚书写奇迹的大男孩。

刘伟小学一年级时就表现出了良好的运动天赋。他球踢得很好，理想是成为职业球员，除了上课时间，他几乎都在踢球。可是，这个理想在他10岁的这一年彻底终止了。他在和小伙伴玩耍的时候不小心碰到了高压线，医生告诉他的父母必须要截肢。刘伟的足球梦在这一刻破灭了，但是他并没有放弃自己。

刘伟用了半年多的时间，学会了用脚刷牙、写字、吃饭，生活和学习基本能够自理了。但是，康复治疗的时间是漫长的，在两年的时间里，刘伟没有再进学校。后来，他用了一个暑假的时间补习，又回到了原来的班级，而且，期末考试他仍然进入全班前三名之列。

12岁那年，刘伟开始学习游泳，并进入了北京市残疾人游泳队。仅仅用了两年时间，他就在全国残疾人游泳锦标赛上获得了两金一银的成绩。可是，高强度的体能消耗导致他身体免疫力的下降，刘伟患上了过敏性紫癜。医生告诉他的母亲，由于高压电对身体细胞造成了严重的伤害，如果继续训练的话，可能以后会患上红斑狼疮，甚至是白血病，所以他必须放弃训练。刘伟不得不再一次放弃了自己的游泳梦。

面对命运的又一次无情打击，刘伟并没有被击垮。放弃了足球和游泳之后，刘伟爱上了弹钢琴，打算不上大学转而学习钢琴。父母起初反对他走音乐这条路，但出于对儿子的爱，最后还是同意了。刘伟最终放弃了上大学的机会，一心一意地坚持学习钢琴。

学习钢琴对于四肢健全的人来说都很困难，何况还是失去双臂的人。可是，刘伟每天用脚弹钢琴，一弹就是7个小时，从来没有喊过累。在脚趾头一次次被磨破之后，刘伟逐渐摸索出了如何用脚和琴键相处的办法。如同在足球、游泳上的表现，他对音乐的悟性同样惊人。在《中国达人秀》舞台上，一曲《梦中的婚礼》让所有人记住了他。

人从一出生就注定要经受生活的各种磨难、命运的各种考验，只有经得住命运给你的考验，才能看得见曙光，迎接属于你的胜利。

我的初中老师王老师虽然没有教过我，但他是我最喜欢、最尊敬的老师。

王老师个子不高，留着厚厚的胡子，不熟悉的人第一眼看到他可能会觉得有点害怕，但是接触时间长了，就会被他的魅力所征服。王老师不仅有深厚的文化底蕴，还是一个不拘小节的人。他经常手拿一本书、穿着一件破旧但很干净的衣服、踩着一双布鞋去上课。

王老师出生在农村，深知教育对山区孩子的重要性，因此，他把全部身心都倾注到了自己的教学工作之中。在日常教学中，他积极探索总结，不断完善自己的教学方法，带领着孩子们取得了一个又一个优异的成绩。王老师也因教学成绩优异，在短短的几年时间里不仅得到了领导和同事的一致认可，还赢得了家长和学生的尊敬与爱戴。

突然有一天，王老师晕倒在了讲台上。休息了一阵后，他依然坚持为学生上课，并没有把这件事放在心上。后来，王老师的身体日渐消瘦，去医院检查，结果竟然是慢性肾衰竭。本以为这个结果对于王老师来说是一个噩耗，但是他却选择了继续站在他热爱的讲台上，并没有听从医生的建议住院治疗，而是采取了保守治疗。

王老师总说："经历过沧桑，才能看得见曙光。我现在很好，我相信我会更好。即使在未来不多的日子里，我也要做更多有意义的事情。"

现在，王老师的病情恶化，再也不能教书了，但是王老师说他的心愿完成了，看着自己的学生一个个考上好的学校，他感到非常开心。

好人终究会有好报，医院找到了和王老师匹配的肾源。经过手术和术后康复，王老师如今又站在了他热爱的讲台上。他说："终于又可以一直干自己喜欢的事情了。"

　　人在经历磨难的时候，要懂得用乐观的心态去面对，这样，才能看到更有希望的生活、更广阔的世界。

人生每一步，都是最好的纪念

孩提时期，要学习一步一步的走路；青少年时期，要努力学习进步；成年以后，要开始承担起责任。人生的每一步都要自己走，但无论是摔倒还是趴下，每一步都是最好的纪念。

安吉尔是世界上唯一一个用假肢表演走钢丝的人。尽管她的每一步都走得异常艰辛，但是她非常乐观，一直不断地挑战自己，一次又一次地突破自己，完成了很多正常人都无法完成的动作。

1987年，安吉尔患病，经过医院的检查，发现她的右脚踝上长了少见的癌细胞，必须接受手术治疗。不幸的是，她的右腿膝盖以下要被截肢。对于一个表演走钢丝的人来说，这无疑是很残酷的，没有了一条腿，还如何表演走钢丝呢？但是，安吉尔并没有被吓倒，反而异常平静。考虑过后，她毅然选择了截肢手术，并安上了假肢。

术后康复后，经过反反复复的练习，安吉尔终于可以利用假肢进行走钢丝表演了，这是很多正常人都做不到的。

她说：“只要我活着，即使大部分器官被切除了，我还是要让生命发出一点光。”

不畏惧生活的苦难，认认真真走好脚下的每一步路，不要因眼前的一点困难就放弃希望，只要坚持下去，生活就会给你惊喜。反之，就会像西方一首民谣所说："马蹄上少了一枚铁钉，掉了一只马掌；掉了一只马掌，瘸了一匹战马；瘸了一匹战马，伤了一位将军；伤了一位将军，输了一场战斗；输了一场战斗，亡了一个国家。"一步错失，步步错失。

人生没有捷径，做任何事情都应该从正道上来。无论在此过程中你经历了什么，只要懂得真心改过，就什么时候出发都不晚。人生的每一步，即使是走错了，那也是人生的一笔财富，因为它会让你成长，让你在以后的路上，不再犯同样的错误，但如何走下去，关键在于你如何选择。

成功不可能一蹴而就，也不会眷顾谁，只有勇敢迈开步的人才会有机会接近成功。你所走的每一步都是无限接近成功的基础，或许当时看不到胜利，但坚持走到最后，一定会看到成功的曙光。

第七章
你有多努力，就有多幸运

别轻易否定，别轻易放弃
也别弄丢了最珍贵的自己

冬藏，等一季花开

　　冬天，给人最直观的印象就是寒冷和静谧，尤其是在北方，下过几场大雪之后，整个世界都安静了下来。然而，在雪花包裹之下，隐藏着的是一个个躁动的生命，它们拼命地积蓄力量，拼命地扎根，终迎着最后一阵冬风冒出头来，或开出一朵朵美丽的花，或长成一株株碧绿的草。相对的，那些顶不住寒冷的种子，随着土地翻种，留在了无尽的黑暗中。

　　一年四季有时间限制，到点来，到点走。人生亦有四季，但与自然最大的不同可能就是不按规律出牌，你既不知道自己的生活何时会进入冬季，或是春季，也不知道冬季来临后会持续多久。尽管我们对一切都无法预知，但我们可以在冬季来临之前努力让自己扎根泥土，积蓄力量。

　　在跟一个外贸公司的合作中，对方的项目经理给我留下了非常深刻的印象。在我们的合作过程中出现了一些不愉快的小插曲，但是这位项目经理在很短的时间内就将问题处理好，并且还能使双方都满意，其办事效率和处事方式都令我佩服不已。在项目结束之后，这位项目经理主动邀请我吃饭，我也爽快地答应了邀请。

到达约定地方之后，他上来就给了我一个拥抱："嗨，老同学，好久不见呀！"

突如其来的拥抱让我有些无所适从，紧跟着的"老同学"更是让我晕头转向。

他看着我一脸茫然的样子，笑着说："你看你这记性，我是你的初中同学张泽。你忘了，上学那会儿咱俩关系还挺好呢。"

经他这么一说，我才想了起来。

"想起来了，张泽。初中那会儿我还是你的英语组长呢，每次都因为没有督促好你背英语单词而被老师批评。"

张泽听了，怪不好意思地说："哎呀，老同学，你可别揭我的短了。我还没说你呢，咱俩一块合作了那么多天，你愣是没认出我来。"

"我这个人，你还不了解啊，记性差，上学那会你不就见识到了嘛。你现在不错呀，英语口语竟然这么好，可以呀你。"

"唉，现在还行吧。你知道我的，上学那时候学英语可真是要了我的命啊，我也想学好，可是我的脑子不允许啊！"张泽摊着手，很是无奈。

"哈哈，那你现在可真是让人刮目相看啊。说说经验吧，让我也学习学习。"

"老同学，你就别打趣我了。我也是因为工作原因才狠下心学英语的。那段时间，我报了一个英语培训班，每天四点就起床，背两个小时的单词，然后才匆匆去公司上班。下班之后又得到学英语的地方上课。最初的一个礼拜，我就想放弃了，每天奔波不说，还感觉没什么效果。可是，我一想到要是放弃了就得重新找一份工作，于是就咬牙坚持了下来。"

听着张泽的话，我心里还是挺佩服他的。

张泽接着说："后来，我就拼了命地学英语，不仅口语有了突破性的进步，还考了商务英语。慢慢地，工作也开始得心应手，在现在的公司干到了现在。功夫真是不负苦心人啊！"

听着张泽的经历，我心中生出了万千感慨。在学习生涯里，我们往往意识不到压力和挑战，直到离开学校、步入社会，才会意识到自己的能力不能胜任想要的工作。于是，就得花费更多的时间、精力来学习。虽然过程辛苦，但静下心来学习，努力充实自己，才能在以后的工作中得到更好的机遇。

就像小草、小花种在泥土里沉寂一个冬天，努力扎根，只是为了那一缕阳光，一季花开。人生也是如此，只有在做好充分准备后，才不会畏惧严冬，才会迎来自己的花季。

你有多努力，就有多幸运

不知道从什么时候开始，我们在评价一个人成功的时候，总会将他的成功同幸运绑在一起，而将真正的原因忽视掉。仅凭幸运就能获得成功，这样的想法未免有些幼稚了。

当我们热衷于羡慕别人的好工作、好日子的时候，心里的第一个想法就是这个人太幸运了，不费什么努力就能获得成功。可是，我们很多时候，也是在消磨时光中磨光了自己的斗志，磨光了那颗本来想要努力的心。

我的一个大学室友，他的成绩说起来不算好，也不算差，对于学习，说不上努力，也说不上颓废。

他每天的生活重心永远围绕在别人身上。我记得有一天早晨，他急匆匆从外面跑回来，对正在睡梦中的我说："你知道吗，咱们系的那个谁，获得了省级三好学生。"

室友说的这个人我有一点了解，他是学校的团支部书记，为人很友好。记得有一次我回学校的时候，由于带了很多东西，他看见了，二话不说就帮我把东西拿到了宿舍。不仅如此，他在同学中的口碑很好，办事能力强，学校的老师对他也是赞不绝口，所以他这次获得"省级三好学生"称号，我一点也不意外。

所以我回应道："我知道，他很优秀啊！"

听了我这话，我室友生气极了，气愤地说："什么呀，我看他完全是因为运气好。"

我没有接他的话，因为我已经记不清他是多少次将别人的努力当成运气了。反观他自己，除了热衷于这些八卦之外，就是抱怨自己怀才不遇。

随着毕业季的到来，我们同宿舍的几人都相继找到了不错的工作，只有他，在宿舍里等待。每次我们面试回来，他都会细细地查问一番，工资待遇不错的，他就会说："那是因为你们运气好，刚好遇到人家公司招人。"；工资待遇不好的，他就会冷嘲热讽一番。

后来，因为工作的原因大家就搬出了宿舍。再次见到他的时候，是在毕业答辩会上，他还是没有找工作，仍然每天在宿舍睡得昏天黑地。

你永远无法叫醒一个装睡的人，正如我这个室友一样，将别人的努力都看成是幸运，而自己却在借口中荒废了自己。

与我这位室友相反的是我们的大学班长。开学之初，他也跟所有的大学生一样，有些迷茫，有些无所适从。可是，他很快调整了自己的状态，尽管他也不知道自己空闲时间能干什么，于是他就索性到图书馆找些书来看。

我是在图书馆找资料的时候看到班长的，我看他选了一大堆的书，出于好奇，便走过去，坐在了他对面。

"班长，你看这么多书啊！"这一大堆书里面包括了程序编程、英语文化、物理等多个学科的书籍。

班长抬起头来，跟我说："对呀，这些书都很有意思，我觉得以后走上工作岗位后都会用到的。"

"这么多的书，你能看得过来吗？"每天那么多专业课，那么多专业领域的书籍。

"我每天都会到这里来看一会儿书，回到宿舍以后，再实际操作。我跟你说，我最近可是学了好多方面的专业知识，你有什么问题都可以来找我。"

"没问题。"

几天之后，我的电脑碰巧真出了一点问题，抱着试一试的态度，我找到了班长。没想到，不到十分钟，他就修好了。

后来，班长因为出众的口语能力，在一家外贸公司做兼职。我这才想起，在学校的小花园里经常会看见班长在那里读着什么东西。

现在想来，班长应该就是在读英语吧。

再后来，当我们忙着找实习工作的时候，班长早就已经从那一堆书里面找到了自己的兴趣所在。本来是不知道自己空闲时间能干什么，所以才到图书馆找书看，没想到却喜欢上了编程，并且班长通过自己的努力使编程能力得到了很大的提升。实习的时候，班长找了一家编程公司，并且在实习后顺利留了下来。

跟班长一个宿舍的室友跟我们说："班长能有今天，绝不是靠运气。你们不知道吧，班长每天晚上回宿舍以后，研究的都是编程。有时候为了写一个代码可以一晚上都不睡觉呢！"

　　原来，那些我们以为的幸运背后都是努力的结果。我以为班长恰好是在图书馆看书，可事实是他每天都在图书馆看书；我以为那天清晨班长是恰好在小花园读单词，实际上他每天都在小花园读单词……所有我看到的，都不过是冰山一角。

　　一个人越是努力，就越会幸运。尽管这一过程会漫长些，但依然应该坚持下去。

不必因为一次失败就否定自己

"我觉得我这个人，真的是一点价值都没有。"这是我今年第八次听到她说这句话了。她就是我的表姐。

对于很多人来说，北京这个城市充满了机遇和诱惑，他们梦想着在这个城市里扎根，实现自己的抱负。可事实上，大部分人都在艰难地生存，赶着早高峰挤地铁、随时随地准备掏出电脑改方案好像是每个身处北京的青年的常态，他们在这座城市打拼，可还是过成了月光族。

我这位表姐跟所有的北漂青年一样，有着壮志凌云的梦想，发誓要在北京闯出一片天地来。可是，生活把她打击得遍体鳞伤。

专业不对口的工作，又没有辞职的勇气；想去努力提高自己却败在了没有存款；一次次想要改变现状，最后也都不了了之。每隔一段时间，她就会向我倾诉，然后就是铺天盖地的负面情绪。

我还记得她第一次否定自己的时候，我很惊讶。因为那时她放弃了家乡一个很好的岗位，去了北京。结果，她没干多久就生出了一堆不良情绪，比如自己不适合干这个，工作太烦琐了等等。

我只好劝她："凡事都有一个过程，要慢慢来。你要做的不是否定自己，而是提高自己，让自己从当前的工作困境中脱离。"

她听了我的话，情绪稍微好了一些，也觉得不应该把时间都浪费在抱怨上。

可是没过几天，她又来找我倾诉了，这次是她自己犯了错误。

于是，我又跟她说："你现在根本就是一个自我放弃的状态。当初那个说要去北京的你去哪儿了？犯错重要吗？每个人都会犯错误，可犯了错努力弥补，认识到自己的错，吸取经验教训就行，不能一味地陷入自我否定中。你这样做，除了让自己失去斗志、失去信心，还能怎么样！"

"你以为我想这样呀，北京的压力有多大你知道吗？北京的竞争有多激烈你知道吗……"像是把这么多年积攒的情绪都爆发出来了一样，她激动地说着自己心里的话。

听着她说的那些话，我心里很不是滋味。我们面对他人的失败，总是会说教，可是当自己真正去面对失败的时候，就没有那么容易了。

"不要因为一次失败就否定自己"，这是我的一位初中同学对我说的话。她学习很好，从小到大就是我们班里的第一名，老师眼中的好学生。相较于她，我就不一样了，我的学习成绩特别不稳定，尤其是数学，完全靠缘分。

初中时，数学老师为了了解我们的学习情况，就组织了一次摸底考试，决定以考试成绩给我们安排学习小组。没想到，成绩出来以后连我都吓了一跳。就这样，我成了小组长，这可让我感觉到压力。

日子一天天过去了，对老师教学方法的不适应，新的课程安排的不适应，让我在月考中出了糗。成绩出来以后，我的数学成绩居然是小组里的最后一名，我一下就认为选我当小组长一定是老师错误的决定，成绩这么差，当什么组长嘛。

由于我一直处于情绪低落的状态，以致在数学课上老师叫我回答问题都没听见。她观察到了我的变化，下了课就过来找我。我记得她当时就给我说了一句话，就是那句"不要因为一次失败就否定自己。"

正是由于她的这句话，从那以后，每当遇到挫折和失败的时候，我都会重新收拾起自己的心情，坚持下去。

平坦的道路是不存在的，失败和挫折反而是常事。也许你会碰壁、你会跌倒，也会有不清楚自己方向的时候，会自我怀疑，但这些都不重要。只要你别轻易向失败妥协，别轻易否定自己，就一定会有所得。

前进中，别弄丢了最珍贵的自己

随着年龄的增长，人在职场和生活的打击下，会渐渐丢失一些东西。最初的无畏无惧变成了瞻前顾后，最初的坚定执着变成了犹豫不决，最初的脚踏实地变成了随波逐流。你还记得曾经的你是什么样子吗？

世界纷繁不定，在努力前进的路途中，希望你别弄丢了最珍贵的自己，别轻易放弃，也别轻易妥协。

我有个朋友，说起话来直接，大家都笑称他为"老耿"。在工作中，他只要发现大家有什么做得不对的地方，无论你是领导还是新入职员工，都会直接点出失误的地方和解决办法。

原以为这样的一个人会招致大家的反感，事实恰恰相反，大家都喜欢他的真性情，领导也都包容他的"直言不讳"。或许一般人提出不同意见，领导会觉得有些不满，但只要是他提出来，领导还会有所重视。当然，他能够这样，也是因为他的能力出众，经常给自己"充电"来提升自己。

有一次我俩一起吃饭，我好奇地问："你这个人这么耿直，就不怕得罪人，就不怕大家都不喜欢你吗？"

他爽朗地笑着说："我又不是大熊猫，还能指望人见人爱啊。"接着，他又笑着说道，"你们看到只要我提出的意见，领导都会有所重视。但是，你们知道我私下里用了多长时间来反复研究方案吗？我又查找了多少资料吗？你们周末看电影、逛街的时候，我在图书馆或是提升班学习，我没有你们想得那么厉害，我只是比你们努力些罢了。再说，只要把工作做好，在前进中不要丢失最珍贵的自己，对得起自己的良心就无愧了。至于他人的看法，又何必太在乎呢。"

听了他的话，我一时陷入沉思。的确，只有自己一如既往的努力、坚持，才能让自己越来越好，走得越来越远。

与老耿相似的还有一个我以前的同事，大家都喊他"老赵"。

老赵孤身一人在异乡，没有亲人的照顾，朋友也不多。可是，他做的策划案令我们都羡慕不已。而且，他每天都加班到深夜，我们从来没有见他抱怨过什么。

后来有一天，我忍不住问他："你一人吃饱全家不饿，至于每天都这样加班？公司又没有要求你加班啊，你何必呢？"

他看着我，沉思了一会儿说道："就是因为我一人吃饱全家不饿，所以一下班我就有很多时间。可这些时间总不能用来睡大觉、打游戏吧。再说，下班后加班不仅可以把今天没做完的事做完，还可以提前把明天的事列出计划，这也有利于更高效的工作呀。"

听了他的话，我又问道："那也没有必要周末也不休息呀？"

"我周末还是休息了的。只不过，我休息的地方是图书馆。你不觉得在图书馆看对自己有帮助的书，是一件很开心的事嘛。不仅能够充实自己，还能提高自己的知识面，一举两得啊。下次一起吧？"

看着老赵的神情，我突然明白了他为何能交出一次比一次精彩的策划案，为何从来不抱怨，为何能每天都那样开心。

说到底，老耿与老赵是同一类人，他们都把别人玩乐的时间，用来努力提升自己的能力。更可贵的是，在前进的路上，无论遇到质疑还是不理解，他们都没有弄丢最珍贵的自己，而是一如既往地前进。

第八章
奋斗吧！骄傲的我们

有句话叫"人生难得几回搏"，
拼它一次没白活。
当你在人生路上累了、烦了时，就想想这句话吧。

未来，掌握在自己手上

人无法选择自己的出身，却可以自己掌握未来和命运。

出身贫寒之家的苏秦，早年间拜师于鬼谷子门下，学习纵横之术。后苏秦学成游历多年，始终没有得到重用。空有一腔抱负而没有用武之地，无奈之下他只好暂时回到家乡。

看着熟悉的老房子，他眼角不禁湿润起来，轻轻地叩响了大门。闻声赶来的妻子，瞧见他一副落魄的样子，翻了一个白眼，冷言冷语地说："整日不务正业，求学多年还不曾寻得明主，你还有脸回家？"苏秦顿时脸一阵红一阵白，羞得抬不起头来，只好一言不发，转向了厨房，打算盛碗热汤暖和一下身子。

谁知妻子见此，直接伸出双手："拿钱来，想吃多少都行。没钱，休想白吃白喝。"苏秦无奈地摸遍了全身每一处衣角，怯怯地说："我一心只想着赶紧回乡，身上的盘缠用尽了。如今，已经两天没有进食了，就让我先喝碗热汤吧。"妻子没有理会苏秦，轻蔑地朝他吐了一口口水，转身骂骂咧咧地回屋了。

在家中受到百般凌辱的苏秦，下定决心要干出一番事业来。于是，他发奋读书，不分白天黑夜地学习兵法。累了、乏了，他就用锥子刺自己的大腿，这样他就能继续读书了。

后来，苏秦辗转到了秦国，由于秦惠王厌恶卖弄嘴皮子之人，所以他没有受到接见。于是，他又到了燕国，可直到一年后，他才见到燕文侯。苏秦先向燕文侯陈述了燕国与赵国在地理上的优势，又提出了燕国自身的问题，并且，建议燕国与赵国联合起来，形成一体。燕文侯觉得苏秦的建议很有道理，于是，就让苏秦去说服赵国。

就这样，苏秦不仅成功说服赵国，而且也说服了各国君主，使之达成联合协议并签署合约，约定六国共同抗秦，使得秦国与六国之间有了15年的和平。

从此，苏秦受六国君主尊敬，担任六国宰相，佩戴六国相印。他衣锦还乡之时，妻子、家人都匍匐在地，不敢仰视。

实际上，苏秦之所以能够挂六国相印，得六国国君的敬仰，获得封赏，靠的就是自己的不懈努力和奋斗。

生活中，很多人都会感叹时运不济，或是毕业没工作，或是找不到知音佳伴，或是怀才不遇。但是未来会怎么样谁都无法预测，我们能做的就是不怨天尤人，自我反省，勤于思考，走好人生每一步。

与其心怀抱怨或者愤世嫉俗，倒不如勇敢起来，努力做好自己，把命运掌握在自己手里，踏踏实实向前走。

二宁是我在这个城市最早的一个合租室友。我第一次见到他时，就觉得他有些腼腆。当时我很好奇为什么毕业了他还不出去找工作，也纳闷他哪里来的钱养活自己。后来我们熟络了，我才知道，他不是不愿意找工作，而是害怕找不到适合自己的工作，并且他还不愿意和陌生人打交道。所以，他的生活来源就是"省吃俭用"或者家人周济，或者找朋友借钱。我当时就劝他："刚毕业没经验很正常，但找工作不能总挑三拣四，更不能害怕。你没去尝试怎么会知道你找到的工作不适合你呢？再说，都已经毕业了，不能再靠家里了，你先找份工作干着呗！"可是，每每听完我的话，他都是默默走开，一句话也不说。后来，我也就不好意思再多说什么。

周末晚上，我们一起吃饭时，他闷闷不乐的。于是，我问他："怎么了你？一点精神也没有？又出现财政危机了？"

他挠了挠头说："屋漏偏逢连夜雨，本来就发愁下月房租怎么办，结果大学同学打来电话，说下月要结婚，还有一个同乡说下月要给孩子办满月酒。这下，我得准备两份大红包啊，下月我可怎么活啊？"

"多简单啊，去找份工作就好了。起码能解燃眉之急啊。"

于是，在我的劝说下他找了一份销售员的工作。可是对于不善言辞的他来说，推销产品就是一场巨大的灾难。尽管他每日早出晚归，业绩都不能达标，一个月下来只能拿到基本工资，干了两个月就被老板炒了鱿鱼。他又开始了辞职在家的生活。

后来，我看他整天待在家，也不出去重新找工作，就忍不住说了他几句："你照照镜子看看自己都成什么样子了，邋里邋遢不说，一个大男人成天闲在家里，是个事吗？你难道就不能出去找份工作吗？"

　　他还是像以前一样，默默地走开了。

　　没有多久，因为工作调动的原因，我搬离了住处，也就与他失去了联系。

　　再后来，有次我路过曾经住过的小区，碰到房东，这才知道，原来他也找过几份工作，但都干不了多久，就会辞职，所以就干脆回了老家。

　　一年后的一天，我去医院看病碰到了他。他整个人看起来成熟稳重多了，他告诉我说，回老家后，家里出了一些变故，自己经历了一些事也知道了自己的责任。他说，他要活出个样子来，不再活在抱怨里，要把命运掌握在自己手里。

　　生活本就无坦途，谁都没资格抱怨，未来虽不可预测，但能自己掌握主导权。命运不会一成不变的，只要你有信心，勇敢迈出第一步，就能改变命运。

不遗余力追求梦想

有人说，如今的时代太过残酷，竞争充斥在日常生活的每时每刻；也有人说，现在的年轻人压力太大了。在这个时代，能不能获得成功，关键还在于你是不是愿意不遗余力地追求梦想。

电影《中国合伙人》中成东青曾经说过一句话："梦想是让你一直坚持，并觉得特别幸福的事儿。我觉得梦想是将来回忆时让你热泪盈眶的事儿。"据说，这部电影的主人公原型就是新东方的俞敏洪、徐小平和王强。

我记得自己读过俞敏洪的一本演讲集《挺立在孤独、失败与屈辱的废墟上》，读完之后倍感振奋。

俞敏洪，创立了中国最早的教育培训机构，也是福布斯全球富豪排行榜中的榜上人，更是21世纪中国社会最具影响力的10位人物之一。虽然这些现在看起来很令人羡慕，但他也有许多心酸的经历，更是为了心中的梦想拼尽了全力。

出生在江阴普通家庭的俞敏洪，小时候学习成绩很糟糕。

可是，他始终给自己定了个远大的目标——考上北京大学。

在连续经历了三次高考后，俞敏洪终于考进了梦想中的北京大学。然而，人才济济的北大，遍地都是学霸、精英，谁都不比谁差。后来，他更是因为身体原因休学一年。

毕业后，俞敏洪选择了留校任教。身边的同学、同事都忙着出国，他则一心一意地教书。因为当时他并没有出国留学这样的梦想。

后来，为了以后的发展，他开始计划出国留学。于是，从1988年开始，他考完了托福，又通过了美国研究生入学考试，终于有资格申请美国大学了。但严苛的考官们对他根本不正眼瞧一下，甚至连一些一般水平的大学都对他不屑一顾。

后来，由于去美国留学的环境变化，俞敏洪开始同王强等同学在校外办培训班赚取课时费。可是不久之后被学校发现，并给了他处分。于是俞敏洪干脆选择了辞职，随即他的住房也被收回。他带着爱人租了一处房子，自己也到一些培训学校去打工。

后来，俞敏洪觉得一直打工不是个事，于是就自立门户，创办了北京新东方学校。看着来学校报名的孩子越来越多，俞敏洪已经不再考虑去美国留学的事了，他一下子明白了什么是自己应该为之努力的梦想。

如今，坐落在中关村西区的新东方大厦承载了很多人的梦想，而俞敏洪也没有放弃过自己的梦想，没有停下过脚步。

面对生活每个人都有过不如意的时候，但是想要改变不如意，改变命运，最好的力量就是别停下朝梦想前进的脚步。

小时候我的表达能力和文笔并不好，上作文课的时候，一节课下来也写不出几个字。我总是很羡慕我的同桌，因为只要老师给定了题目，他就能下笔如有神，快速地完成。

我同桌虽然不善言谈，但是他给我看过他的日记和小说，里面天马行空地写了很多小故事。尽管现在想来都是些流水账，但他当时简直是我的"偶像"。

有次课间休息，我问他："你是怎么做到快速写完作文的？而且，还写得那么自如？"他有些神秘地从抽屉里拿出几本书。

"《读者》《青年文摘》《三毛文集》，这就是你平时看的书啊。这里面有讲怎么写作吗？我也想学学。"

他笑了笑，说："才不是呢。我就是喜欢看，感觉里面的文字有魔力。或许读得多了，写得自然就轻松了吧。"

"我觉得你以后肯定能当个作家。"我有些开玩笑地说。

"对啊，当个作家就是我的梦想。"

慢慢地，他的创作欲越来越强，他的小说还在全年级被疯狂地传看。在同学眼中他是"才子"，但是在老师眼中，他的文章却不入流，为此，老师还找过他的父母。

"马上中考了，还成天写什么小说。要是上不了好的高中，还怎么考大学？考不上大学，以后怎么找到好工作？""一个学生的主要任务就是学习，写小说是你学生做的事吗？不要一天到晚幻想，老老实实地学习不好吗？"妈妈和老师每天的唠叨声，让他有些茫然了。

后来再见到他时，他已经研究生毕业好几年了。

"你的作家梦实现了吗？"

他眼神中闪过了一丝忧伤，说道："什么作家，或许真的是个梦吧。上高中后，我就放弃了作家梦，听从父母和老师的话，专心做个好学生。后来，我顺利考上了大学，还考上了研究生。可是，在职场打拼了几年，感觉自己有些格格不入。这期间，我也没有再动过笔。当初的作家梦，也只能是一个梦了。现在，走一步看一步吧。"

"其实，生活还是需要梦想的，有梦想才会有希望，才会有坚持下去的勇气。你真的应该找回自己的梦想。想实现梦想，什么时候都不会晚的，别灰心。"我鼓励他道。

他怔怔地看了我一眼，若有所思地点了点头。

如果你心中有梦想，那么就把它坚持下来。任何人做自己喜欢的事都不会感觉累，即使面对困难，也要勇敢坚守这份热情和动力。要相信，不遗余力地追求梦想，就一定会有实现的那一天。

哪有什么天生不足，只是不愿意努力的借口

很多时候我们都喜欢给自己找借口，攒不下存款，怪工资低、物价高；保持不了苗条的身材，怪父母总做美食诱惑；找不到好工作，怪家里没背景，竞争的人太多……似乎只要是完不成的事情，我们总能找到借口。实际上，这个世界上外界因素对我们的影响并不多，更没有那么多的先天不足，只是我们下不了决心，不愿意付出努力争取罢了。

一位墨西哥小姑娘16岁时就在家人的安排下完成了婚姻大事，婚后她生了两个女儿。可是琐碎的生活让她丈夫感到厌倦，于是她丈夫选择了离家出走。当所有人都同情、安慰她时，她却说道："相信我，我可以让孩子们过上体面、幸福的生活。"

没有任何工作经验的她，当了一名洗衣店店员，尽管每天只能赚到1美元，但是她始终坚信自己可以做得更好。后来，她揣着攒了好几个月才攒够的7美元，带着孩子们来到了美国。为了养活孩子们，只要能挣到钱，她什么工作都做，洗碗工、服务员、保姆等，她都做过。

当她攒到600美元时，她买下了一台蛋糕机，并租下了一家

小店面。

由于生意火爆，她先后开了几家分店，并且越做越成功。

没过多久，她就成了当地最大的甜点经销商，拥有几百名员工。

随着生活水平的提高，她把注意力转移到提高墨西哥人社会地位上。那个年代，墨西哥人在美国的地位不高，所以没有属于他们自己的服务设施，比如银行。鉴于此，她提出："我们墨西哥人居住的社区，为什么不能提供自己的银行服务呢？我们需要属于自己的银行。"可是，她的想法被一些银行方面的专业人士讥笑说："这不具备成功的可能性。"

但是，她却淡淡地说："我可以的，而且一定能办成。"于是，她在一个小拖车里办起了自己的银行，开始逐个社区兜售自己的股票。

后来，她不仅成功了，而且有了自己的银行，并且当选了美国第三十四任财政部部长。

所以说，世上哪有什么先天不足或者不可能做到的事，只不过是人们不愿意付出努力罢了。

很多人总在找寻自己和成功人士之间的差距，其实成功的人之所以能够成功，就是因为他们做任何事都不给自己找借口，更不会为失败找理由，只是努力付出，踏踏实实走好每一步。

我的远房叔父是家中最小的孩子，也最受家人宠爱，可家人为了锻炼他，让他去农村插队。

叔父从农村插队回来后被安排到离家很远的车辆厂工作，虽然工资比较丰厚，但是每天都很忙。做了一段时间后，叔父就熬不住了。于是，叔父自作主张辞了职。

这一辞职，叔父就闲在了家里。家人和亲朋好友每每问起他辞职的原因时，他都会说："估计是领导不喜欢我，总让我加班，所以就辞了。"

做了几年无业游民之后，叔父开始学别人倒腾古玩。他每次来我家串门时，手里都会拿着一个"稀罕玩意儿"，还老冲我们显摆。

当时，我爸劝过叔父："别老做些没用的，这么大人了，干点正经事。我就问你，这玩意儿放到市场上一百块钱有人要吗？"叔父见父亲有些着急，便急忙解释说："有人买我还不卖呢。现在世道不好，等这些宝贝值钱了，你们就信了。"然后，叔父就大摇大摆地走了。

后来，叔父好不容易结了婚，有了自己的小孩。可他还是老样子，什么事都不愿意做。婶婶见他不思进取，就选择了离婚。

离婚后，叔父自己带着儿子生活，每每有人劝他再找一个伴或是找个靠谱点的工作时，他都推三阻四："等孩子大一点再说吧""等工作稳定再说吧"……

随着孩子渐渐长大，叔父也找了几份工作，可是每份工作都超不过三个月就换。每次问他换工作的理由，他总是振振有词："这活太累了""工作环境不好，时间久了对身体不好""人事关系太复杂，我这没心没肺的怎么可能待得长久"。

　　叔父的无所事事让他的老父亲很着急："你怎么就不明白，不知道反思呢？你自己做不好事情，反倒说都是别人的错。遇事总是找借口推脱，你还能干什么事。现在，你什么都没有，说到底，就是因为你不努力，赖不着别人。"

　　其实，每个人心中都应该有一幅属于自己的蓝图，这样才会为了实现它而去努力奋斗。

　　别再给自己找借口，别再抱怨出身，别再幻想着天上掉馅饼。人生没有什么天生不足，只要肯努力，肯下功夫，你的人生就会精彩。

这一生，总要拼过才算不白活

生命只有一次，要想这辈子不白活，就得拼尽全力奋斗，拼出个美好的未来，人生也才会更有价值和意义。

一个10岁的男孩在放学后和同伴玩耍，爬上了路边的一棵树，结果不小心从树上掉了下来，晕了过去，吓得一起玩耍的同伴哭了起来。大人听到孩子的哭声，急忙赶来，背起孩子就往孩子家里跑。回到家里不久，孩子就醒了。孩子父母见孩子醒了，以为休息几天就好了，但是孩子却一直只有上半身能动，下半身完全没有知觉。

父母这才意识到事情的严重性，立刻租了辆车把孩子送到了市医院。

经过一系列的检查，医生叹了口气说："你们也太无知了，孩子摔得这么严重，应该立刻送来医院啊！当时可能救人的方法不对，他的脊髓神经受损了。而且，你们错过了最佳救治时间。现在孩子腰椎断了，接都没法接，下半身已经瘫了，这辈子都站不起来了。"

听完医生的话，父母顿时瘫倒在地，失声痛哭起来。

本以为孩子就此毁了，没想到在父母的精心照顾下，孩子不仅开朗乐观，而且自己摸索学会了修钟表。

事情是这样的。

一次父亲赶着马车带着孩子去赶集，路过一个钟表店时，孩子非要下来看看。听着嘀嘀嗒嗒的钟表声，看着修表师傅专注地调试和修理，孩子一下着迷了。从此，每周随父亲去赶集孩子都会在修表的地方停下看一会儿。

有一天，家里多年的老钟表突然又开始嘀嗒走动了，父亲惊喜地说："谁拿去修了吗？"

孩子骄傲地说："不是，是我自己修的。"对于孩子能够自己修钟表，父亲既惊喜又高兴，逢人就夸自己儿子会修表。

渐渐地，村子里谁家有表坏了，都会来找孩子修。后来，孩子修表的手艺越来越好，十里八村的人都来找他修表。于是，父母就给孩子开了一个小的修表店。

可是，随着大家生活水平的提高，戴机械表的人越来越少了，家中放置的挂钟也逐渐少了，有的人即使表坏了，也会直接换新的。于是，孩子又开始琢磨新的营生。他发现城里人喜欢手工雕刻的工艺品，于是就用这几年节省下来的积蓄拜师学习雕刻。

雕刻这门手艺看着简单，可学起来门道却很深，选材、力度、工具等，每一样都得恰到好处，不然就无法雕刻出精美的物品，甚至还会割伤手指。

经过长时间的练习，他的技术越来越娴熟，师傅让他出师，但他觉得自己还不够好，就又学习了一段时间。

后来，他离开师傅，自己接活雕刻。只要是他雕刻出的物品，没有人不夸赞的。他指尖留下的伤痕和老茧就是技术精湛的证明。

如今，他已开始带徒弟，但依然坚持每天练习。他经常对徒弟说一句话："做人就得有股子劲，无论命运给了我们多大的麻烦，都得顽强地拼一把，试一试，这样才不算白活一场。"

的确，人活一世，只有拼过，经历过别人没有经历的事情，见过别人没见过的世面，才会成长、成熟，到达别人到达不了的高度，才算不白活一回。

当然，也许有人并不这么认为，因为他们已习惯了过安逸的生活，习惯了萎靡不振，习惯了认为自己不行，习惯了依靠别人过上想要的舒适生活。但是这样下去，却往往事与愿违。

我远房表妹婷婷，是个典型的"小懒虫"。作为家中的独生女，除了饭来张口衣来伸手外，她从小还被父母灌输了"学得好不如嫁得好，干得好不如嫁得好"的观念，认为找个有钱的老公嫁了，人生就完美了，也就成功了。所以，她的大学生活就在整天专注于保养皮肤、打扮自己和男友约会中过去了，甚至临近毕业，她的同学、朋友都在忙着准备毕业论文和实习就业时，她还在忙着打扮自己，和男友约会。

结果，她不仅论文答辩没有通过，英语四级也没有通过，而且还有几门课程不及格，只拿到了大学毕业证。

没想到的是，一毕业，婷婷就和男友火速完婚，成功嫁入了"豪门"。同学们参加她的婚礼时，她傲慢地说："就说吧，人生哪有什么拼搏，不过是懂得做出选择罢了。瞧你们之前每天拼命学习，现在毕业了又拼命找工作。说实在的，你们这么拼还不如我过得滋润。"

婚后的她渐渐不与同学、朋友联系，每天不是逛街，就是待在家里睡觉，心情不好就出国度假，没事就在朋友圈晒照片，显摆一下老公给她买的礼物。

可是没过多久，我发现她不再发朋友圈了，微博、微信也很长时间都没有更新过。我好奇地问她，她有些哀怨地说："我离婚了。"

我吃惊地追问："啊？为什么？"

她发来语音不满地说："我没工作，人家说我好吃懒做。而且他每天忙，也不陪我。时间越久，他就越瞧不上我。"

"那你现在干吗呢？"

"我？我一个什么都不会的人，还能干吗？与其碰一鼻子灰，还不如好好在家保养，没准以后还能再找个好男人呢。"

我有些直接地说："这么说可不对啊！再怎么说你也是大学毕业，你不拼搏，不尝试怎么知道自己找不到工作？只要你肯去尝试，工作总会有的。就算一开始工作不上手，时间一长，总会知道怎么做的。如果你老是这样等着天上掉馅饼，那你算是白活了。"

谁都渴望过得舒适，但是人活一世，只等着享受，不想拼搏，这样的人生是颓废的，也是没有意义的。有句话叫"人生难得几回搏"，所以拼它一次，就算是没白活。

奋斗吧！骄傲的我们

很多人在年轻时感到彷徨，不知道怎么样才算成功。实际上，所谓成功不过是不断奋斗，不断失败，不断再奋斗，不断再努力，最后所取得的一种结果而已。

相信很多人都听过周杰伦的歌。虽然有人调侃说他的歌听不清歌词，但这并无碍于他在歌坛的地位。你知道吗，他的音乐之路也是拼搏出来的。

3岁时，母亲发现了他的音乐天赋，拿出了家中所有积蓄买了一架钢琴。于是，他从小就开始学习钢琴，没有了玩耍时间。每每在窗前听见别的小孩嬉闹玩耍的声音，周杰伦就会分心，但在母亲的严格要求下，他还是专心练完每一首曲子。

周杰伦弹得一手好琴，还喜欢天马行空地作曲、作词，但他的学习成绩却不理想。高中毕业后，他就在一家餐厅当起了服务生。

尽管服务生的工资不高，但他还是在业余时间继续着自己的音乐梦想。

在一次参加娱乐节目时，周杰伦获得了从事音乐工作的机会。本以为自己距离音乐梦想越来越近,可现实却很残酷。所谓音乐助理,不过是打杂,每天帮同事们买盒饭。可即使这样,他还是做得挺开心,因为他每天都能感受到音乐带给他的快乐。

后来,他写了很多歌,但都不被人认可。他并没有气馁,依然坚持创作。

2000年,经过长时间的坚持创作后,周杰伦终于迎来了自己的机会。在杨峻荣的推荐下,周杰伦开始演唱自己创作的歌曲,并于当年11月发行了自己的首张专辑——《Jay》。

该专辑融合了R&B、hip-hop等多种音乐风格,一上市便大卖。周杰伦也因此在华语乐坛受到关注。

后来,周杰伦不仅发行了许多专辑,而且成了华语乐坛代表性的人物。这一切,都源自他的坚持和奋斗!

人的一生不可能是一成不变的,年轻时就该为了梦想而奋斗,为了梦想而坚持。但是,"奋斗过"和"奋斗吧",却是两种截然不同的状态。意气风发只是一时,只有持续地奋斗,才能赢得未来和胜利。

小汪在大学时和我住在一个寝室,他出生于一个农村家庭,从小就是家里的希望。

当大学录取通知书寄到家里的那一刻,他母亲又喜又悲,喜的是儿子终于不负众望考上了大学,悲的是家里没有多余的钱供他上大学。

无奈之下,母亲为了凑学费到处借钱,终于凑足了第一年的学费和生活费。小汪临走时,母亲反复叮嘱道:"到了学校别乱花钱，省着点用，要好好学习。"他对母亲点了点头，便上了火车。

小汪学的是计算机专业，在学习计算机编程的过程中，他疯狂地迷上了各种程序设计。没课的时候，他整天泡在图书馆看跟程序设计有关的书。不仅如此，他还和老师一起设计制作了一款新的机器人。业余时间他除了看书、编程，就是兼职。

后来，老师推荐他参加了学校组织的机器人大赛。经过一个多月的研究和设计后，他设计制作的机器人获得了二等奖。为了鼓励他，学校还给他发了5000元的奖金。

可是，小汪并没有因此松懈下来。

他又恢复了以前泡图书馆的习惯，而且还利用业余时间为一些公司开发小程序。这样不仅赚取了生活费和学费，渐渐地也让他在学校小有名气。

毕业后，他成功地进入一家大型互联网公司，成为一名计算机工程师。

没有多久，他就因为突出的工作能力和一丝不苟的工作态度，获得了同事和上司的一致认可，并被任命为主管。如今，他已经是公司的高层管理人员，但是他还是保留着以前的习惯，每天坚持学习和读书。他常说："梦想需要不停地努力、奋斗，才会有机会实现。"

的确，只有通过不断提升自己，努力奋斗，才会成为让我们自己骄傲的人。

第九章
拼一把，做自己人生的"伯乐"

成功的人不是有多幸运，而是敢对自己"下狠手"，
在别人都选择放手的时候，
选择坚持到底。

对自己狠一点，就是不轻言放弃

人生就是一个不断蜕变的过程，我们就在一次次的摸索和尝试中不断成长。而在尝试的过程中，有的人一遇到困难，就立马后退；有的人则认准一个方向，扛住他人的否定和质疑，咬紧牙关坚持到最后一刻。

其实，失败也是人生中的一种色彩，但有的人会被失败吓倒，不敢重来；有的人会选择在哪儿跌倒，就在哪里爬起来——虽是一念之差，却是两个完全相反的方向。

李尧和我同班，每天放学和上学也同路，所以我们经常在一起玩闹。我们两人的成绩在班里不上不下，但我们丝毫没有在意。直到一个转校生的出现，我们才认识到了自身的不足。

老师带着转校生进教室的时候，我正好抬头，看见一个面容清秀的男生站在教室门口。简单介绍完自己后，转校生就坐到了自己的座位上不再说话，给人的感觉是很不容易亲近。这样一个男生，很快就被同学们抛到脑后了。

在后来的期中考试中，这个男生考了第一名，这不仅震惊了其他同学，也让我和李尧认识到了什么叫人不可貌相。

从那之后，我们开始和转校生接触，时间一长，竟也激发出我们对于学习的热情。

起初，李尧天真地以为只要好好听课学习成绩就会变好，可半个学期下来，成绩依然没有大的提高，不免有些丧气。我本来以为李尧会就此打退堂鼓，没想到他主动找转校生借笔记，请教问题，整天不是看书，就是做练习题。不仅如此，放寒假的时候，为了提高成绩，李尧给自己制订了一份计划表，晚上11点准时休息，早上5点准时起床学习。受李尧的影响，我也开始对学习有了空前的热情。

经过整个寒假的学习，开学后我们的成绩有了明显的进步，老师讲的东西都能听懂了，练习题也都会做了……但我们没有放松，依然坚持努力学习。用李尧的话来说，就是自己得对自己狠一点，不能轻言放弃。

有付出就会有收获的，期末考试我和李尧的成绩都进了班级前十名。看着成绩单，我很想当面感谢那个转校生，可惜他因成绩优异提前去了军校。

虽然有点遗憾，但我和李尧仍然感谢他，要不是他，我们可能不会懂得人生只要对自己狠一点，就会有不一样的天地。

人生如逆水行舟，不进则退。在一个舒适圈待久了，梦想到最后只会剩下梦。

很多人假装自己很努力，在要放弃某些东西的时候，找一个冠冕堂皇的理由后退。可是，不管是放弃还是继续坚持，都是自己的选择，而你的选择决定了你人生的不同方向。

有一次我坐火车的时候遇见了一个挺有趣的大叔，他很健谈，三言两语我们就熟络了起来。大叔说自己年轻的时候太娇气了，如果当时对自己狠一点，现在也是有车有房了。我觉得好奇，就央求大叔讲了讲他的故事。

我们暂且称这位大叔为赵叔吧。赵叔说自己18岁辍学打工，第一份工作是在广州的一家工厂做护肤品。那时候的赵叔工作努力，人也很踏实，很快就受到了老板的赏识。渐渐地，赵叔从一个小职员变成了老板身边的得力助手，身边的人也都开始奉承赵叔，说赵叔如何了得。赵叔说那时候年少轻狂，对那些奉承的话信以为真，以为自己真的是一个很能干的人，于是就有点飘飘然。

后来，老板觉得赵叔可以独当一面，就安排赵叔去一线做管理，想培养赵叔。赵叔去了一线之后，管理着最重要的生产线，因为产品马虎不得，工作量自然就变大了，经常忙到半夜，还要处理一些突发事件。不仅如此，生产上的一些细节需要大量的专业知识，而这是赵叔所不具备的。所以赵叔除了管理生产线，还要花时间去学习专业知识。做了一段时间后，赵叔觉得太累，而且与自己的目标背道而驰。

于是，赵叔找到老板，跟他提出想要调到代理店去实践一番。老板同意了赵叔的提议，可是赵叔做了代理商后，发现自己对销售一窍不通，报表和数据更是看不懂。

赵叔觉得待在店里没意思，就决定辞职，自己做生意去。

一开始赵叔开了一个小店，生意还不错，赚了些钱，可后来因为经营不善，关门了。于是，赵叔只好重新找工作。

赵叔说完自己的往事，感慨道："如果当初我能坚持下来，现在肯定不会是这副模样。那时候吧，总觉得别人工作比我轻松，比我挣钱多，可实际上没有谁的成功是不劳而获的。唉，当时就是没能逼自己一把，才会是如今的境遇啊！"

在很多人眼里，别人的成功总是那么轻而易举，殊不知，他人的成功就是因为当初对自己狠了一点，在别人都选择放手的时候，他们选择了坚持到底。如果说成功有什么秘诀的话，我想，可能就是坚持到底，不轻言放弃。

拼一把，做自己人生的"伯乐"

俗话说："千里马常有，伯乐不常有。"大多数人心里都会期待有个懂得赏识自己的伯乐出现，可是这个概率有点小。所以与其等待伯乐的出现，倒不如拼一把，做自己人生的"伯乐"。

苏琪就是做自己人生伯乐的人。他让人印象最深刻的地方是他的嗓子，其音色特别，听起来像鸟儿的声音一样悦耳。他在没有变声之前，声音比女孩的还要细，加之性格腼腆，经常受到男生们异样的眼光，大家甚至把捉弄他当成乐趣。这种童年阴影导致苏琪从小就性格内向、孤僻，不喜欢过多的和陌生人接触。

虽然小时候被捉弄和孤立，苏琪却从来没有自暴自弃，而是把情绪转移到自己喜爱的事情上，那就是中午守在电视旁边，专注地听电视上放的歌曲。

因为听歌会让苏琪感到愉悦，忘记烦恼，渐渐地，他开始学习唱歌。刚开始他跟着电视播放的音乐哼唱，后来他的母亲为他请了一名音乐教师，教他学习乐谱。

越是对音乐深入了解，苏琪越是被音乐的魅力所吸引。他只要听着音乐，就可以让自己全身心地放松下来。这种感觉令他着迷，他的心里也种下了一颗小小的种子，那就是创作出属于自己的音乐，然后把它唱给人们听，治愈人们的心灵，被人们所欣赏。

虽然当时的苏琪正处于高中学习阶段，但是他并没有放弃对音乐的爱好，学习之余，总是挤出时间去研究各种音乐风格之间的共性与特性，并且开始尝试原创音乐。在张老师的指点下，他的音乐从刚开始的稚嫩变得成熟、有内涵。

大学毕业后，苏琪迫不及待地带着这些年创作的作品去音乐公司举荐自己，可是很多家音乐公司都因为苏琪没有经验或者作品不够受大众欢迎而把他拒之门外。

但苏琪并没有因此放弃，而是一家又一家地推荐自己。这种状态持续了半年时间，整个城市的音乐公司差不多都被苏琪"光临"过。就在他灰心丧气的时候，他看到了网上一个音乐综艺比赛的宣传口号："如果你够特别，就来加入我们吧！"苏琪看到了机会，一个可以实现自己音乐梦想的机会。

于是，苏琪报名了。他非常珍惜这次机会，在休息期间，反复地练习唱歌，不断地修改词曲。他的每一点付出，都得到了回报。

经过层层筛选，最终，苏琪进入了总决赛，他的歌曲也已经被很多人熟知、喜爱。苏琪的成功源自他对音乐的执着。

在人生路上，最好的伯乐其实就是自己。坚持自己最大的兴趣，为了它拼一把，等时机成熟时，你就会是自己的"伯乐"。

可是，总有一部分人不明白这个道理，一味地选择等待伯乐出现，一味等待，把希望寄托于他人身上的人，是很难收获回报的。

楠楠是村里第一个大学生，通过不断努力，她考上了本校的研究生。但事不遂人愿，在继续深造的过程中，楠楠突然患上了肝病，无奈之下，只能肄业离校。

养病期间，楠楠充满了幻想，认为等自己病好了，说不定可以留在母校任教。

回到老家后，她无意中在网上看到了当地的教师招聘公告，看着职位要求和待遇水平，心想，凭自己研究生肄业的学历去应聘的话，可能只能从辅导员做起，工资水平也不会很高。

所以，楠楠觉得即使自己的幻想成真，也会委屈了自己。于是，楠楠开始每天赋闲在家："等我病好了，我就去北京找其他的工作，不能再幻想什么留在母校任教了，我就不信，我这样的千里马，遇不到伯乐。"

等到养好病，楠楠立刻去了北京。理想很丰满，现实很骨感，虽然楠楠四处投简历、参加面试，但是她理想中的薪水和职位都太高了，再加上没有工作经验，没有哪家公司愿意聘用她。最后，为了生存，楠楠只能降低标准。

但是她做什么工作都不会超过一个月，每个月的房租、水电基本都是依靠四处借钱来维持。即便这样，楠楠依然觉得自己被大材小用了，每天都生活在怨天尤人中，抱怨领导不懂得赏识自己，抱怨公司的晋升机制。

最终，楠楠又跳槽了几家公司，依然没有找到称心如意的工作，依然感觉自己被埋没了，便索性把自己关在家里不出门。

姐姐看到楠楠消瘦又没有精神的模样，很心酸："你可是我们村第一个大学生、研究生，现在连照顾自己都成了问题？就要这样自甘堕落了吗？"

楠楠冷冷地说："我这一生注定遇不到我的伯乐了。"

千里马常有，而伯乐不常有。对于想要走向成功的人来说，外在的伯乐都是可遇而不可求的，如果自己不努力，就算遇到伯乐也无济于事。任何时候，我们只有拼尽全身力气，主动出击，不断为自己创造机遇，并抓住机遇，才能越来越靠近成功。

尽力做好自己

生活中，我们总会听到各种各样的声音，遇到喜欢的、讨厌的、和善的、刻薄的等各种人。我们无法改变这些人和声音，但是我们可以决定自己做什么，不去一味地迎合别人，尽力做好自己。否则，就会忘了原来的自己。

有一位画家画了一幅画拿到市场上去卖。画家在画的旁边写了一行小字：观赏者可在认为此画的不妥之处做上记号。一天下来，画家看到这幅画上被标满了记号，心里很失望。

于是，画家决定第二天换一种方式，用同样的一幅画去展示，但旁边的一行小字却改了内容：每位观赏者可以在认为绝妙之处加以赞美。一天下来，收到的全是赞美之词，这幅画一时间成了人人都喜欢的画。

同样的画，为何会出现不同的效果呢？那是因为画家通过第一天画的展示，明白了一个道理：不管我们做什么，都会有人不懂欣赏，甚至挑剔。可是，这并不能说明我们做的就一定是错的，换一种表达方式，一些人看来是缺点的，另外一些人看来可能就是优点。所以，遵从自己的内心，才能做最好的自己。

我进入职场以后，听一位前辈讲起自己的故事——暂时把这位前辈称为张先生吧。张先生大学毕业之后，投了很多简历，也参加了很多招聘会，最后终于找到了一份喜欢的工作。

张先生非常珍惜这份工作，所以和同事相处非常小心翼翼，只要别人喊自己帮忙，不管自己正在做什么、有没有时间，都会去帮忙。

跟张先生一起入职的小李和张先生关系比较好。可是自从两人经过考核后，关系就发生了变化。原来，在考核之前张先生因为帮同事忙而误了自己的事情，被主管批了一顿，张先生怕自己丢了工作，于是在快要考核的时候，做事非常认真。当时张先生想的只是保住工作，没想到考核结果出来之后，竟是A。

公司有规定，如果考核结果是A，薪资会每个月多加几百元。因此，张先生的工资就比同时入职的小李高；也因此，小李开始看张先生不顺眼，张先生说什么小李都是爱搭不理的。张先生知道，这是因为自己的工资比小李高的缘故，可是考核的事情是公司规定的，不是自己决定的。

有一次做企划案的时候，做好的资料竟然少了一张图纸。张先生问小李有没有看见图纸，小李冷嘲热讽地说："这么重要的东西都能弄丢，怎么没把自己丢了呢。"张先生说："没看见就没看见嘛。"从那以后，小李和张先生就基本不怎么讲话了。

后来，有一位同事说自己的电脑系统出了问题，就让张先生帮自己看看。可是，就这样一件小事，结果被小李在公司到处说成张先生是为了巴结同事而帮忙的。为了缓和与小李的关系，张先生还找过小李解释这件事，但小李一副冷冰冰的样子，张先生决定不再费力去维持与小李的关系了。

再后来，公司接了一个很重要的项目，其中有一份重要的数据报告。当时小李把数据给了人事记录，可是张先生在做PPT的时候发现，有一些数据对不上，就从人事那里把数据拿回来给了小李，并对小李说："这个客户非常重要，有些数据你看看是不是能对得上。"好在小李在工作上也算认真，检查出错误后，及时进行了更正。

第二天，小李找到张先生，对他说："昨天真是多亏你了，要不是你发现数据有误帮我拿了回来，我就酿成大错了。""没什么，我只是做了我该做的事情。"张先生说道。从此以后，小李的态度转变了，对张先生友善起来。

后来，张先生意味深长地跟我说："不管在职场还是在生活中，我们总会遇到一些不太友善的人，我们既不用去害怕他们，也不用去讨好他们，只要做好自己该做的，问心无愧就可以了。"

的确，人不可能是十全十美的，也不可能让每个人都喜欢自己。有些人比较果断，可以抛开别人对自己的看法，认认真真做自己。有些人性格软弱，无法抛却别人对自己的看法，费尽力气去讨好别人，结果却是谁都没把她当作真正的朋友。

有一次听朋友讲起他们公司有一个同事，说她很会"做人"。我出于好奇就问了问朋友。

朋友告诉我，这位很会"做人"的人是一位姑娘，虽长得甜美，但性格懦弱，经常会被人支使去跑腿，买早点，买咖啡，打扫卫生，打印东西等。虽然这些都不在自己的职责范围内，但姑娘为了不和别人起矛盾，不管别人提出多么不合理的要求，即使自己没有时间或者完成不了，她也不会拒绝。

可是，被人支使的次数多了，心里就有了埋怨。姑娘不开心的时候，就自己偷偷躲起来哭。尽管如此，在公司同事面前，姑娘却从来不敢表达自己的想法和不满，永远都是一副招牌微笑。

姑娘"委曲求全"去维护好和每一个人的关系，却没有人把姑娘放在眼里。在公司里，同事有需要时，就会找她，没有时就把她当透明人。

我听朋友说完之后，心里很不是滋味。同事之间帮忙是可以的，可把她当透明人就有些过分了。但姑娘也不应该为了让别人喜欢自己，就处处讨好别人。在同事第一次把她当透明人的时候，姑娘就不应再去讨好别人，而应该把重点放在工作上，尽力做好自己该做的事，至于别人喜欢与否，大可不必在意。只要你在工作中做出成绩，别人肯定会对你刮目相看。

害怕别人不喜欢，害怕犯错，害怕尴尬，这些情绪每个人都会经历。但是只要能够正视这些，学会坦然接受，并坚持做自己，就会得到别人的尊敬与喜爱。

先苦后甜

人生途中，选择"先苦后甜"还是"先甜后苦"，权利都掌握在自己手里。如果选择先苦后甜，就意味着在困难和挫折面前，选择先吃苦，后享受。而如果选择先甜后苦，则意味着在遇到问题时，只会一味地选择逃避，让眼前的安逸蒙蔽双眼，给未来埋下隐患。

过于贪图享受安逸的生活，只会消耗人的毅力，甚至可能让我们失去基本的生存能力。反之，先苦后甜，则更容易让人成长，也更能体会幸福的真谛。

我认识这样一个人，她叫小袁，在一所音乐学校教钢琴。除了教钢琴，她还会尤克里里、非洲鼓等一些小乐器。

和很多人不同的是，小袁并不是从小学钢琴。由于家庭条件一般，小袁和很多人一样从小过着平凡的生活，别说将钢琴当作业余爱好，就连补习班都没上过。所以，即使喜欢钢琴，小袁也从没有向父母提过过分的要求。

小袁的学习成绩不是太好，为了小袁以后的出路着想，父母在中考前就与小袁商量，打算让她去读中专，考幼师。

当初听到这个消息，我很震惊。小袁自己也说："我并不喜欢幼师这个专业，可当了幼师就可以学钢琴了。这对我来说是个机会啊。"

我非常理解小袁的想法，安慰她说："毕竟不是每个人都能做自己喜欢的工作，再说你还可以学钢琴。实在不行，幼师这个专业也不错！"

之后，小袁的中专生活过得忙碌又有趣。丰富的科目让她渐渐喜欢上了幼师这个职业，她的性格也开朗了很多，不再像以前那么沉闷。

刚开始学钢琴的时候，小袁很吃力，毕竟她只是喜欢钢琴，从来没有接触学习过。可是，小袁肯下功夫，只要有空她就泡在琴房。每次和她联系，她不是在去琴房的路上就是刚刚练完琴。

入学第一年的暑假，小袁第一次向父母开口，想买一架钢琴。虽然买钢琴对于一个普通家庭来说，有些困难，但为了能够练好琴，她还是向父母开口了。其实，父母知道小袁是个有天赋的孩子，而且从小懂事，除了学习成绩外，没让父母操过心。这对钢琴唯一的喜爱，父母当然知道。

就这样，小袁在自己17岁生日那年，有了一架属于自己的钢琴。

三年中专生活后，小袁的琴技已经有了很大长进。

毕业后，小袁一边工作，一边利用业余时间继续学琴。她还用自己的工资请了位钢琴老师，以便提高专业水平。

后来因为工作忙碌的原因，我和小袁没有了联系，直到有一年回家时，才又重新联系上了她。这时我才知道，小袁已经是一所音乐学校的钢琴老师。吃惊的同时，我由衷地替小袁开心。

她跟我说起学习钢琴时候的一些事情时非常轻松，但我知道，小袁为了练琴吃了多少苦。好在，现在一切都过去了，小袁也从事着自己喜欢的工作。

宝剑锋从磨砺出，梅花香自苦寒来。人生没有不经历磨难就可以随随便便得来的成功。一切还需脚踏实地，一步一步努力为之！

勇于前行，人生来不及等待

时光匆匆，我们应该清楚地知道什么是自己需要的，做自己认为有意义的事情，不等待，不懈怠，努力过好每一天，这样生命才更精彩。

如果人生中处处等待，则会失去很多机会。

果果是个很有想法的女孩子，但是她习惯于等待，而且喜欢幻想。想得越多，行动得越少，她就越发觉得生活很没有乐趣，总感觉自己的梦想不可能实现。

有一次，果果打电话向闺蜜吐槽："最近好心烦哦！"

闺蜜奇怪地说："心烦就去旅行啊，你最大的梦想不就是周游世界吗？"

果果愤愤地说："对啊，但我每月入不敷出，哪有钱周游世界啊，而且也没有那么多时间。每次看见你们在朋友圈晒美景，我却只能在家里感叹。看来我只能等到老了，有钱、有时间了，才有机会实现梦想了。"

闺蜜不解地说："也不是啊，旅游也不一定花费很多钱啊，我上次穷游西藏，主要花在路费上了，你只要稍微节俭一点就好。或者你完全可以闲暇时找一份兼职，旅行的车费、住宿费就攒出来了啊。"

果果叹了口气说："那要攒到什么时候啊，听起来好辛苦的样子，我还是等自己老了吧。"

闺蜜又说："或者你可以自己开个网店，自己创业，经济更自由。"

果果则说："还是等我有了闲钱再说吧。"

闺蜜又说："你不是最近总说老板在选贤任能吗？你能力、学历都算不错，干嘛不试试毛遂自荐呢？这样既能升职又能加薪，多好啊。"

"我感觉还是等主管主动找我比较好，要是有合适的职位，他们一定会发现的。如果我毛遂自荐的话，失败了多尴尬啊！"

"你干吗什么事都要等待呢？"闺蜜有点不耐烦了。

果果淡淡地说："因为我觉得成功不是一蹴而就的，就得多等待，等待时机。"

闺蜜不同意果果的观点："我可不这么认为，什么事都等待时机，等待万事俱备，黄花菜都凉了。"

人生不应该始终在原地等待，而是应该勇敢尝试。守株待兔只是弱者的选择，勇于前行才是智者的表现。没有人依靠等待可以过上幸福的生活，也没有人可以依靠等待实现人生更大的价值。向前一步，虽然有困难，但克服困难后更多的是无限美好。

你若不勇敢，谁替你坚强

谢英明
——
编著

即使全世界都背叛了你，

你也没有理由意志消沉。

你必须一次次地握紧拳头，仰头面对阳光！

北京时代华文书局

图书在版编目（CIP）数据

你若不勇敢，谁替你坚强 / 谢英明编著. -- 北京 ： 北京时代华文书局，
2019.10（2019.12重印）

（励志人生）

ISBN 978-7-5699-3204-1

Ⅰ. ①你… Ⅱ. ①谢… Ⅲ. ①成功心理－通俗读物 Ⅳ. ①B848.4-49

中国版本图书馆 CIP 数据核字（2019）第 220595 号

你若不勇敢，谁替你坚强
NI RUO BU YONGGAN, SHUI TI NI JIANQIANG

编　　著｜谢英明

出 版 人｜王训海
选题策划｜王　生
责任编辑｜周连杰
封面设计｜乔景香
责任印制｜刘　银

出版发行｜北京时代华文书局 http://www.bjsdsj.com.cn
　　　　　北京市东城区安定门外大街136号皇城国际大厦A座8楼
　　　　　邮编：100011　电话：010-64267955　64267677
印　　刷｜三河市京兰印务有限公司　电话：0316-3653362
　　　　　（如发现印装质量问题，请与印刷厂联系调换）
开　　本｜889mm×1194mm　1/32　印　张｜5　字　数｜116千字
版　　次｜2019 年 10 月第 1 版　印　次｜2019 年 12 月第 2 次印刷
书　　号｜ISBN 978-7-5699-3204-1
定　　价｜168.00元（全五册）

目 ♥ 录

第1章
生活中，总会有那么一点小挫折

第2章
远离平庸，远离脸上的细纹和沧桑

第3章
悦纳自己，唤醒心中沉睡的正能量

第4章
酸甜苦辣咸，都要积极地面对

第5章

必须狠一次，否则你永远活不出自己

第6章

你要相信，最好的正在来的路上

第 *1* 章

生活中，
总会有那么一点小挫折

面对挫折，活得像玉一样温润

　　作为生活在现代社会中的女性，难免会遇到这样或者那样的境遇，这其中会有不少遭遇困难与挫折的情形。有些时候，我们难免会下意识地抱怨，为何自己生活得这样苦？那么，亲爱的女性朋友，到现在为止，你所遇见的最大的困难是什么？不要想太长时间！因为真正的困难会在你的脑海中留下极其深刻的印象，你会不假思索地说出来。

　　大部分女性朋友们都会一时间愣住吧？曾经觉得自己的生活总是多么悲苦，但是，一旦闭上眼睛仔细想想自己遇到的困难时，竟然会头脑一片空白。怎么会这样呢？这是因为很多时候我们总是习惯性地抱怨，把一些无谓的小事、小烦恼，当成了很大的事情，当成了很大的折磨。但过后一看，所谓的困难根本没有什么大不了。

　　当我们与很多在夕阳下安享晚年的老人聊天时，会发现她们有一个共同的心声：有挫折的人生，才是完美的人生！因为挫折的洗礼，会使一个女人变得更加成熟，更加有韧性，她的人生阅历也会比别人多出很多精彩的片段。当一切归于平静，回头来看，会发现她的行囊中载满了如此多精彩的内容！那时候的她，将会比从未经历风雨的女人更加淡定、更加从容，她可以平静地笑看人生的起起落落，因为已经没有什么能够将她打败！

挫折虽然是一种痛苦的经历，但从另一角度来看，挫折亦是一种让我们奋进的催化剂。伟人们大多都是在一步步经受挫折的过程中，才慢慢显露光芒，才慢慢享誉世界。也许有些女人会说，我只想做个凡人，不想做名人，还是别让我经受挫折吧！

当然了，谁都希望能够过得轻轻松松、快快乐乐，谁都希望自己的人生之路没有烦恼、没有挫折坎坷。可是，人生并不是一条提前预设好的路，它随时都会有一些突发的状况发生。挫折的来临，往往是没有预告的，通常会打得我们措手不及。我们所能做到的，就是用一种乐观的心态，对待我们所遭遇的挫折。当挫折来临时，我们不要慌张，不要躲闪，而是用一种淡定的心态，告诉自己：这是人生中一段不可或缺的经历，经历了这一段，我的人生会变得完美许多，有限的人生里，我比别人多经历了一些事情，就会多收获一些感悟，多一些人生的智慧！

当拥有淡然豁达的心境，面对再大的困难，我们也就能怀揣着坚韧不拔的心挺过去了！即使再普通的一个女人，在挫折的洗礼之后，也会变得与众不同起来，她们就像打磨抛光后的玉，透着温润的质地。

在我们的漫漫人生旅途中，最让我们感到难过的或许就是生离死别、意外灾难的不期而至了。

颖是一个再平凡不过的女人，十多年前，她的丈夫得了奇怪的病，后背针扎似的疼痛，20分钟内全身瘫痪，后被确诊为脊髓炎。丈夫的生命虽被保住，可也是废人一个，离了她的照顾寸步难行。面对丈夫的现状，这个普通的女人没有气馁，而是很快走出情绪的低谷。为了儿子，为了未来能有一个幸福的家庭，十几年中，在家庭工作两不误的情况下，她精心照顾丈夫，擦身、按摩、鼓励、安慰……十几年如一日，关爱成为一种习惯。最终，如此险恶的疾病，也被她的坚持给打败了，丈夫的身体渐渐恢复，再次成了一个健康的人。

然而，命运似乎要和她开个玩笑，在丈夫刚刚恢复健康，全家正欣喜不已的时候，她却遭遇了一场飞来的车祸。她的生命虽没有危险，但是由于车轮从她脚上压过去，导致她的两个脚趾骨折，医生给她打了石膏固定，在医院住了一个多月，吃喝拉撒都在床上。炎热的夏天，是曾经被她照顾得无微不至的丈夫开始细心地照顾起她来。在这对平凡夫妻的生命旅程中，虽然遭受了一连串的不幸，可是，他们彼此都用自己的坚韧之心摈弃了抱怨，以一颗平常的心对待如山洪般到来的挫折，在各自遇到最大困难的时候都互相没有抛弃，而是尽自己最大的努力来弥补对方人生中的缺憾，携手走过挫折的洗礼，谱写出一首让人感动的生命歌谣。

每个女人都想自己的人生少一些坎坷，多一些如意，但是当我们慢慢地变老，直到坐在摇椅上细细地品味自己一生，历数自己所经历的磨难与挫折时，你就会发现，原来人生的完美就是如此被铸造出来的。

作为一个有智慧的女人，我们要懂得，挫折是我们成长道路上的磨炼，当我们经历挫折坎坷，要知道，幸福和快乐就在不远处向我们招手。就好像蚕蛹蜕变时要经历阵痛一样，只有经过此痛才能摆脱束缚自己的蛹壳，幻化为一只美丽的蝴蝶。

我们无法预测未来的道路，即便强行预测也不可能是准确的。或许我们的未来会布满荆棘，到处都是绊脚石，但是我们只要冷静地进行应对，在挫折中坚强一点儿，在磨难中仍然奋勇前进，那么这些挫折与磨难只会成为我们人生中的一个个完美的装饰。我们在不断战胜挫折、战胜自己的过程中，也会逐渐地成长为令人钦佩的女人！

溜冰摔了100次，要敢于再摔101次

作为女性，我们每个人都不是童话中的公主，都生活在现实的世界中，即便现在拥有再多的东西，也不可能保证一生不会遭遇挫折与失败，而失败一定会令我们变得沮丧，感到很大的痛苦。在这种情况下，我们最需要做的是，暂时将失败带来的痛苦忘掉，努力地将全部的精力放在如何解决问题上。

如果一道十分难做的菜做了10次都没做好，你还会做第11次吗？

如果你学习溜冰，摔了100次都还没有学会，你还敢摔第101次吗？

估计，在这些失败面前，大部分女人会打起退堂鼓吧！

可是，偏偏就是有一些健忘的女人，根本不理会自己失败的次数，也不搭理别人对自己失败的看法，而是铁了心继续一次次地尝试。而且，最终这类"疯子"往往都会令人惊讶地走向成功！

在2002年美国独立日那天，美国的一名百万富翁创造了一个让世人惊讶的奇迹，这个富翁创造这个奇迹的时候已经58岁，他叫史蒂夫·福塞特。他驾驶着一个叫作"自由精神"号的热气球，在澳大利亚昆士兰州一个比较干涸的湖边安全着陆了。至此，他的第七

次单人环球飞行结束了。这是他最成功的一次环球飞行，之前的六次，都没能让他自己满意。

事后在媒体的报道中我们得知，2002年7月2日，当他的热气球飞过东经117°时，他就已经在世界航空史上创造了一个奇迹。从2002年6月19日开始到2002年7月4日，史蒂夫·福塞特共计飞行了13天12小时16分13秒，航程为33971.6千米。这次的飞行实在是太伟大了！不过，令我们敬佩的并非航空飞行的纪录，而是他在遭遇了六次挫折之后依旧坚持第七次飞行的精神。这是一种敢于忘记失败，不断挑战失败，不断挑战自己极限的精神，也是一种永不言弃的决心。

在韩国也有一位老人的名字曾经登上各大报刊。因为这位老人亦有一种无视失败的精神，在他考了271次驾照考试都没有成功的情况下，他继续考试，并且顺利通过！这也是一种永不言败的精神。而我们却常常会在失败之后为自己寻找千万个理由：要是再给我一点时间的话；要是条件好一点的话；要是对方认真对待的话……

我们总有找不完的借口为自己的失败开脱，却从来看不到自身主观努力的不足。如果我们能正视自己存在的缺陷，然后逐一弥补，那么，我们离成功也就更近了。但是，就因为我们的害怕，害怕别人看到我们失败的样子时露出的不屑的表情。于是当我们失败时，我们总是耿耿于怀，总是难以从心中抹去失败带给我们的阴影。甚至还有人不愿意面对失败，会通过各种方式来掩藏自己的失败。结果，就让自己永远停留在了失败的这个瞬间，无法继续前行。

作为一个普通的女人，即使我们想要的成功很简单，但是，失败也总是在不经意间来找我们。于是，很多人在经历过几次失败之后，就退却了，就对自己失去信心了，就不敢再继续前行了。其实，当失败不断找你时，如果你能有一颗健忘的心，你就有了蔑视它的心态，就能轻易地将失败打败。让自己做一个健忘的女人吧，这样当你重新赶路时，就又是一个全新的开始，那么在全新的旅程中，你获得成功的机会就会大得多。这不仅仅是呆板的说教，同时也是一个普通的、经历过几次职场失败的女孩的最深感悟。

倩倩在大学毕业后，走进了一家小的外贸公司，开始了她的第一段社会之旅。可是不幸的是，她遇到了一个脾气十分不好的老板。那时的她，懵懵懂懂，什么也学不会。倩倩很郁闷，未来在哪里？别说未来，就连一份工作都不稳定！同时，她的师傅也带她用业余时间做美容产品。折腾了4个月，一无所获的倩倩决定离开那家公司。离开公司后，她考虑了很久，决定还是继续做美容产品的销售，多少对生活也能有点贴补。于是，在一边灰头土脸地找工作的同时，倩倩还在尽力做美容产品的推销工作，但是，她仍然一无所获。

多次的打击，让倩倩对自己的能力产生了怀疑，她觉得自己也许不是做销售的料！于是，她放弃了做美容产品的销售工作，而职场上连续失败的阴影在她的脑子里始终挥之不去。因此，尽管在投出简历后有很多公司给她打电话，让她去面试，倩倩都放弃了，她无法说服自己重新站起来。

后来，经过朋友的劝慰与鼓励，倩倩终于放下曾经的失败，开始积极地面对一切。当她抛却阴影，发挥自己潜藏的能力，重新投入到职场后，仍然选择了一份以前自己很胆怯的销售工作，只是这次，倩倩越战越勇，业绩突飞猛进，很快就升为了区域经理！

这是一个十分普通的职场故事，然而，却是不少女人曾经有过的迷茫。在此过程中，有太多的女人慢慢地被失败打败，不再继续勇敢地前进了。而有些女人在遭遇失败时，选择了做一个健忘者。在失败之后，她们仍然高昂着头颅、哼唱着歌曲，大踏步地继续前行……最终，哪些人会取得成功？相信你心中一定有答案了吧。

你可以哭泣，但不能脆弱

在现实生活中，我们经常听到这样一句话："女人啊！你的名字叫脆弱！"这种观点可以说是深入人心。每个女人可能都希望得到保护与呵护，每个女人都可能觉得在遭遇挫折与磨难时，哭泣是属于女人的专利，而倘若一个大男人在遇到此种情况时也哭哭啼啼，难免会被众人鄙视……

可是，我们静下心来想想，同样是人，凭什么脆弱就是我们女人的专利，而男人就没有脆弱的权利？要知道，他们也同样在工作、在拼搏，也同样会遇到各种挫折，会遇到各种让他们神伤的事情，有时候，男人也需要宣泄脆弱的情绪。

刘德华的一首《男人哭吧不是罪》曾经风靡大江南北，因为这首歌唱出了太多男人的心声。因为是男人，所以当他们有困难的时候，不敢叫苦，而是埋头尽力把困难解决；当他们心情郁闷的时候，不敢在女人面前表现出来，因为社会赋予他们的强大角色，让他们害怕展露自己脆弱的一面；当他们遭遇不幸，需要人安慰时，他们宁愿将自己封闭起来，因为他们害怕，女人会因此鄙视他………

女人们，当我们脆弱的时候，我们需要男人的肩膀来依靠，需要男人来帮自己遮挡风雨。但男人在脆弱的时候却被剥夺了表现和发泄的权利，而这不公平的现象男人们只能默默忍受。要知道，有时候男人所背负的压力如果得不到正常的释放，也许会使他与之前判若两人。一个社会学教授曾追踪过几个案例：

有个男人，曾经是一个工作稳定的律师，和女朋友也是如胶似漆。在和女友恋爱5年期间，每天下班后接女友，一起吃饭，然后回家洗衣服，喂宠物，看电视，睡觉。他生活规律，工作顺心，还时常利用闲暇时间与女朋友休闲度假，是身边朋友眼中的成功模范。可是在分手后，男人的脆弱瞬间来袭。他下班之后不知道应该做些什么，就连吃饭也不知道去哪里，屋子中堆满了衣服也没有人去洗，经常长时间坐着发呆。到了健身房，他就会疯狂地进行各项训练，结果将自己的手臂拉伤了；时不时醉得一塌糊涂，然后给所有认识的女人打电话；整天行尸走肉般生活，周围的朋友想帮助他迅速走出阴霾，但是他不敢出去接受朋友的劝慰，他害怕自己的脆弱在别人面前展露无遗。

也有个男人，曾经事业成功，家庭和睦，朋友良多，诸事顺心。他总是意气风发，无所顾忌。身家6000万的他每日觥筹交错，法国的商场更是他常去扫货的场所，座驾一定是市面上的最新型。他常陪老婆去"周游列国"，孩子也是请了小提琴名师来家里授课，一切看起来都完美无缺。

但是，偶然的一次生意失败后，他倾家荡产，与曾经的圈子里的人之间有了很大的差距。于是，他不再和以前圈子的人联系，更多的时间都缩在家打电脑游戏。他脾气暴躁，常为一点小事和老婆孩子生气，挑所有人的刺。脆弱爱面子的他，总是放不下曾经的风光，并且不肯改变曾经的生活习惯，还是狂热地追求奢侈品，总是用奢侈品来抚慰自己那颗被事业打击得脆弱的心。

还有个男人，家庭、事业在外人眼中全都蒸蒸日上，在公司是业务骨干，而且外向开朗，与公司的人都关系良好。在工作的时候严肃认真，英语过了六级，电脑的操作水平可以与黑客相媲美，并且他还是公司中每年拿下的单子中金额最大、数量最多、完成质量最佳的人。在众多朋友当中，他是最先成为小康一族的人。然而，他在生活上却相当低能，用冷水煮面，将真丝衣服扔进洗衣机中，使之搅成了抹布。洗碗的时候，相较于洗干净的碗，摔坏的碗要更多一些。而且他还非常讨厌做家务，习惯了饭来张口、衣来伸手的生活。在外面工作时他能够对同事和客户笑脸相迎，客气对待，但是回到家后，却总是将工作中的压力深埋在心里，什么也不愿意说，做一个闷葫芦，总是窝在沙发上没完没了地看电视。

这样的男人很多很多。女人们，也许，你自己的男人就在这样的脆弱阶段。这个时候的他们，是十分敏感的。他们会脆弱，可是他们好面子，他们不敢辜负这个社会长久以来给他们的定位，于是，他们总是将委屈放在心里，有泪往心里咽。可是，很多女人在这个时候还不理解他，不去关心体贴他，反而觉得自己的男人没能力、不坚强、没魄力……

其实，不是他们没有能力，只是他们也如你一样，遇到了人生的低谷，遇到了有脆弱需要发泄的时候。可是，他们跟女人不一样，他们不能像我们那样自然而然地顺畅发泄。

要知道，男人也会有累的时候，倘若将男人比喻成是一艘在生活的海洋中搏击风浪的航船，那么我们为其提供的温暖的家，便是男人航海之后避风与休息的港湾。在他们低谷时，一个聪明的女人会说："没关系，我懂你！你觉得不畅快，就说出来吧！就发泄出来吧！"可是，大多数女人自私地将脆弱放在自己的口袋里，作为专利品，总是在稍有不顺心的时候，就撒娇、发泄、动怒，但是，在男人脆弱的时候，则忘记了有"脆弱"两个字的存在，反而对他们冷言冷语，在他们本已受伤的心上，再撒了一层盐……

人们经常说，每一个成功男人的背后必定有一个贤惠善良、善解人意的妻子。因此，女人们请牢牢记住：脆弱并非女人的专利。在自己脆弱的时候，女人应当努力地让自己变得更坚强点，不要让自己的脆弱泛滥成灾；在男人脆弱的时候，女人应该学会运用自己的温柔，做男人的定心石。

用慈爱的精油，润滑心里的绝望

在现代社会中，有不少女人的生活是不和谐的，就好似缺乏润滑油的机器一样，发出又粗又难听的碾轧声。这个时候，她们就十分需要温暖、喜乐以及柔和作为润滑油来进行调剂。而一个充满生活智慧的女人，善于把"喜乐的油"分给沮丧的人，有时候仅仅是一句鼓励的话，对于绝望者来说，都有着莫大的意义。

在人生的道路上，有许多人，经常因为这些不和谐而陷入绝望之中，从而使自己的生命变得僵硬，那么我们就要善于用"慈爱的精油"不断为自己软化。

绝望向左，希望向右，痛苦在中间，聪明的女人，一定知道该如何选择了。学会用"慈爱的精油"将自己软化吧，这样才会使人生充满希望，远离绝望。

李·艾柯卡是克莱斯勒汽车公司的总经理，而在此之前，他是美国福特汽车公司的总经理。他的座右铭是："奋力向前。即使时运不济，也永不绝望，哪怕天崩地裂。"他的自传，印数达到了150万册之多，十分畅销。

艾柯卡在成功的道路上不只有阳光清风，也曾有过狂风暴雨。他的一生，用他自己的话来说，叫作"苦乐参半"。1946年，21岁的艾柯卡，成了的福特汽车公司的一名见习工程师。可是，他对于长时间待在机器身边，进行技术工作没什么兴趣，却喜欢与他人打交道，热衷市场营销。

艾柯卡凭借自身的努力，最终实现了从一名推销员到总经理的蜕变。然而在1978年，因为大老板的嫉妒，他被开除了。艾柯卡在福特汽车公司工作了32年，做了8年的总经理，工作上一直非常顺利，但是突然间，他却被辞退了，成了失业人员。昨天他还是人人羡慕的对象，今天却成了众人躲避的人。在公司结交的所有朋友都将他抛弃了，给了他相当大的打击。"一旦艰难的日子降临了，除了做一下深呼吸，咬着牙竭尽所能之外，实在也没有什么其他选择。"艾柯卡是这样说的，也是这样做的。他没有颓废，没有倒下。最后，在所有人惊讶的目光中，他去了一个即将倒闭的企业，即克莱斯勒汽车公司，担任总经理之职。

今天的艾柯卡是众所周知的汽车事业上的强者。在刚刚进入克莱斯勒汽车公司的时候，他依靠着自己的聪明才智与过人的胆略，对企业进行了大刀阔斧的整顿与改革，并且求助于政府，在与国会议员进行激烈的辩论之后，获得数额巨大的贷款，重振了克莱斯勒汽车公司雄风。1983年，艾柯卡还给了银行8亿1348万多美元，到了这个时候，克莱斯勒终于将所有的债务都还清了。

倘若艾柯卡是一个消极悲观的人，经受不住新的挑战，在巨大的挫折面前灰心丧气、一蹶不振，最终坠入绝境的深渊，那么他就与一般的失业者就没有任何的不同了。正是不屈服于挫折和命运的挑战精神，使艾柯卡成了一个世人敬仰的英雄。

　　冬天的牧场广袤、空旷，狂风卷着暴雪毫无阻拦地冲向牛群。在剧烈的暴风雪下，大部分的牛遭受着寒冷彻骨的大风的袭击，在风暴的推动下缓缓地移动着，直至被地上的篱笆拦住，它们就彼此靠在对方的身上，挤成了一团，无助而僵硬地忍受着大自然的暴怒。牛群逐渐地被巨大的风雪淹没，最后全都逃不过死亡的命运。然而，有一种与众不同的牛——赫勒福德牛，其反应就完全不是这样的。这种牛本能地逆着大风，直直地站立着，牛与牛肩并肩，低着头，努力地抵抗着暴风雪的侵袭，最后，它们都活了下来。

　　还有这样一个真实的故事。在寒冷的冬季，草原上突然着起大火，大火借助着强大的风势，越烧越猛，绝大多数的人都拼尽全力地向前奔跑，慌慌张张地逃命。然而，不管人们跑得多快，也不可能快过风与火，他们逃得精疲力竭，最后还是死在了无情的大火中。然而，其中有几个人却没有像大部分人那样顺着火苗朝前奔跑，相反，他们毅然地选择了迎着火舌，向大火跑去，从凶猛的火舌中冲了过去，最终抵达安全地带。尽管也有人受了些许轻伤，但是与那些丧命的人相比，已经非常幸运了。

　　人的一生，不如意者十之八九。在困难与挫折面前，女人们不要一味地抱怨命运，沉浸在无限的痛苦中，陷入无边的绝望。实际上，命运对于每个人来说都是公平的，所不同的是，每个人对于自己所处的环境的理解不一样而已。要知道，环境不能对你的命运进行控制，唯有你本人应付生活的态度与行动，才可以决定你的成败。这就好像暴风雪与大火降临的时候，我们不应当只是马上想到远远地逃离，而应当勇敢地迎上去，直接面对险恶，可能还会有一条生路。

奥斯特洛夫斯基曾说过："人的生命似洪水在奔腾，不遇着岛屿和暗礁，难以激起美丽的浪花。"大多成功的女人都有着一种承受生活变故的能力，即使情况再艰难，她们也不会让自己沉浸于绝望的情绪之中，相反，困境只会让她们的性格更加坚强不屈，意志更加坚定、更有韧性。

人生没有回程票，过去了就不可能再回来。如果你坠入痛苦的深渊不能自拔的话，只会让自己与快乐失去缘分，与成功擦肩而过。告别苦痛的手，必须由你本人来挥动，跳出绝境的脚步，必须由你本人来迈开。作为一个女人，如果想要在成功之路上走得更远，那么就必须要具有坚韧不拔的超强意志，毫不畏惧沿途遇到的困难，不会被绝望的情绪困扰。

每个女人都有弱点，学会修缮

常言道："人无完人，金无足赤"，在现实的社会中，我们每个人都不是完美无缺的，有不少好女人总是由于自身的弱点或者缺陷而痛苦不堪。其实，只要你能够积极坦然地面对，充分将真实而生动的自己展示出来，就可以获得快乐而成功的人生。

曾经有学者通过研究得出了著名的"鲨鱼效应"。研究表明，生活在大海中的鱼需要借助鳔才可以自由自在地进行沉浮，可是缺乏鱼鳔的鲨鱼，为了避免自己沉下去就必须不断地进行游动，时间久了，它们身上的肌肉变得越发强壮，体格也变得越发大了，最后成了"海洋霸主"。

现实生活中也是如此，如果我们能善加利用，劣势也会转化成我们无敌的优势。

一个年龄只有10岁的美国小男孩，名字叫作里维。他十分迷恋柔道，然而一次车祸使他丧失了左臂，但是他不甘心就此放弃柔道的学习。后来，他找到了日本柔道大师，并且成了其弟子。原本他的身体基础很好，但是，已经练了3个月了，师傅仅仅教了他一招，这让里维有些不能理解。

有一天，他实在忍不下去了，就向师傅询问："师傅，我是否应当再学习一下别的招数？"师傅给出的回答是："是的，你确实只学会了一招，但是你只需要将这一招学会就行了。"

那个时候，里维并不能明白师傅的意思，但是他对师傅十分信任，于是就继续按照师傅的吩咐练习下去。转眼几个月过去了，师傅首次带着里维前去参加比赛。就连里维本人都想不到自己竟然会如此轻松地赢了前两轮比赛。到了第三轮的时候，他觉得稍微有些困难，但是对手没多久就变得十分急躁，连续发起进攻，里维十分敏捷地将自己的那一招施展出来，结果他又取得了胜利。就这样，里维成功进入了决赛。

与里维相比，决赛的对手长得更加高大、更加强壮，并且也更有比赛的经验，这让里维感觉有些招架不住。裁判担忧里维会被对手打伤，就喊了暂停，并且准备就这样结束比赛，但是，师傅表示反对，并且坚持要求："将比赛进行到底！"

于是，比赛又重新开始了。对手觉得自己可以十拿九稳地打败里维，就放松了警惕。里维马上将他的那一招使了出来，没多久就将对手制服了，这场比赛结束了，里维如愿以偿地摘取了冠军的桂冠。

回家的路上，里维鼓起勇气问师傅："师傅，为什么我凭这一招就能赢得冠军？"师傅答道："原因有两个：第一，你几乎完全掌握了柔道中最难的一招；第二，据我所知，对付这一招唯一的办法就是对手抓住你的左臂。"

失去左臂本是里维的一个缺陷，然而在柔道比赛中，里维最大的劣势却成了他最大的优势。因此，面对自身的弱点或者缺陷，我们千万不能轻易地选择放弃。只要坚定地相信自己可以战胜，生活就会对我们很好的。消极悲观的情绪会让一个人在前行的道路上与目标偏离，从而减缓抵达成功的速度，只是一个劲儿地沉浸在失败的痛苦中无法自拔，对什么都失去兴趣，对什么都丧失信心，逐渐地与多彩多姿的生活远离，慢慢地与人们疏远，从而将自己困在一个孤独的城堡中。相反，如果可以正视自身的弱点，并且做到扬长避短，才能够成为最后的大赢家。

周信芳是一位十分有名的京剧表演艺术家，同时也是麒派艺术的创始人。在他的表演艺术慢慢趋向成熟、一天天完美的时候，糟糕的事情发生了：他的嗓子哑了。对于一个以唱功为主的须生演员而言，这无疑是一个致命的打击。因为这个原因，有的人被迫转行或者凭借耍花腔进行遮丑。

但是，周信芳并没有因此而气馁，也没有选择耍花腔的取巧方式，而是下定决心开辟出一条全新的路子。他十分冷静地对自己的嗓音条件进行了分析，在经过慎重的思考之后，决心在唱腔上追求气势，学习"黄钟大吕之音"。

为此，他首先在练气上花费了大量的工夫，实现了发声气足而洪亮，咬文喷口而有力的效果；又在体味角色的思想感情方面特别努力，将人物的性格与气质准确地表现了出来。经过长时间的钻研与探索，周信芳不但没有受到"嗓子哑了"的限制，反而形成了苍劲有力、韵味十足的特色，创造出了与众不同麒派艺术，受到了众人的喜爱。

由此可以看出，倘若我们以自己的缺点为基础，努力地进行修缮，那么就能够做到扬长避短。

　　托尔斯泰说过这样的话："大多数人想改造这个世界，但却极少有人想改造自己。"如果一个女人能够改变自己，就意味着理智的胜利。能够改变、完善并且将自己征服的人，就有力量战胜所有的挫折、痛苦以及不幸。如果我们想要收获巨大的成功，活得潇洒而快乐，首先要做的就是读懂失败与痛苦。

　　一个取得成功的女人的聪明之处就在于，她擅长通过历史、现实以及他人对自己的建议进行剖析、调整与完善。因此，亲爱的女性朋友们，别再觉得自己就是一个不起眼的弱者了，要勇敢地向自己的弱点或者缺陷发出挑战，努力地改正自己身上的问题，让自己变成一个魅力无穷的女人。

希望如春风，可拂面也可暖心

在现实生活中，希望常常能给予人超强的力量。作为一个女人，最大的悲哀就是，她对人生丧失了希望，每天都生活在消极、悲观的情绪当中。希望犹如春风，能把冰冻的山河融化，给万物重生的力量。

第二次世界大战时期，在集中营里，一位饥肠辘辘的画家，在一个偶然的机会里幸运地得到了半块面包，但他并没有把面包吞进肚子。他捧着让人垂涎的美食，去换取了自己生命中更需要的东西——一张纸和一支碳素笔。他必须作画！因为如果没有画中的太阳照耀，他的灵魂就会先于他的肉体饿死。在生死攸关的时候，饥饿难耐的画家需要的是太阳，即便是画出来的太阳。

在圣诞节的夜晚，一缕微弱的烛光就能够让即将赴死的囚徒大声地唱歌，看到希望的曙光。在远离了饥饿与战火的今天，我们的心灵有的时候也有可能陷入各种各样无形的泥沼。此时，我们需要借助一支能够抵御饥饿的画笔与半截可以带来温暖的蜡烛，赠送给自己一份充满诗歌与明亮色彩的礼物——希望。经过它的无私照耀，一颗又一颗普通而平凡的心灵都——达到充满阳光的殿堂。

推荐各位女性朋友们去观看一部叫作《肖申克的救赎》的影片，那里面所描述的希望带给人的力量与坚持让人震撼。

故事的背景是在一个充满黑暗的监狱中，于平静中暗藏着惊心动魄的潜流，主人公怀揣着希望，沉着、稳健、忍辱负重，故事的叙述相当的有张力：当监狱长用一块石头得知主人公越狱的秘密后，那满脸不可思议的神情；当主人公获得自由，迎着风雨撕扯着身上衣服的时候，给人一种强烈的心理冲击。看到此时，你会恍然大悟，原来他自进监狱的那一刻起，就开始为奔向自由的时刻在做准备。整整20年的时间，当监狱里其他人一个个都放弃对自由的渴求时，主人公在困境中一直没有放弃希望，这就是希望的力量，渴求自由的力量，在这种力量的支撑下，是可能发生奇迹的。

当然了，故事的结局皆大欢喜，主人公以恶治恶，正义得以伸张，尤其最后主人公与费里曼海边相会的那一刻，足以让人感动流泪。他们得到了希望中的生活，而这正是他们怀揣希望所得到的生活的赠予，这种希望的力量足以烁金！

女人们要懂得，任何时候，都不应该放弃希望，因为只有它可以让你充满热情、兴致勃勃地度过每一天。

希望是一种宝贵的财富，在顺境中，它让你更有激情；在逆境中，它是你坚持下去的理由。人生因为有了希望而变得更有意义，因为只有带着希望生活的人生才有奔头。正是因为有所期待，才能用心地追寻，并且在这个过程中得到快乐。

一位女作家接受邀请前往美国访问，在纽约街头遇见了卖花的老太太。这个老太太穿着十分破旧，并且看上去非常虚弱，但是，她的脸上却挂满了喜悦的笑容。女作家挑选了一朵花之后，说道：

"你看上去很开心。"

"为什么不高兴呢？世界是如此美好。"

"看来，你承受烦恼的能力很强。"女作家又说，但是，老太太的回答却让女作家很吃惊。"耶稣在周五被钉在十字架上时，是整个世界最糟糕的一天，但是三天之后便是复活节。因此，每当我遭遇不幸的时候，就会耐心地等待三天，一切就会恢复正常了。"

"等待三天"，这是一颗看似平凡实则不平凡的心……

的确，人生不可能总是风调雨顺、温暖如春，总是会出现些许不幸、些许烦恼。实际上，任何人的心都好像是一颗漂亮的水晶球，可以发出晶莹的光芒。但是，一旦遇到不幸，有些人就会陷入黑暗深渊中，慢慢地沉寂；而心怀希望之人，往往可以将五彩缤纷的光芒折射到自己生命的每个角落。一个女人只要有颗不放弃希望的心，在困境中依然保持一份积极的心态，那么她心中总会充满着快乐。

在逆境中，希望有时候比食物和水更容易让你生存下来，要知道心灵的力量是最强大的。如果人生失去了希望，将是多么的黑暗悲惨。一个有着阳光心态的女人，懂得怀抱着希望在追梦的道路上认真地体会痛苦、感受欢乐、品味人生的百味，最后找到真正属于自己的幸福。一个心怀希望的女人不会因为挫折与磨难而将好心情丢掉，不会随随便便去抱怨周围的一切，她会满怀希望地迎接美好的未来！

第 2 章

远离平庸，
远离脸上的细纹和沧桑

纵有万般柔情，不及坚守前行

女人天生就拥有万般柔情。在这个世界上，女人存在的意义，不仅仅是一针一线、一饭一菜那么简单，要知道，女人的世界并非只局限在厨房中。

早期，女人在采集方面是高手，男人在狩猎方面是高手。在这个飞速发展的社会中，女人的成长中充斥着迷茫与混沌。作为女人，应当怎样破解狭隘，捕捉真实呢？其实答案很简单：走出去，用心地看看外面真实的世界。

林徽因的聪明睿智、博学多才，享誉至今。走近林徽因，你就会发现，在她的成长道路上，一次次地突破有限的地界、突破自己的眼界、突破自己的心灵，才促成了后来那个拥有坚定信念、执着无畏精神的林徽因。

回顾那久远的年代，当林徽因还只是一个刚满5岁小女娃时，就跟着自己的祖父母与姑母搬家到了蔡官巷。在一座十分清静的宅院中，大姑母林泽民首次将书籍摊开在林徽因的面前。她天真无邪地睁着眼睛，漫不经心地打量着已经泛黄的纸页，心中想的却是玩耍的事情。

那个时候的林徽因还没有发现书中的世界与外面的世界有什么

不同。与不能动弹的书本相比，她更喜欢院子里那些叽叽喳喳不停叫唤的鸟儿。

时间在时钟不断地摇摆中悄悄地流失了。

南京临时政府成立之后，父亲的工作也有了调动，于是，全家人就一起搬到了上海的虹口区金益里居住。当时，林徽因已经到了上学年龄，就与自己的表姐妹们一同到附近的爱国小学学习。从此，她的学生时代拉开了序幕。

没过几年，全家人又迁居到了天津。林徽因告别了小学生的天真无邪、活泼烂漫，开始进入英国教会创办的培华女子中学学习。活泼可爱的林徽因，在上课时开始认真听讲，在下课之后与姐妹们一起玩耍嬉闹，带着懵懵懂懂的少女小情怀，感受着不同的时间与地方所带来的生活上的变化。

从顽皮的孩童，慢慢地成长为青涩的少女，林徽因跟着家人从一个地方迁居到另外一个地方，从北京到天津，从天津到上海，这几个地方的风土人情是截然不同的，教育理念与方式也是各式各样的，这些都帮助这个可爱的少女打开了对未知世界的大门。

搬家、转学，可能是十分平常的事情，但是新鲜事物所带来的新鲜感与冲击感，最终都会以不相同的形式印在林徽因的心中，成为以后游弋的起始点。

倘若说在一个国家中，不断地变换城市，还仅仅算是通往大千世界的一小步，世界地图在她的眼前仅仅展现出了一个小角落罢了，那么，后来的异国远行，则完全使她的身体获得了自由，使她的眼界得到了开阔。

对于青涩的林徽因来说，到国外读书求学是一件梦寐以求的事情。她非常迫切地想要走出去，看看外面的世界是什么样的，是不是真的像别人所说的或者像书本中所描述的那样变化莫测、光怪陆离？她想要走出去，亲自去弄清楚，亲自将那神秘的面纱揭开。

幸运的是，出国游学的机会并未让她等待太长的时间。

1920年，林徽因年满16岁，正是花一样的年龄，正对所有的事情充满了好奇心与无限热情，急切地想要到没有去过的地方看一看。

也正是在这一年的春季，父亲接到了前往英国讲学的邀请，向来聪明懂事的林徽因自然就成了父亲重点培养的对象。她跟着父亲来到瑞典参加了国联会，然后又一刻不停地从法国转到了英国，住在了阿门27号，开始了他们的观光旅行。

巴黎、罗马、日内瓦、柏林以及法兰克福等，这些在那个时候中国人中很少有人知道的名字以及那充满了异国风情的建筑与美景，都在林徽因的脑中一一定格，给了她一种全新的感受。

林徽因对东、西方的古典建筑之间有着如此大的差异非常惊奇。她的眼睛一眨不眨地看着那些或奔放或沉静的建筑，细细地品味着其蕴含的意味，其内心的感触也在逐渐地得到升华。

这些从来没有真实地感受、接触过的景象，印在了林徽因的眼中与心中，让她从原本有限的地域中冲出来，与世界之间建立起了一种新的联系。与此同时，她也开始运用新的眼光对自己所处的世界进行审视。这片宽广的天地，不但帮助她拓宽了眼界，还为她支撑起了通往世界的一座桥梁。

女人就应该经常走出去，到不一样的地方看一看，与不一样的人进行交谈，观赏不一样的风景，体味不一样的人生。尽管仍然在同一片蓝天之下，但是身在异乡异地，感官上的体验肯定会为你的心灵带来很大的触动。

或许到了这个时候，你才会惊讶地发现，原来生活了很多年的那片小天地，并非世界的全部；困扰你多时的各种束缚与羁绊，也并非人生的全部。当你将这一切看清楚，将自己的执拗与虚妄放下之后，才能够坦然地继续前行。

受到了极大鼓舞的林徽因在9月份结束了此次旅行，返回了英国伦敦，将放飞的心思收了回来，并且因为优秀的成绩被圣玛丽女子学院录取，正式开始了她的首次短暂的游学旅程。

对于林徽因而言，在21岁的时候和梁思成一起前往美国，进入宾夕法尼亚大学学习的经历，才算是真正地将手脚放开，跳过了中西方之间的隔阂，找到了适合自己成长的新土壤。

正是这片土壤赋予了她全新的知识与视角，她小心谨慎、一点一滴地重新对这个世界进行认识，对这个世界进行了解，重新对周围的一切进行定义。

那个时候，林徽因的愿望是去建筑系学习，非常可惜的是，宾夕法尼亚大学建筑系不要女学生，因此，她在不得已的情况下选择了美术系。

由于优异的成绩与扎实的功底，林徽因一入学就直接上了三年级。因为美术系和建筑系都属于美术学院，加之梁思成在建筑系学习，所以林徽因十分顺利地成了建筑系的旁听生，她的心愿也得到了满足。也正是由于这样的旁听，才为新中国培养出了一个优秀的女建筑学家。

身在异国学习的林徽因，为了使自己的大学生活变得更加充实，就与同样是留学生的闻一多一同加入了"中华戏剧改进社"，他们的目的在于把中华戏剧发扬光大。

1927年，林徽因结束了宾大学业，顺利得到了学士学位后，就前往耶鲁大学戏剧学院学习，跟着名声斐然的G.P.帕克教授学习舞台设计，从而成了中国首个在异国学习现代舞台美术的女留学生。

由于超强的天赋、扎实的美术功底、良好的建筑基础以及天生热心、喜欢助人为乐的性格，因此，每到交作业的时候，她就成了不少人眼中救人于水火的女菩萨。在这个全新的领域中，林徽因收获了普通人很难见到的景致，这是她以前从来没有注意到的世界。

那个时候，她用书籍与阅历作为基石，一步一步地走向了新的高度，开始用越来越独到且成熟的头脑与眼光描绘着世界。

作为女人，不管是身体，还是心灵，千万不能将其禁锢起来。倘若没有到别的地方走一走，那么你就一定不会知道还有与今时今日不一样的生活；也不会明白可以有与以往不一样的活法。

如果你的身体被束缚了，那将是一件可怕的事情。看惯了周围的种种，即便将眼睛闭上也可以自由地行动，也正因为这样，才没有办法领略别的地方的花开花落；如果你的心灵被束缚了，那将是一件更可怕的事情。缺乏对新事物进行探寻的想法，心甘情愿地围着柴米油盐转，就会忘记作为女人有享受炫彩多姿生活的权利。如果你要想将一切真实都看清楚，那么你就需要不停地去体验、去比较、去尝试新的事物，不停地刷新自己的眼睛和心灵。

在美国式生活的影响下，林徽因的眼界得到了大大的拓展。但是，她的朋友们却对此很是担心。比如徐志摩曾经担心异国生活会将林徽因宠坏，让林徽因变得不像自己。徐志摩说得没错，但他说的也并不完全正确。林徽因确实已经不再是当初的她，但这三年的异国生活并没有宠坏林徽因，反而让她在增长了见闻之后，从之前那个喜欢做梦，并且带着些许虚荣的大小姐，蜕变成为一个可以独当一面的女人。

胡适曾经当着林徽因的面对她称赞道："老成了好些。"这也充分地反映出林徽因从理想主义阶段完美地步入了现实主义阶段，开始凭借自身储备的知识与生活中获得的阅历，去应付百态的人生，在真真假假当中寻找到真实。

世界到底是什么样的面貌，需要我们自己去慢慢地探索。作为女人的我们，如果整天困在一个小天地中，那么时间长了，我们的思维模式就会变得十分固执，十分呆板；在看待事物的时候，我们的眼光也会是传统而呆板的。以往坚信的可能并不是完全正确的，而一旦掉入了自己的判断中，不能看出差别，那么也就没有办法看到真实了。

因此，女人们，抽点时间走出去，看看外面的世界吧。把很长时间都不曾拥有的自由，还给自己的身体与心灵，以一种全新的姿态去迎接、感受真实的世界与真实的自己。

曾经的天荒地老，怎能被琐事消融

时间飞逝，转眼已经过去了几十载，在人生的道路上充满了无尽的变数，接连不断的困惑好像一张又一张无形的大网，让人们陷入深深的彷徨中不可自拔。在面对接二连三的未知和不解的时候，人们不得不与苦恼进行斗争。

我们在一个又一个十字路口前不安地驻足，不时地张望，努力地将内心深处的忧虑与恐慌平息，尝试着将纷繁复杂的思绪整理清楚，然后做出最为正确，也最不可能后悔的选择。

的确，无论男人还是女人，也不管老人还是孩子，其内心深处都无比向往着安稳的生活。特别是女人，更希望自己的人生之路少一些坎坷与磨难，如果能够一帆风顺，那么就更完美了。但是，事事顺心终究只是一个听起来十分美好的愿望而已。

也正是由于人生没有办法从头再来，因此每一次的选择都伴随着不可预知的风险。于是，人们不免会很惊慌，很紧张，也很迷茫。尽管很多人表面上看起来平静如水，没有一丝一毫的波澜，但是他们心中却强行压制着极大的起伏与澎湃。

谁都不愿意轻易地下结论，更不愿意走错一步，但是结果却极有可能是每一步都走错。仅仅只有一次的人生，没有一个人愿意有半分的差错，宁愿小心、小心、再小心一点儿，也不愿意在未来的日日夜夜中暗暗地独自后悔与懊恼。

当我们犹豫不决的时候，可以听从自己心灵的指示，将千万头绪与各种猜忌抛开，在各种各样的不确定中坚定一个选择。

中国近代是一个杰出人才不断涌现的年代，曾经那些耳熟能详的名字，他们不平凡的事迹一直被人们传颂着，他们的故事将一代又一代人的心都征服了。

当然了，林徽因与徐志摩之间的感情故事是很为人们津津乐道的。人们凭借着为数不多并且有真有假的资料对他们的过往进行揣测，怀着强烈的好奇心对那段真假难辨的历史进行打探，不甘心仅仅是道听途说以及某些遮掩不清的说辞，似乎一定要将最符合心意的版本找出来才罢休。

然而，不管林徽因是否曾倾心于徐志摩，抑或是林徽因与徐志摩只是心灵上的知己，不可争议的事实是，林徽因自始至终都没有接受，也从未承认过自己与浪漫诗人的爱情。她选择的是梁思成，爱的是梁思成，相伴终老的也是梁思成。

夫妻二人磕磕碰碰，一同走过了二十多年。清晨的每一缕朝阳，黄昏的每一片霞光，都是她与他一起迎来和送走的。她的坏脾气，只有他在默默承受；她的温柔，也只有他最懂。

在这段美好的时光里，谱写着她与梁思成琴瑟和鸣、相濡以沫的爱情和婚姻。

24岁那年，林徽因与梁思成结为连理。从此，她成为他的妻子，将未来与苦乐相关的一切托付给这个男人。她爱他，这是她笃信的事。

纵使感情之路并非一帆风顺，一对年轻气盛的男女，性格的磨合期并不短暂，但她没有轻言放弃，没有放弃爱情，没有放弃梁思成。她无悔当初的选择，用一颗真心捍卫着爱情。

林徽因与梁思成，在性格上可谓是两个极端，争吵是在所难免的。然而，也正是这迥然不同的两个人，才是最互补、最相得益彰的搭配。

在梁思庄的女儿吴荔明眼中："徽因舅妈非常美丽、聪明、活泼，善于和周围人搞好关系，但又常常因为锋芒毕露表现得以自我为中心。她放得开，使许多男孩子着迷。思成舅舅相对起来比较刻板稳重，严肃而用功，但也有幽默感。"

一向崇尚自由的林徽因，即使在爱情里，也要争取最大限度的自由。她有着极佳的人缘，也常常陶醉在众人的殷勤里，笑对旁人的艳羡和赞美。女人的天性使然，哪个人不希望自己是最受欢迎、备受瞩目的那一个。

一方洋溢着热情，一方冷落着热情，两人间的矛盾无可避免。大学第一年是最为激烈的阶段。梁启超曾说："思成和徽因，去年便有好几个月在刀山剑树上过活！"

刀光剑影的日子里，两个人经历着磨合的痛苦，也愈发体会到彼此真挚、牢固的感情。当这一切矛盾被时间冲淡，平稳的日子便慢慢来临了。

爱情里的女人，有着多种多样的毛病，有些甚至非常怪异，若是找男人来指证，肯定能列出满满几大张纸。其中对彼此伤害最大的，就得数无可救药的猜忌、怀疑和患得患失。

每个品尝过爱情甜蜜滋味的女人，也都会体味到爱情令人神伤的一面。可爱情愈是伤人，愈是迷人，即便痛彻心扉，她们也毅然决然地参与其中。

多少人将一句"分手"轻易地说出了口，又有多少人在许久之后，怀着深深的遗憾祭奠着曾经火热、如今冰冷的爱情。

曾经坚信的天荒地老，被细微平常的小事轻易瓦解，一时的不甘愿草草终结立下的誓言，再说什么后话都于事无补了。

爱情如此，其他事也是如此。当初下定决心做出的选择，让你辗转反侧了多少个夜晚，随后呢，你可曾抱着初心一路走下去？抑或是在半路就变了心意，改了初衷？

贾宝玉说女人是水做的。这话只能说是女人身体上的娇弱，但心灵上未必娇弱。也许女人算不上强悍，但遇事同样可以坚韧，不一味地忍让退缩。

如若有千般后悔、万般无奈的那一天，纵使千错万错也怪不得别人，因为这颗苦涩的种子，是你亲手种下的，理应由你来咽下。

所以，即使逆着风，也要再坚定一些，再坚持一下。

相恋相爱的两个人，除了要应对彼此的棱角，还要面对来自家庭的压力，也许这种压力不足以摧毁爱情，却足以让爱情举步维艰。

在梁家，梁思成的母亲——李蕙仙，是一个十分重要的人物。她的堂兄是前清的礼部尚书，后来在尚书的主持与操办之下，李蕙仙与梁启超结了婚。她做事十分果断，意志也十分坚定，对于丈夫的事业，一直持有积极支持的态度。

不过，李蕙仙的性情十分乖戾，对还没有过门的儿媳林徽因很是不喜欢，所以对于梁思成与林徽因的这门亲事，她极力地反对。没过多长时间，李蕙仙因病去世，梁思成与林徽因刚刚将心理上的重负放下，没想到，李夫人的长女——梁思顺又成了他们的烦恼。

梁启超在20岁的时候有了大女儿梁思顺，到了28岁的时候才有儿子梁思成。对于这个大女儿，梁启超自然是非常的宠爱。已经长大成人的梁思顺十分精明能干，是父亲梁启超的得力助手，又因为比弟妹们大很多，是他们的大姐，因此，她在梁家的地位很高，几乎可以与母亲李蕙仙相提并论。梁思顺与梁思成、林徽因属于同辈，但她坚决反对他们二人的婚事。在林徽因与梁思成留学美国的时候，梁思顺正随驻外使节丈夫在加拿大，直接与林徽因发生了正面的冲突。

林徽因知道梁思成夹在中间左右为难，却也掩饰不住内心的委屈。偏袒未来嫂子的梁思永为了帮助她，不断写信回国，向父亲求助，希望他可以劝劝长姐。然而解铃还须系铃人，在林徽因和梁思成的不断努力下，终于在数月之后，将冲突化解了。

与梁思成在一起，是她的选择，她忠于内心，忠于自己。

婚恋，绝不仅仅是两个人的事情，它与各自的家庭也是不可割舍。能赢得大家庭的首肯，得到父母亲朋的祝福，自然是非常圆满的事情。

然而世事难料，每个人都有不同的脾气秉性，你不会喜欢每个人，自然也不会得到每个人的喜欢，这是太正常不过的事情。遇到一些阻力就退缩，这是对自己、对感情不负责任的表现。

终于突破重重阻碍成为夫妻的林徽因和梁思成，没有一味地沉浸在婚姻的幸福里。他们有着共同的兴趣爱好，有着相同的奋斗目标，婚姻使他们更紧密地联系在一起，互为帮手，去开拓新的事业。

梁思成与林徽因都致力于"中国建筑史"的研究。根据权威史料记载，为了对散布在中国各个地区的古建筑进行勘测，他们二人先后用了15年时间，走遍了中国190个县，2738处古建筑。这其中包括天津宝坻广济寺、正定的辽代建筑，河南安阳，山东曲阜孔庙的修葺计划及建筑，考察了山西大同古建筑与云冈石窟。而且，他们还在抗战期间考察了四川的29个县市。

他们走遍了中国的山山水水，在此过程中遭遇过数不清的艰难险阻，但是他们始终没有将前进的脚步放缓。他们凭着对建筑事业的忠诚与热爱，凭着各自坚定的信念和毅力，以及彼此之间坚贞不渝的爱，一路走来。

梁思成说过："中国有句俗话，'文章是自己的好，老婆是别人的好'，可是对我来说，'老婆是自己的好，文章是老婆的好'。"

直言不讳的赞美，不设心防的信任，发自内心的敬重，以及无微不至的呵护，他用行动回应了林徽因的选择。

近30年里，林徽因不但有自己喜欢的事业，而且还有真正了解自己、珍惜自己的爱人。梁思成不同于徐志摩的浪漫，也不同于金岳霖的幽默，他就是他，林徽因从选择他开始，就决定了要坚守这份爱情。

比起男人，女人更害怕选错路，做错决定。青春韶光是留不住的，所以女人应格外珍惜，要极力避免误入歧途，一旦犯了错，后果是难以预测的。

既然已经做出了选择，就意味着拉开了一场叫作"人生赌注"

的序幕。其最终的结局到底是喜还是悲，是热闹还是孤寂，都没有办法逃过生死别离。与其每天惊慌失措、举棋不定，还不如静下心来，努力地将自己的选择进行到底。

独处，是你优秀的必经之路

没有一个人可以活成一座孤岛，也没有一个人愿意独自品尝孤单的味道。你肯定有过独自一个人的经历，被车水马龙的人潮簇拥着向前走，看着来来往往的行人的脸上挂着凝重的表情，脚步急匆匆的，你是否体味到了寂寞的滋味？

女人，有着比男人敏感千倍的神经，很多微小的不能被男人粗大神经感知的情绪，在不知不觉间，占领了女人的小心脏，折磨得她辗转反侧。比如，孤单。一个人就意味着冷清、寂寥吗？不，当然不是。一群人有一群人可以尽享的狂欢，一个人也有一个人可以拥有的精彩。

自处，是女人在漫长的时光中，需要习得的本领。用来应对许许多多的"一个人的时间"，用来攻克独处时的难捱，用来安排接下来的空闲时间。

有事做，有所期待，是女人最好的状态。独立又完整的灵魂，在精神上不仰仗任何人，不依赖任何人。关起门，在自己的小天地里，与自己相处，去享受而非忍受一个人的时光。

摒弃这个世界的浮华和喧嚣，放空自己，自得其乐，自在逍遥。

我想象我在轻轻地独语：

十一月的小村外是怎样个去处？

是这渺茫江边淡泊的天，

是这映红了的叶子疏疏隔着雾；

是乡愁，是这许多说不出的寂寞，

还是这条独自转折来去的山路？

是村子迷惘了，绕出一丝丝青烟，

是那白沙一片篁竹围着的茅屋？

是枯柴爆裂着灶火的声响，

是童子缩颈落叶林中的歌唱？

是老农随着耕牛，远远过去，

还是那坡边零落在吃草的牛羊？

是什么做成这十一月的心，

十一月的灵魂又是谁的病？

山拗子叫我立住的仅是一面黄土墙；

下午通过云雾那点子太阳！

一棵野藤绊住一角老墙头，

斜睨两根青石架起的大门，倒在路旁；

无论我坐着，我又走开，

我都一样心跳；

我的心前虽然烦乱，总像绕着许多云彩，

但寂寂一湾水田，这几处荒坟，

它们永说不清谁是这一切主宰；

我折一根柱枝看下午最长的日影，

要等待十一月的回答微风中吹来。

被众人拥护的林徽因，用一首清雅而短小的诗歌，倾诉着当时自己很难排解的寂寞。

她静静地望着窗外，明媚和煦的阳光散发着丝丝暖意；成双结对的鸟儿正在快乐地歌唱，它们穿着金黄色的羽衣，在天空中不知疲倦地跳着舞；成群结队的孩子们疯狂地跑着，享受着无忧无虑的童年生活。

他们都还体会不到孤单寂寞的滋味吧。

她出神地看着眼前的景象，尽管心中有着无限的向往与羡慕，但却只能做一个无关紧要的旁观者。

从大足考察归来以后，原本就很虚弱的林徽因，在经历了一番长途奔波与各种折腾之后，好不容易才有了些许好转的肺病再次复发了，甚至变得更加严重了。接连好几个星期，林徽因一直高烧不退，病得昏昏沉沉，半点精神也提不起来。她全身乏力，根本抬不起脚来。病魔将她困在病床上，让她独自承受着这份煎熬。

往往这个时候，女人不似男人那样一声不响地隐忍，而是开动大脑，胡思乱想。她用凌乱的思绪盘算着缓慢行进的时日，仿佛每一刻都被放慢了节奏，时间是如此之漫长，似乎没有尽头，令人看不到生的希望。一日一日地撑下去，疾病将林徽因从正常的生活中剥离出来，在她周围似乎有一堵透明且坚固的隐形墙，阻隔了她与外界的沟通。

雪上加霜的是，经济上的窘境加重了日子的艰苦和心头的阴霾。营造学社的经费已经接近枯竭，中美庚款也停止了补贴，唯一可以依靠的只有重庆教育部的微弱资助，基本的生活已经越来越难以维持下去。

值得庆幸的是，史语所、中央博物院筹备处的负责人傅斯年和李济在艰难时刻伸出了援助之手，把营造学社的5个人划入他们的编制，这样才可以拿到微薄的薪水。

收入大幅度降低的同时，林徽因的病情也跟着严重起来，无奈之下，她和丈夫的工资大部分花在了治病上。昂贵的药费犹如洪水猛兽般吞噬着这个家，拮据的生活难以承担负累，入不敷出的情况更加明显。

为了活下去，为了填饱饥肠辘辘的肚子，夫妻二人只得忍痛割爱，开始挑些值钱的衣服和贵重的物品拿去典卖。行动有些不便的梁思成，隔三岔五地便要走一段很远的路程，去一趟当铺，换一些生活费回来补贴生活。

举步维艰的生活，支离破碎的身体，如五指山般压迫着林徽因。最痛苦的是一个人待在家里，仿佛被蛮横的命运关押着，动弹不得，挣脱不开。她不愿意眼睁睁着时间在指尖溜走，留下钟摆嘲笑她无能的声音。她试图抓住时间的尾巴，尽己所能度过平凡简单的日子。

林徽因所经历着的苦日子，与其说是在与现实做斗争，不如说是在和她自己较量。如果忍气吞声可以解决眼前的困难，那么大可不必再挖空心思去琢磨新点子，只不过，越是默不作声，结果就越适得其反。

或者现实，或者自己，总要有一个先改变。现实是"傲娇"的，十分生硬地将她的请求回绝了，万般无奈的她不得不从自己开始。她努力地支撑起自己的身体，弄好唯一没有被当掉而留下来的留声机。当以前最喜欢听的音乐被放了出来，她暂时忘记了自己所处的苦难。

贝多芬和莫扎特是林徽因喜爱的两位大家，一首首经典乐曲反复聆听，跳跃的音符填满了她寂寞的心房，让她不再感到孤寂。你热爱音乐吗？或是瑜伽，或是书籍，或者是一些其他爱好。独处一室或身旁没有他人的时候，你都是怎样打发时间的呢？不分昼夜蒙头大睡，商场血拼刷爆信用卡，还是看一场期待已久的电影？

女人可以有广泛的兴趣爱好，只要能够取悦自己，能够与它并肩战胜寂寞，就没有什么不可以。

林徽因面对这样的情况，除了听一听舒缓宜人的音乐，更多的时候她选择以书为友。这些不言不语的朋友，在默默无言中陪伴着她，用文字构建而成的世界替她赶走了寂寞。

当她以为心灵和肉体都将被空虚占据的时候，来自异国的诗句给予了她对抗寂寥、冷清的力量。如同在一场生死角逐中，她靠着文字占了上风，把摇摇欲坠的旗帜又树立了起来。

一个人待在房间里，静悄悄的，仿佛可以听见心脏的跳动声。独自发呆，只靠着过去美好的回忆，是无法战胜铺天盖地的孤独感的。

别愁眉苦脸了，起身找点事情做吧，随心所欲，不管做什么，忙碌的感觉总要好过寂寞。

被丈夫梁思成视为左膀右臂的林徽因，当病情稍微稳定下来，有所缓解的时候，就打起十二分精神，为丈夫写作《中国建筑史》做准备工作。她整理繁杂的资料，并做笔记，尽可能地做到尽善尽美。

小小的帆布床四周，总是堆满了要用到的书籍和资料，方便她随用随取。生活没有给予她便利，她就自己创造便利。尽管活动空间还是只有床铺那么大，变换着的四季风景只能在窗口观赏，可一切的一切又充满意义。一个人在家也不再是一件苦闷的事情，相反，正是因为一个人，她开辟出了一个只属于她的世界。

如何处理无人陪伴的时间，对于女人而言，有着举足轻重的意义。让纤细敏感的神经得到满足，即使一个人，也不要被孤单绑架。你可以有更好的选择、更贴心的安排，活出一个人的精彩。

重新规划一下自己的时间吧。

如果你是一个爱美的女性，那么就给自己化一个美美的妆容，穿上美丽的衣衫；如果你是一个爱学识的女性，那么就多阅读一些有意义的书籍，多多吸收其中积极向上的力量；如果你是一个爱旅行的女性，那么就将行囊整理好，立即出发奔向天涯海角。立即行动吧，做一个可以陪伴自己的女人。

静坐常思己过，闲谈莫论人非

人们常说："公道自在人心。"但是，人与人的心是不一样的，想要得到大家的一致认同，是相当困难的。这样一来，难道我们就应当活在他人的评论之下吗？

女人素来拥有敏感细腻的神经，时刻注意着外界对自己的评价，很容易被别人的标准束缚。这样的女人，也许乖巧，也许温柔，却不自由。

孰是孰非，并不在于别人的三言两语，他们只是旁观者，未必真的可以清楚明白。所以，作为女人，不要活在别人的眼光中，更无须受他人的摆布。

是对还是错，认真地听一听自己的心声，最佳的评判标准就是：不辜负，不愧疚。

作为一个女人，在有生之年可以赢得大家的认可与青睐，是十分难得的。

在女人中，林徽因属于一个佼佼者，是一个从古至今都很难复制的版本。她好像夜晚天空中那颗最闪亮的星星，站在高处，任人赞赏与追随。当然除了赞美之外，自然也会出现些许不好听的议论。

她随意在人间走了一遭，红了樱桃，绿了芭蕉，带着不可抗拒的魅力住进了人们心里。

与之不熟识的人，将她看作远在天边的云朵，洁净素白，高不可攀，叹服她的魅力，好奇她绯闻繁多的感情故事。

与之熟识的人，会不由惊叹，世间竟会有她这般的女子，集才华、气质、傲骨于一身，她的理性和感性相安无事地安放于她的思想之中，令周遭的人为之倾倒、沉醉。

前有徐志摩为其抛弃妻子，舍弃自身应承担的责任，顶住各种各样的流言蜚语，开创我国现代离婚之先河；后有金岳霖为其心甘情愿地一辈子不娶妻生子，以半生的力量"逐林而居"，默默地关照，无声地守候。

最终林徽因将自己的心交予梁思成，以真心换真心。夫妻二人婚前笃信西方式的自由爱情，随后又遵从父辈所结的秦晋之好，终成伉俪，"梁上君子、林下美人"，宛若天造地设。

与感情相关的纠葛，无意中便会引发出更为纷繁杂乱的枝节。睿智如她，自然知道该何时进退，何时取舍。她的一言一行、一颦一笑，都丝毫不差地落在旁人眼中，受人品评，成为人们茶余饭后的谈资。

无论良言也好，恶语也罢，林徽因统统听见了，她含着笑，淡淡地听着。到底是对还是错，她不愿意苦着脸去面对，也不愿意扯着嗓子去解释什么或者争辩什么。她只是静静地听着自己内心的声音，明白自己的心意，或者前进，或者后退，没有愧对任何一个人，这就是她做人的原则与底线。

有不少人会为徐志摩感到不平，对林徽因的逃避与躲闪，导致徐志摩的热情付之东流十分不满。徐志摩的浪漫情怀是属于林徽因的，他将那康桥化作柔情的诗意，呈现在林徽因的面前。徐志摩确定林徽因已经对自己动了心，因为林徽因的眼中闪着明亮的光芒，那分明就是对自己的一种鼓励与赞许，他不认为自己会错了意。

也许正是那些被赋予生命的文字，那一次次纯美的笑靥，吸引着徐志摩，让他义无反顾地去追求林徽因，这个他视作"波心一点光"的女子。林徽因以父亲的一封回信，婉拒了他的不息热情；以不告而别，回绝了他的浓浓爱意。

时过境迁，当二人重聚时，林徽因已经与梁思成订了婚。即便如此，同为新月社成员，林徽因和徐志摩默契地组织活动，共同登台演戏，并常有书信往来。他们之间没有暧昧，也不用掩饰和狡辩。纸上的每一行字，都带着老朋友亲切的问候与诉说，至少，她珍视这份真诚无杂质的友情。她将他视为导师，视为兄长，唯独不是恋人。也许这对她个人来说是清醒，对他来说，却是残忍。

原本日子可以这样细水长流地过下去，所有当事人都可以默契地闭口不谈。可将一切是非恩怨重新拉回现实，摆在人们眼前的，却是徐志摩的云游不返和他的"八宝箱"。

林徽因不会想到，一向洋溢着澎湃激情的诗人，会如此仓促别离，阴阳相隔。

1931年11月19日早点8点，徐志摩乘坐中国航空公司"济南号"邮政飞机从南京北上。他忍住一路颠簸，只为去参加林徽因当晚在北平协和小礼堂为外国使者举办的中国建筑艺术演讲会。他要来听演讲，她是知道的，甚至约好与丈夫梁思成一起去迎接这位老朋友。然而，她未能等到他，等到的却是心碎的消息。飞机遇大雾弥漫，机师为寻觅准确航线，不得已降低飞行高度，不料与开山相撞，机毁人亡。

还未来得及道一声珍重，自此，即是永别。

而故事并未就诗人的英年早逝而落下帷幕，相反，是新一轮的跌宕起伏。

1925年3月，徐志摩做出了到国外旅行的决定。在临行之前，他交给自己的好友，也就是中国著名的女作家凌叔华一个小皮箱，让其代为保管。在这个皮箱中，除了一些文稿之外，还有他的几本日记以及陆小曼的两本日记。

本是记录寻常琐事、平常心情的日记，如何成为一场纠纷，扰得沉睡之人不得安宁？

原来徐志摩在自己的日记中记录的点点滴滴，都是他的肺腑之言，而且大部分都是写当年对林徽因的情愫，因此，不适合自己的新婚妻子陆小曼看见。陆小曼在自己的日记里，记录了一些天南海北的事情，彰显了其随性无拘束的性格，因为日记的内容很多都是数落林徽因的，因此，也不适合让林徽因代为保管。

徐志摩自认为让好友凌叔华代为保管，就是万全之策。但他万万没想到，这个记录着自己情感隐私的"八宝箱"，会让林徽因、陆小曼以及凌叔华之间爆发一场引人瞩目的争夺战。甚至就连自己生前最为敬重的好朋友——胡适也被卷进去，最后居然演变成了中国现代文学史上的一桩"公案"。

历史对于林徽因，有着两面的评价。

仰慕她的人，不遗余力地去赞美她，歌颂她。厌恶她的人，不由分说地认定她是颇有心计的女人。自然是因为她与徐志摩在英国时，朦胧未定的感情。有人甚至断言，她与他即使未曾有过恋情，也有过欲擒故纵的把戏，所以才会对"八宝箱"这般紧张，宁愿掀起波澜，也要拿到手。

一时间，各种揣测甚嚣尘上。别人看来，似乎作为徐夫人的陆小曼去争夺皮箱更合乎常理。林徽因做出这番举动，不外乎是为了维护如今的家庭和名声。

批评声、质疑声，不绝于耳。

一向骄傲的林徽因，当然不会对外界的猜疑做出回应。她不去理睬众人的闲言碎语，只是挚友的离去，让她不得不将心声吐露。

在她写给胡适的信中提道：

"他变成一种Stimulant（兴奋剂）在我生命中，或恨，或怨，或Happy，或Sorry，或难过，或苦痛，我也不悔的。"

她无悔于那段无疾而终的曾经，不否认她与他在心灵上的共情与共鸣，不隐瞒她对他的真情实感。她说：

"关于我想看那段日记，想也是女人小气处或好奇处多事处，小过这心理太Human（人之常情）了，我也不觉得惭愧。实说，我也不会以诗人的美谀为荣，也不会以被人恋爱为辱。我永是我，被诗人恭维了也不会增美增能，有过一段不幸的曲折的旧历史也没有什么可羞惭。我的教育是旧的，我变不出什么新的人来，我只要'对得起'人——爹娘、丈夫（一个爱我的人，待我极好的人）、儿子、家族，等等，后来更要对得起另一个爱我的人，我自己有时的心，我的性情便弄得十分为难。前几年不管对得起他不，倒容易——现在结果，也许我谁都没有对得起，你看多冤！"

徐志摩去世之后，伤心不已的林徽因拜托丈夫梁思成将徐志摩罹难飞机残骸的碎片取回，丈夫照做了。随后，她将碎片挂在卧室最醒目的位置。这时，社会上捕风捉影的飞短流长又开始了，绕来绕去，绕进了她的耳朵里。许多人不理解林徽因的举动，甚至将这看作她倾心于他的证据，许多人又开始替梁思成打抱不平，叫嚣着谁才是她的真爱。

有君子之风的林徽因与梁思成，不做任何解释。

那块被烧得漆黑的飞机碎片，仅仅是她对逝者的深切缅怀，是为了弥补来不及说再见的遗憾，以寄托哀思，仅此而已。

林徽因同父异母的弟弟林恒驾飞机与日军抗战而为国捐躯，她也同样将飞机的碎片安置于室内，怀念的感情是相通的，只不过是想留个睹物思人的念想。

这是君子的坦荡，不在乎他人怎样歪曲事实，怎样误解初衷，她要做的很简单，就是不去理睬，听之任之。

这是她珍藏的情感，珍而重之的旧友，无须多言。那些流光溢彩的火花，都在时光中静静流转。不在乎外人如何揣度、误解，她坚持这是她的私事，是她问心无愧的过往。

凡世俗尘，难免遭遇纷纷扰扰，一张嘴巴注定应付不来几十张嘴巴，甚至几百张嘴巴。无论以何种理由辩解，都难逃众人悠悠之口。

所以只要坚定地相信：清者自清、浊者自浊。不需要面面俱到，不需要十分完美，只要你无愧于心，对得起自己的赤诚之心即可。至于其他的，就让其随风飘去吧。

女人如花，保鲜最难但最重要

在浩瀚的宇宙之中，人类是相当渺小的，就好像一粒小小的尘埃一样。但是，即便是小小的尘埃也是拥有属于自己的生命的，也能够掌控具有无限可能的未来。

生命一代代地繁衍下去，生生不息，为人类社会的进步创造了无限的可能。作为生命的个体，每个人都具有独一无二之处，承担着从生到死的命运，享受着几十年的时光，或者平淡无奇，或者精彩无限。

每个人都会经历童年时期的天真纯洁，青年时期的骄傲轻狂，中年时期的沉着稳重以及老年时期的老态龙钟，这是大自然永远不会改变的规律，即便人类变得再怎么强大，也不可能将这定律改变，因此，只能选择顺应。

每个阶段都会有所不同，那每一阶段的每一天呢，是否几十年如一日，从轻快涌动的活水，渐渐变成毫无生机的死水？

生命不仅在于运动，而且还在于保鲜。

保鲜的一个绝佳的方法就是勇敢地尝试新鲜的事物，让自己持续地积累新感受与新经验，制造不一样的情绪，从而使过程变得更加充实。

一成不变又顽固不化的女人会给人一种生硬刻板的感觉，与她相处久了，就会发现她的生活没有半点激情，如白开水般平淡无味。

平淡固然稳妥，却少了些滋味。

病痛让林徽因的心情一直处于沉闷的状态，她找不到发泄的出口，只得任由自己的生活像平静的湖面般没有一丝波澜。多日来，她被困在这狭小的天地里，看着一次次的日出、一次次的日落，重复着单调的生活，时间仿佛静止了一般，只有堆积如山的家务能够稍微唤醒她沉睡的记忆，只有手头上的工作时刻提醒她，醒醒吧，日子还在继续呢。

费正清、费慰梅夫妇见到她一副愁容惨淡的模样，心疼之余便拉上她到郊外骑马。骑马对林徽因来说是新鲜事物，她已经很久没有突破自我，尝试新事物了。

多少人让生命流于形式，抱着只要活着就好的念头，捱过了大部分流年。生命还在进行着，只管向前迈着步子，盼完今天，盼明天，像索然无味的流水账，辜负了大好韶光，虚度了年华。

多少人走到生命的终点，黯然神伤，留有遗恨，那些曾经讨厌至极的日子，就这样一去不复返了，想得到却再也没有机会了。

对女人来说，25岁是一个可怕的门槛，迈过这个门槛之后，似乎只剩下衰老这一件事，害怕青春不再，担心悄悄改变着的容颜，恐惧"人老珠黄"这样的词语有一天会落到自己头上。

女人们，似乎担心得有些为时过早吧。

衰老是人体机能的退化，却不一定就代表着丑陋和无能，生命的广度和宽度也并不是以年轻或年迈、美丽或丑陋来衡量计算的，如若这样计算，未免有辱生命的真正价值。

生活是活给自己看的，何必斤斤计较。

既然担心皮肤松弛、身材走样，那就抛开懒惰之心，运动起来；担心人到老年跟不上社会的脚步变得百无一用，那就读书看报，留心时事，保持与外界的连接畅通。

策马奔腾的林徽因，看上去英姿飒爽，很有大将的风范，就连具有"美利坚骑士"称号的费正清也对她赞赏有加。林徽因在马背上的优美姿势让费正清叹为观止，就好像一幅珍贵的油彩画一样美丽。

在野外，自由自在地感受着信马由缰的快乐，呼啸着的风，摇摆着的花朵，她的生命又焕发出蓬勃生机。

林徽因爱上了马背上的洒脱，这给了她从未体验过的新鲜感。她雀跃着，买来了马鞍、一套马裤，装备得很是齐全。换上这身装备，她似乎又多了一个新的身份——骑手。

那段日子给林徽因的印象是新鲜而美好的，费氏夫妇回国后，她在信中对往事的回顾，依然是那样的神采飞扬：

自从你们两人在我们周围出现，并把新的活力和对生活、未来的憧憬分给我以来，我已变得年轻活泼和精神抖擞得多了。每当我回想到今冬我所做的一切，我都是十分感激和惊奇。

你看，我是在两种文化教养下长大的，不容否认，两种文化的接触和活动对我来说是必不可少的。在你们真正出现在我们（北总布胡同）三号的生活中之前，我总感到有些茫然若失，有一种缺少点什么的感觉，觉得有一种需要填补的精神贫乏。而你们的"蓝色通知"恰恰适合这种需要。

另一个问题，我在北京的朋友年龄都比较大也比较严肃。他们自己不仅不能给我们什么乐趣，而且还要找思成和我要灵感或让我们把事情搞活泼些。我是多少次感到精疲力竭了啊！今秋或不如说是初冬的野餐和骑马（以及到山西的旅行）使整个世界对我来说都变了。

想一想假如没有这一切，我怎么能够经得住我们频繁的民族危机所带来的所有的激动、慌乱和忧郁！那骑马也是很具象征意义的。出了西华门，过去那里对我来说只是日本人和他们的猎物，现在我能看到小径、无边的冬季平原风景、细细的银色树枝、静静的小寺院和人们能够抱着传奇式的自豪感跨越的小桥。

用新事物来保持生命的新鲜感，时刻将全新的感觉注入生命，让生命蓬勃有生气。林徽因才不要做困守在家中的太太，死水一般平静的生活，不是她所向往的。

当身体可以自由活动时，她迈开步子，不顾艰难险阻，走入荒山野岭，去探寻早已被人们遗忘的古建筑。每一次旅程都是一次冒险，更是一次充实生命的过程，灵魂的每一寸、每一缕都在风雨黄沙中愈发鲜活，愈发张扬。

当她的健康状况已经不允许她走出屋子的时候，林徽因也没有坐以待毙，眼睁睁地瞅着生命慢慢枯竭，每天只要有可能，她都会提起精神写点东西，有时是关于建筑，有时是关于汉代历史的论文，她甚至还构思了一本小说。

只要尚有一丝气力，她就要扛起生命的重量，不轻易放弃每一分钟的光阴。即使疾病已经击垮了她的身体，她也要挺起胸膛迎接崭新的每一天。

1947年12月，林徽因进行了一次大手术，在手术前的两个月里，是持续的担惊受怕，她虽然熬过了短暂的发烧期，但在随后的检查中发现了由输血带来的并发症，只有等到医院来了暖气才能做手术。手术前，林徽因给费慰梅写了诀别信："再见，我最亲爱的慰梅。要是你忽然间降临，送给我一束鲜花，还带来一大套废话和欢笑该有多好。"没有对死亡的恐惧，只有对好友的眷恋与不舍，带着小女人的俏皮，以及在危难间对生命抱有的一丝希望。

可喜可贺的是，她又一次战胜了死神的威胁，坚强地挺了过来。

费慰梅在《梁思成和林徽因》中叙述道：

手术后不久思成和老金两人都写信来要我们搞点特效药链霉素。这药也不容易弄到，但我们还是想办法托到北京出差的美国朋友分别带了两份去。最后我们得到消息说，徽因已出院回到她清华园家里自己温暖舒适的卧房中，这个地方她戏称是"隔音又隔友"。

到2月中徽因已摆脱了术后的痛苦，她的体力在逐渐恢复。思成说："她的精神活动也和体力一起恢复了，我作为护士可不欢迎这一点。她忽然间诗兴大发，最近她还从旧稿堆里翻出几首以前的诗来，寄到各家杂志和报纸的文艺副刊去。几天之内寄出了16首！就和从前一样，这些诗都是非常好的。"

他在附言中要我们寄一盒500张的轻打字纸作为新年礼物。"这里一张要一万元，一盒就是半个月的薪水。"这么厉害的通货膨胀真是难以想象。老金也写信来说徽因是好多了，但又补充说，"问题在于而且始终在于她缺乏忍受寂寞的能力。她倒用不着被取悦，但必须老是忙着"。她修改、整理和争取刊行她的旧诗。老金鼓励她这么干，"把它们放到它们合适的历史场景中，这样不管将来的批评标准是什么，对它们就都不适用了"。

生命是否鲜活，全仰仗于个人的安排，不论健康或疾病，都有机会保持前进的动力，不要因为一点病痛就让生活变得死气沉沉。

只有鲜活的事物才会永葆生机，才会在悠然前行的时光里跳跃，成为鲜艳的暖色调，留在记忆里。

你现在还在等待什么呢？等待着岁月匆匆地流逝，而你却留在原地发呆吗？趁着自己现在还年轻，趁着自己还可以跑得动，趁着阳光正好，无论是独自一人，还是拉上几个好友，一起欢腾起来吧。

第 3 章

悦纳自己，
唤醒心中沉睡的正能量

你可以不完美，但绝不可以平庸

　　著名的斯迈利·布兰顿博士曾经写过一本很畅销的书，书的名字叫作《爱与死亡》。在这本书中，他说道："每个身体健康之人都具有一定程度的自恋，这属于正常现象。在完成工作与获取成功的过程中，自恋是必须具备的因素。"

　　事实的确如此。一个身体健康、心灵成熟的人都有属于自己的人生态度，"爱自己"就是其中最为重要的部分。这并不意味着提倡骄傲自大，而是要求我们清醒地认识自己，看清楚自己的本质，同时还要做到自尊自爱，维护自我的尊严。

　　心理学家A．H·马斯洛曾经写过一本名字叫作《动机与人格》的书，在这本书中他提到过"接受自我"的概念，他是这样说的："新动力心理学中包括自主性、人性、释放、接受自我、推动意识与满足感等主要概念。"

　　拥有正能量的人不会在夜晚难以安睡的时候用自己的劣势与他人的优势进行比较，担忧自己没有比尔·史密斯那样的自信，或是缺乏吉姆·约翰斯那样的进取精神与坚强毅力。对于自身的劣势及工作上出现的失误，她会选择勇敢地正视。并且，她还拥有十分明确的目标，每天工作时都充满了干劲儿。她不但十分了解自身的缺点，而且还会努力地去改正它。不管是对待别人，还是对待自己，她都十分宽容，从来不会陷入痛苦的深渊。

我们像喜欢他人那样喜欢自己真的那么重要吗？心理学家表示，如果我们不喜欢自己，那么就无法喜欢上别人。有些人对任何东西或任何人都表现出厌烦、憎恨的情绪，实际上，这正是其缺乏自信，具有自弃倾向的一种表现。

在美国医院的病人中，有超过50%的病人都是神经科病人，他们对自己都有十分强烈的厌弃感。还有更多的病人正在忍受着来自神经或者精神方面的折磨，甚至有的病人还产生了轻生的念头。

为什么人们会产生心理负能量呢？究其原因主要在于，在现代这个竞争十分激烈的社会中，人们对于名望与成功的过分渴求，人们总是想着如何超越别人，因此总是强行逼迫自己拼命地去工作。

哈佛大学心理学家罗伯特·W·怀特先生曾经写过一本名叫《不断进步——研究个性的自然发展》的畅销书。这本书中的某些观点是很值得人们关注与深思的，比如，调整自己，适应周边的压力是人的分内之事。怀特先生这样说道："这样的惯性思维产生至今仍十分流行。这就使有些人在超越了别人之后反而变得十分狭隘，其思想受到极大束缚，思维方式也变得僵化起来，使自己不得不担任某种特定的人生角色。然而，成功是需要凭借自身的努力去成长、去完善、去创造、去实现的，你必须要踏踏实实、有创造性地进行行动。总之一句话，成功是依靠自己开创性的行动。"

卡耐基对于怀特先生的观点表示赞同。鲜少有人敢独自站出来；也没有多少人真正地懂得，自己所支持的东西究竟具有怎样的意义。很多时候，人们的社会与经济地位就已经决定了其具体的行为。

卡耐基班上有一个女学生，就曾经卷入过这样的冲突中。女学生的丈夫是一位事业有成的大律师，不仅具有超强的能力与勃勃的野心，而且还有很强的控制欲，家里的社交活动往往由丈夫和他的朋友来主导。在丈夫及其朋友看来，成功的标准就是在社会上拥有较高的名望。

这位女学生性格温和，为人谦逊，生活在这种氛围中，常常会产生自己十分渺小的感觉。没人看到女学生身上的美德，也没人对其拥有的美德进行欣赏。于是，女学生开始对自己的能力表示怀疑，就这样一天又一天，她觉得越来越压抑，觉得自己永远没有办法达到丈夫的那种标准，继而产生厌弃自己的念头。

面对这样的问题，应当如何解决呢？正确的做法就是改变自己——从那种依据别人的标准来改变自己的压力中摆脱出来，自信满满地面对自己。要坚信，人活着不是为了别人，而是为了自己，活出自我的价值，才会变得自信十足。

那么，我们应当如何找回自信呢？

若想找回自信，首先要做的就是：不可使用别人的标准来对自己进行审视。你应当清楚地知道自身的价值，应当按照自己的标准进行生活，应当学会客观公正地对待自己。

有一天，卡耐基刚讲完课，一个女学生就找到他，诉说自己在说话方面的苦恼。

她对卡耐基说："我讲话讲得不怎么样，与我的期望差远了。而且我一开口讲话就马上意识到我没有班上其他同学那样自信与镇定，我内心很害怕，也很害羞。当我想起自己的缺点时，就更加沮丧了，以至于我根本没有办法很好地说出自己的心里话。"

关于她的弱点，她又说了一些其他的细节。当她说完之后，卡耐基是这样回答的：

"不要总是想着自己的缺点，你在讲话方面之所以失败主要是因为你没有理性地审视自己，这并非是你的缺点。"

我们都知道，莎士比亚的剧本中所描述的不少历史或地理方面的知识都存在错误。狄更斯所写的小说中也有不少伤感的句子是无病呻吟。但是，那些缺点并不能对这些伟大作品的美造成很大影响。相较于令人心震撼的美，这些缺点就显得不足挂齿。

之前的错误与如今的弱点会使我们产生深深的负罪感与自卑感，这种心理状态是非常糟糕的。当我们被这种负面情绪困扰的时候，最应当做的便是抛开一切过往，勇敢地向前冲。

另外，我们还应该学会欣赏自己，学会容忍自己的缺点，这并不是说要降低标准，浑浑噩噩地混日子，而是让我们清楚地知道：任何人不可能总是保持完美的状态。对别人抱有这样的期望是不公平的，对自己抱有这样的期望更是愚蠢的。

卡耐基曾经参加过一个协会，其中有一个女会员令卡耐基印象深刻。这个姑娘是一个完美主义者，她对自己做的每件事情都十分挑别。面对工作上的对手时，她是一个骄傲的胜利者——她会花费很长时间对每份报告进行思考。在发言的时候，她总是说个没完没了，想要将每一个细节都讲清楚，弄得下面的听众十分疲惫。对于那些没有接到她邀请的不速之客，她从来都不会热情地进行招待——她总是在家里举办聚会之前事先将每个细节都安排好。通过不懈的努力，这个姑娘所做的每件事情都达到了完美。她舍弃了一切温暖与快乐，只为换取那乏味的完美。

其实，强迫自己保持完美无异于自虐。与普通人一样，完美主义者也会遭遇失败，但他们往往接受不了已经失败的现实，于是，他们对自己产生憎恶之情，甚至到了不能自拔的地步，无限地将自己的负能量扩大开来。

作为女人，我们应当做到悦纳自己：我们应当能够像欣赏他人那样，尝试着尊重自己、喜欢自己、欣赏自己，慢慢地将心中沉睡的正能量唤醒。

回归自我，找回正能量的自己

在这个世界上，每个人都是独一无二、不可替代的。虽然人类均是由相同物质组成的，可是每一个人的生命都与其他人是有所区别的，是自成一家的。心灵的成熟是一个不断地发现自己、探索自己的过程。唯有先对自己有所了解，才能够去了解他人。

很多看过玫瑰花的人，都会觉得那些玫瑰花看上去好像都是一样的。可事实却不是这样！如果仔细分辨，你就会发现，虽然这些花在颜色和品种上都一样，但是它们之间仍然存在细微的差别，例如生长速度、花瓣的卷曲程度、颜色的鲜艳程度等等，几乎每一朵花都存在细微的不同。

自然界到处都充满着多样性，而人类自身更是千差万别。原英国科学促进协会主席、古人类学专家亚瑟·凯斯爵士曾说过："没有任何人曾经或即将与另一个人度过完全相同的人生旅程……每个人的人生经历都将是独一无二的。"

没错，在这个世界上，每个人都是独一无二的。即使我们从表面上看并没有什么区别，但每个人确实都拥有一段独特的生命历程。

社会总是对"适应""群体意识"以及"社会化流动"加以强调。将自我的个性淹没，对整体意志表示服从的人被视为精英；

而具有超强个性的人则被视为另类。我们每个人虽然都是独立存在的，但我们的意志却常常会迷失。当我们的想法、行为和其他人不一样的时候，我们恐惧得要死。

我们从何处才能获得解药？我们怎样做才能够更懂自己？我们要如何做才能顺利地找回自我？下面是几个建议：

找回自我的第一种方式：冲破生活的惯性。人们总是习惯性地过着已经习惯了的日子，于是，人们觉得十分单调，异常苦闷，唯有超强的愿望才能将自己释放出来。每天，大部分人都在拖着疲惫的身躯生活着，在习惯与惰性的影响下，人们单调而乏味地过了一天又一天，埋藏在心中的正能量也会在一天又一天的琐事中慢慢地消耗掉。

卡耐基的课上有个女学员，讲述了自己与老公成功地破除习惯枷锁的经历：

"我与老公都非常喜欢看电视，"她说，"每天，我们下班回到家之后做的第一件事情就是将电视机打开，然后一边看着精彩的电视节目，一边吃着晚饭，直到实在困得不行了，才会关上电视机上床去睡觉。为了能看更多的精彩节目，我们几乎不会抽出时间去拜访朋友或者看书，也不会一起出去享受外面的好时光。当家中来客人时，我们也是巴不得对方能够早点走，以便能接着看我们的电视节目。"

"有一天，我与几个好朋友聚在一起吃午饭，可是我却发现自己已经没有办法顺利地与他们交流了，因为他们所谈论的话题，我基本上都插不上嘴。我什么地方也没有去过，什么书也没有看过，什么有意义的事情也没有做过。我生命中最好的时间都在电视机前浪费掉了。

"回到家之后，我将自己的经历告诉老公，并且对我老公说，既然有些吸毒之人都能够成功地戒掉毒瘾，我们为什么不能从电视节目中解脱出来呢？对于我的意见，他表示赞同。于是，为了转移注意力，我们开始努力去做别的事情。我们一起报名加入了成人教育课程班，还时不时地一起去打保龄球，外出去朋友家玩。另外，我们还从图书馆中借来了不少书籍，然后读给对方听。最后，我们成功地戒掉了电视瘾，这使我们的婚姻与工作得到了很大的改善。对此，我们都非常满意。我们体会到了生活中的很多乐趣，而且不管是对自己还是对他人而言，我们的生活价值都得到了较大的提高。"

这两个曾经被习惯活埋的人，通过自己的努力，终于得到了解放，从习惯的枷锁中跳了出来。

找回自我的第二种方式：寻求"沉浸体验"。1878年，著名的心理学家——威廉·詹姆斯曾在给自己妻子的信中说到过这个问题：我经常思考，倘若一个人在遇到某种机会的时候，忽然变得十分兴奋，非常激动，那么此人的个性、世界观及道德观就会在这个时候较好地展现出来。这个时候，人们心中大喊着："这才是真我！"换句话说：情绪高涨可以令人浮出水面，真切地感受到"十分兴奋，非常激动"，即"沉浸体验"带给人的兴奋。

当我们处于沉浸状态中的时候，不仅会享受到巅峰体验，而且还能够做出巅峰的表现，将最好的状态展现出来。因此，在有些工作中，"沉浸体验"是铸就成功的基础。兴奋可以将我们的热情点燃，让我们竭尽所能。爱德华·维克多·艾波顿爵士，一个很伟大的物理学家，同时也是诺贝尔奖获得者，曾经说过一句听起来让人非常吃惊的话："我们能够在科学研究中取得成功，除了工作技能外，最重要的是我对工作充满了热情。"

当然了，艾波顿爵士的话并不意味着在科学研究中专业技术并不重要，而是在说"热情"会产生极大的激励，使其更为充分而全面地掌握专业技术。

卡耐基从事了40多年的公众演讲学。他发现，演讲的最终效果取决于演讲者对于自己所要演讲内容的兴奋程度。不管演讲者讲的是什么，讲导弹也好，讲他的岳母也罢，抑或是讲埃塞俄比亚的降雨情况，他是不是真的对讲演的内容感兴趣，决定了他能对听众造成多大的影响。

任何人的个性都需要发掘。我们应当从不良的习惯中摆脱出来，严厉地拒绝迟疑、迷茫、恐惧及怯懦，将我们个性中的潜在能量发掘出来，去探究为何我们是独一无二的。搞明白到底哪些东西对我们的个性发展产生了束缚作用，让我们不能看清楚别人，也不能看清楚自己。"沉浸体验"是将真我点燃的耀眼火焰，它可以将我们的个性硬壳敲开。

"沉浸体验"有许多种形式。对有些人而言，爱可以将其内心深处的世界打开。在名为《马丁》的电影中，爱为一个妓女与一名孤独之人打开了一个全新的世界，"爱"帮助他们改变了命运。

对另一些人而言，某种工作、活动或者创作，可以令他们沉浸其中。威廉·莱昂·范博斯，耶鲁大学的教授，曾经写过一本很有名的书，名字叫作《兴奋地教书》。在这本书中，他对自己从职业中获得的快乐进行了描述。

危机也可以带来"沉浸体验"，让人们发现自己隐藏了很长时间的个性。比如，当地震、洪水或者大规模的战争等灾难来临的时候，往往会涌现出不少英雄。因此，人们经常在遭遇危机的时候才能够竭尽全力地将自己的正能量发挥出来。而这种正能量还体现在某些小事情上面。比如，不少老人退休之后会与自己的孩子同住，老人们会产生自己已经没用了的感觉。但是，当家庭遭遇危机的时候，比如，染上疾病或是某些突发的事件，他们的身上就会展现出一种十分强大的能量。

简而言之，我们在发掘自身正能量时可以采用以下两种方法：

第一，从不良习惯的束缚中摆脱出来，认识真实的自己。

第二，通过自己的"沉浸体验"与兴趣，将真正的自己找到。

在发掘正能量的过程中，需要我们不断地进行自我发掘，这将是一个漫长而持续的过程。倘若我们对自己都不了解，那么就没有办法去了解别人。"了解自己"正是所有智慧的源头，正如古希腊哲学家苏格拉底所说的那样：你是这个世界上独一无二的你。回归自我，找回正能量的自己！

没有伞，就必须努力奔跑

1956年2月，《纽约时报》曾经刊登过一篇引人瞩目的报道。这篇报道是关于艾萨克·普雷斯兰的专访。普雷斯兰是一个销售员，他刚刚通过夜校的学习获得了高中毕业证书，马上又报名参加了布鲁克林学院夜大部的学习，他非常想学习法律知识。

在新生英语课上，普雷斯兰需要写一篇作文，题为"什么是幸福"。在这篇作文中，他这样写道："对于我而言，获得了高中文凭，就能够继续上大学了，将来的某一天，我就有可能成为一位受人尊敬的律师了，这是我最幸福的事情。"

普雷斯兰又说道："向前看，我非常高兴，我得看一看自己到底能学到怎样的程度，我愿意在夜大学习5年甚至更久。然后，我打算前往法学院再学习5年。"

看到这里，你可能会觉得这肯定是一个年轻人的计划对吗？但是，你知道吗？在前往夜大进行注册之前，普雷斯兰已经年满60岁了。唯有拥有正能量之人才会清楚，学习是一个快乐的历险过程，无关乎年龄的大小。

洛厄尔博士担任过哈佛大学的校长之职，他曾经这样写道：大部分的学院或者培训机构只能够给予我们一定的帮助，让我们学会自助。在他看来，我们最终还是要依靠自我教育。教育属于一个促进人成长的过程，是一个丰富自身知识，促进自己内心世界发展的过程，我们应该通过自我教育的方式来将这个过程实现。

倘若我们懂得了这个道理，自我教育就变成一种促人兴奋的体验，也能够增强我们内心的正能量。不管在什么时候，人们都可以开始自我教育。人生最佳的投资就是努力培养自己强烈的求知欲，在将来的某一天，我们必定会有所收获。

在组成我们身体的各个部分中，心灵是最基本的部分，同时也是最重要的部分。如果想要它健康地成长，我们就必须给予它充足的养料与适当的锻炼；倘若我们对其不闻不问，任其自生自灭，那么它就有可能不再成长，甚至出现退化的现象。

我们应当让自己的心灵积极主动并且十分用心地接受教育，接受教育给我们带来的影响。倘若一个人不上心，那么不管他是去参加培训班，还是去参加读书俱乐部，抑或是参加其他的文化活动，都不可能从中得到太大的收获。一个人自称具有较好的文化修养，或者隐藏自己不愿意别人看到的那一面，这就好比是穿、脱他的衣服似的，但是藏在衣服内的心灵依旧是没有开发过的，与以前不会有任何的区别。

我们为什么要参加对心灵有益的活动呢？因为那样可以让自己的心灵变得更加成熟。人的心灵与身体一样，只有经过了锻炼，才能够得到成长，这样一来，正能量才会变得越来越多。

刘易斯·芒福德曾经说过一句话："修养乃一切实践活动的终极目标。它包括丰富的个性、成熟的人格、一种掌控的感觉、一个更大的能力综合以及为了增强修养而培养出来的兴趣与情感上的享受。"这也是自我完善的终极目标。

有一天，一位女士来找卡耐基诉说自己的不幸遭遇，想要听听卡耐基的意见。这位女士看上去仿佛一只被打败的牧羊犬。她说自己的丈夫不爱她了。她的丈夫是一个大公司的经理，兴趣广泛，品位高雅，而且事业上也比较成功。她自己感觉已然不能很好地跟上丈夫的步伐了。

她一边痛哭，一边抱怨说，这都归咎于她当初没机会上大学。在生了宝宝之后，她一心扑在孩子身上，更没时间提升自我修养了，而她丈夫最喜欢参加的活动便是看画展、听音乐以及读书等。

她非常委屈地说道："我的丈夫如今对我十分嫌弃，因为我无法与他那些具有较好文化素养的朋友聊到一起。但是，这对我是非常不公平的！"

卡耐基问她，如今孩子们都已经长大，有了各自的小家了，她平时是怎样打发自己的时间的。

她回答说，她一般都是依靠打桥牌来打发时间的，每个星期也会去看两场电影，有的时候也读些言情小说之类的书籍。

很显然，这位女士的兴趣比较简单，并且她也没有有意识地去培养跟丈夫同样的兴趣。她不是没有提高自我修养的时间与机会，她所缺少的只是主动培养兴趣的愿望与行动。她完全可以将平时打桥牌与看电影的时间腾出来，用来培养更加广泛的兴趣，从而让自己很快地跟上丈夫的步伐。

在现实生活中，有不少人都像这个女人一样，将自己困在一个十分狭小的世界中，被人们遗忘了，她们画地为牢，与世界隔绝了。她们总是抱怨这一切已经来不及了，埋怨她们的年纪太大了。

她们经常理所当然地认为：都是由于自己年纪太大了，所以才会赶不上人生站台的末班车。

事实并非如此，对那些渴望发展自己的人而言，人生就是一个永远没有终点的精神之旅。

有这样一位女性，她的家住在克萨斯城，丈夫是一个律师，有五个身体健康的儿子。她倾尽心力地教养儿子们，送他们进入大学学习，接受专业的技术培训，看着他们一个个成才，成为对社会有用的人。当她最小的儿子从大学毕业进入职场的时候，她已经是一个50多岁的人，并且已经有了可爱的孙子孙女。她连续四年都在得克萨斯大学做旁听生，最终凭借优秀的成绩拿到了毕业证。

如今她已经70多岁了，丈夫已经离世，她独自居住。你可不要觉得她现在的生活肯定很孤单、不如意。她现在是一名社工，有不少朋友，也有很多仰慕者，她是那样活跃、乐观，每一个进入她生活圈的人，对她来说都是一种莫大的鼓励。她的儿子与儿媳们也都很爱她，都盼着她能多去他们家居住。她在自己的心田种下了善果，如今收获并享受着美好的收成。

乔治·加洛普，不仅是罗兹奖学金新泽西州委员会的主席，同时也是美国公众意见研究所的创始人。他曾经说过这样一句话："不少人在获得文凭后就不再进行学习了。但是我却觉得，学习是一个从生至死都不应该间断的过程。"

大学只是一个在某一段时间内让我们学习的地方，以后，我们的学习还应当依靠自己。因此，不管我们拥有什么学历，我们都应当清楚，一定要继续学习，要做到"活到老，学到老"。我们每时每刻都尽可能地滋养自己的心灵，以免在未来的生活中，被寂寞所折磨。

但是，如果一个酷爱自学的人，却没有机会上大学或者夜校，那么他（她）应当怎么办呢？

其实，答案十分简单，那就是读书。

赫伯特·莫里森也是一个名人，他是英国工党的领导人之一。15岁时，他曾经在伦敦的某家杂货店打零工。那个时候，他听到了一个最好的忠告，这个忠告对他的一生产生了至关重要的影响。

有一天，他在街头遇到了一个算命的。他给了算命的6先令之后，算命的问道："你都读些什么书？"

莫里森回答说："几乎都是一些凶杀小说，有时也会读言情小说。"说着，他指了指街边书摊上那些比较廉价的书籍。

算命的接着说："与不读书相比，读书总要强一些，但是，你可是一个了不起的天才，不应当在那种书上浪费时间。你应当多读些历史、人物传记这类的书籍，你应当读你喜欢的书籍，培养严肃的读书习惯。"

这条忠告可以说是莫里森人生的转折点。他说，听了算命的话之后，他突然明白一个道理：虽然他小学毕业之后就辍学了，但他能够继续读书，进行自学。

从此之后，赫伯特·莫里森正式开始了自己的读书生涯。他阅读了不少有意义的好书。正是在那些好书的影响下，他掌握了很多实用的知识，提升了自身的文化素养，从而促使他长大后进入了众议院。莫里森这样说道："有的时候，我也会看电视、听广播……可是没有任何一个节目能够与阅读一本权威性的书籍相媲美。"

从书籍中可以找到人类大多数的知识、智慧与成就。促人进步的好书正静静地躺在书店中、图书馆里或者好友的书架上，正等着我们去阅读、去学习。通过阅读好书，我们可以与那些伟人进行心灵的交流；通过阅读好书，我们可以对历史进行回顾，对未来进行展望；通过阅读好书，我们还可以穿越时间和空间的限制，活在最真实的世界中。

阅读好的书籍是找回正能量的最佳方法之一。当然了，开拓视野的重要性也不容忽视，我们可以有意识地去培养自己艺术或者古典音乐上的兴趣，参加一些艺术活动等。

有的时候，人们总是抱怨自己没能接受良好的教育，其实，这样的想法早就应该扔掉了。倘若我们真的想要让自己的精神变得更加有力量，那么就应当立即行动起来，努力地提升自己的知识涵养。日复一日，年复一年，我们慢慢变老，朋友慢慢地离我们而去，自己的身体也慢慢变坏，但是我们所掌握的知识却不会变少，它会填补我们心灵的空虚，让我们完善自己，心中充满正能量。

不一样的梦想，一样的绽放

诺思克利夫爵士，是伦敦《泰晤士报》的大老板，同时也是新闻界的"拿破仑"。

刚开始的时候，他不满足于自己每个月80英镑的待遇。后来，《伦敦晚报》与《每日邮报》都成了他的产业，但是他依旧没有感到满足。直至他掌控了《泰晤士报》之后，才算有了些许欣慰。林肯曾经对《泰晤士报》作出这样的评价："除了密西西比河以外，《泰晤士报》就是全球最强有力的一件东西。"

但是，即便诺思克利夫爵士拥有了《泰晤士报》，但他仍然不满足于现状。他对《泰晤士报》赋予他的权力进行充分的利用："将官僚政府的腐败暴露出来，将几个内阁打倒，对几个内阁总理（亚斯·查尔斯和路易·乔治）进行推翻或者拥护，还要不惜一切代价地对昏庸腐败的政府进行攻击……因为他这样的努力，使得很多国家机关的办事效率得到了较大的提高，并且在某种程度上还对英国政府的制度进行了改革。"

对于那些自满的人，诺思克利夫爵士一向都是十分反感的。

有一次，他停在了一个素不相识的助理编辑的办公桌前，并与那个助理编辑进行了交谈："你来这里工作多长时间了？"

"将近3个月了。"那个助理回答。

"你感觉如何？你喜欢这份工作吗？对于我们的办事程序，你都熟悉了吗？"

"对于现在的工作，我十分喜欢，也熟悉了办事的一系列程序。"

"你如今的薪水是多少？"

"一周5英镑。"

"你对现在的状况满意吗？"

"十分满意。"

"啊，可是你要清楚，我可不愿意自己的职员对一周只拿5英镑就十分满足了。"

在这个世界上，有不少人一生都一事无成，究其根本原因就在于他们太容易满足了。这些人往往会找一份相对稳定的工作，拿着些许微薄的薪水，每天机械地重复着相同的事情，日复一日，年复一年，直至生命的尽头。而他们居然还会觉得人的一辈子也就能够拥有这么多东西了。

当然了，很多时候，不满足也是十分痛苦的。为了避免由于这种不满足而招来的痛苦，不少人十分急切地寻找一个看起来比较舒适的"安乐窝"，目光非常短浅，只能看见眼前的安逸，不愿意承担一丁点儿的压力与责任。

对于大自然其他动物来说，知足可以作为其目标，然而，对一个人而言，千万不要将自己一辈子的追求局限在一个极其狭小的范围内。猪牛羊拥有充足的食物与安全的住处，便会心满意足。可是，人却不可以如此，人的目标应该是成就一番事业，而非成为他人成功之路上的垫脚石。

有些人为了逃避不满足给自己带来的痛苦，就将自己的不幸怪到别人头上，或者归咎于环境因素。埋怨自己之所以会有不幸的遭遇，完全是因为受到了外界环境的束缚。这样逃避现实，真的是非常愚蠢的。当我们产生了不满足的感觉时，我们就应当清楚，错误并不在我们自己。要想取得一番成就，我们就应该在某些方面做出改变。

拥有正能量的人对于自身的缺点并不畏惧。他们绝对不会躺在所谓的"安乐窝"中反复咀嚼并回味自身优点，等待他人向自己投来赞扬的目光，并因为这赞扬之声而变得沾沾自喜。拥有正能量的人对于他人的奉承话并不喜欢，他们往往采用批判的态度来审视自己，认真而仔细地比较自己所处的地位与所期待的情况，并且以此激励自己不懈地努力。

格斯特所说的"如今的自己永远是有待完善的"这句话就是这个意思。格斯特是一个伟大的诗人，其诗作常常见于各大报纸，深受广大读者的欢迎。他之所以可以获得成功，在很大程度上源于他经常不满足当下的自己，仰望理想中的自己。

只要你心怀梦想，就算这个梦想不能立即实现，但是它仍然具备自己的价值，因为这梦想可以帮助你照亮当下的机会，并且这些机会极有可能是别人没有注意到的。

拥有正能量的人在未成年之前，其脑中经常充满了各种各样看起来千奇百怪，并且可以称得上幼稚的梦想。

钢铁大王卡耐基在15岁时，常常在仅有9岁的小弟弟——汤姆的面前说起自己对于未来的希望与设想。他说，待他们长大之后，可以组建一个兄弟公司，然后赚大量的钱，最后为父母购买一辆大大的马车。

塞尔弗利曾担任过马歇尔公司的总经理之职，创立了伦敦最大的百货商店。小时候，在妈妈的引导下，他经常会做一种"假想"的游戏。母亲经常告诉他："假设你现在已经长大了，从事着一份很普通的工作。有一天下班回家后，你对我说道：'妈妈，我每周的薪水会涨1块钱，如今，我们能多存一些钱了，如此一来，两年之后，你就会对我说：'妈妈，我们如今能购买一辆四轮的马车了。'"

他们每天都要做这种游戏，这种潜移默化使小塞尔弗利逐渐地有了很多梦想。这种"假设"的游戏，帮助他树立了正确的理想与坚定的信念。这样一来，待机遇降临的那一天，他就如在游戏中一样紧紧地将这机遇抓住。

"你觉得我会对司机的工作感到满足吗？其实，我真正的目标是铁路公司总经理。"这是一个名叫弗里兰的青年所说的话，但他在说这句话时，甚至还不是一个司机。弗里兰在铁路上已经工作了两年了，依旧是一列三等火车上负责管理制动机的工人。但是，一个老铁路工人所说的一番话对他产生了极大的刺激，才促使弗里兰说出了上面那句话。

那位老工人的原话是这样的："如今，你已经是一个很棒的制动机工人了，根据我多年来的经验，倘若你再在这个职位上干个4～5年，就可能会升职为司机。只要你踏踏实实地工作，不犯什么大错误，就不会有被解聘的危险，你就能稳稳当当地做一辈子的司机了。"

弗里兰并不认为拥有一份安稳的工作是一件多了不起的事，他有更大的理想与抱负。后来，他也真的实现了当初所说的话。在他坚持不懈的努力之下，他终于如愿以偿地成为美国大都会电车公司的总经理。

　　弗里兰之所以可以获得这样的成功，就在于他并没有满足于自己稳定的工作，而是不断地鼓励自己，积极进取，努力地向前发展。最后，他超越了自我，用理想激发了心中的正能量，最终攀上了理想的高峰。

人生最大的贵人，永远是你自己

在这个世界上，每个人都是与众不同的。你就是你，你不需要根据别人的眼光与标准来对自己进行评判，甚至对自己进行约束。其实你根本不需要模仿别人，坚持自我，保持自己的本色，这才是最重要的一点。

伊丝·欧蕾来自加利福尼亚，从小就十分害羞，十分敏感。因为她长得很胖，再加上一张圆脸，让她看起来更胖了。她的妈妈是一个很守旧的人，认为在穿着方面只要宽松舒适即可。

因此，她在穿着上一直选择那些看起来比较朴素且十分宽松的衣服，从来没有参加过聚会，也没有参加过娱乐活动，即便上学之后，也从来不与别的小朋友一同到户外进行活动。因为她特别害羞，而且害羞的程度已经达到了不可救药的地步。在她看来，自己与别人是不一样的，别人是不会喜欢自己的。

长大之后，伊丝·欧蕾与一个比她大好几岁的男人结婚了，但是她仍然非常害羞。她的婆家是一个自信、安稳的家庭，但在她的身上似乎找不到一点儿婆家的优点。

生活在这样的环境中，她总是想尽一切方法来改变自己，希望自己能够做到像婆家人一样，但是结果总是差强人意。婆家人也想给她提供帮助，让她从封闭当中脱离出来，但是婆家人善意的行为不仅没有帮到她，反而让她变得更加封闭。她变得十分容易紧张，动不动就发怒，尽可能地不与朋友接触，甚至就连听到门铃的声音都感到很害怕。她明白自己就是一个失败者，但是她不愿意让自己的丈夫发现。

于是，在公共场合中，她总是努力地让自己表现得非常快乐，甚至有的时候表现得有些过头，所以事后她又会非常沮丧。正是由于这个原因，她的生活中没有快乐，她不知道自己的生命有什么意义，甚至还想到了自杀……

幸运的是，伊丝·欧蕾没有自杀，那么到底是什么让她的命运发生了改变呢？原来，这要归功于一段十分偶然的谈话！

欧蕾在书中写道：这一段十分偶然的谈话将我的整个人生都改变了。

有一天，婆婆在说起她是怎样带大几个孩子的时候，这样说道："不管发生什么事情，我都坚持让他们保持本色。"

"保持本色"这句话仿佛黑暗中的一道闪电将我的世界照亮了。我终于顿悟了——原来我始终都在勉强自己，让自己去做一个不合适的角色。就这样，我整个人在一夜之间发生了很大的变化，我开始让自己学着保持本色，并且努力寻找自己独特的个性，尽可能地弄清楚自己到底是一个怎样的人。

我开始对自己的特征进行观察，对自己的外表与气质加以注意，在挑选服饰时也尽可能地结合自己的特点，选择适合自己的。我开始努力地交朋友，参加一些活动。我第一次表演节目的时候，简直紧张坏了。可是，我每多开一次口，就会多增加一些勇气。一段时间之后，我的身上发生了极大的变化，我觉得自己很快乐，这是我以前根本不敢想的。

从此之后，我将这个宝贵的经验告诉自己的孩子们，这是我在历经了很多痛苦之后才学到的——不管发生什么事情，都要坚持自我，保持本色！

这个坚持自我的问题，基尔凯医生指出，"任何人都存在"。多数精神障碍、神经疾病及心理问题的病因，追根究底往往是不愿意坚持自我。帕特里在报纸上发表了几千篇有关培养儿童性格的文章，出版过13本书，他曾说："没人会悲惨到不能坚持自己的思想个性，并且被迫去变成他人。"

好莱坞这种模仿他人之风最盛行了。好莱坞著名导演萨姆·伍德曾说过，现在他最头疼的问题是帮助年轻演员改掉这个模仿习惯，从而坚持自我。这些年轻人都想成为二流的拉娜·特纳或三流的克拉克·盖博，"观众已经见识过那种风格了，"萨姆·伍德一直不停地告诫他们，"需要新鲜感的刺激"。

萨姆·伍德从事导演之前好多年都在从事房地产行业，因此培养出一种营销人员的性格。他认为商业圈中的一些原则在电影行业也完全适用，模仿别人的方式绝对不会一炮而红的。"经验告诉我，"萨姆·伍德说，"不去模仿其他演员，坚持自己个性的演员成名较快。"

卡耐基询问过朋友保罗——他是一家石油公司的人事主任，求职者常犯的最严重错误是什么？在这方面他极有经验，他面试过的人超过6000名，还曾写过一本《求职六招式》的书。他答道："求职者易犯的最大错误，就是不能坚持自我。他常常不够坦率，所回答的问题都是他认为你想听的。"可是这没用，因为没有公司愿意雇用虚伪而不实在的员工。

卡耐基认识一位公交车售票员的女儿，名叫凯丝·达利。她一直想当歌手，但是她的容貌是最大的障碍，她的嘴太大，还是上龅牙。她在新泽西的一家夜总会里第一次登台演唱时，试图拉下上唇遮住牙齿，以使自己显得很高雅，结果却显得相当滑稽，这就注定她会失败。

幸运的是，当时夜总会有一位男士在座，并认为她很有歌唱天分。他很坦率地对她说："在这里我看了你的表演，我能看出你要掩饰什么，因为牙齿很难看，你感到很羞愧对吧？"那女孩听了感到很尴尬，不过那人继续说，"龅牙又怎么了？龅牙又不犯罪！不要刻意去掩饰，张嘴唱歌，你越随意发挥个性，听众越会喜欢你。再说，你现在千方百计要遮掩的龅牙，将来可能正是你的财富呢！"

凯丝·达利接受了那人的建议，把龅牙忘得一干二净。从那以后，她将全部精力投入到自己的歌声里。她尽情歌唱，后来成为电影、电台最受欢迎的流行歌星，现在别的歌星反而想要模仿她了。

威廉·詹姆斯曾说过："普通人的大脑开发运用的程度不超过20%，多数人不太了解自己有哪些才能，不知道如何充分发挥，与应该达到的使用标准相比较，其实人们还有一半以上的潜能未被挖掘出来。我们仅仅运用了一小部分头脑的能力，可以说人被自己定的标准限制住了，我们天生被赋予了丰富的资源，却常常无法运用自如。"

既然诸多未开发的潜能是我们与生俱来的，就不要再浪费时间担忧自己不如其他人。在这个世界上你是独一无二的。

卓别林开始演电影时，导演让他模仿当时的著名笑星，结果他的事业毫无进展，直到他开始坚持自己的个性，才渐渐成名。鲍伯·霍普也经历过类似的过程，多年前他曾经在歌舞剧领域贡献自己的力量，直到展现出自己幽默的独特本领才真正走红。

玛丽·玛格丽特在第一次去电台进行表演的时候，曾经尝试着去模仿一个深受观众欢迎的爱尔兰笑星，但最后以惨败告终。直到她将真正的自我表现出来，以一名来自密苏里州乡下的淳朴而真实的姑娘出现，才得到了观众们的认可，荣获了纽约市最受欢迎的广播主持荣誉称号。

金·奥特瑞一直努力地想要将自己的得克萨斯州口音去掉，并且在穿着方面也极力地模仿城里人，甚至还对外宣称自己真的就是一个纽约人，结果引来了别人的不屑与背地里的嘲讽。后来，他重抚三弦琴，将自己家乡的乡村歌曲演绎出来，为他在广播影视界站稳脚跟奠定了坚实的基础。

每个人都是一个独一无二的个体，我们应当为此感到庆幸。所以，请善待自己的天赋吧。追根到底，一切艺术都好似一种自传。你只能将自己的特点唱出来，将你自己勾画出来。你所拥有的经验、所处的环境以及所得到的遗传因素等，造就了现在的你。不管怎么样，你都应当用心地经营自己，不管是好还是坏，你都应该在生活的交响乐中将属于自己的乐章演奏好。

爱默生在一篇名为《自信》的散文中这样说道："总有一天，人会明白，嫉妒是最无用的情感，邯郸学步就相当于自杀；不管结果到底是好还是坏，自力更生才是唯一的出路。虽然宇宙到处都是美好的事物，但是唯有辛勤地耕种属于自己的田地，在收获之时才能获得大丰收。上天赐予每一个人的能力都是与众不同的，唯有自己努力地开发与运用，才能够对自己所具有的天赋有一个全面的了解。"

正视自己的阴影，悦纳自己的不完美

　　卡耐基的辅导课上来了一位名叫兰卡斯的女士，她今年22岁，看起来十分忧虑。她告诉卡耐基，因为她无法照顾自己，所以到现在也只能与自己的姐姐住在一起。在上课时，兰卡斯总是一言不发，低着头坐在角落里，她不肯抬头看别人的眼睛，而且经常不自觉地用手指敲击自己的桌面，使别的学员都无法集中精力。课间休息时，她总是独自蜷缩在角落里，不与任何人交流，用餐时，她也从不与人搭档。

　　卡耐基走到她身边，问她是否能够接纳自己身上"可怜"的特质，她疑惑地望着卡耐基说："不，先生，我从未觉得自己'可怜'，事实上，我非常讨厌那些故作可怜去博取别人同情的人。当然，也包括我的姐姐。"

　　其实兰卡斯并未认识到自己内心深处已经承认了自己并不可爱，因为她潜意识里非常抵触"我不可爱"这样的信念，当然，她也就无法看清自己。她拿来与自己做比较的，是在她心中比她更不可爱的姐姐，所以她并不了解别人对她的真正看法。当兰卡斯了解到自己"并不可爱"时，她开始学会悦纳和包容自己的这种特质。她认清了自己真正的性格，并且成了自己的主导者。几个月后，她就找到了一份不错的工作，并且从姐姐那里搬了出去。

悦纳真正的自己，应该从认识自己开始。我们每个人的心里都会有一些消极的特质，包括胆怯、愤怒、自私、懒惰、贪婪、浮躁、脆弱、控制欲、报复心、虚荣心……但却被我们极力掩饰和压制了。这些消极的特质并不会因为我们的否认而消失，它们只会在潜意识中藏起来，并且悄悄地影响我们对自己的认同感。可以这么说，即使再极力掩盖自己消极的特质，我们也会由于它们的存在而不信任自己，而只有彻底揭露这些特质，真正地认识了自己，我们才有可能成功地接纳自己。

约翰·威尔伍德在《爱与觉醒》一书中，将人的内心比喻为一座城堡。不妨想象一下，你的心是一座雄伟的城堡，里面有数以万计的房间，每个房间都代表你内心中的一种特质。小时候，那些房间都是完美的，你可以无所顾忌地出入每一个房间，每个房间里陈设的物品都是你的珍宝。长大后，有人进入你的城堡，告诉你应该将几个不完美的房间的门锁起来，你照做了。后来，越来越多的人造访你的城堡，于是出现了越来越多的阴暗房间。你发现这些房间里的东西不符合你的要求，甚至让你感到恐惧和羞耻，于是你索性将它们的门都锁上了。

随着时间的推移，你的城堡变得面目全非。你再也不能像小时候那样自由出入每个房间。那些曾经让你感到自豪的房间现在给你带来了耻辱，你恨不得让它们立刻消失。然而，你不能否认的是，它们依然是城堡的一部分。每个房间都对应了你内心的一种特质，它们有好有坏：勇敢与怯弱、善良与邪恶、无私与贪婪、优雅与粗俗……而我们应该做的，是将它们的锁打开，重新进入那被我们遗忘的房间，去打扫它们、整理它们。只有正视自己的心灵城堡，才能拥有完整的自己，才能诚实地对待自己。

罗伯特·布莱将这种被隐藏的消极特质称作"每个人背上都背负着的隐形包袱"，我们可以把它称为阴影。大多数人都对自己心灵的阴影感到恐惧，不愿意面对，其实只要正视自己的阴影，悦纳自己的不完美，就能找回完整的自我。

认识自己，从探索自己的内心开始，那么如何探索自己的内心呢？

首先，从别人身上找到自己的投影。

别人的缺点，很有可能也是我们自己的缺点，只是很多时候我们不愿意承认罢了。

卡耐基在课堂上提出这个观点后，卡耐基的一位学员这样对他说道：

"我从不愿意承认我的内心跟那些令人讨厌的人是一样的，每当我看到一位举止粗俗、缺乏教养的人，我都会打心底里鄙视，我觉得我们之间没有任何共同点。虽然您告诉我，我的心里有与他们相同的特质，但是我根本无法说服自己，因为我怎么都找不到与那些人类似的地方。

"直到有一天，我在火车上遇到一件事情，我的观点才彻底改变了。与我同一个车厢的一个女人忽然对她的孩子破口大骂。我对这件事的第一反应是：'这个女人简直太粗暴了，我绝对不会像她那样对待自己的孩子。'可是我的脑海里紧接着闪过另外一个念头：'如果我的孩子不小心把牛奶洒在我那件昂贵的礼服上，我会出现什么样的反应呢？我一定也会暴跳如雷，可能比这个女人更加愤怒呢。'那一瞬间，我总算领悟到了，我们总是以批判的眼光来看待别人的缺点，而事实上，别人表现出来的特质同样也存在于我们的身上。其实我与那位女士一样，缺乏耐心、容易生气，只不过我没有遇到特定的情况，所以没有在这一刻表现出来而已。"

的确，许多时候，别人就是我们自己的镜子。我们可以从别人的身上找到自己特质的投影，而只有承认和接纳了这种特质，我们才会拥有真正的自由。心理学家肯恩·威尔伯在《认识阴影》一书中写道："自我层面上的投影现象非常容易辨认。如果我们仅仅是感觉到某个人或某种行为的存在，那么这通常不会带有我们的投影，而如果我们感到了他们对我们的影响，那么他们很可能就带有我们的投影。"

比如你走在街上时，看到旁边的人随手扔了张废纸，尽管你意识到这种行为非常不好，但你并未产生非常反感的心理，那么就说明你在这方面没有阴影。反之，如果你非常反感，甚至怒不可遏，那么有可能他的做法就是你自己的投影。因为有可能你曾经也做出过一些这样的事情，受到过批评，所以不能原谅自己，因此对这种行为产生了极大的反感。如果你发现自己对某些人的某种特质非常敏感，那么就应该注意了，你可以以此为契机，找出自己内心被隐藏或者排斥的特质。

如果我们在批评他人之前，能够先静下心来反思一下自己，就会发现，那些批评的语言同样适用于自己。那些被我们压制的消极特质，可能会在我们意想不到的情况下忽然爆发出来。所以当你骂别人"笨蛋""懦夫"时，不妨停下来想一想，这样的形容是否同样适合你自己。

其次，直接揭露自己的消极特质。

　　我们可以鼓起勇气向别人询问他们对你的真实看法。当然，这绝对不是一件容易的事情，因为所有人在挖掘出自己长期受到压制的消极特质时，都会产生剧烈的情感波动。但是，为了认识到真正的自己，我们需要有足够的决心。其实对自己的阴影进行了解，并不会丧失我们的本性，而是能够使我们更透彻地了解自己。

　　只有接受了自己的阴影面，我们才能更容易地接受外界和他人的不完美或阴影面。

　　例如，我们无法接受自己生气，当然也无法接受别人生气。或者，暴风雨是自然现象，我们认为它们是坏的，于是不接受和抗拒。又或者，别人吐口水，因为你自己不接受，所以也会对别人进行批评和指正。

　　而真相是：自然界是完整的，但不完美，人也是这样，无论是自己还是他人。

　　对于这些我们不能接受的，我们只要做一件事，承认它的存在。只要承认它的存在，一切都将在无形中转变——实际上是自己在转变。

第 4 章

酸甜苦辣咸，
都要积极地面对

握不住的沙，就撒了它

　　有一些人可能是天生就缺少安全感，总是想要紧紧地将现在所拥有的握住，生怕哪一天就会失去一样。随着不断地成长，他们所拥有的东西越来越多，然而，这并没有给他们带来想象中的满足与快乐，反而使他们经常处于害怕失去的忐忑之中。而那些性情洒脱的人，却是每天都洋溢着幸福的笑容，总是乐呵呵地享受着生活。因为她们懂得"握不住的沙，就撒了它"。

　　在我们成长的过程中，失去是我们无时无刻不在面对的现实。当我们第一声啼哭时，我们已经失去了对母亲身体的依靠；接着我们开始了我们的求学生活；随后，逐渐步入中年的我们失去了如花般的青春年华；再后来孩子又占用了我们太多的自由时间；等孩子长大了，我们也慢慢老去。回首我们的一生，我们会失去很多东西，有成长所必须经历的，也有天灾人祸所带来的意外失去。如果在每次失去之后，我们都深深地懊悔自责，这样我们就会在懊悔自责中失去得越来越多。所以，面对失去，我们要做的是整理好自己的心情，迎接下一次挑战，重新出发。

　　你要知道，有时候，失去也许是为了更好的收获。就好比千里马失去了到磨坊拉磨的机会，才得到了将自己真正的才能施展出来的机会。失去并不代表着不能再拥有，反而可能会让你们拥有真正属于自己的东西。

　　1898年冬天，在玛丽维尔外的农场住着卡耐基一家人，他们幸福快乐地生活着。然而一个意想不到的灾难却在这个冬天悄悄降临了。由于债台高筑，这个倔强的场主、卡耐基的父亲詹姆斯·卡耐基的沮丧和忧郁情绪与日俱增。为了改变命运，他长年累月地辛苦劳作，长期承受着沉重的生活负担，结果导致他的身体状况越来越糟糕，在他47岁也就是1898年的冬天，罹患了精神崩溃症。他停止进食，变得极为憔悴。当医生告诉卡耐基太太，詹姆斯的寿命将不会长于6个月的时候，站在一旁的戴尔·卡耐基还不到10岁。小卡耐基握紧拳头，一边对着医生晃动，一边大声吼道："你撒谎，你撒谎……"他不相信这是真的，他不能接受这种事实，更不敢想象6个月以后辛苦一生、积劳成疾的父亲将阖上双眼、与世长辞的凄凉景象。

　　虽然他父亲的身体在后来慢慢地得到了好转，并没有像医生预计的那样，但10岁的小男孩已开始懂得家庭所遭遇的不幸。同时，父亲的悲观情绪也在戴尔心里投下阴影。但也正是在这样的环境下，小卡耐基慢慢地懂得了：当一部分失去了，如果已无法挽回，那么就要坦然地接受。不要为已经失去的悲伤哭泣、过分哀愁，关键的是要为现在所拥有的开心，并好好地珍惜。

　　环境本身并不能够让我们感受到快乐或者忧愁，这一切都源于我们自己的内心。当我们面对命运的考验，我们应该有忍受磨难、悲剧、灾难的信心，直至战胜它们。我们的内在力量是如此的强大，只要我们好好利用，它就能帮助我们克服一切困难。

一个聪明的人要懂得"旧的不去新的不来"的道理，这句谚语用浅显直白的话语描述了失去与获得的关系。比如当我们手里有一个玻璃杯子，这个玻璃杯中盛满了白开水，如果我们这个时候想要喝牛奶，就一定要倒掉玻璃杯中的白开水。因此，有的时候，失去反倒是另一种获得，所以，即便我们失去了一些自己曾经非常渴望的东西，也不需要过于伤心，有失去才会有新的获得。我们唯有正确地对待失去，才能够用失去换来更有价值的收获。

司马迁是中国史上一个十分伟大的文学家、史学家。他曾经因为受罚，而被施以宫刑，关入大牢之中。在大部分人的眼中，司马迁失去了作为男人的人格尊严。但是，他并没有因为这个原因就消沉堕落，而是利用被关押在大牢的时间来研究自己喜爱的史学，最终为后人留下被誉为"史家之绝唱，无韵之离骚"的《史记》，他也因此受到了一代又一代人的尊敬与敬佩。

司马迁确实失去了很多，可他却因此获得了之前自己恐怕无法取得的成就。于我们，又何尝不是如此呢？

每个人的一生中，失去总是在所难免。然而通过这些失去，也让我们有所获得。我们从失去父母的依靠中学会了独立，我们从失去的童年中懂得了纯真，我们从失去单身生活的自由中得到了爱情，我们从失去的青春年华中得到了成长。正是由于这些失去，让我们慢慢地变得优雅而从容。因此，我们必须要牢牢地记住：失去是人生的必经之路，失去并不是获得的对立面，而是获得不可缺少的组成部分。

失去，不等同于不幸

在每一个人的成长过程中，都会伴随着无数的失去。因此，我们不应该因为失去而感到惊慌失措。要知道，失去并不代表不幸，因为有了失去，我们才能够重新拥有；我们在播撒失去之后，才能够享受收获的喜悦。

因此，面对每一次失去时，我们要学会用乐观的心态来对待，我们要学会为失去感恩，勇于承受失去的事实，获得重新生活的勇气。当我们失去了曾经拥有的美好时光时，不要为自己的过错而责备自己，正是这次失去，才让我们明白时间的宝贵，我们要从中吸取教训。"塞翁失马，焉知非福"。有时，在苦难的境遇中，经常隐藏着上苍留给我们的很大的惊喜，所以我们要学会为失去而感恩。

如果我们一直在为自己一时的失去而不断抱怨，一直沉浸在失去带来的阴影中，我们就浪费了宝贵的时间，同时我们也将失去一次收获的机会。因此，在失去时，我们不必过于忧伤，我们要在失去中获得启示。

一阵大风吹走了一个正坐在轮船甲板上看报纸的人的帽子，那是他上船前新买的帽子，可是此刻已落在大海之中。只见他用手摸了一下头，看看正在飘落的帽子，又继续看起报纸来。另一个人大惑不解："先生，你的帽子被刮入大海了！""知道了，谢谢！"他继续看报。"可那帽子值几十美元呢！""是的，所以我在想应该省钱再买一顶！帽子丢了，就算我心疼难过也于事无补，正好我可以再买一顶新款式的。"说完这番话，那人又继续看起报纸来了。

失去就是失去了，我们再难过、再伤心也无济于事。那我们又何必为失去而耿耿于怀呢？在生活中，我们经常会失去很多东西，如果在我们失去之后，再失去了快乐的心情，失去了再次拥有的热情，那岂不是失去的更多吗？

有一档很火爆的鉴宝节目，一天来了一位70多岁的老人，拿着一幅祖传古画，要求宝物鉴定团的专家做鉴定。据说老先生去世的父亲生前说这幅画是名家所作，价值数百万。老先生自己又不懂，因此想请专家予以鉴定。结果揭晓了，专家认为它是赝品，连一万元钱都不值，全场唏嘘……主持人问老先生："您一定很难过吧？"老人的回答让大家很意外。老人微笑着说："这样也好，我不用担心会有人来偷这幅古画了，我也可以安心把它挂在客厅里了。"

是啊，有时候失去了反而能够让我们感到轻松。

世上的事情难以预料。我们谁也不想让不幸的事发生在自己身上，但如果发生了，你应该怎样去面对呢？

　　小美的钱包被人偷走了，她很是心烦，因为不仅仅是钱不见了，身份证也在那个丢掉的钱包里，这让她愁眉不展，她的户口在邢台，而她在北京打工，办身份证还要来回跑，很麻烦。

　　不过，这样的烦恼并没有持续很长时间，一个朋友的话让她顿时醒悟，心情也立即变好了。朋友对小美说："钱包已经不见了，你再怎么想，它也不可能重新出现在你的面前。钱丢了事小，如果好心情没了，影响你的情绪，让你不安，这会影响你的食欲，影响你的健康，那就太不值得了。身份证办起来是很麻烦，却让你多回家几次，增加了与家人的沟通，这也是一件挺好的事情呀！"朋友的一番话使小美的心情豁然开朗起来。如果换一个角度来思考问题，或许失去也不是一件坏事。

　　小美与其朋友面对生活的态度是积极向上的，当生活的挫折和磨难来临时，女人们就是要用一颗乐观、豁达、健康的心去面对，那样你会发现其实生活处处是美好。例如，当不小心丢失了刚发的工资，当你最喜爱的自行车被人偷走了，当你相处了好几年的恋人拂袖而去，这些不愉快的事情都会给我们的心里投下阴影，使我们为此伤心难过，甚至一蹶不振。但是当我们换个角度想问题，就会发现原来很多问题并不像想象的那样复杂。与其为了已经失去的自行车而感到后悔、懊恼，还不如想想如何才能再买一辆新自行车；与其为了已经离去的恋人而感到万分痛苦，还不如赶紧振作起来，重新开始新的生活，重新去争取新的爱情。俗话说得好："旧的不去，新的不来。"

　　每个女人都不能逃避失去，然而在面对失去时，其所持的心态却不同。有的女人总是倾向于追忆失去的东西有多么好，有多么珍贵；有的女人则很豁达洒脱，她们在失去了原有的一些美好之后，不是一味地伤感，而是主动寻找新的美好来代替。她们相信，失去并不意味着伤感，失去后还可以重新拥有更多，这才是聪慧女人应具备的心态。

其实，失去就相当于一个交换机，当上帝从你的左手拿走一样东西时，他会将另一样东西塞到你的右手，所以人生总是在不断地失去和拥有。拥有快乐，失去烦恼；捡到幸福，丢掉悲伤。所以，无论我们将来会面对什么样的失去，最为重要的就是能够满脸笑容地面对，不要一味沉浸在失去的悲痛中，就将获得喜悦的遗忘了。

没有绝对的幸福，也没有绝对的不幸

在现实生活中，有很多人在遇到不幸的时候，总是不断地抱怨，认为上天对自己太不公平了。其实，是否幸运完全取决于我们自己，上天对每个人都是公平的，是不会对谁有所偏爱的。

作为女人，在生命的长河中，我们难免经历一些困难，正如我们经历许多快乐一样。世界上没有绝对的不幸，这要看我们如何面对，如果拥有积极的心态，我们就可以把它变成我们成长过程中宝贵的经历。因此，面对困难，我们要有足够的信心，努力地摆脱生活中的阴霾。正是因为我们经历过不幸，才能深刻体会到幸福给我们带来的甜美。

有这样一个故事：

一个很有钱的富翁，凡是用钱可以买来的东西，他都要买来享受。然而，他却觉得自己一点也不幸福快乐，他非常困惑。

一天，他突然产生了一个新奇的想法，把家里一切值钱的黄金珠宝、贵重物品统统装入一个很大的袋子里面，然后开始去旅行。他作出了一个决定：只要谁能够将幸福的秘方告诉他，他就把袋子中所有的东西都送给他。

富翁寻找了很长时间，有一天来到一个面积不大的村庄。当地的村民对他说："你最好去见一见我们这里的智者。"他怀着万分激动的心情来到了智者的家中，对正在打瞌睡的智者说道："这个袋子中装着我这一辈子积攒的财产，只要你能够将幸福的秘方告诉我，我就将这个袋子送给你。"

这个时候，天已经很黑了，夜幕早已降临。智者顿时睁开眼睛，抓起富翁手上的袋子就朝外跑去，富翁立刻追了出去。但是，他毕竟不是本地人，没多长时间就跟丢了。富翁十分懊悔："我被骗了，我一生的心血啊。"

不一会儿，智者拿着袋子走回到富翁面前，富翁看见失而复得的袋子，立刻抱在怀中直说："太好了。"

智者问他："你现在觉得幸福吗？""幸福，我觉得自己太幸福了。"富翁答道。

智者说："其实这并不是什么特别的方法，只是人们对于自己所拥有的一切视为理所当然，所以常常感觉不到幸福的存在，而一旦失去，才体会到幸福原来就在自己身边。"

所以，幸福与不幸都不是绝对的。当悲剧降临的时候，整个世界好像停下来不再前进了，我们的悲剧仿佛会一直持续下去。然而，倘若我们能够战胜悲哀，继续前行，回忆那些快乐的往事，我们就能够感觉到幸福一定会到来的，从而代替我们心中的悲哀。不幸也并不完全是糟糕的事情，它也可以变成一种动力，督促我们立即展开行动，从而让我们最终从困难的处境摆脱出来。

1868年，一个美丽的女孩出生在希腊的一个富豪人家，然而因为一场事故，女孩丧失了走路的能力。医生说，只要能坚持做复健，还是有重新站立的可能。然而，女孩子一直沉浸在不幸的痛苦中，没有尝试的勇气。

一次，女孩的家人带着她一起坐着船出去旅行散心。船长的太太对孩子说，船长养着一只天堂鸟，非常漂亮。女孩听了之后，十分想去亲自看看，就拜托自己的家人去找船长。但是片刻之后，女孩实在耐不住性子继续等待了，她就向船上的服务生提出要求，马上带她去看一看船长的天堂鸟。可是那个服务生并不清楚女孩是不能走路的，就带着她一同去看船长的天堂鸟。

就在此时，奇迹发生了，女孩出于内心的渴望，居然忘记了要拉着服务生的手，自己缓缓地站了起来，从此女孩终于可以重新站立。这件事让她懂得了，没有什么不幸是绝对的，只要有勇气去面对。此后，女孩变得非常坚强，做事情很有毅力。女孩子长大后，非常热爱文学事业，她在文学创作中忘我地工作着，最后成了首位获得诺贝尔文学奖荣誉的女性。她便是茜尔玛·拉格萝芙。

所以在困难面前，只有我们保持永不屈服的精神，就有机会获取成功。如果我们在刚开始的时候就被困难打败了，那么我们的人生就会是一个令人叹息的悲剧。

女人们，面对困难时，不要抱怨。命运是公平的，它在向我们关闭一扇门的同时，又为我们打开另一扇窗。世上的痛苦往往可以相互转化，任何不幸、失败与损失，都有可能成为对我们有利的因素。

聪慧的女人知道，人生的圆满并非乏味、平淡的幸福，而是用心面对一切不幸，"不幸"能够将隐藏在我们内心的潜能激发出来。倘若不是情势所迫，需要我们善加利用身体中的潜能，那么，这巨大的能量很有可能永远被埋藏在我们的身体中而得不到释放。

生活之中遇到困难是在所难免的，关键是我们要做好充分的准备，来迎接困难和挑战。

女人们，从现在开始，倘若你在生活中遭遇了不幸，那么就尝试着勇敢地去面对，唯有这样的你才能够信心十足去迎接美好的明天。

不为明天而烦恼，不为昨天而叹息

每个女人都想要过轻松而快乐的生活，但在此之前，我们应当学会有选择地接受生活赋予我们的东西，做到取舍得当。正如美国作家杰罗姆·大卫·塞林格在《麦田里的守望者》里人所写的那样："记住该记住的，忘记该忘记的，改变不能接受的，接受不能改变的。"但什么是应当记住的，什么又是应当忘记的呢？

在遥远的阿拉伯国家，有个叫阿里的作家和他的两位朋友吉伯、马沙相约去旅行。三个人经过一个山谷的时候，马沙不小心滑了下来，多亏了吉伯，拼命地将他拉住，他这才保住了小命。于是，马沙在旁边的大石头上刻下了一行字："某年某月某日，吉伯救了马沙一命。"

三个人继续向前走。几天之后，当他们走到一条小河边，吉伯与马沙因为一件很小的事情发生了争执，吉伯在很生气的情况下给了马沙一耳光。马沙跑到附近的沙滩上写下一行字："某年某月某日，吉伯打了马沙一耳光。"

当他们旅游归来，拥有强烈好奇心的阿里就问马沙："为何要在石头上记录下吉伯救你的事情，而在沙子上记录下吉伯打你的事情？"马沙笑着答道："因为我要永远记住吉伯曾经救了我的生命。而对于他打我的事情，将会随着沙子的流动而忘记。"

人生的旅途中亦是如此，铭记别人给予自己的帮助、支持和恩惠，忘却自己对别人的怨恨、不满和挑剔！这样在人生的旅程中你才能更加自由、幸福和快乐。

人们能够对别人的恩惠和支持铭记一辈子，但是对于别人对自己的伤害也往往不能释怀。前者是该记住的，而后者的不能忘记会让我们犹如背着沉重的负累。

在一个美好的夜晚，一个年纪不大的学生，从公寓走出来去寄一封信。当他将信放入邮筒往回走的时候，遇到了十几个不良少年，并且遭到他们的殴打。非常不幸的是，那个学生在救护车来到之前，就已经没有生命迹象了。

警察用了两天的时候，将那些不良少年全部逮捕了。社会大众得知此事后，都强烈地要求对那些不良少年们进行严厉的惩处，各大报纸也纷纷表示应当采取最为严厉的惩罚措施。

但是，这位死去的学生的父母却寄来了一封出人意料的信。在这封信中，学生的父母要求尽量减轻对那些少年的惩罚，并且还筹集了一笔数目不小的基金，当作那群孩子出狱重生以及社会辅导的费用。

他们不想怨恨那群少年。毫无疑问，他们的内心经历过非常痛苦的挣扎，并且需要具有极强的意志力，才能够不去怨恨那些害死自己孩子的少年们。他们只是对控制那群少年内心的病态性格进行怨恨。

他们盼望着那群少年能够从粗暴、残忍、仇恨、病态的虐待中得到重生，为了帮助那些少年甚至还专门提供了一笔基金。

　　生活中，我们要想活得轻松，就要学会抛弃一些东西，尽管它们很是顽固地想要攀附在我们身上。自夸、自私、贪婪、讽刺、仇恨、嫉妒、自怜、邪念、自我意识强烈……这些性格就好像是寄生在身上的水蛭，会带给她们痛苦，使她们生病，甚至夺走她们的生命。所以，适时放下、忘记才会使她们活在幸福中。

　　作为女人，去爱一个可爱之人并不是什么难事，难的是去爱不可爱之人。要求自己去体谅一个骄傲自大、蛮横无理、尖酸刻薄、自私粗鲁之人，这的确是一项很大的考验。而要忘记曾给自己造成伤害的人和事情就更非易事，而这又是一个成熟聪慧女人所必备的能力。

　　一个拥有人生智慧的女人，要懂得忘记一切无须铭记的，以求难得的轻松自由；铭记一切不可忘记的，以获取同样难得的饱满与充实。

　　上帝曾经造了两个人，并让他们到人间去体验生活。在这两人中，一个人的名字叫作"忘记"，另外一个人的名字叫作"铭记"。"忘记"是个年轻的姑娘，每天都是乐呵呵的，她对人间万物产生了浓厚的兴趣，每天都兴奋不已。"铭记"则是一名心事重重的中年妇人，她到人间之后，将所经之事一一铭记在心。

　　当这两个人被重新叫回来的时候，上帝对她们在人间的感受进行询问。"忘记"面带笑容，抢着回答道："人间有趣极了！"不过，当上帝询问有趣在什么地方的时候，"忘记"满脸迷茫，不知道该怎么回答。当上帝询问"铭记"的时候，她给出的回答是：

"做人实在是太累了！"这也难怪，"铭记"在人间自始至终都在铭记，这使她背上了相当沉重的思想包袱，感觉到累是很正常的。

上帝听了两人在人间的境遇，先是哈哈大笑，后来又颇有感悟地说道："看来，对待万事万物都不能太偏激。"

人生在世，忘记是宝，铭记是福。然而一个女人如果一味地忘记，她的人生固然十分轻松，但也非常空虚而乏味，没有什么快乐可言；而一味地铭记，肯定会让自己的思想压力太大，也没有什么快乐可言。因此，真正聪明的女人懂得忘记和铭记同样重要，应当将这二者结合起来。

没错，忘记和铭记就是一对双胞胎，不可以偏向任何一个，不然的话，肯定会经历极端的痛苦，承受偏废带来的劳累。在现实生活中，有很多事情固然是需要忘记的，但也有不少事情是需要铭记的。因此，女人一定要懂得合理地忘记和铭记。只有这样，才能够让自己的人生变得轻松而快乐。

即使风雨再大，也要微笑前行

在现实社会中，作为女人的我们可能经常会有这样一种感觉：财富在不断地增加，但满足感却在持续下降；拥有的越多，快乐就会越少；沟通的工具越发多了，但深入的交流却越发少了；认识的人愈多，真诚的朋友却愈少。

为什么我们现代女性会越来越多这样的感觉呢？在当今社会，生活节奏越来越快，女人的压力也日益加重，有这样的感觉也不足为奇。人生在世，不可能总是顺心如意的，要么遭遇困难与挫折，要么碰到某种变故，要么被烦心的人与事困扰。不过，这些都属于正常现象。但是，有些人在遭遇这些情况的时候，就会感到惊慌失措、心烦意乱、垂头丧气、悲观失望、痛苦不堪，甚至丧失继续生活下去的勇气。

倘若放任这样悲观的情绪发展下去，那么就会对人的思维判断造成不良影响，就会对人的言行举止产生不良刺激，就会对人面对生活的勇气造成极大打击。比如，当你遭受老板的责备之后，你就会感到情绪低落；当你被别人误会的时候，你就会感到委屈与愤怒；当你丧失亲朋好友的时候，你就会感到万分悲痛。这样的你会深切地感受到自己活得非常累，活得非常不开心，活得非常不幸福。

一个深谙生活艺术的女人之所以天天笑容满面，是因为她懂得用阳光般的心态面对生活，看到阳光的一面。所谓阳光心态，就是一种积极的、向上的、宽容的、开朗的健康心理状态。因为，它会让你开心，它会催你前进，它会让你忘掉劳累和忧虑。

苏格拉底在没结婚之前，曾经与几个朋友挤住一个小房间中。虽然那个房间只有七八平方米大，但是他每天却过得很高兴。

有人问苏格拉底："你们那么多人住在那样小的房间中，就连转个身都十分困难，为何你每天还那样开心？"

苏格拉底回答："与朋友们生活在一起，在任何时候都能够交换彼此的思想，交流彼此的感情，这难道不是一件令人高兴的事情吗？"

随着时间的推移，朋友们一个个地都成家立业了，也都相继从这个小房子中搬了出去，最后，小房子中只剩下苏格拉底一个人。不过，他每天依旧过得很高兴。

那人又问苏格拉底："现在，那房子中只有你一个人，多孤单啊，为什么你还那么高兴？"

苏格拉底回答："我有许多好书啊，一本好书就相当于一个老师，我与那么多老师生活在一起，随时都能向他们请教，这难道不应该高兴吗？"

又过了几年，苏格拉底也结婚了，住进了一座很大的楼中。这座楼一共有七层，他住在最低层。在这座楼中，低层的环境是最差的，不仅十分潮湿、嘈杂，而且还不怎么安全，楼上总是向下倒污水，扔各种各样的脏东西，比如臭袜子、死老鼠等。

那人看到苏格拉底仍然是一副高高兴兴的样子，再次好奇地问道："你住在那样的环境中，也觉得开心吗？"

"当然了！"苏格拉底说，"你都不知道一楼有多少好处啊！比如，一进门就到自己的家里，不需要爬很高的楼梯；搬东西的时候也很方便，不需要花费太多的力气；朋友来家里做客非常容易，不需要一层层地去叩门——尤其令我感到满意的是，可以在空地上养花、种菜，那些乐趣，简直说不完！"

一年之后，苏格拉底将自家在一楼的房间让给了一位家中有偏瘫老人的朋友。他搬到了这座楼房的顶层，也就是第七层。他每天依旧活得很快乐。

那人揶揄地问道："亲爱的，你现在住七层，说说都有哪些好处吧？"

苏格拉底笑着回答："好处嘛，自然非常多呢！我就举几个例子吧：每天上下楼的时候，就是很不错的锻炼机会，对于身体健康是很有利的；光线非常好，看书或者写文章的时候不会对眼睛造成伤害；没有人在头顶上干扰了，不管白天还是黑夜，都十分安静。"

后来，那人见到了苏格拉底的学生——柏拉图，他问道："你的老师每天都过得那样快乐，但是我却觉得，他每次所处的环境都十分糟糕啊。"

柏拉图给出的回答是："决定一个人心情的，并非环境，而是自己的心境。"

苏格拉底之所以在不同的环境都能保持乐观的态度，是因为他看待每样事物的时候，总是看到它好的一面，不在乎它的坏处，这样他的心境开阔，自然就快乐了。世间万物都具有两面性，我们从不同的角度去看待它，自然就会有不同的心境！如果像苏格拉底那样，总是从好的一面去欣赏一样事物，我们就会总是快快乐乐的，但如果从相反的角度看待该样事物的话，也许消极的心态会令我们永远都快乐不起来。

聪慧的女人都应该拥有苏格拉底那样的心态，永远看到生命中阳光的一面，那样的我们就如同掌握了开启快乐之门的钥匙。当你遭遇挫折的时候，它会给你战胜挫折的勇气，它会让你相信"方法总比困难多"，让你去检验"世上无难事，只要肯攀登"的道理。

当然，在我们的生活中不免会有阴霾，但我们又时时需要阳光的温暖，每当这时，我们就要相信自己，调整心态，给自己制造阳光。也要相信别人，给别人带去阳光；其实，我们的一颦一笑、一举一动都是我们获取阳光的途径，只是我们容易忽略而已。微小的幸福就在身边，容易满足就是天堂。

从现在开始，让我们保持积极乐观的心态，坚信我们的身边布满了阳光，这样一来，我们心中原本已经荒芜的绿洲，也会逐渐地恢复生机，我们生活中那些迷人的鸟语花香、潺潺流水以及生机勃勃的绿色，也会重新回归我们的内心，点缀着我们无限的梦想……

第 5 章

必须狠一次，
否则你永远活不出自己

这世界，你只有使用权

在美国历史上，有一位很有名望的政治家，他的名字叫作罗勃特·史蒂文森。他曾经在公众场合说过这样一段话："倘若仅仅只有一天，不管负担有多么沉重，人们都可以坚持下去；倘若仅仅只有一天，不管工作有多么辛苦，人们都可以努力地完成；倘若仅仅只有一天，每个人都可以快乐、单纯、耐心地活到太阳落山，实际上，这就是生命的真谛。"

如果把生命里每一天都当成"只有一天"，那么相信很多人会把焦点集中在这一天里并全力以赴。可是生活中，很多人却没能这样做。对他们来说，日子很长，他们有太多想去掌控的东西，包括他们的伴侣、孩子和看不顺眼的同事。

有一位女士就疑惑地对戴尔·卡耐基说："卡耐基老师，企图掌控人生不好吗？"戴尔·卡耐基通常会这样回答："企图去抓紧一把沙子只会让沙子流得更快。企图去掌控每件事情，尤其是别人的事情，到头来只会徒劳无功。"如果人能将自己的人生长远规划细分到每一天，每一天都全力以赴就会实现人生的终极目标。但是，无止境的担忧只会模糊"今天"的焦点。

戴尔·卡耐基培训班上的一位女士曾经对他说："卡耐基老

师，我对自己的定位非常准确，我也知道以自己的能力，通过两三年的努力一定能成为出色的服装设计师。可是，我真的有太多的阻碍以至于我无法实现理想。是不是结了婚的女人就很难追求理想呢？"

对于这位女士的困惑，戴尔·卡耐基非常吃惊。事实上，追求理想是不分年龄的。很多女人可能会抱怨婚后私人时间大幅度减少，自己仅有的时间都献给了家庭，献给了孩子。在这样的情况下，自己怎么会有时间去追求理想？

为了找到这位女士的问题所在，戴尔·卡耐基询问她每天的时间安排。这位女士告诉他，她每天需要花点"小时间"来检查丈夫的通信工具，了解他的生活动态。当然，她也会为他准备各式精美的小点心。至于八岁大的女儿，她必须在晚上的时候送她去参加钢琴培训班。因为她一直觉得女孩子会弹钢琴是最优雅的事情。

这时，戴尔·卡耐基对这位女士说："那么孩子上课期间，您就可以去干自己喜欢的事情。"没想到，这位女士摇了摇头说："不可以的。我女儿非常抗拒上钢琴班，所以我必须在现场盯着她，不然我支付的昂贵培训费就浪费了。"

"既然您的女儿那么抗拒上钢琴班，为什么您还强求她去上课呢？"

面对戴尔·卡耐基的提问，女士吃惊地看着他说："小孩子懂什么，我这都是为了她好。以后长大，她会感激我的。"

这位女士的孩子以后会不会感激她，戴尔·卡耐基无从知道，但是他已经知道这位女士的问题所在：企图操控别人的人生，让她一直处于很忙碌的状态，从而无暇打理自己的人生。

戴尔·卡耐基没有跟这位女士讲大道理，他只是跟她分享了一则自己朋友圈里的故事。莎莲娜是戴尔·卡耐基多年前结识的一位朋友，她是一位非常强势的女人。她曾经在学校里是个风云人物，做什么事情都雷厉风行，参加任何比赛总是能夺得第一名。

可当她结婚后，一切都变了。由于丈夫的收入还不错，莎莲娜就干脆辞职在家里做全职太太。在接下来的五年里，他们陆续生了三个宝宝。于是，莎莲娜的生活全部被丈夫和三个孩子给占据了。

当时，有朋友曾善意地提醒莎莲娜，不要因为家庭而失去自我，更不要因为家庭而失去自己的人生，忘记进步。莎莲娜也清楚当中的道理，但是她真的很忙。她每天要担心事业有成的丈夫会不会舍弃自己，在外面有没有情人。所以，她要经常抽空进行突击检查，偶尔还要跟踪自己的丈夫。几个子女开始长大，她也为儿子和女儿们分别制定了不同的发展计划。她希望儿子能从小学习金融知识；女儿则一个学习绘画，一个学习芭蕾，从小培养艺术气质。

对此，她的丈夫和子女们都非常有意见。但是，莎莲娜总是霸道地说，之所以这样做都是为了他们好。此后，莎莲娜的孩子们越反抗，她就打压得越厉害。因为她非常害怕遭到丈夫和孩子们的背叛，非常讨厌别人违抗自己的意愿。她真的是为了他们好，为了他们拥有光明的前途才这样做啊！

结果，孩子们越来越讨厌她。然而莎莲娜总是觉得总有一天，当孩子们功成名就时，总会感激她的。这么等着等着，主宰着操控着，莎莲娜最小的女儿都已经20岁了。可就在这年，莎莲娜的丈夫出车祸离开了人世。这位从来都没有背叛她的丈夫离开了她，而且是以一种无法抗拒的方式离开了她。这给莎莲娜带来的打击是巨大的。

就在她需要别人安慰的时候，她的子女却纷纷离开了她。他们无法理解自己母亲的霸道和独裁，所以在父亲葬礼结束后，都以工作和上学为由离开了那个居住了很多年的家，只留下四面空白的墙壁给莎莲娜。

后来，戴尔·卡耐基去看望莎莲娜的时候，莎莲娜自嘲地对他说："戴尔，你看我辛苦努力了半辈子，我得到了什么，得到的只有孤独。我原本是那么的优秀，却在自己满脸皱纹的时候，发现自己的一生一点儿成就也没做出来。"

戴尔·卡耐基没有说什么，只是安慰莎莲娜每一天都是新的一天并劝她积极修复和子女的关系。其实，莎莲娜的悲剧在于她花了全部的时间去操控别人的人生。事实上，每个人都有每个人的人生轨迹。不喜欢钢琴的孩子说不定哪天就能在绘画上干出一番成就，而被困在特定领域的孩子才真的是很难干出一番事业。

戴尔·卡耐基把莎莲娜的例子告诉了那位女士，是希望她能明白，世间的一切我们只有使用权而非永久拥有权。每个人都是我们生命中的过客，我们唯一能做的就是把握好自己的每一个今天，尊重别人的人生，在有限的相处时间里，给彼此留下最美的印象。不要在失去的时候留下遗憾，遗憾自己没能对对方足够好，遗憾自己将精力花在会溜走的事情上，遗憾自己没能好好打理自己的人生。

女人们，你们明白了吗？珍惜和亲人生活的时间，尊重他们的生活方式，不要把自己宝贵的时间用于操控和改变别人。当别人具有让你不喜欢的习惯时，倘若你可以给予对方善意的建议，那么就请你真诚地说出来吧；倘若你没有办法改变别人，那么就请改变自我尽可能地去接受吧。万万不可将原本应当花费在自己人生中的时间，无端地浪费在别人的身上，即便这个人是你喜欢的人。要知道，在这浩瀚无穷的宇宙当中，无论是谁，都只是一个过客。

等着等着，你就老了

在这个世界上，不少人都没有过上自己理想中的生活。为此，曾经有一名很有名的心理学家说过这样一句话："人类的理想是最为廉价的，人类的行动力却是最为昂贵的。"的确，活在世界上的人，没有几个人是没有理想的。有的人想过富裕的生活，有的人想功成名就，有的人想环游世界，有的人则希望成为某项技能的冠军。

人人都有理想，而行动力会拉开他们之间的差距。有的人拥有具体的梦想：他们想成为作家，想成为舞蹈家，想成为设计师。为了实现梦想，他们拥有一系列详细的计划并为此而努力着。

有的人迟迟还没行动是因为他们觉得时机未到。戴尔·卡耐基碰到很多志存高远的学生，他们经常对戴尔·卡耐基诉说自己理想的伟大。每当看到他们描述理想时激动的样子，戴尔·卡耐基都会问他们："那你为什么还不行动？"通常这个时候，他们会支支吾吾地说："戴尔，我觉得现在不是最佳时机。我是很想创业，可是如果我辞掉现在这份工作，我就会失去经济来源。"

不能实现理想有一千一万个理由。很多人都在为这些理由付出漫长的等待时间。著名的科幻小说作家凡尔纳也曾是当中的一员。

1863年冬天的一个上午，凡尔纳拿着第一部科幻小说《气球上的五星期》，打算寄到出版社里。可是，他拿着这部手稿的包裹在客厅里走来走去。

最终，凡尔纳还是叹了一口气，把包裹放在客厅餐桌上。他的妻子见状，就问他怎么一回事。凡尔纳告诉妻子，自己脑海里总是想到被出版社拒绝的样子，所以实在没有勇气把自己的第一部作品寄出去。

"要不，我再创作一部更好的小说，下次再寄出去？"可是，他的妻子却否定了他的想法，鼓励他要敢于去尝试。凡尔纳听了妻子的话，虽然有些不情愿，但还是硬着头皮把自己的第一部作品寄了出去，果然很快就遭到了出版社的拒绝。

他的妻子又鼓励他把小说投给别的出版社。没想到，凡尔纳把稿子总共投给了14家出版社都遭到了拒绝。凡尔纳心灰意冷，觉得现在是出版淡季，自己的小说又不够成熟，实在不适合再继续给出版社投稿。但是，他的妻子再次持反对意见。她鼓励凡尔纳再尝试一次，因为不尝试永远不会成功。

也就是这一次的尝试，打开了凡尔纳通往著名科幻作家的光明大道。在第十五次投稿的时候，凡尔纳的稿子终于被出版社接受，出版成为正式的书籍。如果凡尔纳一直在等待，那么他就不会迎来事业上的突破。如果你总是在等待，那么得到的结果就是变老。

"有想法就去做，不要迟疑，不要等待，因为你永远不知道下一秒钟会发生什么事情。生命就是一场奇妙的冒险。"说这句话的人是戴尔·卡耐基的好朋友艾迪。

艾迪是著名的金牌婚介代理人。早在很多年前，婚介机构还没兴起的时候，艾迪已经跟戴尔·卡耐基说过类似的想法。

当时，艾迪给好朋友介绍了不错的女友，两人相恋继而走入婚姻的殿堂。当这对朋友结婚时，艾迪非常激动，觉得非常有成就感，于是萌生了成立婚介机构的念头。

戴尔·卡耐基鼓励艾迪积极去实践这个想法，因为他是真心喜欢这个行业的，但是，艾迪却迟疑了。他跟戴尔·卡耐基说害怕别人认为他一个大男人却从事这样的行业。因为这个"迟疑"，艾迪打消了这个想法。

三年后，艾迪再次跟戴尔·卡耐基说起这个想法，戴尔·卡耐基依旧表示支持他。但是，谈及缺乏行动力，艾迪解释估计创业初期会面临很多困难，其中最大的困难是别人愿不愿意相信婚介机构，愿不愿意走进婚介机构，通过这样的方式去寻找人生伴侣。

因为这个想法，艾迪再次放弃了行动。等到第一家婚介机构成立时，戴尔·卡耐基估计艾迪会再次跟他提起这个话题。这个时候，不等艾迪找借口，戴尔·卡耐基先对他说："艾迪，你是不是觉得第一家婚介机构赚取了不少利润，很多人会跟风开设婚介机构，所以现在开始创业估计赚不到什么钱？你是不是还觉得第一个成立婚介机构的人已经成为行业龙头，自己再怎么努力也无法超越对方？"

艾迪吃惊地看着戴尔·卡耐基，疑惑地问他："戴尔，你怎么知道？"戴尔·卡耐基笑笑告诉他，从他第一天开始找借口的时候，就知道他永远都不会开始去做这件事情。因为人只要开始为某件事情找第一个借口，就会跟着找第二个、第三个，永无止境。从等待的第一秒开始就注定事情会永远等待下去。成功者都是行动派，他们从不迟疑，从不等待，总是想到就去做。

很多时候，人们把等待这个事情归结为"拖延症"。可很少人去了解"拖延"背后的本质。根据戴尔·卡耐基对培训班学生的研究，他发现所有拖延的背后都有一颗"不自信"的心。人们对即将要从事的事情没有把握，害怕失败后会丢脸或者得到什么样的后果，诸如负债等等。所以他们给自己找借口，好让自己觉得错过机会也不值得可惜。

原本，戴尔·卡耐基以为艾迪这辈子也就是嘴上的行动派了。可没想到五年后，消失的艾迪再次找到他，如今的他已经成为10家婚介连锁机构的执行总裁。戴尔·卡耐基很惊讶艾迪的改变，问他成功的原因。结果，艾迪跟他说，是车祸改变了自己。一次交通意外差点结束了艾迪的生命，经过半年多的治疗才获得痊愈，艾迪出院的第一天就着手准备成立婚介机构的事情。用他的话说，不知道哪一天，他的生命就突然走到了尽头，所以他必须不去怀疑任何事情，跟着自己的心走。

就是在这种想法的影响下，艾迪才彻底地改变了自己，从此走上了更为广阔的人生之路。正如艾迪所说的那样，人生是无法确定的，谁也不知道下一秒钟会发生什么事情，因此我们唯一能够做的便是：不要再等待，从现在起就开始努力地实现自己的梦想，这样一来，我们的人生才不会留下遗憾。

如果不开心，就找一个角落哭一下

众所周知，现代社会是一个竞争已经进入白热化的社会。我们生活在这瞬息万变的社会中，往往会觉得自己背负着相当大的压力。为了避免遭到社会的淘汰，为了提高自身的生活水平，我们竭尽所能地改变自己、完善自己，想尽一切办法为自己进行充电。可是在此过程中，我们不免会遇到各种各样的挫折。

有时候，我们明明很努力去付出，但是心仪的那个职位却交给了似乎没有像自己那样努力的同事。我们为了某个项目连续好几个月加班到深夜，到头来一句"不适合"就否定了之前全部的努力。这时，我们就会有沮丧、难受和痛苦的情绪。

面对这些消极情绪，有的人选择爆发出来，在家人、同事面前咆哮，摔东西；有的人则把痛苦压在心里，努力对别人强颜欢笑。不管是以上哪种做法都不利于心理健康，甚至还会影响别人对自己的评价。如果心中反复去强调它或者找不到宣泄的途径，就会变成强大的心理压力，影响我们的日常生活和工作，严重的还会引发心理疾病。

有不少女学生问戴尔·卡耐基："戴尔老师，当我遇到不开心的事情应该怎么处理呢？"戴尔·卡耐基经常笑着告诉她们，最简单的做法就是多想些开心的事情，这样不痛快的心情会变得好起来。像女人们，还可以吃点平常喜爱的小零食，在合理的范围内购下物，约朋友去痛快地玩一场，再不行就找个角落或者在被子里哭一下。当然，这些戴尔·卡耐基都强调是在合理的范围内！比如说，你不能透支信用卡去购物，否则给自己带来巨大的经济压力，非但让你难过的事情得不到解决，还会让你陷入新的困境里。

美国作家斯宾塞·约翰逊博士也比较推崇躲在角落里或者被子里哭泣的方法。因为他曾经这样说："我不开心、发怒的时候，我绝对不会让别人知道，我会赶快走开。"

美国钞票公司的伍德赫尔也想出了一个不错的方法来宣泄他的情绪。年轻的时候，伍德赫尔在某公司当一名小职员。当时，他的心情很差，因为上司并不重用他。他认为以自己的能力，这样提升太慢。的确，时下不少青年人都有这样的感觉，但是如果他们把这种不开心的情绪写在脸上，势必会引起上司的不悦，还会影响到他们的前途。那么伍德赫尔是用什么方法来宣泄不满的情绪呢？

后来在对伍德赫尔的采访中，他声称："有一段时间，我非常不开心，时常感到压抑，我甚至觉得我不得不辞职。于是，在我写辞职信之前，我取了一支笔和一瓶红墨水，然后把我对公司里每个人的指控都写了下来。我写得很棒，还用了不少形容词。最后，我把纸收了起来，发现心情好了很多。"

此后，伍德赫尔只要不开心的时候，就会把让他不开心的事情给写下来，把不能对别人诉说的话给写下来。不仅如此，在伍德赫尔成功之后，他还把这个方法分享给身边的人。每次他对别人说起这个办法，别人都会惊讶地问："你这么成功，拥有这么多的财富，还会有不开心的事情吗？"伍德赫尔用比别人更惊讶的语调说："那当然，我也是一个人啊。"

是的，无论多么成功的人都会有不开心的情绪。这些情绪可能跟自身的情感有关，跟家人朋友有关，也可能来自工作。像伍德赫尔说的，只要是个人，都难免会有不开心的情绪。所以，学会合理宣泄负面情绪是一个人成熟的表现，是一个人走向成功的必备条件。

千万不要小看这些负面情绪。情绪低落自然做不出精彩的工作方案，这是再浅显不过的道理。

有人曾说，女人是最情绪化的动物，但戴尔·卡耐基不赞同这句话。因为在他看来，这句话的言下之意是认为女性们都不能控制自己的情绪，都是情绪的奴隶。虽然事实一再证明，很多女人会被自己的情绪所绑架，似乎全世界最糟糕的事情、烦恼、痛苦都降临到她们身上，她们很难快乐，她们每天都抱怨自己不够幸运。但是，令我们感到欣慰的是，多数女性通过阅读相关的书籍，参加相关的培训班后，情绪掌控能力会得到提升。不少女性冷静和果断的程度不亚于男性，甚至开始担任国家重要的职务和一些公司重要的职位。

简单地说，女人们，只要你有这个意识，知道积压坏情绪是不好的，需要适度地宣泄，在人前要控制并去学习和掌握相关的技巧，你就能成为情绪的主人，成为一个不会在人前失态，活得相对快乐的人。

有一次，戴尔·卡耐基的培训班上来了一位非常苦恼的女士。她对戴尔·卡耐基说："戴尔老师，帮帮我好吗？我真的好难过。

我真的受不了我自己，虽然我知道这样不好，可是我经常会为鸡毛蒜皮的事情在人前失控，丢脸地大哭或者发脾气。"

听完她的话，戴尔·卡耐基知道这位女士明显已经意识到坏情绪宣泄不当是一件不好的事情。这对她掌握控制情绪和学会合理宣泄情绪是非常有利的。那些随意在别人面前暴露自己情绪的人，非常容易掉进别人精心设计的陷阱。当然，上司也不会把重任交给这样一个容易激动、情绪化的人。

戴尔·卡耐基告诉这位女士，不要轻易在别人面前哭，因为除了让你获得毫无意义的同情之外，你只会成为别人的笑柄。如果你经常用哭或者闹来要挟心爱的人以解决你想处理的问题，那么久而久之心爱的人就会对你感到厌烦。

这位女士听完戴尔·卡耐基的话，吓了一跳。她疑惑地问："戴尔老师，你的意思是如果我经常这样对待我的丈夫，他可能会离我而去，对吗？"戴尔·卡耐基点了点头，并告诉这位女士，没有人希望成为别人坏情绪的垃圾桶，也没有人有义务和责任去这么做。在心爱的人面前适度宣泄情绪是可以的，但经常这样做会让人感到讨厌。所以，如果下次难过得想哭的时候，不妨找个没人的地方或被窝，稍微哭一下。哭泣后，要积极地告诉自己："好了，我的坏情绪已经宣泄掉了，该努力生活，好好地爱身边的人，骄傲地抬起头在同事和朋友面前出现了。"

果然，半年后这位女士告诉戴尔·卡耐基，通过他的方法，她不仅不会成为朋友圈里"烫手山芋"，跟丈夫的感情也越来越好了。因为看到她的进步，她的丈夫也由衷地赞美了她。

这正是宣泄情绪所带来的益处。如果一个女人的身体中充满了垃圾情绪，那么她就好像一支带刺的玫瑰，尽管十分美丽，但却没有一个人想要靠近。因为被扎的次数多了，有了血与痛的教训，谁也不愿意再做那个倒霉蛋。因此，女人们，如果感觉不开心了，那么就悄悄地躲起来哭一下吧，千万不要让自己变成别人眼中的可怜鬼与讨厌鬼。

能力，是女人最极致的性感

有一天，戴尔·卡耐基在阅读一本名叫《星期六文学周报》的报刊时，看见了菲利斯·麦克金利写的一篇文章。在这篇文章中，她这样写道："倘若你要指责学校的教育方式非常糟糕，那么你必须要说出你的评价标准。曾经，我在各种场合痛骂学校很多年。时光飞逝，我渐渐不骂了，因为我发现无论多么糟糕的学校，总有好的一面。有一次，我路过学校一个文学风景区，那个地方聚集了各种类型的古典英文作品，可我却在痛骂学校的时候与它失之交臂了。所以，后来当我好奇走过去的时候，我十分惊讶。我竟然错失它这么多年。从此，我疯狂地在这里阅读，弥补当年失去的时间。"

这段话对戴尔·卡耐基的触动很大。他想把这段话送给每个女孩、每位女士、每位家庭主妇、每位妈妈。很多时候，我们总是不满意自己所处的环境和氛围。有些女孩认为学校的学习环境和教育制度非常糟糕，有些女人则认为自己所处的企业升迁机制太不人性化，还有些女人认为当个全职太太很压抑，甚至全职妈妈们抱怨孩子太闹腾。种种抱怨让我们蒙蔽了双眼，让我们觉得缺乏一个有利的环境和时机，所以无法施展才能。

于是，很多人在等待，等待糟糕的环境快点结束，好让自己像极力奔跑中的狮子一样奋发向上。更加有趣的是，这些人都在抱怨自己不够幸运。他们觉得命运对待他们不公平，他们没能享受很好的物质生活条件。别人在乘坐豪华游轮，自己却在挤公车；别人在参加奢华的酒会，自己却在啃面包。

通常有人向戴尔·卡耐基这样抱怨的时候，他会故作惊讶地说："难道你不觉得自己很幸福吗？别人在玩命奋斗的时候，你却躺在床上吃着薯片，看着电视剧。他们很可能还在加班的时候，你却在呼呼大睡。究竟谁比较幸福？"

奉劝那些拥有远大理想的女孩们，如果你想拥有理想的未来，那么就要放弃舒适的现在。现在如果不奋斗，未来你还是那个不够幸运的自己，你还是会有各种不如意。这番话，戴尔·卡耐基曾多次在训练班上强调。

有一次，一位叫黛莉的女生就对戴尔·卡耐基说："戴尔老师，坦白说，我的家庭环境还过得去，我目前的生活无忧。我对未来也没有太大的企图心，一直希望能过上平平淡淡的日子。所以，我现在不玩命奋斗应该没有问题吧？"

当然，戴尔·卡耐基给出的答案是否定的。可是，这位女孩却反复强调，自己真的不奢求过上非常富裕的生活。可是，她不知道每个人的成长都背负着很多重任，生命也充满着很多的变数。这个阶段，她能过上安逸的日子，可是谁能担保她可以一直这样平平淡淡下去呢？当然，如果可以，戴尔·卡耐基还是祝福这位女生能如愿过着平凡的日子。

生活永远是现实的。再次见到这位女生已是20年后。当时，戴尔·卡耐基走进一家超市选购需要的物品，这位女生叫住了他。看到她的时候，她双目无光，头发凌乱，神态疲惫。戴尔·卡耐基先愣了一愣，在他的记忆里似乎不认识这么一位女士。等到她再次自我介绍，他才想起这位曾经家庭环境还过得去的"女孩"。

戴尔·卡耐基讶异她的变化，她低着头对他说："戴尔老师，我后悔自己没能好好听你的话。"原来，这位女士家里曾经营货运公司。后来，货运公司在运输一批货物的时候出了交通事故，一对夫妇在事故中去世，而货物也因此被暂扣押而无法按时交货。在这个事故中，除了支付给受害人巨额的赔偿款之外，还需要支付货物误期的损失费用。一下子，这位女士的家庭陷入重大的经济危机之中。她的父亲因无法面对现实而选择跳楼，最终被救活却终身残疾。她的母亲无法面对现实而病倒了，一下子，她成为这个风雨飘摇家庭的支柱。

可是不久，她的女儿就出世了。于是，这位女士疲惫地奔跑在工作和照顾父母女儿上面，完全没有什么时间去打理自己和自我充电。

听到这位女士的悲惨遭遇，戴尔·卡耐基非常难受。他相信在这样艰苦的环境下，她是无法去通过自我提升改变命运的，因为她的时间被重要的事情给占据了。戴尔·卡耐基也很认可这位女士说的话。她对戴尔·卡耐基说，当时他给她意见后，她的家庭还维持了八年的风光时间。如果在那段悠闲的日子里，她认真狠下心去学习一门特长，也许今天她就不用在超市给人打工，也许今天她有能力雇用专业的护士来照顾自己的父母，自己就不用这么疲惫了。

是的，在环境优越的时候，在有空的时候，不玩命地奋斗，得到的结果是总有一天被命运玩弄。生命的多变性注定它不可能一成不变。所以，奉劝很多在舒服环境里的女人们，千万不要忘记奋斗。等到遇到逆境，再想奋斗可就要难上百倍、千倍了。不要抱怨现有的生活不够如意，这一切都是由你之前的奋斗所决定。你如今过得多么舒服，将来就会过得多么艰难。反之，你如今多么努力，将来就会过得多么舒服。一定要谨记：在这个世界上，99%的人的命运都掌握在自己的手中，现在不玩命，那么将来命就会玩你！

走别人的路，自己便没路可走

在美国的好莱坞，很多人都是通过模仿某个明星而获得了成名机会。于是，一时之间，这种模仿名人的风气大肆盛行。毫无疑问，在成名的道路上，模仿巨星是一条最快的捷径。但是，问题也随之而来。有一个巨星是璀璨的巨星，有10个相似的巨星却怎么看怎么别扭。时间长了，人们就只认可正牌的巨星了，而这些模仿者却变成很多观众眼前的过客。

每个人生来都是独一无二的。不管你长相美艳，还是容貌普通，你都是浩瀚的宇宙中特别的那一位。如果你把自己当成一流的人，那么你必定会成为最棒的自己。相反，如果你一直在模仿别人，那么你终究成为不了别人，最多只能成为二二流的人。

从密苏里州的玉米田来到繁华的纽约时，戴尔·卡耐基想报考的是美国戏剧学院，他希望自己能成为一名演员，认为这是通往成功的捷径。于是，他仔细琢磨当时几位当红的演员并把他们身上的优点全部都放在自己身上。当时，他还为自己的聪明暗暗窃喜。其实，这样的做法很不明智，他浪费了好几年的时间在模仿别人上，最后才发现自己把他们每个人都学得不怎么像。

如此失败的遭遇本该让他回心转意，可是，他却没能吸取教训。几年后，他为了写一本有关演讲的商业书，又借用了其他著名作者的观点。最后，他再次发现自己犯了非常愚蠢的错误，把别人的文章拼凑在自己的书里，反而变成一本理念多而杂、不成派系的商业书。结果可想而知，他把这本辛辛苦苦拼凑了一年的书交到各位书商手里，却没有一个人对它感兴趣，最后只能把这本书扔进垃圾桶里。

这一次，他对自己说："你就是戴尔·卡耐基。你必须凭自己的能力来开创未来，让自己成为一个品牌。"从此，他放弃模仿别人的念头，放弃拼凑别人的做法，把自己真实的演讲经历写成一本像公开课的书。当时，此类书籍在市场上从未有过，所以，他成功地按照自己的想法打造出了一个品牌。

无论你是个什么样的人，永远都不要放弃自己，更不要愚蠢到去模仿别人。麦当娜虽迷人，但是你自身的条件未必适合去模仿她，而你心仪的另一半也未必喜欢像麦当娜一样的女人。

所以，无论你的心中有多少位偶像，不管你对别人的生活是多么地羡慕，你必须谨记：再怎么模仿，也不可能变成别人，反而会让自己增加心理负担。反之，倘若你用心地走出属于自己的道路，那么你也能像成功人士那样过上自己想要的优越生活。

第6章

你要相信，
最好的正在来的路上

这事太小，不值得你垂头丧气

上天赋予每个人可以独立思考的大脑，人们用它来捕捉生活中的美好。他们在枯树的一棵嫩芽上可以看到春天的消息；在迁徙的候鸟鸣叫声中听到它们对家的渴望；在巷弄中打闹嬉戏的孩子的笑声中，回忆起自己无忧无虑的童年；他们听到一句美丽的话语时，会想起自己深深眷恋着的爱人。

人生只有短短几十年，却常常浪费很多时间去发愁一些微不足道的小事。给你讲一个最富戏剧性的故事，主人公叫罗伯特·莫尔。

莫尔说："1945年3月，作为一名美军战士的我，在中南半岛附近80米深的海水下，学到了人生当中最重要的一课。当时，我正在一艘潜艇上，我方雷达发现一支日军舰队，包括一艘驱逐护航舰、一艘油轮和一艘布雷舰，正朝我们这边开来。我们发射了三枚鱼雷，都没有击中日军舰队。突然，那艘日军布雷舰径直朝我们开来。（后来才知道，这是因为一架日本飞机把我们的位置用无线电通知了这艘军舰。）我们潜到45米深的地方，以免被它侦察到，同时做好防御深水炸弹的准备，还关闭了整个冷却系统和所有的发电机。

"3分钟后，我感到天崩地裂。六枚深水炸弹在潜艇的四周炸开，把我们直压到80米深的海底。深水炸弹不停地投下来，有十几个在距离我们15米左右的地方爆炸了——如果深水炸弹距离潜水艇不到5米的话，潜水艇就会被炸出一个洞来。当时，我们奉命静静躺在床上，保持镇定。我吓得差点喘不过气来，不停地对自己说：'这下死定了……'潜水艇的温度几乎到了40℃，可我却怕得全身发抖，一阵阵地冒冷汗。15个小时后，攻击才停止，显然是那艘布雷舰用光了所有的炸弹后开走了。这15个小时，我感觉好像是过了1500万年。我过去的生活一一在眼前出现，我记起了干过的所有坏事和曾经担心过的一些无聊小事。我曾担心，没有钱买房子，没有钱买车子，没有钱给妻子买漂亮衣服；下班回家，常常和妻子为一点芝麻大的事吵上一架；我还为额头上的一个小伤疤发过愁。

"那些令人发愁的事，在深水炸弹威胁生命时，显得那么荒唐和渺小。我对自己发誓，如果还有机会再看到太阳和星星的话，我永远不会再忧愁了。在这15个小时里我学到的，比我在大学四年学到的还要多得多。"

我们一般都能很勇敢地面对生活中那些大的危机，却常常被一些小事搞得垂头丧气。拜德先生手下的工人能够毫无怨言地从事那种危险又艰苦的工作，可是有好几个人彼此之间不肯说话，只是因为怀疑别人乱放东西侵占了自己的地盘；或者看不惯别人将每口食物嚼28次的习惯，而一定要找个看不见这个人的地方，才吃得下饭……

世界上超过半数的离婚，都是生活里的小事引起的。

一次，卡耐基到芝加哥一个朋友家吃饭。分菜时，他有些小细节没做好。大家都没在意，可是他的妻子却马上跳起来指责他："约翰，你怎么搞的！难道你就永远也学不会怎么分菜吗？"她又对大家说："他老是一错再错，一点也不用心。""也许约翰确实没有做好，可我真佩服他能和他的妻子相处20年之久。说句心里话，我宁愿吃两个最便宜的只抹着芥末的热狗面包，也不愿意一边听她啰唆，一边吃美味的烤鸭。"卡耐基事后这样说道。

大家都知道："法律不会去管那些小事。"人也不应该为这些小事忧愁。实际上，要想克服一些小事引起的烦恼，只要转换一下角度，有一个新的、开心点的看法就好。

作家荷马·克罗伊曾经说过，过去他在写作的时候，常常被纽约公寓的大照明灯"噼噼啪啪"的响声吵得快要发疯了。

后来，有一次他和几个朋友出去露营。当听到木柴烧得很旺时发出"噼噼啪啪"的响声，他突然想到：这些声音和大照明灯的响声一样，为什么我会喜欢这个声音而讨厌那个声音呢？回来后他告诉自己："火堆里木头的爆裂声很好听，大照明灯的响声也差不多。我完全可以蒙头大睡，不去理会这些噪音。"结果，不久后他就完全忘记了这事。

很多小忧虑也是如此。我们不喜欢一些小事，结果弄得整个人很沮丧。其实，我们都夸大了那些小事的重要性。

两次担任英国首相的迪斯雷利说："生命太短促了，不要只想着小事。"安德烈·莫里斯在《本周》杂志中说："这些话，曾经帮助我经历了很多痛苦的事情，我们常常因一些不值一提的小事弄得心烦意乱。我们生活在这个世界上只有短短的几十年，而我们浪费了很多时间，去为那些很快就会成为过眼云烟的小事发愁。我们应该把生命只用在值得做的事和感觉上。去想伟大的思想，去体会真正的感情，去做必须做的事情。因为生命太短促了，所以不该再顾及那些小事。"

爱默生讲过这样一个故事："在科罗拉多州长山的山坡上，躺着一棵大树的残躯，自然学家告诉我们，它已经活了有四百多年。它在漫长的生命里，曾被闪电击中过14次，无数次狂风暴雨侵袭过，它都能屹立不倒。但在最后，一小队甲虫的攻击使它永远倒在了地上。那些甲虫从根部向里咬，渐渐伤了树的元气。虽然它们很小，却保持着持续不断的攻击。这样一个森林中的庞然大物，岁月不曾使它枯萎，闪电不曾将它击倒，狂风暴雨不曾将它动摇，一小队用大拇指和食指就能捏扁的小甲虫，却使它倒了下来。"

我们都像森林中那棵身经百战的大树，在生命中也经历过无数狂风暴雨和闪电的袭击，可是最后却让那些用大拇指和食指就可以捏死的小甲虫咬噬个没完。

要在忧虑毁了你之前，先改掉忧虑的习惯。不要让自己因为一些应该丢开和忘掉的小事烦恼，要记住：生命太短促了。

在最深的绝望里，看到最美的风景

那些跌宕起伏过后，我们需要用平静来阐释面临的一切。

做棵职场向日葵还是含羞草？这个世界看起来早已成为外向者的天下。但事实上，内向者拥有安静的力量，她们的一些关键特性，比如注重深度、清晰准确的表达、习惯孤独等，使自己更容易成为卓越领导者或深度思想者。

逆境中的艰难困苦会对人产生什么样的影响？会把人压得喘不过气来，还是帮助你重新审视自己，找到之前自己也意识不到的潜力？伟大的心理学家阿尔弗雷德·安德尔说：人类最奇妙的特性之一，就是"把负变正的能力"。

战争期间，瑟玛的丈夫驻守在加州莫哈韦沙漠附近的陆军训练营里，为了能与他团聚，瑟玛也搬到那里去了。她十分讨厌那个地方，丈夫经常出差，只留下她一个人住在一间破屋里，瑟玛因此陷入了无边的苦恼中。

沙漠的天气令人无法忍受，即使有巨大的仙人掌，温度也高达五十多摄氏度。除了附近的墨西哥人和印第安人，几乎找不到可以说话的人，而他们又不会讲英语。那里整天都刮风，吃的东西，包括呼吸的空气中，到处都是沙子！瑟玛感觉日子实在过不下去了，她写信给父母，说她要回家，马上就回，一分钟也待不下去了！父亲的回信只有两行字，这是瑟玛毕生难忘的两行字："两个人从监狱的铁栏里往外看，一个看见烂泥，另一个看见星辰。"

瑟玛把这两行字念了一遍又一遍，内心充满了愧疚。她暗自下定决心，要主动发现自己身边的美好——她要看到那些心中美好的星辰。

于是，瑟玛与当地人交上了朋友。这时候她才发现，他们是如此友好——当瑟玛对他们编织的布匹和制作的陶器表示出一点兴趣时，他们就毫不犹豫地将自己最得意的东西送给了她，而不是卖给观光客。瑟玛仔细地欣赏仙人掌和丝兰令人着迷的形态；她去了解当地那些土拨鼠的事情；她披着日落的余晖去沙漠里寻找贝壳，她得知，300万年前，这片沙漠曾经是广阔无垠的大海。

究竟是什么使瑟玛产生了如此大的变化呢？沙漠没有改变，土著也没有改变，而是瑟玛的内心改变了。在这种心态下，瑟玛将以前那些令自己颓丧的环境变成了生命中最富有刺激性的冒险活动。由此发现的崭新世界令她为之感动，为之兴奋不已。瑟玛说："我从自己的监牢向外望，终于看到了星辰！"

也许，在我们了解不多的古老世界里，反而保留了更多古老的智慧和关于心灵的哲学。

英国军官勃德莱在非洲西北部，与阿拉伯人同在撒哈拉沙漠里生活了七年。在那里，勃德莱学会了游牧民族的语言，穿他们的服装，吃他们的食物，尊重他们的生活方式。他以放羊为生，睡在阿拉伯人的帐篷里。他觉得，和这群流浪的牧羊人在一起生活的七年，是他一生中最安详、最富足的一段时光。

勃德莱的父母是英国人，他本人出生在巴黎，儿时在法国生活了九年，然后到英国著名的伊顿学院和皇家军事学院接受了教育。成年后，勃德莱以英国陆军军官的身份在印度住了六年。

那时，他热衷于玩马球、打猎，并攀登喜马拉雅山探险，生活丰富多彩。他曾参加过第一次世界大战，战争结束后以助理军事武官的身份参加了巴黎和会。其间的所见所闻令勃德莱备感震惊和失望。当年在前线战斗时，勃德莱深信自己是为了维护人类文明而战，但在巴黎和会上，他亲眼看到那些自私自利的政客，是如何为第二次世界大战埋下了导火索的——每个国家都在进行秘密的外交阴谋活动，竭力为自己争夺土地，制造国家之间的仇恨。

于是，勃德莱开始厌倦战争和军队，甚至厌倦整个社会。他开始为自己应该选择哪种职业而满怀忧虑，好友建议他进入政治圈，但在8月一个闷热的下午，一次谈话改变了他的命运。他和第一次世界大战中最富浪漫色彩的"阿拉伯的劳伦斯"——英国情报官泰德·劳伦斯谈了一会儿，这个曾长期和阿拉伯人住在沙漠里的传奇英雄建议勃德莱到那里去。

尽管勃德莱觉得这个建议有些荒唐，但是他已经决定离开军队，工作也找得不顺利。因此，接受了劳伦斯的建议，前往阿拉伯人的世界。

后来他十分庆幸自己做出这样的决定，因为在那里他学会了如何克服忧虑。阿拉伯人生活得很安详，内心很平静，在灾难面前也毫无怨言。

有一次勃德莱在撒哈拉遭遇了炙热的沙尘暴。沙尘暴一连刮了三天三夜，风势强劲猛烈，甚至将撒哈拉的沙子吹到了法国的隆河河谷。勃德莱感觉到头发似乎全被烧焦了，眼睛热得发疼，嘴里都是沙粒，他觉得自己仿佛站在玻璃厂的熔炉前，痛苦万分，几近疯狂。然而阿拉伯人却毫无怨言，他们只是耸耸肩膀说："麦克托伯（没什么）！"

但是他们并不是完全消极被动的。暴风过后，他们立刻展开行动，将所有的小羊杀死。他们知道这些小羊已经无法存活了，杀死小羊至少可以挽救母羊。在完成这一任务后，他们再将剩下的羊群赶到南方去喝水……所有这些都是在十分平静的心态下完成的，对遭受的损失没有任何抱怨和忧虑。部落酋长说："已经很不错了，我们原本可能会损失所有的一切，但是感谢老天，还有40%的羊留了下来，我们可以从头再来。"

还有一次，勃德莱乘车横越大沙漠时，一只轮胎爆了，恰好司机忘了带备用胎。勃德莱又急又怒又烦，问那些阿拉伯人该怎么办。他们说，急躁不仅于事无补，反而会使人觉得天气更加闷热，车胎破裂是老天的旨意，是无法阻挡的。于是，一行人只好靠三只轮胎往前行驶，然而不久汽油也用光了。面对这种处境，酋长只说了一句："麦克托伯（没什么）。"这些阿拉伯人并没有因司机的过失而烦躁不已，反而更加平静。他们徒步走向目的地，一路上不停地唱着歌。

与阿拉伯人一起生活的七年时间使勃德莱相信，在美国和欧洲普遍流行的精神错乱、浮躁和酗酒，都是由匆忙、复杂的文明生活制造出来的。只要住在撒哈拉，勃德莱就没有烦恼。在那种最恶劣的生存环境中，他却能够找到心理上的满足和身体上的健康，而这也正是文明社会所缺失的。

在离开撒哈拉17年后，勃德莱始终保持着从阿拉伯人那里学来的生活乐趣：愉快地接受那些已经发生的事情。在深深的绝望里，看到美好的风景，这种生活哲学，比服用1000支镇静剂更能安抚他的紧张情绪。

为最纯的梦想，尽最大的努力

我们常常将自己的不顺利怪在别人头上，怪别人不认真，怪别人太冷漠，怪别人不理解我们的好主意，甚至怪别人抢我们的风头……

随着年龄的增长，你才发现所有的不幸，归根结底，责任都在自己身上。许多人一直到老才明白这个道理，结果后悔也来不及了。就像拿破仑在滑铁卢战败后时说的："除了我自己，没有人应该为我的失败和错误负责。我是自己最大的敌人，也是自己不幸命运的根源。"

人生从来没有完美无瑕，幸福不会随便加分给任何一个人，正视这一点，才可以正确地看待自己的缺点和不足，然后尽最大的努力改变自己的现状。超越自己，才可以俯瞰世界。

H.P·霍华先生在纽约大酒店突然去世的消息，震惊了华尔街，传遍了全美国。作为美国财经界的领袖人物，美国商业银行和信托投资公司的董事长，以及几家跨国公司的董事，他的去世在社会上产生了巨大的影响。但这样一个杰出的人物，却没有受过任何正规教育。他一开始只不过是在乡下的小商店里当店员，成为美国钢铁公司的贷款部经理后，通过不懈的努力，社会地位越来越高，影响力也越来越大。霍华曾经说过："长期以来，我一直保持写工作日记的习惯。家人从来不在星期天晚上打扰我，因为他们知道，那天晚上我在做自我反省，回顾和检查一周的工作。渐渐地，我犯错误的概率越来越小，而这种自我反思的方法一年年坚持下来，对我的人生大有裨益。"

霍华的做法可能是从富兰克林那里学来的，但富兰克林不会等到星期天晚上，而是每天晚上就将当天做过的工作重温一遍。他发现自己有13项十分严重的错误，其中三项是：浪费时间、为小事烦恼和喜欢辩论。睿智的富兰克林懂得，如果不能克服这些缺点，他就没办法取得伟大的成就。于是，他每周会挑一项缺点并与之斗争，并且将当天的输赢结果记录下来。这种每周改掉一个坏习惯的战斗持续了两年多。正是这种努力，使他成为美国史上最受人敬爱，也最具有影响力的人物之一。

大家或许会觉得这种严格的自我反省过于苛刻，那么请看著名演奏家赫伯·阿尔伯特的一句话："每个人每天至少有五分钟是愚蠢的。所谓智慧就是一个人如何不超过这五分钟的限度。"让我们看看怎样只避免这五分钟的错误好了。

愚蠢的人受一点儿批评就会气急败坏，而有智慧的人却急切地希望从那些责备他们、反对他们、阻碍他们的人那里学到更多的经验教训。诗人惠特曼说："难道你的一切知识只是从那些羡慕你、恭维你、和你站在同一阵线的人身上学来的吗？从那些反对你、指责你、阻挡你的人那里学到的东西，也许会更多。"

不要等着敌人来批评我们，我们来做自己最严格的批评者，要在敌人指责我们之前，找出自己的缺点并加以改正。如果有人骂你是一个傻瓜、花瓶，你会怎么办呢？生气并且觉得难以忍受吗？看看林肯是怎样做的：

有一次，战争部长埃德温·斯坦顿大骂林肯总统是一个笨蛋——因为林肯直接干涉了斯坦顿的业务，为了迎合一名自私的政客，林肯签发了一项命令来调动部分军队。斯坦顿不仅拒绝执行林肯的命令，而且大骂林肯。后来呢？当林肯听到斯坦顿的指责后，十分坦然地回答："如果斯坦顿说我是个笨蛋，那我一定就是个笨蛋，因为他几乎从来没有出过错，我得亲自去问问。"

林肯果然去见了斯坦顿。斯坦顿向他解释了签发这项命令可能带来的严重后果，于是林肯收回了命令。只要是诚意的批评，并且有足够的事实依据，具有一定的建设性，林肯都非常乐意接受。

我们都应该乐于接受这样的批评，因为没有人能做到不出错，甚至无法保证能把75%的事做对。世界上最著名的科学家爱因斯坦甚至承认，自己的思想在99%的时间里都是错的。

法国作家拉罗什富科说："敌人对我们的看法比我们自己的观点可能更接近事实。"正常情况下我不反对这句话，但是一旦有人批评我的时候，一不留心我就会马上进行反驳——甚至还不清楚批评我的人要说些什么。一遇到这种情况，我总是非常懊恼，人们都不喜欢接受批评，总是喜欢听到别人的赞美，而完全不管这些批评或者赞美是否符合事实。由此可见，人并不是一种纯逻辑动物，而是一种情感动物，我们的思想逻辑就像一叶独木舟，在深邃、阴沉、经常刮起狂风暴雨的情感之海里漂来荡去。

所以，如果听到有人说我们的坏话，请不要本能地为自己辩护——每一个傻瓜都会这么做。我们要与众不同，要谦虚，要明理，要去和那些批评我们的人做朋友，要告诉自己"如果批评者知道我全部的错误，他的批评一定会比现在更严厉"，只有这样，我们才能赢得他人的喝彩。

有一个肥皂推销员，他就常常请别人来批评自己。刚开始推销肥皂时，他总要很久才能获得一笔订单，业绩这么差，他很担心会失去这份工作。他觉得肥皂的质量和价钱都没有什么问题，那问题一定出在自己身上。于是每次生意失败后，他总在街上来回踱步，想要弄清楚到底是哪里出了问题：是不是说话太含糊？是不是态度不够真诚？为了弄清楚问题所在，他勇敢地回到客户那里，对他们说："我回来不是推销肥皂，而是希望得到忠告和批评。可不可以告诉我，几分钟前我推销肥皂时，有什么地方做得不对？你们的经验比我多，也比我成功，我做得不对的地方，请不加隐瞒地告诉我。"

这种诚恳的态度使他赢得了很多朋友和很多宝贵的忠告。

你猜后来怎么样？今天他是CPP肥皂公司——全世界最大的肥皂公司的董事长，他的名字叫E.H·李特。在上一年中，全美国只有14个人收入比他多。

只有非凡的人才能做到H.P·霍华、富兰克林和E.H·李特的自律、自省和努力。女人们，现在何不去面对镜子，问问自己到底属于上面的哪一类人？

要想不因为他人的批评而烦心，可以践行这句话：留下自己干过的傻事记录，检讨自己吧！我们不可能做到完美无瑕，那就让我们按照李特的办法，请别人给我们坦率、有益、有建设性的批评吧！

放低姿态，脚步会更从容

　　我们总是习惯了仰望，却忽略了低处，说不定那里也有美丽的风景。

　　玫瑰固然芳香美丽，但也有骇人的尖刺；大海固然令人神往，但也有风暴海啸。我们所在的世界尽管不完美，但我们却可以尽力修炼出一种完美的生活态度。请你仍然以一颗宽容的心，去爱这个世界，把心放低一点，脚步更从容。

　　卡瑞尔是个聪明的工程师，也是卡瑞尔公司的老板，他开创了空调制造行业。卡瑞尔先生说："年轻的时候，我在纽约州水牛城的水牛钢铁公司做事。有一次我要去密苏里州水晶城的匹兹堡玻璃公司的下属工厂安装瓦斯清洗器。这是一种新型机器，我们经过一番精心调试，克服了许多意想不到的困难，机器总算可以运行了，但性能没有达标。

　　"我对自己的失败深感惊诧，仿佛当头挨了一棒，竟然犯了肚子疼的毛病，好长时间没法睡觉。最后，我觉得忧虑并不能解决问题，便琢磨出一个办法，结果非常有效——这个办法我一用就是30年——其实很简单，只有三个步骤。第一步，我坦然地分析我面对的最坏结局。如果失败的话，老板会损失两万美元，我很可能会丢掉工作，但没人会把我关起来或枪毙掉。

"第二步，我鼓励自己接受这个最坏的结果。我告诫自己，我的历史上会出现一个失败点，但我还可能找到新的工作。至于我的老板，两万美元还赔得起，权当交了实验费。接受了最坏的结果以后，我反而轻松下来了，开始感受到内心终于得到了平静。

"第三步，我开始把自己的时间和精力投入到改善最坏结果的努力中。

"我尽量想一些补救办法，减少损失的数目，经过几次试验，我发现如果再用5000美元买些辅助设备，问题就可以解决。果然，这样做了以后，公司不但没损失那两万美元，反而赚了1.5万美元。

"如果我当时一直担心下去的话，恐怕再也不可能得到这个结果了。忧虑使人思维混乱，忧虑的最大坏处，就是会毁掉一个人的能力。当我们强迫自己接受最坏的结局时，我们就能集中精力解决问题。

"由于这个办法十分有效，我多年来一直使用它。结果，我的生活里几乎很少再有烦恼了。"

为什么卡瑞尔的办法这么有实用价值呢？从心理学上讲，它能够把我们从灰色情绪中拉出来，使我们的双脚稳稳地站在地面。只有我们脚踏实地，一心做事，才有把事情做好的可能。

应用心理学之父威廉·詹姆斯教授已经去世很多年了，假如他还活着，听到这个办法也一定会加以赞赏。因为他曾说过："接受现实，是克服不幸的第一步。"

林语堂在他那本深受欢迎的《生活的艺术》里也说过同样的

话。这位中国哲学家说："心理上的平静能顶住最坏的境遇，能让你焕发新的活力。"这话太对了！接受了最坏的结果后，我们就不会再损失什么了，这就意味着失去的一切都有希望赢回来了。

可是生活中还有成千上万的人为忧虑而毁了生活，因为他们拒绝接受最坏的境况，不肯尽可能地挽救灾难带来的后果。他们不但不重建心灵大厦，反而得了忧郁症。

住在麻省曼彻斯特市温吉梅尔大街52号的艾尔·汉里曾经说过他的经历：

"20年前，我因为常常发愁，得了胃溃疡。一天晚上，我的胃出血了，被送到芝加哥西比大学医学院的附属医院，体重也在几天内从170磅降到了90磅。我的病非常严重，以至于医生连头都不许我抬，他们认为我的病没得治了。我只能每小时吃一匙半流质的东西。每天早晚，护士都用一条橡皮管插进我的胃里，把里面的东西洗出来。

"这种情况持续了几个月……最后，我对自己说：'你睡吧，汉里，如果你除了等死之外没有什么其他的指望的话，不如充分利用你余下的生命。你一直想在死之前周游世界，如果你还有这个愿望，现在就去实现吧。'

"当我告诉医生我要去周游世界的时候，他们大吃一惊。他们警告说，这是不可能的，如果我去周游世界，我就只有葬在海里了。'不，不会的'，我说，'我已经答应过亲友，我要葬在雷斯卡州我们老家的墓园里，所以我打算随身带着棺材。'

"我买了一具棺材，把它运上船，然后和轮船公司商量好，万一半路上我死了，就把我的尸体装进这口棺材，放在冷冻仓中，运回我的老家。我踏上了旅程，心里默念着奥林凯莉的那首诗：啊！在我们零落为泥之前，怎能辜负欢乐的时光？化为泥土，死后长眠，就会没有酒、没有歌、没有舞蹈，而且看不到明天。

"我在洛杉矶坐上亚当斯总统号向东方航行时，精神已经感觉好多了。渐渐地，我不再吃药，也不再洗胃了。又过了段日子，我可以吃东西了——甚至包括许多奇特的当地食品和各种调味品——在医生看来，这些都是会让我送命的食物。几个星期过去了，我甚至可以抽长长的黑雪茄，喝上几杯老酒。

"我们在印度洋上碰到季风，在太平洋上遇到台风，可我却尝到了冒险带来的极大乐趣。

"我在船上玩游戏、唱歌、认识新朋友，晚上聊到半夜，多年来我从未享受过这样轻松的时光。

"到了中国和印度之后，我发觉自己的私事与在当时的东方看到的贫困和饥饿相比，真是不值一提，我彻底抛弃了所有无聊的忧虑。回到美国后，我的体重增加了90磅，几乎都忘记了我得过的重病，我从未感到这么舒服和健康。"

艾尔·汉里在潜意识中也运用了威利·卡瑞尔克服忧虑的办法。

"首先，我问自己：可能发生的最坏情况是什么？答案是：死亡。

"第二，我让自己准备好迎接死亡。我别无选择，几个医生都说我没有希望了。

"第三，我想办法改善这种状况。办法是：尽量享受剩下的这点时间，如果我上船后继续忧虑下去，毫无疑问我会躺在棺材里结束这次旅行。无非就是死掉而已，我完全放松了，也忘记了所有的烦恼，而这种心理平衡，使我产生了新的活力，拯救了我的生命。"

忧虑对女人的损害更大，它除了会带来一系列疾病之外，还会侵蚀女人的容貌，让女人未老先衰；同时，在生活、家庭和职场中，往往还会给女人增添很多自身之外的忧虑。可以说，忧虑仿佛更青睐女人。亲爱的你，如果有忧虑，就要赶紧排除它。你可以用威利·卡瑞尔的这个办法，做下面三件事：

一、问你自己："可能发生的最坏情况是什么？"

二、做好准备迎接它。

三、镇定地想方设法改善最坏的情况。

然后，用快乐的心情把忧愁一脚踢走。

总有一天，你会成为最好的女孩

整形外科医生马克斯韦尔·莫尔兹博士说：任何人都是目标的追求者，一旦达到一个目标，第二天就必须为第二个目标动身起程了……人生总是像行驶在高速路上的车子，总是不断起跑、飞奔、修正方向……不犹豫地朝前方奔跑，总有一天，你会成为最好的女孩。

一个小女孩名叫罗斯，有一天，老师让学生们把自己的梦想写出来。罗斯的梦想是拥有一个大农场，甚至还画了一张农场的设计图。老师判她的答卷不及格，还说罗斯是在做白日梦。老师认为，建农场需要一笔很大的开销，而罗斯又是个非常普通的女孩，既没钱又没家庭背景，怎么可能实现这个愿望呢？罗斯却很认真，她把自己的梦想详细地描述出来，并且还确定了每个不同阶段的目标，之后她就朝着这个目标努力。多年后，罗斯终于有了一座属于自己的农场。有意思的是，当年那位老师还带着学生来这里参观，当然，这位老师对自己当年的做法惭愧极了。

巴罗是一名马戏团的驯兽师。每当一只动物的动作有了进步，巴罗就会亲热地拍拍它的脑袋，称赞它的聪明劲儿，还要奖励它一块肉。巴罗的方法正是几个世纪以来训练动物的寻常技巧。那么，为什么当人类对待别人的时候，总是习惯使用皮鞭，而不是肉呢？换句话说，人们都习惯了给别人批评和责怪，甚至嘲笑，而不习惯赞赏别人。但实际上，即使一个人只有一点小小的进步，只要得到称赞，就可以得到继续前进的动力。

50年前，一个10岁的穷孩子有一个理想，希望自己将来能成为一个歌唱家。可是，他的第一位老师非但没有鼓励他，还打击了他的梦想，老师说："你怎么能唱好歌呢？你的嗓子很差劲，唱起歌来难听极了。"孩子的母亲是个贫苦的农家妇女，她却搂着自己的孩子，称赞他鼓励他。她对自己的儿子说，你每天都在进步，歌声越来越好听了！母亲光着脚去做工，为的是省下钱来给儿子付音乐班的学费。那位农家母亲的鼓励和称赞，终于改变了孩子的一生——这个孩子就是杰出的歌唱家卡罗沙。

真诚的鼓励可以让每一个平凡的孩子继续她的梦想，明确的目标可以让每一个看起来不可能实现的愿望梦想成真。比起鼓励或挫折，更重要的是我们要保持必胜的信心和坚持下去的意志。

生命有时一片光明，有时会深陷黑暗；有时让人站在人生的巅峰，有时又会将人抛入低谷。挫折是人生旅途中必经的一站，即使我们退缩，挫折也不会因为你的逃避就放过你。勇敢地接受生活的考验，坚持自己的梦想，总有一天，你会成为最好的女孩。

达娜·侯赛因是一名喜欢跑步的伊拉克女孩，但是在她的国家，不允许女孩子抛头露面，更别说穿着短裤背心进行体育比赛了。但达娜并没有退却，没有鞋，她就穿着淘来的二手跑鞋偷偷去体育场练习跑步。但不久后伊拉克战争爆发了，为了赶去训练，她的教练不得不开着车载着她，冒着枪林弹雨，在一天中八次穿过交战地带才能到达集训地。

即使这样，达娜也没有放弃，她说："如果街道被封锁了，我就换个地方训练，如果枪战发生了，我会绕路走，因为我要实现我的目标。"达娜的成绩不错，她是伊拉克女子短跑100米和200米的全国纪录保持者，她赢得了参加奥运会的资格。达娜的目标很明确，去参加北京奥运会，她并不奢望能够拿到奖牌，只要能在奥运会的100米和200米的赛道上跑出自己的成绩就满足了。

达娜的事迹被《芝加哥论坛报》报道后，一位名叫劳拉·哈根的美国女律师，为达娜邮去一双最新款的跑鞋，并汇去了达娜的训练经费以及去北京的路费。哈根在写给达娜的信上说："一名选手怎能没有自己的跑鞋？我不是体育迷，但我支持你，我希望能在奥运会的赛场上看到你。"

但是，现实经常与理想开残酷的玩笑。就在达娜准备动身的时候，伊拉克与国际奥委会产生了矛盾，决定不派运动员去北京参加奥运会了。听到这个意外的消息后，达娜流下了伤心的泪水。教练为了宽慰这位21岁的女孩，说："没关系，这次奥运会不能参加，你还可以参加下次奥运会。"达娜难过地回答："但战争还在继续，谁知道四年后我还会不会在人世？"

只要你知道自己去哪儿，全世界都会为你让路，奔着目标前行，总有一盏绿灯为你亮起。经过奥委会的努力，在最后关头，达娜终于获得了北京奥运会的参赛资格。8月16日这天，达娜如愿站到了北京鸟巢体育馆的田径跑道上，看到了达娜，现场的人们纷纷报以热烈的欢呼声，她成功了！虽然以她的成绩并没有进入下一轮比赛，但是达娜说："只要我还活着，我就不会放弃训练和比赛。"

实现梦想的道路上困难重重，有岔路也有障碍，也许你正在焦虑或者苦苦寻找，但是不要灰心，机遇属于坚持的人，只要你有明确的目标，抓住一切可利用的资源寻找机会，总有一天，你会梦想成真，成为最好的女孩。

努力成为
你想成为的人

谢英明—— 编著

做最好的自己，才能与众不同

按内心生活
成就世界上唯一的你

北京时代华文书局

图书在版编目（CIP）数据

努力成为你想成为的人 / 谢英明编著. -- 北京 ： 北京时代华文书局，
2019.10（2019.12重印）

（励志人生）

ISBN 978-7-5699-3204-1

Ⅰ．①努… Ⅱ．①谢… Ⅲ．①成功心理－通俗读物 Ⅳ．①B848.4-49

中国版本图书馆 CIP 数据核字（2019）第 220596 号

努 力 成 为 你 想 成 为 的 人
NULI CHENGWEI NI XIANG CHENGWEI DE REN

编　　著｜谢英明

出 版 人｜王训海
选题策划｜王　生
责任编辑｜周连杰
封面设计｜乔景香
责任印制｜刘　银

出版发行｜北京时代华文书局 http://www.bjsdsj.com.cn
　　　　　北京市东城区安定门外大街136号皇城国际大厦A座8楼
　　　　　邮编：100011　电话：010-64267955　64267677
印　　刷｜三河市京兰印务有限公司　电话：0316-3653362
　　　　　（如发现印装质量问题，请与印刷厂联系调换）

开　　本｜889mm×1194mm　1/32　印　张｜5　字　数｜107千字
版　　次｜2019 年 10 月第 1 版　印　次｜2019 年 12 月第 2 次印刷
书　　号｜ISBN 978-7-5699-3204-1
定　　价｜168.00元（全五册）

很早以前就想写一些关于自己人生经历的事情。不为引起多少人的共鸣，只为了纪念逝去的青春。

等我老了再翻开这本书，不晓得会是怎样一份光景。

昨天，我在日记本里写下了一句话：莫留恋，前方永远有新念。

所以今天，我用这句话作为我的序言。

人生是一段跌跌撞撞，同时又充满未知的旅行，每个人长大后都不会和小时候幻想的一样。

从小到大，我有过很多梦想，但迄今为止，变成现实的却寥寥无几。

读小学的时候，我想成为一名老师，管理一众学生，变成"桃李满天下"的人。可长大以后才发现，自己并不能成为一个好老师，因为我并不懂得因材施教。万幸，我没有成为老师，不然岂不是误人子弟。

读初中的时候，我梦想成为一名医生，在手术台上救死扶伤，帮助那些需要帮助的人。可长大后才意识到，自己并不适合成为一名医生，手术台上一丝一毫都马虎不得，而我做事情并没有那么细心。万幸，我没有成为医生，不然岂不是耽误了患者的病情。

读高中的时候，我想成为一名心理咨询师，帮助那些心中有难言之隐的人走出痛苦。可长大后才幡然醒悟，自己不一定要成为心理医生，也能够帮助别人摆脱阴暗，给别人的心中带来光明。

读大学的时候，我看着校园里的满园春色，渴望着能够成为一名流浪的背包客，阅尽世间万事，体味各种人生……可最后，我坐在了电脑前，日复一日守着编辑的工作……

但我很庆幸，找到了自己喜欢的工作，有了自己热爱的事业。

那些曾经有过的念头早已经被我抛诸脑后。或许有人说，不是说要坚持吗？

生活需要坚持、需要毅力，却不是无谓的挣扎，不是随意的决定，更不是多余的留恋。

在我们没有想清楚之前，可能会有很多选择冒出来，但我们只能选择一个。至少，某个时期内只能选择一个。

毕竟，当我们把精力放在两件事情上时，最大的可能是两件事情都做不好。

人生不需要太多的留恋，过去的就是过去了，偶尔缅怀就好，不需要我们心心念念、深陷其中。

就像旅行中，你看到了一片美丽的花园，不想离开了，于是定居下来。

但你永远不知道，在这片花园的下一站，有更大、更美丽的花园在等着你……

人生，莫要选择留恋，所有失去的都会以另一种方式归来，前方永远有新事物在等着你。

让过去的成为过去，
重要的是现在

遗失的岁月给不了你想要的天长地久

很多人的悲惨生活都是由于自己太过犹豫造成的。

太过犹豫的人，永远不知道自己未来的道路在哪里，也永远不知道自己想要什么。就像蝴蝶注定飞不过沧海，过于犹豫的人注定找不到自己的诗与远方，他们看到的、经历的都是眼前的苟且。

我的朋友杨哥就是一个很好的例子。

杨哥是个农村娃，也是他们村里的第一个大学生。十几年前，大学生并没有现在这么常见，"包分配"是当时很多人求学的原因之一，杨哥也不例外。所以，走出村子是他当时唯一的愿望。结果，当他的愿望达成后，他却没有如愿留在大城市，而是回到了他从高中就开始渴望离开的小县城。

杨哥不止一次地向我抱怨过讨厌现在的生活，我也时常开解他，但我明白，杨哥现在的生活是他自己的选择。或者说，他所讨厌的这一切都是他一手造成的，是他一步步把自己推向了深渊。

在校期间，杨哥的"选择恐惧症"就已经很严重，甚至变成了一个连"中午吃什么"都能认认真真思索一上午的人。如果不是当初互联网还没有普及，他或许会用目前网络上最流行的"截图"（有人将动态图片上传到网络，图中包括多种食物，使用规则是使用者打开图片，然后利用手机的截图功能，从动态图片中选择午餐。该"发明"号称为解决"选择恐惧症患者"吃饭难题而出现，事实上，许多"选择恐惧症患者"也表示因此"发明"而获利）方式来决定午餐吃什么。

虽然对于杨哥来说，我的说法可能有些夸张，但不可否认，他是那种只要眼前有两个选择就会摇摆不定的人。或许对吃饭等小事都心生犹豫的性格对某个人人生的影响不大，但如果这种做法被无限放大，就会影响一个人的一生。比如在选择选修课时，比如在职业生涯规划方面，再比如在未来的道路选择上，等等。

临近毕业时，生性犹豫的杨哥终于迎来了最难熬的时刻——他不得不做出一个选择——一个决定他未来的选择。

然而，不同于现在很多大学生面对毕业时的迷茫，在那个大学毕业生"包分配"的年代，很多大学生的出路都是一早注定的。当然，也有一些人乐于自由选择职业。杨哥明显不属于这两者。

摆在杨哥面前的路有三条——一是考研；二是等学校分配；三是回老家自谋出路。

在杨哥心里，他是倾向于前两者的。因为在那个知识相对贫瘠的年代，读书不仅是为了找到好出路，也是为了获得更多知识。但是杨哥的家庭条件并不允许他做出这个决定——杨哥在家排行老大，家里还有两个妹妹、一个弟弟，为了凑齐杨哥这个"山沟沟里飞出的金凤凰"的学费，两个年纪稍小的妹妹初中没毕业就辍学打工去了，身无所长的父母只能靠家里的几亩地过活，一家人节衣缩食把钱全给了杨哥。

尽管家人拼尽全力支持杨哥读书，但那些钱也仅仅能够交齐学费，杨哥的生活费还是得靠自己。杨哥生性犹豫，但在打工这件事上，他倒是没什么好犹豫的——对于一个需要钱养活自己的人来说，工资高低是最大的决定因素。

杨哥明白，家里已经无力支持他继续深造，更何况一大家子人还等着自己养活，深造的道路注定是行不通了。

那么摆在杨哥面前的路只剩下两条——等学校分配，或者回到家乡。

父母是希望杨哥回去的，理由也很简单：跟杨哥年纪差不多大的人早已经成家立业，杨哥也该安定下来，谈一门亲事了。

在"回家结婚"和"留在大城市"中纠结的杨哥最终还是没有逃脱"被安排"的结局。当他终于决定要留在大城市时，学校也刚好将他分配回了家乡。一年后，杨哥在父母的安排下结婚生子。

杨哥原本以为，凭借自己的能力可以再度回到大城市，可没想到这一待就是十几年。

机遇从来只给有准备的人，像杨哥一样摇摆不定的人注定会错失机遇。哪怕这十几年中有的是机会，但孑然一身时杨哥尚且犹豫，拖家带口又岂能轻易做出决定？甚至，他连选择的勇气都没有。

很多人认为，时间能够给出最好的答案。但事实告诉我们，时间并不一定能够治愈伤口，也并不一定能够解决问题，它只会让我们淡忘，忘掉最初的自己，忘掉我们向往的天长地久。渐渐地，当你习惯了现在的生活，你就不会再去想曾经的梦。

在那些遗失的岁月里，有人习惯得到，有人习惯失去；有人习惯缅怀，有人习惯失忆……可我们都明白，遗失的岁月并不能带给我们想要的天长地久。我们渴望的天长地久需要我们去改变，去争取，去努力。

想到了另一个朋友小王，也是在一次次的犹豫中蹉跎了时光。

大学毕业的小王一直乖乖地等亲戚帮忙介绍工作。刚毕业时，小王的亲戚给他介绍了保安的工作，从此以后工作的事情就没了下文。小王不止一次向父母提过要换工作、要换一座城市打拼的意愿，但他的父母并不同意，说让他再等等。

小王就这样等了两年。此时比小王还要小两岁的弟弟拒绝家人安排，自己找了一份工作。小王弟弟的工作轻松不说，薪资还是小王的四倍，这一点深深刺痛了小王，他不停问自己：为什么我要一直等待，而不是主动出击去找机会呢？

当他向亲戚又一次提出帮忙找工作却无果后，终于下定决心要换一份工作、换一座城市打拼。面对父母的劝阻，小王第一次有一种毅然决然的勇气，他很快递交了辞职信，收拾行囊离开了。

离开保安岗位，重新回到人才市场的小王其实并没有什么优势可言。他惊奇地发现，仅仅两年平稳的保安生涯已经让他无法重新融入激烈的市场竞争中，他除了相比刚踏出校门的大学生年长几岁、谈吐略成熟外，再无其他特长，就连在学校里学到的知识，也随着时间的流逝而遗失在了岁月里。

手中捏着简历的小王忽然觉得，自己就像在深山中隐姓埋名生活了数年的人一样，对这个世界一无所知。的确，现如今科技和信息更新迭代的速度已经赶上细胞分裂了，两年对于一个职场人士来说不算长，但也绝对不算短。

虽然小王是社会中的"老人"，但除了做保安再无其他工作经验，对于很多企业来说依然是新人，所以他也只能找到一些不需要工作经验的工作。好在小王还年轻，尚且可以拼一拼未来，从基层做起或许是他最好的选择。

并不是所有人都能够"迷途知返"，也不是所有人都能够在正确的年纪做出正确的决定。在我们对一切都充满未知时，犯错并不可怕，可如果我们明知前方是死胡同，却还是要走下去，那么我们生活中的悲哀就是自己一手造成的。

不要妄图时间给我们答案，也不要妄想遗失的岁月能够换来我们想要的天长地久。要知道，时间并不知道答案，遗失的岁月也无法窥见我们的未来。

过往就是不管甜不甜都只能去珍藏

有多少人能忘记过去呢?

我想我是做不到的。既然做不到,不如就把这段回忆珍藏在心中,以免我们时时刻刻放在心上,留下的全是阴霾。

记得我刚刚搬家的时候,恰好也是刚刚失恋的时候。那段时间,我动不动就跟朋友打电话,诉说衷肠: "我很想念她。"一个星期、两个星期,一个月、两个月、三个月……终于有一天,当我对朋友说出"我现在满脑子都是我的前任"时,朋友直接甩给我一句话: "你前任现在心心念念的是她的现任。"

经朋友的提醒我才想起,我的前任早已有了现任。她早已经从我的世界抽离,融入别人的生活中去了,而我还傻乎乎地站在原地。

大部分男人都不愿意承认自己是个拿得起、放不下的人,我也是。我一直对前任的事情耿耿于怀,因为我觉得自己不会轻易输给谁。但事实证明,我输了,而且一败涂地。

很多时候,我们搞不懂自己对前任是爱还是不甘心。这种心情就像犹豫着要不要扑火的飞蛾,既贪恋烛火的温暖,又不愿意被烧得伤痕累累,丢掉性命。那段时间我说了很多感人泪下的情话："只要你愿意，我的肩膀永远给你依靠""只要你愿意，我会一直在原地等你""只要你愿意，我随时可以再次接受你""只要你愿意……"

很遗憾，对方可能并不愿意。女人是水做的，恰如女人做出的决定，覆水难收。

借酒消愁大概是所有男人失恋后必然会选择的发泄方式，我也不例外。那段日子，我一直浑浑噩噩，不愿意承认自己输了，不愿意承认自己不如别人，不愿意承认自己的失败，更不愿意承认以前的快乐日子都是泡沫。

再后来，偶然在街上遇见前任，但我知道，无论是她还是我都已经变了，我们再也回不到从前的日子了。可不知道为什么，我的心里还是放不下，如同寂寞的枝丫，时不时便会在心里开出一朵苦涩的花，如同饮下了一碗黄连，苦到眼泪都忍不住掉了下来。

可我也知道，我没有道理去阻止她寻找自己想要的幸福。过去的甜蜜和苦涩再怎么难忘，也都是过去了，我们可以缅怀过去，可以珍藏记忆，却不能沉溺于其中。

就像逝去的人，无论我们多么想念，都不可能再回来了。

我有一个发小，在小学的时候就去世了，那是我第一次近距离接触死亡。这么说可能有些不准确，因为当时的我还不懂什么叫死亡，我只知道，我再也见不到他了。

他是因为生病而去世的。在去世前，他跟病痛足足抗争了一年，但最终还是没有战胜病魔。

《滚蛋吧！肿瘤君》上映的时候我没有去看，因为不敢去，我怕自己哭倒在电影院里，也怕那随着时间流逝而形成的伤疤再一次被一点点揭开。同样的痛苦，有谁愿意承受第二次？

虽然没有观影，但并不代表我没有去了解过这部电影。《滚蛋吧！肿瘤君》是由真人真事改编的，在电影举行发布会之前，故事的原型熊顿已经离世。很多人因为这一点，在电影院哭得稀里哗啦，走出电影院的男男女女都眼角通红，还有很多女生止不住哽咽。

在电影《滚蛋吧！肿瘤君》中，白百合饰演的熊顿是一个与肿瘤抗战一年多的女性，从得知自己生病到离世，熊顿一直以积极、乐观的心态面对生活，她的精神也感染了很多人。得知熊顿的故事时，我的心久久不能平静，这么说吧，熊顿的性格与我的发小的性格如出一辙。

我小时候是个很内向的孩子，发小一直是个很乐观、很活泼的人。认识他以后我渐渐变了，变得爱说话。他对我的影响就像是初春的阳光，一点点融化了我内心的冰冷，让我学会了寻找快乐，也影响着我在长大后还能乐观面对一切。

读小学三年级的时候，发小家搬到了另一个地方，发小随之转学。我们见面的机会也越来越少，但每次寒暑假他都会回到奶奶家找我。一年以后，我突然得知他生病了。

最初，我的发小并不知道自己患了肿瘤，或许那个年纪的他也并不知道什么是肿瘤。在接受化疗的那段时间，他一直表现得像个没事儿人一样，尽管他的头发已经掉光了，但他还会戴着假发，偷偷和我一起跑出去玩。直到今天，我都无法忘记他爽朗的笑容。

可能我见他的时候，他的病情还不严重，所以还能出来玩，可后来我很长一段时间都没有见过他。其实，小孩的忘性是很大的，半年后我就淡忘了这件事。直到那年临近年关的时候，我的父母在聊天时无意间说出了他去世的消息。

十一二岁的我其实还不太懂父母说了什么，一直到几个小时过去了，临睡觉的时候我突然开窍，知道自己再也不能见到他了。那一瞬间，我的眼泪止不住掉下来，那也是我第一次感觉到人生真的没有什么轨迹可言，一切都发生的那么突然，让人措手不及。

发小的生命在最好的年华戛然而止，给我造成了巨大的阴影。我不敢再交朋友，一是怕历史再度上演，二是在我那小小的、执拗的心中认为，如果我交了新的朋友就会忘记他，这是对我们友谊的背叛。

这种心态一直持续了三年，初中的最后一年，我忽然想明白了，最好的缅怀不是死死抓住过去不放，而是要活得更精彩。这对他是最好的纪念，对我也是最好的安排。

毕竟，我不能因为怕超越以前的甜蜜，就不去尝试新的幸福生活，我也不能因为不愿意体会当初的苦涩，而拒绝所有美好的开始。沉溺于过去，何尝不是为了逃避现实？

其实，每个人都有一些不可磨灭的记忆，或是爱情，或是友情，或是亲情。在这些记忆中，有苦涩，也有甜蜜，有不舍得忘怀的，也有想忘却忘不了的。无论我们怎么挣扎，怎么逃避，都无法脱离现实。

很多人梦想成为富翁，却也只是梦想而已。成为富翁不仅要靠机遇，还要有胆识，有面对困境时不认输的勇气。

2016年11月10日，郭正利去世了。很多人知道他的名字是因为他曾经是亿万富翁，而后因为投资失利，企业倒闭、老婆离开了不说，还欠了一大笔债。面对巨额债款，这位曾经的亿万富翁没有因为怀念过去的美好生活而消沉下去，而是向年迈的母亲求教麻油鸡秘方，并在市场摆起了摊位。

虽然麻油鸡的价格、利润都不高，但这位亿万富翁豁达的态度更加值得人们尊重。过去的事情无论多么不舍都是过去了，只有过好当下才是最重要的。

很多人渴望着得到一杯忘情水，希望忘掉过去的一切，然后重新开始。可是，后悔是每个人都会有的感情，无论我们愿不愿意接受，过去的事情都是既定的事实，后不后悔都无法改变历史。

一盘棋局尚且会有死局，更何况是变幻无常的人生。面对这种死局，我们不能一味逃避，而要坚强面对。

对于过往，我也无法真正忘记，只能在心中告诉自己，过去的，无论是苦是甜都无法再回去了。总想着过去又有什么用？除了回忆，除了抱怨，除了痛苦，它又能给我们带来什么？

既然过去了，就将它永远珍藏在角落里，只有放下那些不属于自己的，才能够过得更好。

这，就是过往——甜与不甜都只能珍藏。

最怕你记不住我，也忘不了他

"劝君莫惜金缕衣，劝君须惜少年时。有花堪折直须折，莫待无花空折枝。"

人生最大的遗憾大抵就是在最好的年华做出了错误的选择。无论是爱情、友情还是亲情，这个定律都同样适用。

有人说，懂得珍惜的人才配拥有。这句话说得太对了，如果一个人对身边的东西不珍惜，一再消耗得天独厚的资源，那么他就不配拥有这件东西。感情亦如是。

还记得一年前，我的哥们林逸在一个暗恋他的女生的婚礼上喝得酩酊大醉。我用尽所有力气把他扛回家后，他紧紧地拉着我，嘴里喊着新娘的名字，对我掏心掏肺地说了很多话。我知道，他其实一直都喜欢那个女生，但是他也一直都不愿意从初恋的阴影中走出来。

我们叫不醒一个装睡的人，骗不了自己爱一个不爱的人。同样，如果林逸不愿意从那段故事中走出来，谁也不能逼他这么做。

林逸和他的初恋是大学同学，两个人朝夕相处了四年。林逸说，那是他这辈子最难以忘怀，也是最不愿意忘怀的时光。

如果命运的大手想要将你推向悬崖，那么你连躲都没地方躲。和大多数不被祝福且不争气的初恋故事一样，林逸的初恋在他拿到大学毕业证书后画上了句号。那天，就像偶像剧里常见的剧情一样，林逸追着公交车跑了一站地，也求了一站地。可是偶像剧毕竟只是偶像剧，林逸也没有男主角的光环，他当时心心念念的那个"女主角"始终没有回头。

分手后，林逸天天找我出去陪他喝酒。当然，他负责喝酒，负责喝醉后站在马路上呼喊初恋的名字，负责哭得一塌糊涂，而我负责结账，顺便把他拖回家。

这样的日子大概过了一个多月，林逸总算愿意回归正常，至少看起来是这样的。他剃掉了厚厚的一层胡渣，去理发店剪掉了乱糟糟的头发，每天按时吃饭、按时睡觉，也不再叫我去喝酒。可我总觉得，他用表象把自己的内心深深埋了起来，不让任何人触碰，更不许他人挖掘这段回忆。

后来林逸开始找工作，他是那种能够化悲愤为力量的人。两年后，林逸已经成为他们部门的明星员工了。事业有成的林逸终于忍不住去找他的初恋，但那个让林逸念念不忘的女孩已经成为别人的未婚妻。

从初恋家回来，林逸一声不吭，照常上班，只是工作起来更拼了。也正是那一年，林逸遇到了陈芳，那个暗恋了林逸五年的女孩子，那个让林逸哭得更加惨烈的女孩子。

陈芳算是林逸的徒弟。刚刚毕业的陈芳通过林逸所在部门的面试，成为林逸的"晚辈"，林逸把这个小女生当作自己的妹妹，对她很照顾。没有哪个女人不喜欢睿智、成熟，更重要的是懂得照顾自己的男人，所有偶像剧里常见的烂俗情节在林逸和陈芳身上一一上演——陈芳爱上了这个大她两岁、对她的关怀无微不至的男人。

可面对陈芳的表白，林逸一直拒绝，或者说他一直在逃避这个问题。他私下找我喝酒的时候跟我聊过这件事，他说他还是忘不了初恋。那天在大排档，林逸没吃什么东西，却喝了好多酒，喝醉了以后，林逸坐在马路边上哭了起来。我知道他还在怀念初恋，或是因为还爱着对方，或许是不甘心。

总之，陈芳一厢情愿地在逐爱之路上跌跌撞撞走了五年。五年来，陈芳拼命追逐，渴望跟上林逸的脚步，林逸则拼命逃避，希望背后没有陈芳这个小尾巴。

就像没有人加柴的火堆迟早会熄灭，再怎么一腔热血的爱恋，在得不到回应后总会逐渐冷却。

五年的追逐让陈芳身心俱疲，她接受了一个一直等她的男人。

陈芳订婚的消息传来时，林逸有那么一瞬间的茫然无措，在他的眸子里，一抹失落不经意闪过。五年来，他习惯了拒绝，也习惯了被陈芳追逐，可短短几天，一切都变了。

泰戈尔的《飞鸟集》中有这样一句话："世界上最遥远的距离，不是生与死的距离，而是我就站在你面前，你却不知道我爱你。"

这句话被许多痴男怨女拿来赏析，人们感叹幸福可以轻易来临，而我们却不知晓。但在林逸的故事里，我看到的却是"世界上最遥远的距离，不是我站在你面前，你却不知道我爱你，而是我明明爱你，却没来得及抓住幸福"。

后知后觉的人是痛苦的，看看林逸就能知道这一点。陈芳结婚后，林逸心心念念的人不再是初恋，这个人变成了陈芳。但是，一切都已覆水难收。

早知如此，何必当初呢？

所以，有些东西失去了就不会再回来，与其一直念念不忘，还不如把握当下，不要让今天的自己因为昨天的抓不住感到后悔，更不要让明天的自己因为今天的自己而后悔。

得不到的永远在骚动，哪怕我们身边有更好的选择，还是会向往得不到的。

很多人都听过猴子掰苞米的故事。调皮的小猴子来到田地，摘了苞米又看上了隔壁的桃子，于是丢下苞米去摘桃子。拿到桃子的小猴子兴冲冲地赶回家，却在路上遇到了一片瓜田，圆圆的大西瓜吸引了小猴子的目光，它连忙丢下桃子，冲向了西瓜地。

小猴子在西瓜地里兴奋地大喊大叫，吵醒了午休的看瓜人，看瓜人拿起钉耙把小猴子吓跑了。最后小猴子看了看自己的手，除了留下一丝苞米和桃子的味道外，再无其他东西，伤心的小猴子十分失落地走回家了。

回到家以后，小猴子的妈妈问小猴子今天做了什么，小猴子蔫蔫地将自己的经历告诉了妈妈。猴子妈妈听完后，笑着说："傻孩子，你这样做当然什么都得不到。明天你出去以后，认真想想自己想要得到什么，然后再去找这个东西。"

第二天，小猴子想了一路，决定要桃子，于是到果园摘了许多桃子回家了。

很多时候我们会嘲笑这只傻傻的小猴子，但是，这个小猴子难道不是我们的真实写照吗？已经成年的我们长年累月为工作和生活奔波，虽然懂得了很多，但还是忍不住上演小猴子摘果子的剧情。有多少人在追逐梦想的时候，心里想念的却是曾经失去的那一份美好？有多少人执念曾经不肯放手，却感到身心疲惫。

静下心来想想，在时光流逝的过程中，我们有多少时刻是在找到现在的"我"。很多时候，记忆中的我们更像是另一个人，一个和我们共用同一具身体的"他"。

不管是"我"，还是记忆中的"他"，一旦我们沉沦，就会发现自己过得并不快乐，而且这种不快乐是一个死循环。

欢子有一首歌唱得很好："我们都在怀念过去，失去才懂得珍惜……"

人生在世，怀念是必然的，但是如果我们沉浸在"他"的世界里，不能珍惜现在的"我"，那么我们的人生注定会陷入不断的"怀念——失去——珍惜"中。

愿你能走出回忆，珍惜当下。

成长会让你遇见更好的自己

你有没有想过，你的奋斗是为了什么？是为了别人眼中更好的未来，还是为了心中更加优秀的自己？

如果你想清楚了这个问题，就会发现很多事情都迎刃而解了。

前段时间，楼上的一个哥们老是找我抱怨工作不好做，骂自己的老板是外行，自己兢兢业业这么多年，却还不如一个新员工受青睐；以前的同事们也不好相处，很多事情都斤斤计较，帮点忙还推三阻四……

我每次都是笑而不语，因为我知道他需要的只是个听众，而不是一个分析师。我也知道，他每次找我抱怨完，第二天都会兴高采烈地去上班，围绕着他认为的那一群人，说一些极度无聊的笑话。

其实，我身边类似这样四处说老板坏话的人并不少，但我很纳闷，既然老板这么不好，为什么还要跟着老板？一个人既然能够成为老板，必然有过人之处。

以前看过一个故事，内容是一个男人走进宠物店，想要买一只宠物回家。

这个男人在店里观察了一会儿以后，指着笼子相邻且外观一致的三个宠物说道："右边这只多少钱？"

老板说："1000元。"

男人惊呼："这么贵？可这并不是什么名贵的宠物啊？"

老板说道："可是，这只宠物会跳舞。"

男人饶有兴趣地看着中间的宠物问："那么这只也会跳舞？"

老板点了点头："是的，它不仅会跳舞，还会打拍子，所以它售价2000元。"

男人指着左边的宠物继续问："那么这只呢？"

老板摇了摇头，说："我并不知道它会什么，但我知道中间和右边的宠物都听命于它，所以它售价5000元。"

最后，男人买走了三只宠物。

这个故事多少有些寓言的意味，但是我们无法忽视一个"老板"的重要性。

回归到主题上来，老板的重要性是不言而喻的，但你既然得不到老板的赏识，必然是因为在老板心中，你无法达到他的要求，无法实现他想要的价值。

有些员工是因为工作态度不够认真而得不到老板的赏识。我有个朋友以前是做房地产经理的，他总是向我抱怨自己工作多么辛苦，连节假日都要坚守在岗位上，但是挣得工资却可怜巴巴。

我问他："每个月能卖出去几套房子？"

他说："好多人都是看看，根本不是来买房子的。"

我接着问："那你们公司的人都是这样认为的吗？工资都这

么低吗？"

他似乎有些不愿意回答，静默了几秒钟后说："也不是，有些人不知道从哪儿找来的托，每隔几天就能卖出去一套房子，他们的工资自然高。"

我瞬间明白了他的工资为什么少的原因了。他从来没有认真对待这份工作，也无法为公司产生价值，自然工资低，晋升的机会也少。

没过多久，他就转行了。仔细想了想，认识他五年以来，他已经换了十几次工作，平均四个月换一次工作。这样频繁跳槽，再加上对工作不上心的态度，自然无法得到老板的赏识。

另一种无法得到老板赏识的人是无法产生价值的人。或许你身边也有这样的例子：

某个人天天加班到深夜，公司组织活动也都十分积极参与，可"升职加薪"这四个字与他永远无缘。于是他不服气，到处向别人说自己为公司劳心劳力许多年，没有功劳也有苦劳，最后公司却无情地抛弃了他。

问题的症结在哪里？不是老板傻，而是老板太过聪明，他知道你所有的努力都是表象，而不是真正为了公司。

员工与企业之间其实是很直白的价值交换，你产生了多少价值，老板就支付你多少薪水。这里所说的价值是结果，而不是每天坐在办公室喝喝茶、看看报纸就可以了，也不是每天多扫几次地、多帮上司送几份文件就可以了。我们的工作态度是核心因素之一，产生的价值也是核心因素之一。

在管理层看来，员工之所以能够获得升职加薪的机会，是因为他对公司做出了贡献，创造了价值。而上述例子中的人明显犯了一个错误，他把对工作的态度当成了得到报酬的依据，而不以自己产生的价值计算自己的薪酬。在他的思维中，只要做事积极，对公司忠诚，就应该得到公司重用，就应该升职加薪。

有这种想法的人，只是身高、体重和年龄随着时间流逝不断增加，而不是真正变得成熟。真正的成长是心理成熟，而不是生理成熟。

在现实中，眼高手低是很多人的通病。他们不愿意放低姿态，去做一些看起来十分不起眼的小事。可是很多大事都是由小事一点点累积起来的，当你琢磨透了，把事情做好了，不仅能够获得老板的赏识，对自己而言也是一种提升。很多人被《士兵突击》里的许三多感动了，他平凡，甚至毫不起眼，还时不时拖后腿，但他对待生活认真和不服输的态度让很多人都念念不忘。

很多人和许三多一样不服输，但是这种不服输是口头上的，除了说别人几句外，再无其他动作。而许三多的不服输是行为上的，他用实际行动证明了自己，也成就了自己。

刘菲是我的学妹，她刚刚踏出校门走向社会时，只是一个瘦瘦小小的小女生，属于放在人堆里都找不到的那种。现如今，经过五年的奋斗，她体型上还是瘦瘦小小，甚至比刚毕业时更加纤弱，但她的气场却越来越强大，气质也越来越好，远远望过去，只需一眼就能从人群中找到她。

和许三多一样，刘菲也是一步步成长、一点点改变的。职场新人难免要比前辈努力，很多东西是在校时从来没有接触过的，虽然有前辈带，但有很多东西必须靠自己去摸索。那段时间，刘菲从来没有在晚上十点钟之前回过家，甚至有时候，凌晨三点才回家，七点钟又匆匆赶去公司。

对于这段时间的辛苦，刘菲也只是笑笑，咬咬牙挺过去了，偶尔闲下来休息的时候，她会找我聊天，告诉我她觉得自己过得很累。但是，她没有抱怨过一句。我也知道，这种生活虽然累，却让刘菲快速地成长起来，成为新职员中的佼佼者。

工作一年，刘菲已经成为部门小组的组长，带领当初跟她一同进入公司的伙伴们打拼；工作三年，刘菲成为部门的副经理，公司里很多曾经的前辈已经成为她的手下；工作五年，刘菲成为部门经理，带领一众成员埋头苦干。

如今的刘菲，浑身洋溢着自信、阳光、成熟的味道，举手投足之间尽显优雅气质，面对任何大小活动都处理得有条不紊，面对突发情况的应变能力也很强。前几天她还更新了朋友圈："五年前的我刚刚踏出校园，走向社会的我是盲目的，甚至有些仓皇无措，在焦虑中度过了一段迷茫的时光，而今天的我，由内而外都是全新的。"

说到这里，可能有人会说："我之所以付出那么多精力，无非就是想要成功，想要获得更好的生活环境。"想要更好的生活环境没有错误，想要成功也是人之必然，但是，在你一心想要获得更多的时候，是不是把手边的事情做好了？通向成功的道路有很多，唯独做梦这条路走不通。

只是，十个人里面有六七个人都是把工作当成任务，只求"完事"。有些人觉得自己付出了很多，但是看不到回报，所以没了耐心，选择放弃。其实，成长就像竹子一样，只要屈下身子将根扎实，就能够在朝夕之间成长为"参天大树"。

不要只把眼睛放在眼前的成功上，努力提升自己的能力，你的成长要比成功更加重要。

成长是生命中最大的财富，只有我们真正成长了，遇到的所有问题才能够迅速被强大的内心消化掉。

那些失去的，未来会加倍还给你

34岁那年，出身农村的老葛决定考研。

对于2000年前后的"村里人"来说，34岁的人早已失去了拼搏的权利，他们应该有一份稳定的工作，应该闲下来打打牌、唠唠嗑、给孩子辅导辅导功课……

可老葛在34岁的时候，偏偏选择了重拾课本去考研。很多亲戚、朋友、同事都不支持老葛的决定，毕竟老葛在镇上任教，丢了这样的铁饭碗还上哪儿去找？可老葛还是力排众议，毅然而然地走上了这条道路。

重拾课本的过程是辛苦的，每天看着别人打牌、下棋，而自己只能在一旁背英语单词。偶尔，老葛也会羡慕别人安逸的生活，也会想要摸几下牌、下两盘棋，可终究还是想想，而后又抱着课本苦读。

决定考研的第一年，老葛的专业课成绩优异，但英语却没有考好，以五分之差错过了升学的机会。他有些气馁，进而联想到了那个算命先生——那个说他考研会失败的算命先生。有那么一瞬间，老葛开始动摇，是不是自己真的与这条道路无缘？

但很快，老葛从这个困境中走了出来。有些事情一旦迈开步子，想停下来都难，就像有些人决定走某条路，不到目的地就绝不停下。

决定考研的第二年，老葛更加刻苦学习，天天把自己关在屋子里，那些住在一个院子里的人时常看不到老葛的身影。埋首苦读后，老葛终于如愿考上了心仪的学校，但老葛是自费读书。

很多同事开始笑老葛傻，三年时间，有多少工资都白白浪费了。可老葛笑而不语，告别父母妻儿，收拾上行囊踏上了远方的列车。

失去了铁饭碗和经济来源的老葛，生活变得很糟糕，好在课不多的时候可以去做家教。半年后，老葛的妻子也来到了同一个城市，帮别人带孩子，两口子的日子过得紧巴巴，倒也不失乐趣。

转眼间老葛毕业了，顺利拿到了硕士学位，也顺利回到家乡市区一所大学任教。几年后，不安分加上更强烈的求知欲让老葛选择了攻读博士。

又过了几年后，老葛坐在我对面，对我讲出了他的故事。

"其实你不选择这条路也能够安逸地度过一生，而且还不会这么辛苦，你有没有后悔选这条路？"听完故事后我问道。

"为什么会后悔？"老葛似乎没有想到我会这么问，看着一脸疑惑的我，他继续解释道："其实我当初也想过自己的选择到底对不对、值不值得。尤其是拿到硕士学位后，我发现之前的同事跟我的生活情况其实差不多，那个时候我也有那么一点点动摇。夜深人静的时候，我不停地问自己，是不是不该选择再次踏上求学之路？"

说到这里，老葛意味深长地看了看我，才继续说："可是当我获得博士学位后，我的生活变得越来越好，也越来越轻松。之前的同事面临突然到来的改革不知所措，他们要应付各种各样的考试，有时候甚至觉得他们慌慌张张，好像随时面临失业一样。"

说到这里老葛笑了笑，喝了口茶后不再说话。之后我们便开始闲聊了很久，老葛临行时说的那句话却一直在我的脑海里回荡。老葛说："其实选择这条路看似失去了很多东西，但我曾经失去的都以另一种形态回到我手里了。"

是啊，人生中有多少东西是看似失去了，但其实从没有远离我们。

想到曾经爱得死去活来的一个女性朋友——小诺。

小诺曾经说过："在一起的时候，我以为他是一切，是我的全世界，我以为离开了他再也无法体味什么是爱情。可分手后我才发现，原来天那么蓝、水那么清、世界那么美，只是我一直追寻他的脚步，没来得及看沿途的风景。"

小诺和她的男朋友小安是大学同学。一次联谊会让他们相识，一次春游让他们决定在一起，一切看起来都是那么缘分使然。

可是，幸福来得快去得也快。他们在一起没多久就陷入了第一次冷战，原因很简单，男生多看了隔壁班的女生几眼。热恋中的人是最反复无常的，他们很快就和好，再一次笑嘻嘻地出现在我面前。可我没有忘记，就在他们和好的前一天小诺还泪珠连连地哭诉。

此后两年，他们一直断断续续。分开的理由很简单：小安不懂得照顾小诺，只知道让小诺"多喝热水"；小诺不懂得体恤小安，只知道让小安多陪伴；小安忘记了纪念日；小诺不让小安打游戏……

大学毕业时，小诺和小安与大多数情侣一样各奔东西，我断断续续听人说起过，他们和好了，他们要结婚了，他们分手了……

直到小诺毕业三年后，我再一次遇到了她，几年职场打拼已经让她变得成熟，当时眉宇间那股子无法抹去的哀怨也消失不见。

"好久不见。"小诺笑着跟我打招呼。

"好久不见。"我也笑着回应，"这几年过得好吗？"

"嗯，挺好。"小诺说。这是我认识她多年来，第一次见到她笑得这么开心、这么纯粹。

与小诺聊过以后我才知道她真实的近况。

"大学毕业后我们各自回了老家，原以为不会再联系，但是小安来找我。几年的感情，谁都不可能轻易放下。后来我们订婚了，但结婚前一个月，我们还是分手了。分手后我没有像偶像剧的女主角一样在雨中痛哭，也没有想象中那么撕心裂肺，反而有一种如释重负的感觉。"小诺顿了顿继续说，"我们两个人在一起就像彼此间系了一根橡皮筋，小安想向东走，我想向西走，谁都不愿意迁就，也不愿意松手，生怕一松手就会伤害到对方，所以我们越活越累，越来越想放弃……"

说到这里，小诺叹了口气："放手后我才发现，原来我们在一起真的是互相拖累，谁都不曾真正开心。经过这件事以后，我原本以为自己已经失去了爱一个人的能力，直到后来在一次旅行中遇见了陈宇。"讲到陈宇时，小诺的神色明显变得轻松了许多，眼角眉梢都有一丝甜蜜。

小诺一边微笑一边说："我和陈宇有很多共同爱好，我们喜欢旅游，我们热爱一望无垠的大草原，我们喜欢看的书、喜欢听的歌都是类似的，我们有共同的人生目标。最重要的是，我们在一起所做的事都是出于双方共同的兴趣，从来不用相互迁就，更不必刻意委屈自己。"说完，小诺眼睛盯着窗外，阳光照在她的脸上，使她呈现出一种前所未有的美好状态。

我顺着小诺的目光看去，一个男生落在我的眼睛里。很显然，这就是让小诺浑身上下都透露着甜蜜气息的人。

"陈宇来接我，我先走了，改天再聊。"小诺说完后，蹦蹦跳跳着走到了那个男生身边。

那天我忽然明白，有很多东西我们以为失去了，再也没有能力拥有了，其实是有更好的安排在等着我们。我们的生活不是被刻意安排好的剧本，每一次悲欢离合都受人操纵。真正的人生其实掌握在自己手中，当我们失去了一样东西时，坐在原地哭是没有用的，不如好好地升华自己，努力将自己失去的东西拿回来。

人的一生会遇到很多人，也会经历很多事。在岁月的长河里，没有什么是一成不变的，可即便要改变，我们也要努力向着最好的方向改变。

就像是雪地里的困兽，即便满身伤痕，即便前路未知，也要咬牙坚持走下去。

要知道，曾经失去的东西一定会以另一种方式回来。我们要做的除了静静等待，就是不断提升自己，在它回来的时候配得上它。

Part

2

把每一次受伤，都
变为前行的力量

没有不受伤的人，只有不断强大的心

　　许多人觉得自己都在人生旅途中跌跌撞撞，不断受伤、不断受挫，想停下来，却还是会被席卷着、推搡着走下去。

　　于是有人会问："他的运气怎么这么好？他怎么从来不会遇到问题？他为什么从来没有难过的时候？"

　　其实，他的运气并不好，他也会遇到很多棘手的、解决不了的问题，他也会有躲在被子里、攥着拳头哭的时候……只是，这些隐藏在阳光下的灰暗，除了自己知道，外人是永远也看不到的。

　　即便是一个天天笑得没心没肺的人，也会有哭得撕心裂肺的时候。这世界从来就没有不会受伤的"幸运者"，有的只是那些在受伤后仍然能够笑着面对生活的"苦难者"。

　　很多人被1983年出生的流浪歌手陈州感动了。因为命运对他是如此不公，但他从来没有抱怨过，也从来没有对未来充满胆怯，最终创造了属于自己的人生传奇。

　　陈州出生于山东临沂，童年时父母离异，他被判给了爸爸。随后，爸爸将他交给了年过半百的爷爷奶奶，离开了家乡。

　　贫困的家庭，年迈的亲人，使陈州小小年纪就要为生计奔波。但老天没有眷顾这个可怜的人儿——在陈州12岁那年，一场意外让他失去了双腿。虽然身躯不再完整，但他开朗乐观的性格和坚强不屈的灵魂并没有因此改变。

16岁时，在机缘巧合下，陈州发现了自己的歌唱天赋，这对正急于拥有一技之长，并以此为生的陈州来说，无疑是一个天大的好消息。

十几年后，29岁的陈州已经行遍中国600多个城镇，在这些城市里，陈州留下了他的声音和足迹，更为当地留下了一段没有双腿的"灵魂歌者"的传奇故事。相对于当时的很多歌手来说，陈州的舞台设备简直不值一提——一套极其普通的音响、用以支撑身体的小木箱，这是陈州的"全部家当"，但简单的设备更能折射出陈州歌声中的深情流露。

一首《水手》道出了陈州对待人生的态度："他说风雨中这点痛算什么，擦干泪不要怕至少我们还有梦。"

陈州的一切似乎都跟唱歌挂钩。唱歌成就了陈州，在唱歌中他结识了很多朋友，去了想去的地方，遇到了妻子，成为许多中国人心中的英雄……

但成名的陈州依然记得自己的初心，他说："特别想去拉萨，戴上墨镜，背上相机。我喜欢那种旷野的感觉。"虽然计划曾一再搁浅，但只要陈州想要做到，又有什么能够难得住他？毕竟，在人生最艰难的时刻，陈州都挺了过来。

生活一次又一次地深深刺痛陈州，但陈州并没有被打败，因为他的内心也在一次次受挫后变得更加坚强。拥有强大内心的人，才能够活出更好的自己。

陈州的内心高度大概是常人无法企及的。没有双腿的他，曾数次攀越泰山，身体残缺的他，要比很多身体健全的人更加勇于探险，但他为人称赞的地方绝不仅仅只有这些。

2008年汶川地震发生后，得知消息的陈州开着三轮摩托车，一路从山东来到四川，迅速参与到救援活动，用歌声抚慰灾区与他一样不幸的人。陈州这么做的原因很简单：当初孤零零流浪在四川，一些好心人曾经给他买过饭吃。

汶川地震中，许多人因灾难而残疾。陈州说，他们都是"自己人"，因为特殊的亲切感而成为朋友，这个过程要比健全人短很多。在陈州心里一直认为："其实残疾人没什么，就是有一点点不方便。残疾人不需要可怜、同情，大家在我们不方便时给一些帮助，我们就会走得很好。"

与大多数人相比，陈州无疑是伤痕累累的人，但他也是一个强大的人——来自内心与灵魂深处的强大，才是真正意义上的强大。

我一直觉得自己的内心很脆弱，所以一直四处寻找能够使自己变得强大的窍门。

在我心中，内心强大的人应该是"任凭内心情感翻涌，脸上表情却不显露一丝"，恰如苏洵所说的"泰山崩于前而色不变"。但很多时候，我们都不是这样或那样的伟人。不要说是"泰山崩于前"，一个突如其来的小小鞭炮都能让我们紧紧捂上耳朵。当然，这样的行为也不能算是错，毕竟这也是人类的本能反应之一。

越是生命中缺少的元素，越容易让人偏执。就像女孩子希望自己身边有一个盖世英雄，多半是因为这世界没办法给她安全感；男孩子希望自己身边有一个能照顾自己的人，多半是因为懒……

而我的偏执就在于我太过多愁善感，在于我的内心不够强大，在于我遇到问题时会迷茫、会彷徨、会恐慌……恰恰是因为这样，当我看到影视作品中那些内心强大的人，还是忍不住被他们吸引。

2015年，胡歌的两部影视作品长期霸屏，一部是古装剧《琅琊榜》，一部是谍战剧《伪装者》。在这两部剧中，胡歌分别饰演了外表看起来羸弱不堪、实则内心强大的梅长苏，以及最初浪荡不羁、后期逐渐走向成熟的公子哥明台。

胡歌塑造的这两个人物堪称内心强大的代表，而胡歌本人也是内心强大的人。

2005年1月，众多"仙剑迷"期待的电视剧《仙剑奇侠传》播出。这是第一部改编自游戏的电视剧，受到了众多影迷的追捧，胡歌更是凭借李逍遥这一角色被认为是"古装第一美男子"。

美好的事物来得太快，离开得也太快。2006年8月，胡歌遭遇车祸，身体受到重创，尤其是面部。对于一个刚刚走红的偶像型男生，这样突如其来的变故显得很残忍，但胡歌没有一蹶不振。伤好了以后，胡歌将"演技"看作重中之重，不断通过表演话剧等方式磨炼演技，这才让我们看到了两部优质的影视作品。

我也渴望能够成为内心强大的人，不管遭遇什么都能一笑置之。为了让内心更加强大，我不停地翻阅图书、观看电影，然后对着镜子一遍遍读着经典对白。我想象着自己就是主人公，我为了维护世界和平而战斗……

可是，这样做我的内心就强大了？

似乎现实并不是这样的。

书上说，内心强大的人，在与人讲话时语速会慢。哦，原来关键在于语速，于是我把自己的语速从1.2倍速降到了0.8倍速。

书上说，内心强大的人在谈判时，身体不由自主地舒展，占据更多的空间。哦，原来内心强大的关键在于占据更多空间，于是我也学习，甚至练习了现在很流行的"葛优瘫"。

书上说，内心强大的人，遇到问题不会随意宣之于口。哦，原来内心强大的人都喜欢深沉，于是我清空QQ空间、微博和微信朋友圈，只留下一句：人生不只有眼前的苟且，还有诗与远方……

第二天，朋友清一色评论"受啥刺激了？"，我妈也留了一句"失恋了？"

鬼知道我经历了什么。我那放慢的语速放在现在，或许会让很多人想到《疯狂动物城》中的树懒，有种急死人不要命的感觉；我那为了占据更多空间而练习的坐姿，除了让我腰酸背痛、叫苦不迭外，没有给我带来任何有意义的改变；而那条动态……算了，我不想再提了，那绝对是我人生中的"黑历史"……

我以为我掌握了窍门，找到了捷径，我惊喜、我得意、我开心、我尝试。可是，我好像距离自己想要的越来越远，面对问题时越来越容易崩溃。

直到有一天，我明白，我原以为自己变强了，但其实我的内心越来越脆弱。原来我所谓的方法，不过是我看到的表象。

就像读书时，并不是我们去模仿好学生的动作和穿着就能变成好学生，想要获得强大的内心也并不仅仅是模仿他人的外在就可以了。

那真正的内心强大是什么？有钱吗？财大气粗？是，也不是。

真正的内心强大是面对所有事情都不会害怕，不会被困难吓倒，更不会被自己的胆怯打败。人生最大的敌人不是别人，而是自己，如果自己不敢挑战所谓的"不可能"，如果自己不敢走出设下的"围城"，那么我们又如何强大？

没有谁生下来就有强大的内心，只是生活的酸楚使我们明白，如果不够坚强，我们没有办法走下去。

有人问："内心强大了，是不是就不会受伤了？"

我们因为受伤而强大，但并不是为了不受伤才变得强大。因为，这世界没有不会受伤的人，只有不断强大的内心。

成功始终隐藏在伤疤的背后

"天将降大任于斯人也，必先苦其心志，劳其筋骨，饿其体肤。"

没有谁的成功之路是一帆风顺的。在《周易·乾卦》中有一句话："天行健，君子以自强不息。"

也就是说，君子应该像天一样，发愤图强，永不停歇。只有不停拼搏，才能在重重伤疤之后，看到成功的曙光。

成长路上的伤疤是成功的精神支柱。有了这些伤疤，以及直面伤疤的勇气，我们就会有更大的信心面对生活，从而发挥自己最大的潜能，排除万难，活得更好。

很多人都听过贝多芬创作的《命运》，在这段钢琴曲中，这位命途多舛的德国音乐家让全世界听到了、感知到了他那"我要扼住命运的咽喉"的勇气与决绝。贝多芬让全世界看到了他敢于向命运挑战的身影，一首《命运》谱写了他生命的辉煌。

但是，贝多芬的成功并不是偶然，对于一个热爱音乐、从事音乐的人来说，失去听力无疑是晴天霹雳。是他在层层伤疤之下，不断挖掘、不断进取才看到了伤疤背后的成功。

上天对贝多芬是残忍的，可如果不是这份残忍，如果没有经过这段磨难，贝多芬也不见得能够创造出这么多让人们耳熟能详的曲调。毕竟，每一个传奇人物之所以能够成为传奇，是因为背负了太多的伤疤，拥有一颗伤痕累累但仍然积极进取的心，是他们获得成功、成为传奇的路径。

德国诗人歌德的作品《浮士德》中有这样一句话："凡是自强不息者，终能得救！"

显而易见，那些我们眼中了不起的人物，多半是把自己当作自己的救世主，他们坚信不能依赖他人解救自己。

我有一个从事美容美妆行业的朋友——郝晨。

刚认识郝晨一两年的人都觉得，这个女孩子真幸运，年纪轻轻就做到了老板的位置，每年都有几百万的收入。可我知道，郝晨其实并不幸运，反而很倒霉，她今天获得的一切，都是自己一步一个脚印争取来的。

郝晨出生于一个小县城，在家排行老大，家里还有一个弟弟和一个妹妹。在一个经济和思想相对落后的县城，迟早要出嫁的女孩子是"没必要读书"的，所以郝晨初中毕业就不读了。毕业后，年纪轻轻的郝晨背起行囊，跟着亲戚踏上了通往省城的列车。

那是郝晨第一次离开生她养她的小县城。就这样，郝晨跟着亲戚走进了市区，对于大城市的未知，郝晨充满了好奇，同时也充满了恐惧。她用了很长的时间才学会如何在大城市生活，如何过车水马龙的路口，如何同城里人打交道……

郝晨的第一份工作是在美容院做学徒。其实，从她花了很长时间才学会与人相处这一点来看，她并不适合这份工作——这样一份需要和顾客打交道，并借此推荐产品的工作。

但郝晨认定了这个行业，在一次次失败中，她一直坚持，直到今天。

在做学徒期间，不太懂得与人沟通、"不会说话"的郝晨没少挨骂，但每一次挨完骂她都一声不吭，直到把工作做好。有时候，郝晨会冲进卫生间流几滴泪。但她不敢也不愿意放声大哭，她不想被人发现自己的脆弱。整理好心态，郝晨还是会一如既往地对待工作，把每一位顾客都当作上帝看待。

可能有的人会因为一次次的失败、挨骂、被人看不起而产生心理阴影，从而在心里留下一道触目惊心的伤疤，一辈子再也不愿意触碰。我想，郝晨心里也是有这个伤疤的。只不过，郝晨并没有选择逃避，她敢于直面伤疤，甚至敢于揭开伤疤，直至自己抚平这条伤疤。

五年的时间很快过去，二十岁出头的郝晨早已不是当初懵懵懂懂的小姑娘，她已经成为美容院的经理。也是在这一年，郝晨辞去了工作，结束了给他人打工的时光，转而自己做老板。

看别人做老板时，总觉得所有东西都很简单，只有自己真的站在这个位置上，才能明白其中的艰难险阻。第一次做老板的郝晨也没逃过厄运，她的货款被骗了。

一时间，原本以为自己可以风风光光做老板的郝晨，变成了一穷二白的人。当时郝晨身边剩下的，只有一个光秃秃、还没来得及装修的店铺。

尝试过失败的滋味后，有些人"学乖"了，变得没有棱角，不再去揭自己的伤疤，这条伤疤也就成了他们永远无法逾越的鸿沟。但郝晨却是个特殊的人，她因这次受骗激起了斗志。

随后，还没来得及伤心难过的郝晨踏上了借钱的道路。碰壁是难免的，但好在郝晨最终还是借到钱了。当她拿着借来的钱，再次踏上通往省城的列车，她在心中暗暗发下誓言，下一次再踏上这片土地，我一定要风风光光地来，让别人对我刮目相看。

这一次回归省城之旅，让郝晨变了一个人一样。原先在美容院的大大咧咧不见了，仿佛又回到了当初第一次来到省城的时光，她变得更加小心谨慎。有时候甚至像一个贝壳，把自己的心思都藏了起来，不让任何人窥探。

那时候的郝晨其实也是怕的，毕竟手里的钱不光是自己的，大部分都是借别人的。如果受骗的事情再发生一次，郝晨不知道该怎么给支持她的人一个交代。在她心里，受骗的事情就像一把刀，深深地插在她心底。虽然这件事情过去了，她心里的伤口不再流血了、结痂了，但难免会留下一道疤痕。现在一切重头来过，无异于将她的伤疤撕开，仿佛每一个细节都在提醒她曾经的愚蠢。

可即便在外人看来有些畏首畏尾，即便郝晨自己也有些惴惴不安，她还是义无反顾地做了。用郝晨的话说："这条路，是我硬要选的，是我硬要走的，承载了这么多人的心血，我没有权利选择后悔，更没有资格放弃。"

面对激烈的市场竞争，郝晨硬着头皮做了下去。这么多年，她挨训挨骂也好，上当受骗也好，唯一不变的是对顾客的初心。也正是这份初心，让她能够大获全胜，直至走到今天。

一个人心中有着奋发向上的动力，那么即便身体上有缺陷，他也会不遗余力地向着自己的目标前进。只要有这份勇气，就能够做出超乎自己想象的成绩。即使面对曾经的缺憾，即使曾经在这片土地上跌倒，我们也应该毫不退缩地向前走，以最好的状态战胜心中的困难。

所以说，当一个人拥有梦想，且愿意为梦想不懈努力时，全世界都会为他让路。郝晨就是这样的人吧！虽然最初历经磨难，虽然要一次次面对心中的伤疤，但至少，她终于守得云开见月明，实现了自己的目标，也实现了自己的人生价值。

成长必然会经历痛苦，它的价值就在于让你变得更加强壮。勾践之所以能够卧薪尝胆数年，最终一举灭掉夫差，是因为他眼睛里看到的是痛苦带给他的教训，而不是痛苦过后留下的伤痕。

一个人能够成功，不是因为痛苦本身，而是从痛苦的背后学到了什么。所以说，面对痛苦我们需要学会接受打击，但痛苦的价值并不限于此，它的价值是你在经历了痛苦之后学会了什么，在痛苦的背后看到了什么。

勇敢者的每一次前行都是负重肩头

　　曾经看过一幅漫画，让我感触颇深。下面是我整理的这幅漫画的文字：

　　有这么一群人，他们漫无目的地走着，而且每个人都走得很慢，因为在他们背后都有一块沉重的木板。

　　他们就这样背着木板走着。直到有一天，有一个人突然"开窍"了，他停了下来，把木板锯掉了一部分。很多人劝他，他却置之不理，心里想着："这块木板又大又沉，还没有什么用，我每天这样背着它走路，什么时候才能走到终点啊！何况我只是锯短了一部分，又不是整个扔掉了，这叫创新精神，一定不会有什么事的。"

　　"改良"的木板轻了许多，他的心情变得好了，步伐也快了许多。又过了很长一段时间，那些与他一起走路的人已经被他甩在身后了，可是他抬头望了望，前面依旧人山人海。他又想道："虽然木板已经被我锯掉了一截，但还是好重，这样下去，我怎么才能走到最前端呢？"

　　于是，他再次将木板的尺寸缩短了。再次踏上旅程时，他感觉前所未有的轻松，步伐更快了。一天、两天、三天……一个人、两个人、三个人……一段时间后，他终于超越了所有人，成为队伍的领头者。他回过头来看着身后浩浩荡荡的人群，他们一个个吃力地走着、挪动着，唯有他轻轻松松地站在了第一的位置上。他开始得意于自己的聪明，嘲笑身后那些人"太傻"。

可他的快乐没有持续多久。面前突然出现的沟壑挡住了他的去路，放眼望去，目光所及之处并没有桥，穿过沟壑是行不通了。而且沟壑曲曲折折，蔓延无尽，绕路显然也不可能。他急得在沟壑边上踱来踱去，只恨自己没有一双翅膀。

渐渐地，那些原本被他甩在身后的人追了上来。他们将背上的木板放下来，刚好跨越沟壑，依次从容地离开了。他看到后，十分庆幸自己没有丢掉木板，连忙如法炮制。

但是，被锯掉了一大截的木板根本无法触及沟壑对岸。"造桥"的计划就这么破灭了，他只能静静地站在沟壑边，看着那些曾经被他嘲笑为"傻瓜"的人从容地越过沟壑，继续前进。没有人安慰他，没有人把"桥"借给他，甚至没有人停下看他，只留下他自己在原地独自叹息，追悔莫及。

从我们出生的那一刻起，就注定未来会面对种种责任、义务，或许是学习方面的，也有可能是关于情感的，抑或是关于工作的。这些我们必须背负的东西，就像是上述故事中的木板。

虽然背负着木板，我们会步履蹒跚，但"木板"也从侧面说明了我们存在的价值。

所以，不要抱怨学习辛苦、工作劳累、感情心累，这才是我们应该做的。一来，我们的抱怨改变不了现状；二来，如果没有这些苦累，我们又如何尝到成功的甜头。

拒绝刻骨铭心的痛苦，何尝不是拒绝接受酣畅淋漓的欢乐。

这世上并没有真正的感同身受，没有站到你的位置上，没有遭遇过你的经历，就永远不知道你的绝望和悲戚。所以对于一个勇敢的人来说，只有自己才可以真正穿越黑暗，只有自己才可以真正直面痛苦，只有自己才可以真正备尝孤独。

只有历经风雨，才能看得到彩虹，在穿越最初的黑暗、痛苦与孤独后，勇敢者能够获得更进一步的提升。

大多数时候，负重前行的人相比轻松上阵的人走得更远。

我的两个前同事的故事恰好说明了这一点。我的两个前同事一个叫彬，一个叫博，两个人来自同一个城市，同一所大学毕业，毕业后第一份工作就是在我们公司工作。唯一的不同是，彬年长博两岁，但他们的差距绝不仅仅是因为这两岁。

彬是农村长大的孩子，是家里的老大，有一个小他三岁的弟弟。彬的家庭条件并不好，在彬读大学时，彬的弟弟选择离开校园，全力供彬读书。大学期间，彬的学费一部分来自他的弟弟，一部分来自兼职和奖学金。为此，彬一直觉得欠他弟弟的太多，工作后也是竭尽所能帮助弟弟。

而博虽然和彬来自同一个城市，却不是农村长大的孩子。博的家庭虽然算不上特别富裕，却也从来没让博在钱上犯过愁。大学四年，每一个寒暑假他都是在玩闹中度过的，或许他压根也没有勤工俭学的意识。

总之，彬就像寒风中的白杨，无论是御寒、缺水、缺肥，还是生病、除虫，都只能靠自己；而博就像温室的花朵，所求之事必然有人回应。

也许真应了"穷人的孩子早当家"这句话，背负了太多的彬明显比博能干、踏实、务实。最重要的是彬的自制力远远超过博，闲下来的时候，彬会看书，或是做兼职。而"自由散人"一样的博多半没有闲的时候——并不是说他有多忙，工作有多么繁重，而是他从来不认真完成工作，总是"今天的工作明天补"。

长此以往，无论是经济能力还是工作能力，博和同一时期进入公司的彬都没有可比性。

后来，彬离开了原单位，自己开了家公司。如今彬的公司已经度过了初创期的危险，逐渐走向平稳，而博还在原公司，做着一个默默无闻的小员工。

同样的平台，走出了不一样的结局，其根本原因就是彬和博两个人，一个是负重前行，而另一个选择轻装上阵。

现在很多人喜欢拿人生起点说事，觉得一旦起点低了，想要在事业上追上一个人是不可能的。有一幅漫画让我印象深刻：漫画中，一个穷人家的孩子和富人家的孩子赛跑。富人家的孩子长得胖胖的，嘴里含着棒棒糖，坐在父母的汽车上；穷人家的孩子身形消瘦，头戴学位帽，双手撑在地面上，身上拉着一辆车，车上坐着他的父母。

这个漫画说明了贫富的差异，或许穷人家的孩子很难追上富人家的孩子。可是，如果还没有试过就放弃，你又哪来的权利说不可能？

虽然穷人家的孩子和富人家的孩子在同一起跑线上，面对同一条跑道，但是在行进的道路上能够遇见什么，我们是无法提前知晓的。说不定他们也会遇见沟壑，说不定他们会遇见河，说不定富人的车子会抛锚、会没油……

　　既然有这么多机会可以超越富人，我们为什么不试试呢？

　　更何况，我们学习、工作，本身也不是为了过得比谁好，而是让自己的生活得到改善。只要我们的生活得到改善，那么我们过得是不是比富人好也就没有那么重要了，至少我们拼命前进的目的达到了。

　　梦想不易实现，但你一旦选择屈服，就是向命运低头。很多人没有从父辈手中得到财富，他们觉得自己的人生需要背负太多，未来是一个沉重的话题。对于这些人来说，改变命运的唯一途径就是背负着你应该承担的一切向前进。

　　在逐梦的路上，肩头负重和梦想都是你起航的翅膀，而不是刺痛现实的魔杖。毕竟，负重前行是为了让你的步子更稳，每一步都可以脚踏实地，而不是让你的步伐更沉重，甚至抬不起步子。

　　所以，勇敢的人，即便身负大山，也请保持你不断前行的脚步。

胜利不过是打败世界，直面生活

写这篇文章的时候，我刚挂断张彤的电话。

我和张彤是十多年的好友，从初中时被老师安排坐在一起，刚开始我揪她辫子、她给我画"三八线"，到后来渐渐熟识成为知己，再到现在她已经是两个孩子的母亲。其实想想，人的缘分好像挺神奇的，两个曾经互相看不顺眼的人也能够静静地打电话聊天。

话题有些扯远了，张彤给我打电话是因为她要去旅游了，让我帮她照看一下家。我欣然应允，聊了几句，她就挂了电话。她是什么时候变成这种风风火火的性格的，想到这里，我不禁觉得命运真的很神奇。

张彤说，这一次她的目的地是青海。我知道，那是她从小就向往的地方，她喜欢青海湖的蓝天，喜欢鸟类掠过湖面，留下一排涟漪……每个人都有最初的梦想，只是有的人毫不犹豫地向着梦想前进了，有的人畏首畏尾裹足不前，还有的人，没有时间。

张彤完全属于没有时间的那类人。从小到大，张彤一直在求学路上，没有那么多时间做自己喜欢的事，毕业后没多久就在家人的安排下结了婚，再然后生孩子、养孩子、生二胎……她的时间早已不受自己控制，所有的兴趣都比不上孩子的奶粉和尿不湿来得重要。

我其实从来没想过一向循规蹈矩的张彤，能够活得像现在这么洒脱。我还记得一年前她决定离婚时，给我打了一个小时的长途电话。电话一接通，张彤只说了一句"我要离婚了"，然后就开始哭。先是小声抽泣，接着声音越来越大，最后号啕大哭，说实在的，那声音真的有些刺耳。整整一个小时，我没说一句话，也不知道自己能说什么、该说什么，最后，我默默地听她哭了一个小时。

末了，张彤哭够了，甩给我一句"好了，没事了，有空再联系"，然后挂断了电话，留下我一个人对着手机发呆。后来我时常在想，她那风风火火的性格是不是由此开始萌芽的。

第二天睡醒以后我还在想，我昨天是不是做梦了。可明摆着的通话记录，对方是张彤，时长一小时，这些信息告诉我，张彤真的告诉我她要离婚了。

后来我没有找过张彤。离婚这种家务事，我不知道该怎么劝她，只能让她自己去消化。打完那通电话一个月后，张彤出现在我的面前，带着她的小女儿。

张彤的变化真的让我很吃惊。我很难想象她是怎么从一个月前那种歇斯底里状态中走出来的，还变得这样开朗。更让我惊讶的是，张彤这样的"乖乖女"居然会不顾家人反对，执意离婚，让我都有点无法接受。

但对于离婚这件事，张彤极尽可能地用轻描淡写的解释略过，两个人性情不合，老是吵架，她厌烦了这样的生活，最终决定离婚，给自己自由。

她问我："你知道一对夫妻吵架吵到全世界都知道是什么感觉吗？"

"不知道。"我说，"你应该知道我并不喜欢用吵架解决问题。"

"是啊！"她叹了口气说道，"我也知道吵架不能解决问题，但我有时候看到他的样子真的忍不住想吵。可吵完了想想自己把所有的家丑都说了出来，搞得整个公寓人尽皆知，也真是尴尬。"

那天我才知道，张彤那次痛哭，是为了告别失败的婚姻，更是为了阔别曾经的自己。

人都是会变化的，但是像张彤一样变化那么快的人我真的很少遇见。

离婚后，张彤似乎想把自己失去的时间弥补回来，她开始试着把孩子留给父母，自己抽时间参与一些"说走就走的旅行"。当时张彤的小女儿已经到了上幼儿园的年龄，张彤的父母只负责接送孩子、给孩子做饭就好，倒也不算太费心，一切尚可应付。

从张彤带着小女儿回娘家，再到张彤决定去青海，这十一个月以来，张彤每个月都会到外地去。或是公司组织的旅游，或是出差的机会，或是自己调休，总之她用尽一切办法，挤出时间去实现自己曾经的梦想，包括登上五岳和黄山、去武大看樱花、去张家界、去丽江、去三亚……

每一次出去玩，张彤都会拍很多照片，有风景照，也有她的照片。她每一次更新照片我都会看，照片里，她的笑容越来越多，也越来越自然，她的状态越来越好。

人家说，爱情能够滋润一个人的灵魂。我想不到的是，原来离开一段不幸的婚姻也能给人带来这样巨大的变化。或许我们不是运气不好，不是过得不好，只是没有找到适合自己生活的方式，没有找到生活最佳的状态。

张彤的改变我看在眼里，知道她现在过得很开心，也衷心祝福她能够永远快乐。可即便我不说，谁都明白，并不是所有人都能够像我一样善待张彤。

这世界对于女人多多少少是有些敌意的，尤其是对于离异的女人。还有人大言不惭地说"离了婚的女人不值钱"，离了婚的男人就该值钱吗？感情不和造成婚姻破裂，这样的错误就应该完全由一个女人来承担吗？

这样的糟心事，张彤也遇见了不少。那些嘴上说着为张彤好，却一次次揭她伤疤的七大姑八大姨；那些以过来人的身份告诫张彤，女人离了婚就"不值钱"了，何况她还带着孩子的好事者……这世界对于离异女人的恶意早已根深蒂固。

面对这些，张彤没有妥协，也没有多说什么，可她却用自己的行动证明了，没有男人她照样可以活得很好，失去了婚姻她照样可以活得精彩，纵使年华老去她照样活得耀眼。

在这场离婚风波中，张彤无疑是胜利者。虽然她失去了婚姻，虽然她"回了娘家"，但是她却活得更加充实，更加真实。现在的她早已无所畏惧，她不仅有直面生活的勇气，更有打败世界的能力。

人生犹如海上漂泊的船只，遇到风浪只是常事，触礁这种危险的情况也会发生。人生本就变幻莫测，没有谁能够预知未来，我们所能做的就是面对不幸时，要学会直面生活，哪怕与全世界为敌，也要活出自我、活得漂亮。

因为，依赖别人不是长久之计，能够一直被你依赖的只有自己。当你成为一名胜利者，你曾经所遭受的一切不过是你的垫脚石。

同样地，你只有将曾经的苦难化作垫脚石，才能成为真正的胜利者。

缺陷会留给你另一份意想不到的收获

许多人知道"米洛斯的维纳斯"（以下简称"维纳斯"）的原因是它不健全——从被创作出来到现在，经过几百年沉浮辗转，在一次意外中，它失去了双臂。

但是，失去双臂的维纳斯依旧美丽，甚至有很多人认为，如果维纳斯没有失去双臂，可能无法展现出现在独有的气质。

2003年8月5日，人们幻想了百余年的维纳斯的手臂被人找到。据称是从克罗地亚南部某个地窖被发现的，而这一发现揭开了一个惊人的秘密——失去手臂依然完美的维纳斯，其手臂居然像男人的手一样粗糙。

这个观点提出后，很多人就其真假提出质疑。比如断臂的发现者、考古学家坎贝尔·霍舍尔就曾提出疑问："难以置信！一个在解剖学上有着如此高天赋的艺术家竟然连合乎比例的手指都塑造不出来？这哪儿像是一个女神的手啊，怎么看都像是水管工的手！"

对此，艺术史学家奥维蒂欧·巴托里解释道："我们将断臂火速送往巴黎的卢浮宫，将它们与维纳斯的雕塑拼在一起，结果竟然惊人的吻合。随后我们又做了碳元素的测定，确定这是真品。"

对于这个令人震惊的事实，很多人不愿意相信。可既然断臂被找到了，那么要不要将维纳斯复原，历史学家和艺术评论家为此展开了多次辩论。但最终，人们还是无法否认——失去了双臂的"残缺"维纳斯更加完美，甚至有人怀疑，那双手臂就是因为看起来有些畸形，才被作者从维纳斯雕像主体上取下来的。

不管怎么说，失去双臂这件事虽然让维纳斯变得残缺，但也成就了米洛斯的维纳斯。

残缺并不一定都是坏的，反而有可能带来意想不到的好处。在金庸所著的《神雕侠侣》中，年少轻狂的杨过被冲动的郭芙砍下一条手臂，随后遇到独孤求败的宠物"神雕"，在"神雕"的帮助下练就了一身好武艺，成为人人敬仰的大侠。杨过所遭遇的事情，虽然使他身体不再完整，但也给了他成为大侠的机缘巧合。

很多事情，残缺的、不完整的反而让我们念念不忘，比如我们常读的爱情故事。如果让你说出几个印象深刻的爱情故事，喜欢古典文化的人可能会想到梁山伯与祝英台、罗密欧与朱丽叶的故事，喜欢现代言情小说的人可能会想到陈寻与方茴（九夜茴所著小说《匆匆那年》男女主人公）、魏如风与夏如画（九夜茴所著小说《花开半夏》男女主人公）。

这些故事中，主角的年龄、生活的时代、性格、身份背景都不相同，唯一相同的是，他们最后都没能在一起。梁山伯与祝英台双双化蝶、罗密欧与朱丽叶自杀殉情、陈寻与方茴分手、魏如风与夏如画生离死别……

对于喜欢喜剧收尾的人来说，这些故事未免太虐心了。也有人觉得，这样的故事、这样的爱情算不上完美，是残缺的。但我们不可否认，正因为它的"残缺"，我们会深深陷入其中，我们会跟随男女主人公的悲欢离合而触动情感，我们会在合上书本后一次次感伤、缅怀。

虽然我们未曾经历过同样的痛，虽然我们明知以后不会经历这样的痛，可我们还是会毫不犹豫地陷下去。我们甚至觉得作者过分，编出这样伤感的事情来骗取我们的眼泪。

可是，文学作品本身就是为了打动人心。就算故事的结局不完美，就算故事的结局有缺陷，我们可以说作者狠心，却不能否认它是一篇吸引人的优质文学作品。

每个人生来就不是完美的。我们有着各种各样的残缺，性格上的、容貌上的、体型上的……可正是这些残缺让我们变得鲜明。如果人人都是完美的，人人都一模一样，那么我们存在的意义就不见了。

我也不例外，我所有的优点和缺点组成了世人看到的我。虽然有些人喜欢与我相处，有些人看不惯我，但我觉得一切都是最好的安排，每个人都有自己要遇到的缘分，没有谁能够得到全世界的欢心。

写到这里，想到很久前看过的一个故事。

故事的主人公是一个拥有一方土地的国王。虽然这个国家地方不大，人口也不多，但是每个人都过得很快乐，因为他们的国王虽然不喜欢做事，却有一个充满智慧的大臣。

这位大臣的特点之一是充满智慧，特点之二就是积极，所有的事情他都能帮助国王处理好，因为他懂得遇事要看两个层面，不能只揪住坏的一面不放，要多看事情好的一面。

有一次，国王带着一行人外出狩猎。这位保养得当的国王身姿矫健，骑在马上追逐一只花豹。花豹为了保命奋力逃跑，国王在背后紧紧跟随，直到花豹速度降了下来，国王方才弯弓搭箭，对准花豹射了过去。利箭从国王手中不偏不倚地钻进花豹体内，只听花豹一声哀号，身子软软地倒了下去。

得意忘形的国王眼见花豹没有动静了，不等随从跟上来就下马走进花豹。谁知，已经"死"过去的花豹突然张开血盆大口咬向国王。国王大吃一惊，下意识用手去挡，觉得自己完了。此时，随后赶来的随从眼疾手快，抄起弓箭对准花豹射了过去，国王觉得右手手指有些异样，抬头看时，花豹已经躺在地上一动不动，显然这次是真的死了。

随从急忙跑到国王跟前，忙不迭询问国王的伤势，国王抬起右手，才发现半根小指不见了，御医连忙上前处理伤口。伤势并不算严重，但花豹严重影响了国王狩猎的心情，而这件事又不能怪别人，国王心里闷闷不乐，带着一行人离开了。

回宫后，国王越想越生气，就找大臣来诉诉苦、谈谈心。这位大臣听完后，并没有安慰国王，而是举杯祝贺国王："大王，少了一块肉总好过丢了命吧！这都是最好的安排。"

国王听到大臣这样说，积攒的怨气有了出气口，他把怨气一股脑算在了大臣头上，怒气冲冲地说："我手指都残缺了，你还说是什么最好的安排。"面对火冒三丈的国王，大臣始终面带微笑，重复道："这就是最好的安排。"

愤怒的国王决定处决大臣，但在侍卫带大臣离开的那一刻，国王改变了主意，只是将大臣关进了监狱。过了一段时间，国王的伤已经痊愈，此时的国王早已好了伤疤忘了痛，心又飞到宫外了。他想微服私访，却又不愿意释放大臣，于是咬咬牙，自己一个人微服私访去了。

一路漫无目的地游荡，国王走到一个偏僻的丛林，被当地的原始部落掳劫走了。此时国王才想起，当天是月圆之夜，原始部落的人会下山寻找满月女神的祭祀品。国王觉得自己这次真的完了，想对原始部落的人说自己是国王，但被塞了破布的嘴巴呜呜呀呀的，说不出一句完整的话。

就在国王即将被扔进锅里做祭祀品时，大祭司发现国王少了半截手指。在这场祭祀中，祭祀品可以丑、可以黑、可以矮，唯独不能是残缺的。于是，国王在大祭司的咒骂声中，被原始部落驱逐出领地。

逃过一劫的国王飞奔回宫，马上派人放了大臣，并设宴庆祝自己逃过一劫，同时庆祝大臣重获自由。此时的国王终于承认手指少了一截是"最好的安排"，可又有些不解地问道："我因为少了一截手指而保全一命，这可以称得上是最好的安排。但你也因此在监狱中度过了一段时光，这难道能称之为最好的安排？"

大臣饮下一口酒后说道："这是自然。如果不是我被关在牢中，那么和您一起去的人必然是我，祭祀满月女神的祭祀品也会是我，所以我因为身处监狱而逃过一劫。"

生活中的缺陷不一定与我们的生命息息相关，但每一个缺陷的背后都有其深意。

缺陷亦是一种美丽。我们练习走路时常常会摔倒，这是一种缺陷，但也正是这种缺陷才让我们学会走路，让我们更加坚定。

无论是缺陷也好，优点也好，每个人都不是完美的，每个人也都不一样，活出自己的色彩，即便是你认为的缺陷，也有可能成为人生的闪光点。

Part

3

努力成为自己的英雄

机会，是你自己创造出来的

每个人的起点都不一样，看到的未来也就不一样，但这并不意味着起点高的人可以在原地等待成功找上门来。

毕竟，站在原地等待机会"砸到脑袋"的人往往得不到机会。那些在外人眼里能够"轻而易举"获得机会和成功的人，其实背地里都偷偷付出了很多。

我有一个做销售的朋友，她叫小杜。小杜虽然不是独生女，但所受的宠爱一点都不比独生女少，父母将近40岁时才生下了她，家里年长她十几岁的哥哥也对她呵护备至。从小到大，小杜一直过着无忧无虑的生活。

刚刚走出大学校园的时候，小杜找到的第一份工作是文员。当时小杜只是个稚气未脱的小女孩，每天只知道打扮自己，有空的时候叫上姐妹们去逛逛街、做个发型、做个美甲，似乎从来没有遇到过什么问题。

只是，小杜看似平淡无奇、安逸享受的生活，其实并没有外人看到的那么好。偶尔，小杜也会找我抱怨，说老板不好，天天要求他们加班；说老板总是故意找茬，嫌弃她工作做得不够好、会议记录整理得不好……也有那么一两次，她说过要换工作，但最终还是因为"工作轻松"以及"双休制度"这两块巨大的"蛋糕"而不了了之。

有些人的成长速度在某一阶段是惊人的，就像我们所说的"一夜长大"，小杜就属于这类人。走出校门后第一次回家过年，小杜向父亲抱怨了工作的种种不快，但小杜的人生也由此改写。

小杜父亲的学历其实并不高，但年纪大了，阅历摆在那里，就算做不到出口成章，但这种思想教育工作自然不在话下。面对小杜近一个小时的抱怨，老父亲愣是一句话都没有说，直到小杜把单位所有的人都说了个遍、把所有的事都埋怨了一通，老父亲才幽幽开口："在你眼中，是不是除了你以外，所有人都一文不值？"

听到父亲这样说，小杜张张嘴，也没说出个所以然来。老父亲看到小杜的样子，知道小杜其实也默许了他的说法，于是继续说道："你觉得别人一文不值，那你自己在别人眼里又有多大的价值？"

小杜看着父亲，嘟囔了一句："我怎么也是名牌大学毕业的，他们那些三流大学毕业的人怎么能跟我比？"嘴上这么说，但小杜的声音却越来越小，很明显，她有些心虚，因为她感觉到父亲似乎有些不高兴。

"不管你是不是名牌大学毕业，也不管你的同事来自哪一所大学，但是，你们既然能够在同一个公司工作，能够担任同样级别的职位，就证明你们的价值是一样的。"老父亲意味深长地说道。

看到小杜若有所思，老父亲继续说："你小时候学《伤仲永》这篇课文时，还拿着书来告诉我，方仲永的父母真的太'傻'了，怎么你现在也变成了'方仲永的父母'？你的起点或许比一些同事高，但这并不意味着你就可以不努力。当你在原地踏步的时候，后边的同事即使走得很慢，也会有超过你的时候，这只是时间早晚的问题。"

听到父亲这么说，小杜还是有些不甘心，悄悄说了句："起点怎么不重要，跟我一起入职的研究生都已经升职了，而我还是小职员……"

老父亲的耳朵相当灵敏，小杜这些碎碎念全被老父亲的耳朵接收了。老父亲叹了口气，对小杜说："你只看到了他们的学历，那我问你他们工作时是不是比你努力？是不是比你认真？是不是每一件事都能做好？是不是很少受到老板的批评？"

小杜想了想，好像还真是，于是点了点头，算是回答了父亲的问题。

"这就是你们的差距，"老父亲说，"但这个差距并不差在你们的起点上，而差在你们对待机会的态度上。他们珍惜这个工作的机会，对待事情都很认真，按时完成任务，甚至能够达到超出老板预期的结果，这就是老板赏识他们的原因。现在这个社会，学历很重要，但是能力和努力也很重要。就像参加跳水比赛，学历决定了你能不能站在跳板上，而能力和努力决定了你跳水过程中能不能做好动作，以优美的姿势入水，最终获得高分。"

说到这里，小杜若有所思地点点头。老父亲则继续讲故事：

"或者再换一种说法，你要去山顶采果子，但你走到半山腰累了，你就想着'好累啊，我为什么不休息一下？'于是你停在了原地休息。一段时间过去了，原本就在你之前的人已经拿到了果子，正在山顶上享受美味，而原本被你甩在身后的人也渐渐超过了你，向着山顶走去。这时候你想着'为什么我要爬上去呢？等着果子掉下来不是更好'，于是你放心大胆地在原地安营扎寨。又过了一段时间，跟你一同前往山顶的人已经享受到了果子，打算离开了，可你还在山腰等果子掉下来……"

"这个果子就是机会，需要自己亲自去找、亲手去拿，否则就只能守着那一亩三分地。"故事讲到这里，小杜抢先说出了父亲想说的话。

"对，就是这个道理，你明白就好。"说完，老父亲离开客厅，去厨房和老伴一起准备午饭了，只留下小杜静静地咀嚼父亲的话。

那年年假结束以后，小杜回到单位的第一件事就是辞职。让小杜惊讶的是，一向"看不惯她"的老板居然主动祝她找到更好的工作，周围的同事也送上了祝福。

就这样，在众人的祝福中，小杜离开了自己人生中的第一个工作岗位。

在陌生人面前性格有些内向的小杜决定挑战自己，找一份关于销售的工作。重新走进人才市场的小杜有一瞬间的慌乱，但很快调整了心态。

一个星期后，小杜成为一名房地产销售人员。小杜的选择可以说是从零开始，她之前对房地产行业一窍不通，但是她想清楚了，不会就去学，不懂就去问，机会是自己创造的，不是别人给的。

最初的那段时间，小杜把所有的时间都用在了熟悉工作上，她还常常与父亲通电话，在父亲身上练习应该怎么和客户对话，怎样才能巧妙地向客户介绍产品。

那段时间，小杜是单位里上班最早、下班最晚的员工。有一次，我给她打电话，邀请她参加聚会，她语气匆忙地跟我说："哥，我要累死了，穿着高跟鞋站了一天，腿都要断了。不跟你说了，我这边还有客户来看房……"说完，小杜匆匆挂断了电话。

小杜的努力没有白费。一年后，她已经成为部门的销售冠军。这时候她终于有时间参加我们的聚会。那天我们聊到了她刚刚成为房地产销售时的光景，她说："我当时真的就像无头苍蝇一样，不知道该怎么办，不知道该怎么说话，更要命的是我看见陌生人还会很紧张。那段时间我就拼命地练，不怕人家嫌我麻烦，不停地说。一来二去，我终于打动了第一个客户，签单的时候，我的心都快跳出来了。从那以后，我觉得没有什么能难得住我了。"

又过了一年，小杜成为部门经理，带领一帮人打拼。

这世界上总有人比你更努力，一旦你原地踏步，等待机会到来，就很有可能被人超越，甚至被人席卷着、推搡着，被挤到看不到的角落。

要知道，机会这种东西不见得一直存在，必要的时候需要我们自己创造。

别回头，你的身后只有困兽

该断不断，反受其乱。我个人非常认同这句话，所以我一旦做出决定，很少会选择回头。有时候即便已经后悔了，还是会偏执地走下去。

值得庆幸的是，我的偏执从来没有把我带到绝路上。

事实上，很多人之所以走到绝路上，并不是因为所谓的"选择失误"，而是因为没有信心和勇气走下去。如果你是一个即将出战的将军，可是你对自己根本没有信心，还没走上战场腿就软了，想转身离开，那么这场战争，必输无疑。

我从来不让自己走回头路，是因为我知道，一旦踏出了这一步，就不能回头——身后有困兽，随时会让你万劫不复。

我朋友的表弟于波，在高考时就被心中的困兽打败了。

事情是这样的。从小到大，于波的学习成绩其实并不太好，但家长都是望子成龙、望女成凤的，即便于波不喜欢读书，也还是得踏踏实实坐在教室里听老师讲课。怎么说呢，于波除了学习成绩不理想之外，并没有其他的"过错"，无论在家里还是在学校，他都是很乖的孩子。

事事听从父母和老师安排的孩子，其实是没有什么主见的，而且极易被人蛊惑，于波也不例外。高考前，不知道于波是因为从哪里听说了一些所谓的"好专业"，还是因为本身就不怎么喜欢学习，总之，他执意要到外地学习机械制造专业。

于波的父母都是教师，他们自然希望他能够子承父业，也成为一名教师。即便不是教师，也可以是文员、律师什么的。总之于波的父母不希望他和机械打一辈子交道，所以坚决反对。

说来也奇怪，一向听话的于波突然变得很倔强，执意要去外地学机械制造，于波的父母轮番上阵，对于波进行思想教育工作，但于波全然不为所动。那一年的开学季，于波如愿以偿来到了他心仪的学校。

但很快，于波就发现自己的一腔热血可能洒在冰面上了。机械制造专业没有自己想象得那么简单，原本于波以为自己动手能力强，学好机械制造不在话下，但他完全没有想到这个专业会这么累。于波从小养尊处优，父母为了让他好好学习，连衣服都不让他洗，更别说做其他家务了。于波入学不到两个月就打起了退堂鼓，心想："这样的苦差事可能真的不太适合自己。"

和父母通了电话后，于波向学校提出了退学申请，回到家中重拾书本。可能是在外地的学校吃过苦，见识了工薪阶层的不容易，于是于波复读的时候格外努力，成绩略有提高，从中下上升到中上水平。第二年的高考大军里，再一次出现了于波的身影，这一次于波的父母如愿以偿，将他送到了省城的师范大学，主修地理专业。

于波四年的大学生涯过得还算滋润，成绩一直保持在不高不低的状态。但问题并没有远离于波，临近毕业的时候，于波面临着两个选择。一边是家里忙上忙下托关系，希望于波能稳定下来，甚至不惜让他回到当地的县城历练一段时间，一年后再回到市里；另一边是学校组织的招聘会，来自省城及其他市区的学校来学校招聘。

于波本来打算参加招聘会，但是家里一直给他施加压力："这边的工作已经说好了，只要你去县里历练一年，就能调回市里，你要是去参加招聘会，指不定被什么地方招走呢！万一再找不到工作，这边的岗位不可能给你一直留着。"

结合第一次高考的"失误"，于波觉得自己或许真的会再一次选择错误，于是听从了父母的安排，回到了家乡的县城顺利成为一名地理教师。

然而故事并没有向着于波父母想象中的结局发展。于波回到家乡的一个星期后，招聘会如期举行，那段时间省城的地理老师成了"紧俏货"，许多学校都是前来招聘地理老师的，许多比于波成绩还差的同学都找到了好工作——至少比于波要好。

远在家乡的于波虽然错过了这次招聘会，但是还是在班级的QQ群里看到了大家找到工作的消息。于波的内心再一次不淡定了，一想到自己还在县城"吃苦受罪"，大家却都留在了省城，于波的内心就无法平静。

年轻气盛的我们，做事都不考虑后果，于波更是如此。原本应该去实习的于波，在没有与学校、家长、单位三方面联系的情况下，独自跑去旅游了……事情过去一个月后，单位给学校打来电话，询问前来实习的学生怎么还不来报到，这才让事情浮出水面。

于波的父母自然是惊讶的，他们几乎每天都和于波通电话，但于波压根没提起这回事。眼看着实习这件事会影响到自己能否毕业，于波也慌了手脚，忙让家里找关系。家里先是找了于波单位的上级，但上级表示，于波还没有正式报到，不能算是单位的人，这件事不归他管。

万般无奈下，于波联系了自己的导员和系主任，可于波的导员和系主任都在为他没有去报到的事情生气。这件事不仅关系到于波的工作，更关系到学校的声誉——学生参加实习时态度不好，外人不会说学生不好，一定会说学校没有教育好。

于波和父母一起好说歹说，学校总算是让于波顺利毕业了。毕业后的于波也算是长教训了，一直安安分分，再没有之前那么叛逆了。不过经过于波的"逃跑"一事，很多学校都不愿意接收他，他只能找了个文员的工作。

回过头来看，当初和于波一同学习机械制造的同学，虽然毕业后工作稍微辛苦点，可是工资不低，也算是回报与付出成正比了。于波在师范的同学也都过得比于波好，无论是工作岗位还是工资都比于波高。

每个人的追求不一样，或许工作轻松和工资高低并不足以界定一个人过得是不是好，但关键是于波并不喜欢他的工作，每天都是浑浑噩噩的。我总觉得他随时有可能被老板辞掉……

我的想法果然没有错，于波参加工作一个月后就被老板辞退了。朋友跟我谈起于波时，不停地叹气，不住地说可惜了，怎么走到这一步了。我点根烟，陪他一起叹气。临走的时候，他说了一句："唉，人各有命，现在这结果也是于波自己造成的。"

是啊，于波人生的每一步都是自己的选择，路上是苦是甜也应该由他自己承担。我有时候在想，如果于波当初能够认定自己的念头，能够坚持自己的想法，是不是能够过得比现在好？至少，他是不是能过得快乐一点？

我并没有预知未来的能力，也没有改变过去的能力，所以我也不能给自己一个答案。但我知道，在某些事情上，一旦我们做出选择了，不管我们最初的动机是什么，都应该义无反顾走下去。

也许路上有荆棘，也许路上很坎坷，也许路上有悬崖，也许路上有湍急的河流，也许路上已经有很多前辈留下的"尸骸"……但这些都不足以也不应该使我们放弃自己的选择。

所以，年轻人，别轻易回头，你的身后有头兽。它正张着血盆大口，等待着把你席卷其中……

远方，并不意味着有诗

很多人被这句话感动了：生活不止眼前的苟且，还有诗和远方的田野。

这句话出自歌手许巍演唱的歌曲《生活不止眼前的苟且》，作词和作曲者均为高晓松。这首歌推出的时候，很多70后、80后都热泪盈眶。尽管有人抨击这首歌是在"消费大众情怀"，但不可否认，这首歌的确唱出了很多人的心声。

我今天要说的是，生活确实有诗和远方的田野，但远方并不意味着有诗。

很多人都热爱旅游，我也是。但我热爱旅游的原因不仅是因为向往某处的景色，更多的是对未知的探索，以及对旅途中故事的渴望。

有一段时间，那时候我刚刚成为一名编辑，常常觉得自己写稿子时没有灵感，不知道应该写些什么。某次忍不住在父亲面前抱怨了几句，父亲听完我的抱怨，说道："写文章这件事情需要的是人生阅历，你需要多听别人的故事。空下来的时候可以坐着绿皮火车出去，到处去听、去感受别人的故事，去充实自己的人生。"

是啊，旅途的确能够让我们看到很多，但并不意味着每一段旅程都是美好的。关于人性的、关于地域的；好的、坏的；甜的、苦的……所有的片段支撑起了我们的旅途。

还记得几年前自己一个人跑去泰山看日出。去泰山是我高一时就产生了的念头，当时我恰巧读了徐志摩所写的《泰山日出》，其中有几段描述泰山日出的句子："果然，我们初起时，天还暗沉沉的，西方是一片的铁青，东方微有些白意，宇宙只是——如用旧词形容——一体莽莽苍苍的。但是我一面感觉劲烈的晓寒，一面睡眼不曾十分醒豁时约略的印象。等到留心回览时，我不由得大声地狂叫——因为眼前只是一个见所未见的境界……云海也活了；眠熟了的兽形涛澜，又回复了伟大的呼啸，昂头摇尾地向着我们朝露染青馒形的小岛冲洗，激起了四岸的水沫浪花，震荡着这生命的浮礁，似在报告光明与欢欣之临莅……"

这些句子让我对泰山的日出产生了向往，且一直延续了很多年，不过忙于学业的我一直没有机会前往。直到读大学后，才算是有了一点自己的时间。大二那年我便独自一人开始了逐梦之旅。

想象中，泰山之旅应该是极其美好的，那里鸟语花香、山林茂密，淡淡的薄雾笼罩在泰山山腰，为泰山蒙上了神秘的面纱，十足的人间仙境……但恰如很多人说的"看景不如听景，听景不如想景"，当我踏上泰山，我才知道这句话多么正确。

这场旅行的不愉快其实是从火车上开始的。身为穷学生的我只能买坐票，火车行进时发出的噪声以及周边小孩的喧闹让我心生烦闷，还好当时有一个哥们儿一直陪我聊天打发时光，让我觉得索然无味的旅途有了丝毫的乐趣。

就叫这个哥们儿于哥吧。于哥比我大七八岁，也是很早之前就想去泰山旅游，但之前一直忙于工作，没时间去。聊了许久我才知道，于哥出行前不久刚刚离婚，他和妻子因为感情不和过不下去了，走到了离婚这一步。

离婚后，于哥一直在想当初对美好未来的憧憬，只可惜事与愿违。于哥说："那种感觉就像是沙漠中的人看到了海市蜃楼，抱着万分期望奔向美好未来，走到跟前才发现原来自己一直被困在沙漠中。"

听于哥这样说，我也不知道该怎么接话，毕竟我不懂婚姻，只能附和着点点头。接下来就是长久的沉默，所幸火车很快就到站了，这种尴尬的氛围的确让我受不了。

到达泰安的时候是下午，我和于哥在泰安火车站稍做休息就前往泰山景区了。

登泰山的时候我心中只有一个念头，那就是累。我一边走一边发誓以后再也不去山区旅游了，路上只顾着累了，哪有心情看沿路的风景。于哥想来也没有多轻松，脑门上渗出密密麻麻的汗珠，大口大口喘着粗气。我们一路走走停停，登上峰顶消耗了将近4个小时。

站在山顶上的那一刻，我突然觉得，似乎登山也是件很美好的事情。看着远处层层叠叠的山峰站在自己的脚下，心中不免升腾起小小的征服感。

于哥站在我左边，问我："怎么样，这次旅行没有你想象中那么糟糕吧？"

我看着于哥，也大口大口喘着粗气，对他点点头，说："还真是，感觉蛮自豪的，这么多座高山被我踩在脚下，心中满满的自豪感和征服感。"

于哥说："其实旅行不就是这样嘛，当你没有到达目的地的时候，一路遇到的可能都是不好的事情，但当你到达目的地，你就找到了属于你的诗情画意。"

我和于哥相视一笑，转头看远处的风景。不过事实证明，我们还没有找到所说的诗情画意。

在几年前，互联网还没有那么发达，我们也压根没有寻找所谓的"旅游攻略"，全凭着一腔热血来到了泰山。等待日出的晚上，我们两个人不约而同傻了眼——山顶的温度就像北方的寒夜，冻得我于哥瑟瑟发抖，我们不得不花了些钱租了军大衣。

我和于哥裹着军大衣，坐着小马扎，混迹在一群同样穿着军大衣的人群中。看到这场景，我莫名想到了科教片里关于企鹅过冬的场景———只只可爱的企鹅依偎在一起，相互用身子给对方取暖，过一会儿，最外层的企鹅挪到里层，里层的挪到外层……它们一直保持这种状态，直到度过冬季。原来在大自然面前，人和动物是如此相似。

在泰山山顶等日出的那一天，是我这辈子都无法忘记的。头一天晚上，我经历了有生以来最狼狈的一宿，第二天早上，在我的人生中第一次感受到了震撼。

凌晨时分，天空呈现出鱼肚白，太阳费力地从云层中露出脸，一点点、一点点……最终整个跳出来。其实日出时太阳的颜色与日落时分差不多，都是红彤彤的，但是日落时分有一种悲壮的美，就像是某些东西走到尽头，拼命想留下什么，却还是被时间带走了。日出就像是初生的婴儿，拼尽全力来到这个世界，只为了给这世界留下一些痕迹。

看完日出下山时，于哥跟我说，他想辞职了。几十年如一日听家人安排，包括结婚也是家人安排的，他想过自己的生活，就像刚才的太阳一样，用自己的力量攀登人生的高峰。

旅行是一件很累人的事情，中途不停变换交通工具，走走停停，在旅途中也许会遇到一些让我们分外介意的事情，但旅行的根本目的不是找到一个最好的地方，而是找到更好的自己。或许我们不会像修行者一样，在旅途中大彻大悟，但至少我们能够丰富自己的生命，让生命的浩瀚天空多几颗闪闪发光的星星。

人生的道路同样也会让人感到劳累、感到痛苦，即便我们再怎么幻想美好未来，总会发现，我们的想象与现实永远有那么一点点差距。就像旅途的乐趣来自所有好的不好的回忆一样，人生正因为有残缺和不完美才更有意义，这就是人生的乐趣。

或许，你所眺望的远方并不一定意味着有诗，但总有那么一个或两个值得你前往的理由。

如果有，那便足够了。

人生没有白走的路

回首三十年的人生历程，算不上长，却也不短。

人生中能有几个十年，更何况是三十年？有时候觉得自己人生中的每一步都走得举步维艰，但留下的一串脚印提醒了我，人生没有白走的路。

还记得当初刚到这座城市时，孤零零的我走在大街上，风吹起落叶，像极了漂泊在外的流浪汉。那一年的生日，没有父母买的生日蛋糕，没有朋友们的举杯庆祝，只剩下我一个人对着空气自酌。

那一刻，前所未有的孤独感侵袭了我的心脏，那是从小到大从来没有过的感觉。好不容易飞出了父母给的"牢笼"，我却有些怀念"牢笼"的温暖。很久以后我才知道，那是我们所谓的长大——长大之前我们渴望自由飞翔，长大以后却又渴望回归"牢笼"。

也许我们所说的"长大"，原本就是一个有得到，也必然有所失去的过程。好在，得到的永远比失去的多，不然我还真的有点惧怕这样的成长了。

相信很多人跟我一样，都是在经历了一系列的事情后才开始成长，才变得成熟，才成就了今天的自己。这也变相证明了，人生旅途中每一次抬脚、落脚，都是有意义的。

说说朋友蓝天的事吧！蓝天是我们当地的高才生，不负众望考上了清华大学。大学毕业后，蓝天留在了北京。

自那以后，朋友聚会上很少看到蓝天的身影，即便来了也是匆匆喝杯酒就走了，我跟他根本说不上话。为了这件事，我们这些一起长大的朋友老是说，蓝天长出息了，在北京混得好，都没空理咱们了，也不怕把自己累着。

这话听起来可能有些"吃不到葡萄说葡萄酸"的意味，但毕竟一起长大的情分在，大家嘴上说不理蓝天，心里却很担心蓝天这么忙会把自己累坏了。这就是从小建立的友谊和社会上建立的友谊之间的区别，长大后我们很少能交到真心的朋友了。

话题扯远了，接着说蓝天。那个时候，我觉得蓝天属于"找到了天堂"的那种状态。

但是年前我终于见到他，而且他也有时间陪我们聊天时，我才知道，蓝天并没有我们想象中过得那么好。他所获得的一切，都是自己一步一个脚印争取的。

虽然蓝天是我们眼中的高才生，但他刚毕业的时候，也要一个人租住北京的地下室。每次给家里打电话，都不敢跟父母说自己过得不好，更不愿意向父母要钱。实习的工资实在少得可怜，为了能在北京站稳脚跟，蓝天不得不打两份工，利用晚上的时间做些兼职。

工作第一年的春节，蓝天压根没回老家，怪不得当时聚会他没有到场。当时蓝天的公司正在赶一个策划案，大家都没有放假，蓝天作为实习生也不好意思请假。再加上春节期间有三倍工资，想想家里的房子需要翻新了，蓝天咬咬牙决定留下来加班。

正月十四那天，蓝天原本可以回家过元宵节的，但是为他介绍兼职的人给了他一个活儿，希望蓝天能够尽快赶出来。故事的结果可能有些俗套，但蓝天叙述时多多少少透露着无奈，他为了那笔钱没回老家。

第一次在外过年，蓝天当时的心情可能要比我第一次自己过生日更难过。"但没办法，生活所迫嘛"，今天再谈起这件事，蓝天也会跟我们开玩笑。但我知道，这句玩笑话背后有多少的辛酸和泪水。

并不是上天总会眷顾努力的人，而是努力的人能够找到上天留下的"眷顾"和机会。蓝天参加工作半年后就升职了，成为小组主管。

升职后的蓝天工作更忙了，但是却没有放下手中的兼职，时不时还是会赚些外快。工资提升了，蓝天也从地下室搬了出来，跟别人合租了三室两厅的房间。

蓝天租住了背阴且面积最小的那间屋子。"你不知道，这样租金能够便宜好几百呢！"谈到租房时，蓝天说道。很多人可能会嘲笑蓝天小气，但我知道，蓝天是为了省下钱给家里的父母。

又过了半年，蓝天的工作能力越来越强，很多同事都觉得蓝天会成为部门主管了，但蓝天突然说要去考研。这并不是公司安排的，而是蓝天自己的意愿，有同事开始劝他，事业上升期去考研，等你毕业回来，工作岗位早就没了。

虽然很多人都不看好，但是蓝天还是去做了。也不知道他是怎么在那么短的时间内，把毕业时丢掉的书本重新拾起来的，总之他很顺利地考上了清华大学管理学专业。后来我才知道，原来他在工作期间一直没有丢掉书本，还自学了很多东西。

入学后，虽然当时蓝天手头已经有些积蓄了，但还是坚持半工半读，用他的话来说就是："我不能脱离社会……"

三年时间很快过去，蓝天也顺利拿到了清华大学管理硕士学位。再入职场的蓝天有了更高的起点，直接成为一家外企的部门经理。

成为主管的蓝天始终保持着当初的干劲、认真和努力，正是这些品质支撑着他，让他在以后的人生道路上顺风顺水。入职两年后，外企管理层发生人事变动，华北地区的区域经理一职成了很多人眼中的"唐僧肉"。

蓝天和同公司的前辈张哥是最有可能胜任华北地区区域经理一职的人选。张哥比蓝天大一两岁，工作能力与蓝天不分伯仲，蓝天所在单位的很多员工都在私下猜测谁会成为区域经理。

结果出来的时候有一半员工感到惊讶，因为中选的是蓝天，而不是张哥。

蓝天之所以能够胜出，是因为总公司对蓝天和张哥两个人的综合实力进行了考察。张哥的学位止步于学士，而蓝天是硕士，且蓝天还年轻，总公司认为蓝天的潜力更大一些。

蓝天两年前在自己身上埋下的金子，终于在两年后大放异彩，这件事甚至出乎蓝天的意料。他当初求学不过是想要多了解一些知识，谁承想竟成为决定他职业生涯的关键因素。

现在蓝天还是很少有时间跟我们联系，他忙，我们都知道。

很难想象，如果没有当初蓝天执意要去考研这件事，今天的他是不是能够走到这一步。

但我想，蓝天其实并不在意当初考研是不是会决定他能成为区域经理。在他求学期间，他所看到的风景，所经历的甜蜜与辛酸，所消耗的时光……这些都是无法用金钱和权力去衡量的。

人生向来没有白走的路，也没有白做的事情，无论是看似无关紧要的小事，还是看似影响一生的大事，其实都是成长道路上必须经历的一环。即便是我们生命中的插曲，也有其必然存在的意义，所以我们没有必要去抱怨自己走错了路。

条条大路通罗马，你有时间和精力抱怨、后悔，为什么不另辟蹊径，重新找一条新的道路呢？走错一段路，也是为了能够找到更好的道路。只有经历过所谓的错，才知道什么是对，才能有更大的勇气直面未来，直面人生中的苟且与不堪。

能够承受生命之痛，才能够享受生命的美好。

请记住，披荆斩棘也好，被石子硌到了脚也好，跌落陷阱也好……我们走过的路没有一条是白走的，它总会在你生命中恰当的时刻释放出异样的光彩。

做自己的英雄，不只为了掌声

我们所有的努力都不是为了别人的掌声，而是为了成为自己的英雄。

前段时间认识了一个在国家大剧院工作的男孩，叫郝鹏。刚开始认识的时候，我一直以为他在大学主修的专业是表演或者是导演，至少是与"国家大剧院"这几个字相关的。但熟悉了以后我才知道，他大学的专业是文秘。

我一直以为郝鹏是骗我的，毕竟在我的印象里，很少有男孩子会学文秘这个专业，就像男护士很"罕见"一样。可他说："哥，你不信的话我给你看我的毕业证，这有什么好骗你的？"听了他的回答，我还是半信半疑，谁知道那次聊天的第二天，他真的拍了张照片给我，他主修的专业的确是文秘。

看到这个结果，我不禁对郝鹏产生了好奇，就问他："为什么学文秘专业，最后却来到了国家大剧院工作？"

郝鹏说："也没有谁规定非得找个对口专业啊！更何况，现在有很多人找工作都不找对口专业啊！"

"那倒是，"我说，"我身边也有不少跨专业工作的朋友，可你的专业和工作跨度有点大啊。"

郝鹏说：“纯粹是个人意愿。我大学读了三年专科，毕业后不知道做什么，就考了专接本，本科毕业后，我还是懵懵懂懂的。刚毕业时做了一段时间房地产销售，但是我觉得自己不适合这份工作，就辞职了。辞职以后，我出来旅游，走了好多地方，体验了之前没有体验过的生活，那感觉真的挺好。后来有人介绍我来国家大剧院，我之前并没有接触过这个，但对我来说也是对未知的挑战，所以我就过来试试。”

“那你在这工作多久了？”我问道。

“也没多久，两三个月吧！”郝鹏回答。

“那感觉有什么收获吗？”我继续问。

“怎么说呢……”郝鹏很认真地回忆这段光景，然后对我说道：“说实话，刚来国家大剧院工作的时候我也有私心。我家是农村的，父母都是面朝黄土背朝天的农民，一辈子只知道种地，不要说国家大剧院了，连北京都没来过。我当时就想，要是我能在这地方工作，有一天我也成名成腕了，能够获得邻居的羡慕，还有那么多陌生人的喜欢，这是一件光宗耀祖的事情啊！所以我没怎么细想就来了。”

说到这里，郝鹏停顿了一下，几秒钟后继续说道：“但来这工作后我才知道，事情并不是我想得那么简单。那些能够从‘路人甲’熬到主角的人，要么有天赋，要么是专业学过的，有自己的闪光点，而我什么都没有。”

郝鹏不再说话，于是我问道：“那你后悔吗？”

郝鹏思索了一会儿，对我说：“谈不上后悔吧！虽然和我想象的不一样，但是我的确也收获了很多东西。之前我从来没有做过临时演员，也不太理解作为临时演员的心态。我一直觉得临时演员就是为了出名，但我成为临时演员后才逐渐明白，原来有很多临时演员之所以坚持，是因为心中的梦想。就算闪光灯不会照耀在他们身上，就算在作品里他们不是主角，就算待遇并不够好，但是他们还是愿意为了梦想坚持。"

末了，郝鹏说道："临时演员的坚持不是为了别人的掌声，而是为了超越自己，为了成为自己心中的英雄。"

超越自己，成为自己心中的英雄。很多人都懂这个道理，但能够做到的又有几个？

记得之前看过一些演员拍戏时的画面，刘亦菲在拍摄张纪中版的《神雕侠侣》时，险些被水冲走。我想，她这样的努力其实并不一定能迎来观众的掌声，但当时不到二十岁的她能这样拼，的确让人有些意外。

近几年，关于刘亦菲的负面消息很多，其中最多的莫过于"没演技"。作为一个出道十几年的演员来说，刘亦菲这几年的确没有什么拿得出手的作品，但刚出道的刘亦菲真的是灵气逼人，她饰演的小龙女也很符合我的想象。刘亦菲身上最吸引我的特质还是她够努力、够拼，在这样一个动不动就要替身的年代，像刘亦菲一样自己拍打戏的女演员不算多。

我并不知道刘亦菲这么热衷于拍戏的原因是什么，但我们不得不承认，即便刘亦菲没有赢得所有观众的掌声，但她是自己的英雄。

说到这里，想起老家的一个亲戚，按照辈分我该叫他一声老舅。老舅年轻时在当地也是风云人物。老舅一生读了很多书，可谓满腹经纶，二十多岁时凭自己的能力创办了一家诗社。我小时候在家里见到过老舅为诗社打印的纸片，上面写着"知识卡片"，这四个字也映射了那个知识匮乏的年代，老舅对于知识的渴望。

老舅的事情放在今天，也算是名副其实的"创一代"，但在二三十年前，人们看重的多是温饱问题，追求文化的人少之又少。老舅的诗社也在两年后倒闭了。

没了诗社的老舅就像丢了魂一样，整天埋头读书，家里安排了几次相亲都被老舅婉拒了。老舅就这样自己一个人过了二三十年，但他始终没舍得放下那支笔杆子。

诗社倒闭后，老舅不停地写东西，不断投递出去，但每次都石沉大海，一点涟漪都没有。这些年来很多亲人也都劝老舅，不要那么固执了，好好找个工作、安个家，但老舅始终不为所动，执拗地坚持他的创作。

这一坚持就是二三十年，一直到前两年，老舅所写的文章在当地的报纸上发表了。收到日报社寄来的报纸时，老舅摸着变成铅字的文章，留下了一串眼泪。这行泪不仅是为这篇文章，更是为了自己多年的坚持。

前段时间回老家，我再一次见到了老舅。老舅的年龄越来越大，但精神状态越来越好，或许是那份报纸给他的力量。我悄悄地问过老舅，坚持了这么多年，几乎招致所有人的反对，是不是后悔过？

老舅说："那些后悔的人，还不是因为当初下决心时不够坚定，一旦下定了决心，哪还有那么多时间和精力考虑后悔。所有人都反对的事情，不见得就是错的；所有人都赞成的事情，也不见得就是对的。关键的因素还是在于你自己怎么想。"

是啊，改变我们命运的，从来不是虚无缥缈的机遇，甚至我们所处的环境也不是主要因素，最关键的因素还是我们自己。老舅执意写稿子这件事，虽然没能赢得他人的认可，但至少这件事让老舅很开心，也让老舅很有满足感。这难道还不够吗？

我们决定以什么样的方式面对生活，生活就会以什么样的方式回报我们。人生中有很多东西是我们无力改变的，但不必为了一点点的"与众不同"而自卑，更不必为此感到懊恼。每个人都是独一无二的，也许我们有自己的缺点，但一定也有自己的优势，与其为了某一个缺憾而抱怨，不如把自己的优势发扬光大。

当你跳出这层迷雾时会发现，原来这世间有很多条道路等待着我们，何必活在别人的眼光里，何必为了他人的掌声活着。

当我们内心强大到像阳光一样温暖这世间，那么我们一定能够成为自己的英雄。

Part

4

错过的知己不要
再揪住不放手

为什么只有锦上添花，没有雪中送炭

总觉得这个世界越来越功利。

前不久，我的初中同学们组织了一次同学聚会，组织者号称"把全班学生都叫上了"。我其实不太喜欢喝酒的场合，本来想拒绝的，但听到他说全班学生都到了，我也没好意思开口说不去。

十多年没见，除了常联系的那几个同学，以及几个看着眼熟的，剩下的早已叫不上名字，只能看着对方干瞪眼。好在这种场合不光我一个人"认不清人"，大家都半斤八两，我也不算太另类。

一阵寒暄后，大家落座，准备吃饭。我环视一圈，总觉得少了点什么，但是又说不出来到底哪不对。

酒过三巡，"少了点什么"的感觉早被我抛诸脑后，原本并不陌生的同学们也都打开了话匣子。一群人在包间里扯着嗓子呼来喝去，就像上学时没有老师看着的自习课。

说到自习课，我突然感觉有点清醒。我之前"少了点什么"的感觉并没有错，这些人中确实少了一个人，那是我初中时的同桌。准确地说，是我初中二年级时的同桌。

初中一年级升二年级时，班里座位调动，我和张庆成了同桌。印象中，张庆个子不算太高，身形有些瘦弱，皮肤也有点黑，只是一双眼睛很大，而且炯炯有神，每次笑的时候都能看到他一口白白的牙齿。

同桌之间很容易建立友谊，我也不例外。更何况，男孩子之间是不需要所谓的磨合期的，成为同桌后，我和张庆花了不到一节课的时间成了好朋友。

初二的整个学年，我们两个几乎形影不离。但我和他也没能做多久同桌，初三那年张庆就转学了，而我初中毕业后到外地求学，从此之后我们也就失了联系。

想到这里，我问了问同学聚会的组织者："张庆怎么没来？"

组织者正在和班上的女同学唱歌，醉意朦胧地说了句："他现在在家种地呢，叫他干吗？"

这句话让我彻底清醒了，就因为张庆在家种地，就失去了参加同学聚会的机会。那一刻，我突然觉得有一种压迫感向我席卷而来——这个世界什么时候变得这么功利？

聚会快结束时，我拉着在当地工作的同学，问他关于张庆的消息。他说："张庆初三转学好像是因为家里出了什么事，转学以后他的成绩一落千丈，毕业后就辍学了。再然后就在家务农，偶尔出去打打零工。可能是前两年打工挣了钱，最近这几年他回到老家养羊呢……"

同学后来好像还说了什么，但我没有听清，而我一想到张庆因为工作与大家相差很远而被同学聚会拒之门外，就感到莫名悲伤，更不知道张庆知道了这件事该有多难受。

这件事情让我联想到了很多。记得几年前看《甄嬛传》时，有一句台词让我印象深刻："在这宫里，有利用价值的人才能活下去，好好做一个可利用的人，安于被利用，才能利用别人。"

在同学聚会这件事上，似乎与《甄嬛传》的台词很相似。养羊的张庆对于一群有着体面工作，还有不少成为老板的同学而言，真的没有什么利用价值，自然也不会有人贴上来邀请他。

两年前，一个学长跟我说同学聚会的残酷，我还没有感觉，但这一次我真真切切地感受到了其中的真谛。

学长也是在参加了同学聚会后跟我说出这番话的。他说："我去参加聚会的时候恰好面临失业，原本想着过去看看能不能找同学介绍个工作。即便没人能给我介绍工作，老同学叙叙旧也是好的。到了现场才知道，他们早已经变的不一样了，原本关系要好的同学知道我快要失业以后，跟我寒暄了几句，就围着刚刚开了家公司的同学聊天去了。"

当时我听了以后，心中没有多少触动，只是觉得学长有些"倒霉"，遇到了一群不是真心待他的同学。我当时甚至想说，如果是我，一定不会遭遇这种事情。

但这句话我终究没能说出口。原本想的是学长已经很失落了，何必再刺激他，谁知道当初那句话要是说出来，受刺激更大的是我。

参加聚会回来后我就一直在想，为什么这世界变得这么功利，为什么没有雪中送炭，只有锦上添花。是人们变得不善良了，还是社会变得不友善了。

这个问题在我脑海中停留了一个星期，我终于想通了。

学长读书的时候是风云人物，是班里的"学霸"，同学们对他或多或少有些崇拜。估计有不少"学渣"把他奉为偶像了，这样一个优质偶像，身边怎么会没有几个小粉丝。而面临失业的学长已经失去了吸引他人崇拜的资本，就像过气的艺人，遭遇冷板凳也是见怪不怪了。

其实这样的事情也算是稀松平常。所有的行业都是这样，在你能力不够时，你苦苦寻求一个机会都很费劲。但当你成为业界中的佼佼者后，你身边会出现以前从未出现过的面孔，他们争先恐后地和你攀关系，恨不得因为跟你在同一个餐厅吃过饭，就把自己标榜为你的好朋友。

这样的机会和渠道，就像冒出来的春笋，哪怕你用布遮上它，哪怕用石头压住它，它还是会努力冒出来，即便是另辟蹊径也要让你看到……所以说，当你成为一块锦缎，那么自然有人愿意为你绣上美丽的花朵。如果你只是一块抹布，人们只会避之不及。

这两年有句话很流行："今天你对我爱搭不理，明天我让你高攀不起。"这句话多多少少有些阿Q的意味，但是我们必须懂得，想要让别人高攀不起不是靠嘴巴说说就可以的，要靠自己的努力才行。

我刚参加工作的时候也遭遇过各种各样的冷板凳，后来也是通过自己一步一步努力才走到了今天。

现在看来，当时的同学已经步入社会，成为社会人，自然也不能免俗。从另外一个角度来看，功利也是把双刃剑，对于有些人来说是不好的，但是对于有些人来说肯定是有用的。不然的话，功利这种事情早就"灭绝"了，怎么还能留存这么长时间。

在功利背后，不正映射了当前时代的游戏规则吗？结果无非两种可能——要么我们成为"人上人"，不在乎别人怎么想、怎么做；要么我们在乎别人怎么想、怎么做，然后努力成为"人上人"。

无论我们最终实现了哪种可能，最后成功的、成熟的、获得收获的都是我们自己。

更重要的是，功利也是对你能力的认可。依靠运气获得的成功总会消散在时间中，但你的能力是会随着时间而增长的，这是别人拿不走的，也是时间无法磨灭的。

我们不能决定别人怎么做，却可以决定自己的能力。做自己擅长的事情，拼尽全力做好它，一旦你足够好，你想躲都躲不开铺天盖地的机会。

所以，从这个角度来说功利一点挺好的，人们喜欢锦上添花、不喜欢雪中送炭也挺好的。至少，这样的行为能够给我们带来向上的动力。

记住，别人帮你是情分，不帮也是本分，这世界没有谁是欠你，不要总是想着别人能给你雪中送炭。

好好做自己，等待别人锦上添花，要比等待别人雪中送炭更有意义。

友情破裂不一定非要有什么理由

友情破裂其实不一定非要一个理由，可能只是两个人成长的环境变了，心态和想法也随之改变。

当两个人没有共同语言的时候，不再属于同一个世界的时候，彼此间的友情也就随之淡了。

之前看过漫画家喃东尼的一幅漫画，让我感触颇深。漫画的情节大概是这样的：

有两颗蛋相遇了、相爱了。它们时常一起沐浴阳光，享受安静的时刻；它们无话不谈，说着自己的理想；它们一起在树叶下躲避风雨；它们一起在大树下憧憬未来；它们觉得能够一直相爱下去……

三个月后，这两颗蛋破壳了，一个是小鸟，一个是鳄鱼。跨种族也没能影响它们的感情，它们还是一如既往地甜蜜。

可是，当鳄鱼问小鸟"晚上吃什么"的时候，小鸟叼来的那只又大又肥的虫子让鳄鱼很失望。鳄鱼说："算了，你自己吃吧！"

渐渐地，它们发现越来越没办法和对方在一起玩耍。

鳄鱼说："一起来游泳啊！"

小鸟看了看水池，说："我不会啊！"

它们之间越来越没有共同语言。

鳄鱼说："我们再也回不去了吗？"

小鸟说："似乎是的。"

相濡以沫，不如相忘于江湖。

小鸟说："那么……祝你永远乘风破浪。"

鳄鱼说："祝你永远晴空万里。"

说完，鳄鱼潜进了水里，小鸟飞向了蓝天。

故事的最后，作者喃东尼写下了一句话："你看，感情破裂不一定非要什么理由。可能只是因为：岁月在变迁，彼此在成长。"

岁月在变迁，彼此在成长。这句话让多少人感到心酸，但同时又饱含了多少的无奈……

不光是爱情，友情也是一样。我们在长大，但我们的友谊不见得能跟着年岁一直长大，友谊甚至会随着年岁的变化而消失不见。

还记得前段时间遇到了当初一起参加工作的同事——肖刚。那时我们都是刚从大学毕业的小年轻，同样又是公司的新人，打成一片也是理所应当的事情。

对于大学毕业后得到的第一份友谊，我是很重视的，到现在我还很怀念当初的时光。可我也不得不承认，即便我再怎么怀念，我们的友谊却再也回不去了。

我大学毕业做的第一份工作是销售。那个时候我的口才还没有现在这么好，看到陌生人多多少少有些紧张，也拉不下脸对客户说好话。肖刚和我完全不同，他不仅性格开朗、大大咧咧，还很有感染力和幽默感。

如果说有人天生就是销售的料子，我想肖刚一定是其中的一个。可我必然是没有销售天分的孩子，所以在公司待了三个月以后，没有业绩的我被扫地出门了。

那天晚上，肖刚一定要带我去喝酒，说是为我践行，祝我有个好前程。那天晚上，我觉得我好像回到了大学时光，和我的舍友们拿着啤酒瓶，摇摇晃晃地走在大马路上，对着那些在我们背后鸣笛，然后呼啸而过的汽车骂骂咧咧。

第二天早上醒来，我觉得头疼欲裂，想让下铺的哥们儿帮我倒杯水。闭着眼睛喊了许久，我才反应过来我早已经脱离了宿舍，成为城市中的一个"孤家寡人"。

缓了一会儿以后，我从床上爬了起来，光着脚跑去倒了杯水，然后跑回被窝继续睡觉。

在我重新找工作的那段时间，肖刚一有时间就会来找我喝酒，向我抱怨公司的人都不好相处。我从他嘴里知道，我离开以后又有好多同事离开了，当初一起进公司时坚持到现在的老员工已经所剩无几。

听肖刚这样说，我有些伤感，觉得自己身边的人起起伏伏，变动太大。但仔细想想，人的缘分不就是这样吗？有相遇就会有别离，有别离自然有重聚。

就这样，我和肖刚做了半年的"酒友"，彼此的工作也换了好几个。直到我找到了现在的工作，搬离了所在的小区，而肖刚也因为家庭原因回到了老家，继续做他的销售。

换了新的生活环境，我和肖刚两个人各自在自己的世界开始了忙碌的生活。

自那时起，我们的联系就少了。

我从来没有想过旅游的时候能够遇到多年不见的朋友。然而就像前面说到的，有相遇就会有别离，有别离自然有重聚。我和肖刚以这样独特的方式重聚了。

遇到肖刚的时候，刚从出租车上下来、有点晕车的我正坐在街边的长椅上喘着粗气。

坐下之前，我余光瞥到旁边远远地好像有人走了过来，那个人的身影还蛮眼熟的，但是晕车的我也没来得及多想。直到一声熟悉的声音在我耳边响起："嘿，哥们儿，是你吗？"

我艰难地抬起头，向我打招呼的人正是肖刚。

惊讶之余，我还是很兴奋的，毕竟能以这样的方式遇见自己多年前的好朋友，这是多大的缘分啊！

肖刚看我脸色不好，问我怎么了。我说晕车，歇会儿就好。

肖刚听了以后"嗯"了一声，然后向远处走了。过了一会儿，肖刚又回来了，手里拿了一瓶矿泉水，递到我面前："要不要喝点水？"

"谢谢！"我接过肖刚递过来的水，对他道谢。

"都是自家兄弟，客气什么。"这么多年不见，肖刚还是一如既往，大大咧咧。

之后，我原本计划一个人的旅行变成了两个人的。肖刚不愧是做销售的，一路上他的嘴巴就没停过，比导游还要能说。

我之所以选择一个人出行，没有报任何旅游团，就是为了安安静静地享受这来之不易的旅行时光。但肖刚不停地说来说去，我既不能打断，也提不起兴趣。因为肖刚的话题大部分都是"前面有个美女"，或者是"这里（景点）不好"。

总之，两天以后我已经受不了喋喋不休的他，于是提前结束了旅行。

回到家里以后，我觉得自己做得有些过分，原本我和肖刚的关系那么要好，我这样离开是不是对肖刚太不公平了，是不是对我们友谊的一种背叛？这些问题我没有答案，可我知道，我确实不喜欢那样的旅行。

在我辗转反侧几天以后，我看到了喃东尼的漫画，看完漫画之后，我终于把这件事情想明白了。我和肖刚的友情之所以出现裂痕，不是因为我们不在乎对方了，而是我们的生长环境变化了，我们的习惯也随之变了，我们的共同语言也变得不见了……

就像那只鳄鱼和那只小鸟。他有他的水底世界，我有我的广阔天空，他不可能达到我的高度，我也无法企及他的深度。所以我们就这样渐行渐远。

他关心他的花花世界，我在意我的似水流年，我们的交集也越来越少。

原来不一定非要有争吵，不一定非要有误会，不一定非要发生了什么事情……不一定非要这样那样了，我们的友谊才会消失不见。

　　友情破裂不一定非要有什么理由。很可能，它就像瓶子里的水一样，随着时间的流逝而蒸发了。

一辈子的尽头，原来就是毕业

好兄弟一辈子。我想，每个人的青春岁月都说过这句话。

但我们从来没有想过，一辈子的尽头竟然是毕业。就像孙悟空想不到他眼中的"天柱"是如来佛的手指，我们的友谊也无法逃离"毕业"的五指山。

还记得上学时，跟要好的同学偷偷写小纸条，结果纸条完美的抛物线被班主任破坏了，落在了班主任手中，我和那个同学被班主任叫出去罚站。班主任盯着我们的时候，我们站得笔直，班主任的目光一旦挪开，我们便继续刚才的话题。似乎有说不完的话，做不完的梦。

那个时候很喜欢做的一件事情就是，下课一起飞奔出教室，急急忙忙地跑向餐厅，生怕吃不到自己喜欢的食物。

抄作业想必也是每个学生族都会经历的一件事，要么是好学生被抄作业，要么是坏学生抄过作业。有那么几次，我和同桌的答案一模一样，被班主任叫到办公室上了好几个小时的"思想政治课"。

当时我们面对老师的苦口婆心完全不为所动，长大后再想想，哪还有人为你的事情这么上心。

回想起来，总觉得上学时经历的事情还历历在目，但那些同学的相貌，甚至名字在我的记忆里都是模糊的。那些说过要一辈子做兄弟的人，我竟然已经淡忘。

　　即便是印象很深刻的罚站，我也只记得两个人被罚站，想不起来那个陪我一起站了一下午的少年究竟长什么样子，叫什么名字。

　　原来，当我们踏出校门，"一辈子"这三个字已经支离破碎了。

　　在写到这里时，我正在读高中的表妹来找我，向我抱怨她同学变了。

　　"谁？"我问她。

　　表妹说："她是我的初中同学，我们是同一个寝室的，关系特别好，经常在一个被窝睡觉。我们的衣服也经常换着穿，我们的东西都是共用的，从来没有起过争执。初中的时候有一个男生欺负我，她想都不想就冲上去跟那个男生吵起来了。其实我知道她也紧张、也很害怕，但那个男生骂骂咧咧走了以后，她还是笑着对我说，我刚才勇敢吧？"

　　我说："你们的关系挺好的，能找到这样为你奋不顾身的朋友也挺好的啊，她哪里变了？"

　　表妹看着我，有些委屈地说："可是在高中时我和她不是一个学校的，不能像初中一样天天在一起了，只能利用周末的时间见面。"

　　我说："每个人都需要有自己的空间和人际圈啊！即便是好朋友，即便是最亲密的夫妻，不是也得有自己的空间吗？不是也不能二十四小时腻在一起吗？"

表妹摇摇头，说："可是，我们说过要做一辈子好朋友的，而且彼此只有一个好朋友，她怎么能说话不算数。"

我问表妹："你怎么知道她说话不算数了？"

表妹说："这个周末她找别人玩去了，不能来找我了。这不是背叛了我们的友谊吗？"

我笑笑，对表妹说："这世界上没有什么事情是仅凭说说就能成真的。我们每个人都是一个个体，终将会到达属于自己的地方，过自己的生活，遇见不同的人，走向不同的人生道路。正是这些不同，让我们自己、让我们的世界变得不一样。

"青春终会有结束的一天，我们就像四散的蒲公英，将会在属于自己的土地上生根发芽。所以，每个人都需要学会自己一个人生活，一个人看风景，一个人走过人生的旅途。即便是曾经说过要陪你一辈子的人，也不一定能陪你一辈子。

"可你要知道，虽然他可能在属于自己的土地上闪闪发光，这份光芒无法照耀你，但是他留给你的回忆和印记是无法抹去的。你们两个人的存在见证了对方的成长，这还不够吗？"

"可是，"表妹说，"我们说过要一辈子做好朋友的。"

表妹还是不肯绕过这个话题，我只能继续说："还记得你小学时候的玩伴吗？当初你们应该也手拉着手说要一辈子做好朋友吧？但是现在他人呢？你还记得他长什么样子、叫什么名字吗？"

表妹看着我，似乎想说什么反驳，但最终还是摇了摇头，说："不记得了。"

得到表妹的答案后，我接着说："其实道理是一样的，你和小学时候的玩伴不也是答应要一辈子做朋友吗？可现在还不是有了自己新的交际圈，甚至还忘记了对方叫什么、长什么样子。人生本就是如此，有些人，离开了就再也不会回来，你以为的短暂别离很可能意味着永恒。"

表妹听到我说的这些，似懂非懂地点了点头。看着她的样子，我又说了一句："总之你长大以后会懂得，现在没有必要怪罪你的朋友，你们的友谊要是能够经得住考验，也不会因为多了一个人而改变的。"

听完我的话，表妹回房间写作业去了。

表妹走后，我开始陷入沉思，我们究竟是怎么弄丢了在学校获得的友谊呢？

我想到了张爱玲和炎樱。张爱玲和炎樱在年轻时是很好的朋友，两个人比亲生姐妹的关系还要亲密。在张爱玲的好多作品里，都能看到炎樱的身影，可见在张爱玲的青春岁月，炎樱有很大的影响力。

可在动荡的年代，经历过战乱以后，两个女孩的人生经历了不同的转折，她们原本重叠的内心变得渐行渐远，以至于最后老死不相往来。一个在美国，一个在日本，各自度过安逸的人生。

很多人说她们的友情只能"共青春"，却不能"经沧桑"。可事实上，两个人似乎并没有发生性格上的改变，只是经历的事情不一样，两个人之间的思想差距就越来越明显。

当两个人站在同样的位置，那么另一个即使喜欢高高在上，两个人的位置还是一样的。可如果其中一个人跌进了谷底，另一个人依然保持高高在上的状态，那么有隔阂也是必然的。

张爱玲和炎樱之所以走到那一步，最终却和邝文美成为最好的闺密，大概也是因为这个吧！邝文美要比炎樱更懂得张爱玲。

只有在同一片土地上成长的大树才能够"根相交、叶相握"，人或许也是如此。

我们这一辈子，不只是上学时会经历"毕业"，从一个公司跳槽到另一个公司也属于工作上的"毕业"。

在友情的世界里，只要你从某个人的生命里"毕业"了，从他的圈子里跳出来了，那么当初信誓旦旦的"一辈子"多半也会定格在那一刻了。

年少时的朋友，只适合怀念

常常想问身边的人，年少时一起翻墙爬树的朋友都去哪儿了？

发小是人一生中最美好的回忆之一，我也有很多值得怀念的回忆。

我小时候属于比较文静的孩子，翻墙、爬树这些比较危险的活动我都不会参加。我父母其实也不喜欢我翻墙、爬树，一来不安全，二来容易弄坏、弄脏身上的衣服。在父母的耳提面命下，我一直很乖巧。

直到后来遇到雷子，我才变得不一样了。雷子比我大一岁，在他八岁时和父母一起搬到了我家隔壁。雷子是翻墙、爬树的一把好手，这一点我很是羡慕。

我从来没有想过翻墙、爬树是这么简单的事情，跟雷子在一起玩了一个星期，我也像个猴子一样在树上窜来窜去。现在想起当时的场景，还觉得十分好笑。

我还记得我们偷偷从家里拿鸡蛋出来，在门外的空地上挖个坑烧鸡蛋；我还记得我们一起爬上隔壁张伯伯的围墙，偷偷摘张伯伯家的大枣，被树上的虫子咬了一手包；我还记得我们用硬纸片叠的玩具；我还记得我们一起放风筝……

这样快乐的日子过了两年，雷子又搬家了，我就再也没遇见过他。每个人都有怀旧心理，有些人喜欢把自己小时候的玩具收起来，等到长大了再去翻阅曾经的记忆。

我一直很怀念当时我和雷子的友情。我想，如果有一天我们再见面，一定也是好久不见但还是有聊不完的话题。至少，我们之间不会是陌生的。

可能我运气比较好，总能够心想事成，在和雷子阔别将近二十年后，我又遇到了他。小学的同学不知道从哪里找来了雷子的QQ号，把他加进了我们班级的QQ群。

近二十年不见，雷子早已不是印象中的那个小男孩，而我也变了好多，可我还是要了雷子的手机号，打算叫他出来一起喝酒。

这次见面，让我彻底改变了原本的想法。

我以为，即便我和雷子许多年没见，但年少的友谊在，我们之间不至于有太大的鸿沟。

可当我说这段时间在看三毛的作品时，他以为我说的是动画片，他说他知道。可我却不知道了，这还是不是我曾经认识的雷子。那个能够和我谈天说地的雷子去哪儿了？

后来我明白了，是我忽略了，我和雷子在不同的朋友圈长大，在不同的领域发展，我们之间的距离早已经无法丈量。

想到之前一个女性朋友给我讲的故事。那个朋友，就叫她天天吧。

天天初中的时候有一个很要好的女性朋友，两个人不仅是同班同学，还是同寝室的。小女孩之间的友情，自然是无话不谈，常常在一个被窝里睡觉。

两个人就这样手拉手走过了初中三年。中考以后，两个人考上了同一所高中，但不是一个班的，也不在同一个寝室。

刚刚升入高中的天天几乎每天都会去找朋友玩，可是渐渐地，天天发现朋友已经有了新的朋友圈。后来天天找朋友的次数就越来越少，她也在班里发展了自己的朋友圈。

可天天和她的朋友都知道，只要对方有事情需要帮忙，自己还是会去帮的。虽然天天不是每天都和朋友联系，但两个人还是经常在一起玩。就这样，高中三年过去了。

高考时，天天考上了二本院校，而朋友却落榜了，只能外出打工。忙于学业的天天和忙于工作的朋友联系越来越少。

天天读大二的时候，几乎已经不和朋友联系了。时间就这么一天天过去，天天大四参加实习的时候，朋友突然发消息说要结婚了，让天天去参加婚礼。

天天很为难，朋友的婚期是周三，虽然天天很想参加朋友的婚礼，但自己刚参加工作，不好请假。天天跟上司说了很多好话，还是没能请到假。

天天十分抱歉地给朋友打电话，告诉她自己不能参加婚礼了，上司不给假。哪知，天天的朋友说："工作这么不自由啊，不行辞了吧！反正我一辈子就结这一次婚，你看着办！"

天天还想解释什么，但朋友已经挂断了电话。天天望着手机发呆，直到同事叫了她好多遍才反应过来。

天天最终还是没能参加朋友的婚礼，这份工作来之不易，怎么可能那么轻易放弃。可天天的朋友自此之后就不理天天了。

前不久，天天通过一个同学知道朋友生了二胎。天天得知消息的时候很惊讶，那个同学和朋友的关系并没有那么好，但是朋友生了二胎这件事还要通过人家才知道。天天甚至不知道朋友什么时候生了一胎。

后来天天给我打电话，说："哥，你说我做错了什么？她为什么突然就生我的气了。"

我说："你没有做错什么，只是在她眼里工作没有那么重要，但你为了工作没来参加她的婚礼，所以她介意。除此之外，我也想不到其他合理的解释了。"

"可是，"天天说，"你也知道我的工作是我爸妈托了熟人找的，我怎么可能说不干就不干了呢？更何况当时公司真的很忙……"

天天说着，伤心地哭了起来。我对她说："你们经历了不同的人生，对事情的看法也不一样，有分歧是自然的。与其拼命抓住这段友谊，不如顺其自然。实在不行，就留着美好的记忆作为怀念吧！"

听到我说的话，天天的哭声渐渐小了下来，对我说："嗯，我知道了。"

挂断电话以后，我在日记本上写下了这句话：真正的友谊应该建立在相等的见识上，至少不能有太大的差距。如果有人能够跨越门第，成为知己好友，那么一定是因为他们的思想观点是相近的。

朋友不只是那个肯听你说话的人，而应该是能陪你聊天的人。如果两个人的聚会只有你一个人夸夸其谈，先不说对你的朋友是不是公平，他早晚有一天会厌烦这样的"绿叶"角色。只有让你和朋友一起做"红花"，你们的故事才能长久。

有多少年少时的朋友莫名其妙地离你远去了，不是因为你做错了什么，而是因为对方发现自己跟你已经走不到一起了。我也曾尝过这种感觉，曾经亲密的人却咫尺天涯了，不是因为我们认清了什么，而是我们走向了相反的方向。

在行进的道路上，我们不断将阻碍步伐的东西搬到身后，在两个人身后垒起了高高的障碍，以至于我们回身的时候早已看不到对方的身影，早已感受不到对方的气息。

就像喜欢看言情小说的人，与看古典名著的人之间有着无法逾越的鸿沟；喜欢打电子游戏的人，与喜欢到处旅游的人之间有无法跨越的距离……

或许年少时的友情只适合活在记忆里，只适合我们去怀念、去缅怀，而不适合再经历一次。

朋友，当我们的友谊走到尽头，我们不必歇斯底里，更不用恶言相向，我们只需要平淡地承认：结束了。

如此就好。

Part

5

心大了，舞台
就大了

低头也是一种进攻

古人云：至刚易折，上善若水。

两千多年前的一天，在古希腊充满哲思的土地上，一个年轻人向苏格拉底发问："天与地的距离有多高？"

苏格拉底答道："三尺。"

年轻人不解，说："可我们许多人身高都在五尺以上啊。"

话音刚落，苏格拉底就笑笑说道："所以人要先学会低头啊。"

我们从小所接受的教育就是永不低头、永不言败、迎着困难向前冲，否则你就是懦夫。殊不知，伟大的先哲早就在几千年前将智慧留给了后人，虽看似是一句普通的话语，但"学会低头"正是一种聪明的处世之道，是一种大智慧、大境界。

戏剧性的是，人性是固执的，做到低头也是蛮困难的。当年我年轻的时候，也曾一味地昂着头生活，一直硬撑强做，一直坚持着"宁为玉碎不为瓦全"的精神。到最后，其实不仅伤害了别人，也断送了自己。

后来长大了，也成熟了，就像是谷子成熟了，就低下了头，向日葵成熟了，也就低下了头。学会低头，也是一种成熟的表现。

小杨刚来公司的时候，还是个小刺头，整个人充满干劲，仿佛什么都不能成为他前进路上的阻碍。于是我们常常在办公室能够看到他和上司据理力争的样子，也经常看到他在工作上和同事争吵的身影。

年轻人有一点自己的想法是一件好事，但不管是在职场，还是社会，一直太过自我，什么时候都舍不得低头，未免就有些过了。

还记得一次公司有一个宣传推广活动，正好小杨所在的小组负责这一部分，于是经理就把工作交给小杨，让他出两套宣传方案。

这是小杨第一次独立做一个方案，大有摩拳擦掌、大干一场的架势。小杨没日没夜地工作着，基本用上了他在大学所有的理论知识，写了满满几十页的策划方案。当时恰好经理找到他，要求看一下方案的进度和内容。

小杨满心欢喜的将方案交上去，详细地讲解了一遍自己的策划。看着他侃侃而谈的样子，仿佛眼前已经看到了项目成功的景象。但是意外的是，方案被经理退了回来，还指出了好几处需要改善的地方。

小杨当时傻了眼，他认为自己的方案是进行了严密推理和数据调查之后，留下了最能发挥宣传效果的两套方案，但是经理一上来，就要他修改方案，并且修改之后的方案势必会影响最后的宣传效果，一时间小杨站在办公室，倔劲又上来了。

经理这次难得有耐心地跟他说清楚了情况，原来是赞助商的要求，必须要有几个地方看出来他们赞助的广告，而小杨一开始做的时候没有注意到这里，所以导致了方案的偏差。

小杨看着自己好不容易做出来的方案几乎要重新修改的时候，心中不满，他坚持认为只有自己的这份方案才完美，如果加上赞助商的一些要求只会影响宣传的效果，小杨坚持着自己的方案，说什么也不肯改动。

经理自然是动了怒，拍着桌子让小杨走人，当场宣布将小杨接手的所有方案都交给了另一组的同事。

小杨万分沮丧地从办公室出来，坚持自己的方案没有错。但他看着同事间幸灾乐祸的样子，第一次对自己一直坚持的东西产生了质疑。

从小父母和老师都教给他有了困难要迎头而上，要坚持自己的观点不要被他人动摇。但是显然，这种思想，并不是在所有情况中都适用的。

同事把方案做得非常成功，既照顾了赞助方，也照顾了自己公司的利益。他看到同事不断地在退让中谋求自己的最大利益，仿佛看到了自己失败的原因。

也就是那次，小杨突然明白了，适当的低头，也是一种智慧。自己之所以丢了项目，也没得到同事的认可，正是因为自己在一些事情上太固执己见，不懂得半点退让。

其实有时候，低头也是一种前进。我们许多人都将勇往直前作为自己一生的教条，甚至为了这个教条愿意去牺牲一切。但是我们仔细回想一下，很多事，学会低头，受到的伤害反而会少很多。

美国科学家富兰克林把"记得低头"，作为毕生为人处世的座右铭。他在年轻时曾去拜访一位前辈，那时候他年轻气盛，挺胸抬头地迈着大步，一进门，头就狠狠地撞在了门框上，出门迎接的前辈看着他的狼狈样，笑笑说道："这是你今天拜访我的最大收获，要想平安无事地活在这世上，你就必须时时记得低头。"从此，富兰克林就将"记得低头"作为自己为人处世的原则。

　　古语有一句话叫作："以退为进。"我们都知道在大雪纷飞的山谷里，唯有那些懂得弯曲枝干的雪松才能不被积雪压垮。韩信曾忍受胯下之辱，之后驰骋沙场，奠定了大汉王朝安定繁荣的基础；越王勾践也曾卧薪尝胆，秘密筹划，一举击败了吴王夫差。低头不是妥协，也不是退缩，更不意味着失败，而是暂时的退让，也是巧妙的迂回。

生如夏花，莫开半夏

我相信自己，

生来如同璀璨的夏日之花，

不凋不败，妖冶如火，

承受心跳的负荷和呼吸的累赘，

乐此不疲。

这段话来自泰戈尔的《生如夏花》，孤独的我走来，只为了华丽的绽放。人生在世，会遇到各种挫折，艰难困苦，冷嘲热讽。有时困难如同歇斯底里的野兽，张开它的血盆大口咆哮着，或许我们在困难面前曾吓得瑟瑟发抖，或许曾面对冷嘲热讽，心灰意冷，痛不欲生。

其实我们每个人大可不必在意这些，既然生在这世上，就应当努力地绽放，不管经历了多大的挫折，不管外界对于你是怎样的评价，你一定要坚持做好你自己，生如夏花，就应当绚烂，万万不可只开半夏。

每一个生命都是有意义的，每一个事物都有自己独特的生命物语。哪怕人生诸多不如意，也应该尽力让自己的生命如同花朵一样灿烂，不要在风雨的摧残下，轻易折了腰。

喜欢海明威，喜欢他的所有作品。《太阳照常升起》《老人与海》《永别了，武器》……我曾在那段艰难的岁月中反复地咀嚼，苟延残喘地熬过寒冬。

海明威作品中的主人公像他本人一样，体现出他"准则英雄"的硬汉精神。我还记得在《老人与海》中，海明威曾说过一句话："你尽可把他消灭掉，可就是打不败他。"

《老人与海》是一部融信念、意志、顽强、勇气和力量于一体的书，它围绕着一位老年古巴渔夫，与一条巨大的马林鱼在离岸很远的湾流中搏斗而展开的故事。老渔夫一连八十四天都没有钓到一条鱼，但是他却不肯认输，终于在第八十五天调到一条身长十八尺的大马林鱼。大鱼拖着老渔夫的船往海里走。老人即使没有水，没有食物，没有武器，他的左手抽筋，但依然紧紧拉着大马林鱼不放手，在经历了两天两夜的搏斗之后，他终于杀死了大马林鱼，并且将它拴在船边。

许多鲨鱼来抢夺他的战果，他一一杀死它们，最后只剩下一支折断的舵柄。即使大马林鱼依旧没有逃脱被吃的命运，但是老人也仍然将他的鱼骨拖回来，向别人炫耀着自己的战果。

老渔夫身上体现出的坚不可摧的精神力量，影响着我走到今天。风烛残年的年纪并不是老渔夫放弃的理由，就像是困难从不能成为我们软弱的借口。

生如夏花，莫开半夏。既然决定了向前走，就只顾风雨兼程；既然选择了坚持，就不要半途而废。我们每个人都是独立的个体，只有自己才是自己生命中的太阳。

王叔是我父亲的一位挚友，我们两家十分要好，王叔长得高高瘦瘦的，为人十分和蔼。因为常年在外经商，每次回来之后都要找父亲喝上两壶，然后从口袋里拿出一些我们从未见过的糖果和玩具一一发下去。

在我的印象中，王叔一直是一个非常乐观的人，他对每个人都是一副笑呵呵的模样。但是这样乐观的人，却得了肾衰竭。

当时正值他事业的起步阶段，刚和别人一起合作了一个新的项目，每天没日没夜地工作着。可我也无法忘记他刚查出来自己病情的时候，每次找父亲喝酒，经常喝着喝着就红了眼眶。

这个消息对于王叔来说是一个巨大的打击，他开始犹豫、彷徨，思考着生命的价值。他的孩子还小，父母年纪也大了，如果自己真有什么三长两短，这个家也就完了。

很多事想开也就好了，悲伤了一段时间之后，他逐渐振作起来，告诫自己，悲伤一天也是一天，快乐一天也是一天，为什么不高高兴兴的呢。于是，王叔尽力忘记自己的痛苦，积极地进行治疗。

治疗的过程自然是痛苦的，王叔每隔三天就要去医院进行一次血液透析，一个月下来，透析的费用就成了一个大问题。于是，他又捡起来自己的事业，开始重新创业。事业的起步阶段自然是艰苦的，很多事情都要王叔亲力亲为。王叔一边努力地和病魔做着斗争，一边争分夺秒地工作着。有时候因为太过专注，甚至都把自己的病忘得一干二净。

他怀着对生活的希望，努力前行。即使臂膀因病而变得萎缩，胳膊上也因为长期治疗经常青一块紫一块，但是王叔似乎从未遗失脸上的笑容，也从未放弃过对生命的热爱。

王叔常说人活在世，就要努力地过好每一天，活出自己的价值，不能轻言放弃。随着他的努力，他的事业也开始有所起色，工厂越来越大，而自己也终于在死神的面前夺回了一条命。

生命给予我们的，不是放弃的权利，而是对生命高歌的自由。生命不应该平庸地度过，是生命，就要轰轰烈烈、无怨无悔。

我国著名的残疾人作家史铁生，年轻时便双腿瘫痪，后来又患肾病发展到尿毒症，只能靠透析维持生命。他也曾在肉体和精神的煎熬中，想要结束生命。但是在他的作品中，我们读到了他对生命的拷问和对人生意义的探求，那是属于他对生命的态度。

前两日读到史铁生先生的《病隙碎笔》，中间有这么一段话，让我感触颇深：

"上帝不许诺光荣和福乐，但上帝保佑你的希望。人不可以逃避困难，亦不可以放弃希望。恰是在这样的意义上，上帝存在。命运并不受贿，但希望与你同在，这才是信仰的真意，是信者的路。"

韩少功曾评价史铁生是一个生命的奇迹，在漫长的轮椅生涯里至强至尊，是一座文学的高峰，其想象力和思辨力一再刷新当代精神的高度，散发着一种让千万人心痛的温暖，让人们在瞬息中触摸永恒，在微粒中进入广远，在艰难和痛苦中却打心眼里宽厚地微笑。

我相信史铁生也在坎坷的命运中挣扎过，想要摆脱过。但是难能可贵的是，他真正领悟了生命的意义，用自己的方式在艰难和痛苦中前进着。

生如夏花，莫开半夏。是花朵就应该绽放，是生命就要精彩。既然人生给了你一条鲜活的生命，让你可以在风和日丽的夏天开出一朵璀璨的花朵，那就不要轻易凋谢。让我们带着对生活的追求，对生活的挚爱，来面对人生中的每一次风雨，迎接每一次挫折与失败。

你若盛开，清风自来

　　"你若盛开，清风自来。"

　　最初接触这句话还是在作者伊北对林徽因传奇人生撰写的一书中看到的，书的名字就叫作《你若盛开，清风自来》。

　　最早知道林徽因是在学民国史时，惊叹她与梁启超以及徐志摩三人之间的爱恨纠葛，而真正喜欢上她，是因为她一身的才气和一生"不堕落"的铮铮铁骨。

　　提到林徽因，所有人先想到的一个字，那便是"美"。我第一次见到林徽因的小像，连连感叹世上怎么会有这么美的人，林徽因年少时的美是一种东西方融合的美，她身上充满着东方韵味，又有些西方的立体感，她身上散发出来的气质，是一种飘逸、向上的气质。不同于今日艺人那样艳丽的美，而是像古时大家闺秀那样的美。

　　相貌美之外便是才学美。美貌早晚会消退，像是花朵一样渐渐褪去残红。但是才学不会，才学会使一个人散发着独有的魅力。林徽因后半生坎坷，美貌早已不如年少时期，但是在留下的影视资料中仍能看到，晚年的她历经磨难之后，仍散发着难以忽视的强大气场。就连她的女学生见到晚年的她，也被她的神容所折服。

有人说林徽因是民国时期的一个"文艺复兴式的人物"。其说法在某种程度上虽有些过，但是也大抵不差。林徽因学术涉及广泛，她读过经，留过洋。她不仅接收了中国旧文学的影响，还受到西方新思潮的冲击。她在诗歌、小说、散文、戏剧、绘画、翻译等方面成就斐然。她几乎标志了一个时代的颜色，也留下了所有美好的辞藻。林徽因后来醉心于建筑事业，也做出了相当高的贡献，并协助梁思成完成了《中国建筑史》初稿和用英文撰写的《中国建筑史图录》稿等一系列建筑学的著作。

人们提起林徽因往往只会被她身上的感情纠葛吸引了去，感叹梁思成、徐志摩、金岳霖这三位优秀的男人争先恐后地为她付出。然而等你真正走进林徽因的生活，了解她的人格魅力，你就会知道，这样的女人好比一朵花，她自身的魅力不仅仅展现在她美丽的外表上，更体现在她的人格和才情上。

我们都如同历史中的一粒微尘，与其哀叹、消磨、恐惧、惊异，还不如去做些什么，人生的结局并不重要，重要的是人生的过程。就像是林徽因，她追求高远，让人在乱世中忽略了她弱女子的身份，她奋发向上，辗转在战火中，贡献着自己的力量。人生当如此，你若盛开，清风自来。

还记得我身边有个朋友叫阿南，刚认识他的时候是在公司的年会上，那时候他刚来公司不久，认识他的人都说他性格内向，存在感很低，经常往办公室里一坐，就进入了半透明状态。

阿南不爱说话，也不爱喝酒。他感兴趣是一些游戏和动漫，而同事却对他所说的丝毫不感兴趣。于是谁也融不进谁的圈子，时间久了，阿南也被疏远了。

随着工作接触多了，我逐渐对阿南生出几分好奇。不时找他说两句话，阿南每次都很高兴，虽然他说的我也不太懂，但是看得出来他也很渴望和别人交流。

其实阿南并没有我想象中的特别。他的生活十分规律，每天准时上下班，几乎没有其他的应酬，也没有见过他和谁通话，他好像是孑身一人，连个朋友都没有。但是他的计算机能力非常强，我曾在短短的几分钟内看他成功解决了公司网站的病毒。

或许有才华的人都是孤单的吧，我这样想。阿南像是人群中的一股清流，独自散发着自己的光芒。但是好景不长，公司在随后的裁员中，率先裁掉了阿南。公司内的人员没有一个异议，毕竟让一个谁都不熟悉的人走掉，似乎无关痛痒。

我看到阿南自己一个人收拾了办公桌上的物品，缓缓地下了楼。他临走之前问我："是不是我太孤僻，所以才总是失败。"

我不知道怎么安慰他，其实阿南在计算机方面是个天才，他对代码和服务器的维护都非常厉害。我不忍心告诉他，仅仅因为有些不合群就是他失败的原因，这对一个人实在太过残酷。

从那之后，似乎阿南也长了记性。失业的他开始逐渐找朋友喝酒，一起相约踢足球，想极力融合进他们的圈子。我看过一张阿南和朋友们聚会的合影，现场气氛热烈，但是从阿南有些苦笑的嘴角可以看出，他并不快乐。

其实他曾告诉我他更喜欢动漫和游戏，更喜欢一个人宅在家里，在床上躺一天，刷一番动漫，打一天游戏。但是没有人能理解他，毕竟一个三十岁的男人，每天还看那些热血的动漫，每天只会打游戏，总会被人说成不务正业。

但是喜欢做自己的事情有什么不对吗？难道自己的性格有些孤僻就可以直接忽略他本身的才能吗？阿南不清楚，他没偷没抢，不愿意去合群，似乎就像是见不得光的老鼠。

在之后的几次历练中他总算明白了一个道理。人们总是喜欢合群的人，喜欢一起玩闹的人，喜欢事业心强的人，而他，化用网上的话来说，就是"死宅男。"

于是他丢掉了自己喜欢的动漫和游戏，和新同事一起去喝酒，去唱歌，去迎合所有他们喜欢的东西。酒有些辣，歌曲有些聒噪，运动他力不从心。即使他身边已经有了很多可以玩闹的朋友，在工作上也有了人帮助，但是他并没有多少成就感。

直到有一天阿南看到网上的一句话："你努力迎合别人的样子真恶心。"阿南就是这样想的，那晚他躺在床上思考了很久，在第二天天亮后，他决心推掉那些自己丝毫不感兴趣的活动，躺在床上松了一口气。

他依旧在自己的小房间内打游戏看动漫，即使一个人的生活，也并没有什么枯燥。有一天我无意间看到他经常玩的那款游戏的公司在招聘服务器工程师，便把招聘信息发给了他。

他如愿地应聘了，并且找到了一群真正志同道合的朋友，他们一起打游戏，看动漫，相约去看漫展，阿南也终于露出了笑容。

人生就是这个样子，你努力迎合别人不见得有多好，只有认清自己，像花朵一样绽放了，你的香气和甜美，才会吸引到清风和蝴蝶。

生活总是面临着很多选择，我们总是在面对困难的时候习惯寄希望于他人，希望命中有"贵人相助"，却总忽略了自己的努力。我们总在感叹为什么别人的人生道路就是那么坦荡开阔，为什么自己的人生道路就是这样崎岖难行。

可是你未曾见到那些人生道路坦荡开阔的人，为了让自己的人生之路好走些，他们披荆斩棘，搬山填海；为了让自己在面对人生路上的猛兽更加有战斗力些，他们翻山越岭，流血流汗，努力地让自己强大而有力量。

人生不要总是看到别人的生活有多美好，闲时静下心来好好看看自己，分析自己的优点和缺点，挖掘一下自己的内在和潜能。当你发现人生是为自己而活，并为之努力的时候，那便明白了人生的意义。

我们没有必要耿耿于怀

前两天有个同事向我抱怨，说他到现在都原谅不了当初伤害自己的那些人，每次想到这些都咬牙切齿，恨不得把他们拎出来打一顿。

我当时正好在看王利芬的访谈，想起了她在微博上说过的一段话："当你看到曾经欺骗过你的人、打击陷害过你的人、伤害过你的人时，你若是心跳不加速、呼吸不急促、内心不起波澜、面部平静，说明你的人生正在走向可期待的未来。那些人在你的生活中已毫无价值，你已穿越人生的泥泞走到了自己的开阔地。人生苦短，阳光明媚的天空下不要花时间想你曾经遇到的不快。"

人生短暂，世事无常。我们又何须对自己的那些小事耿耿于怀呢？

别人讽刺你，伤害你，你证明给他看就好；生活上失败了，下次你只需更加努力便好。如果我们总是为了失去太阳的光芒而流泪，那么你还会失去灿烂的群星。所以我们无须为生活琐事而耿耿于怀，因为每天都是新的开始。

前两天我们大学班级里的团支书结婚，几乎全班的人都到齐了，其中也包括之前常常和团支书在一起争吵的班长，但此次两个人见面一团和气，丝毫没有大学时候那种剑拔弩张的紧张气氛。

大学时期我们班级比较特殊，别人的班级都是男班长女团支书。只有我们班不一样，班长和团支书都是女生。然而，所谓男女搭配干活不累，别人班级一团和气，而我们班，班长和团支书加上学习委员三个女生，几乎每天都是一台大戏。

班长一开始是想竞选团支书的，但是最后选票下来却以一票之差落选，只好当了班长，然后就开始了她与团支书四年的互怼生活。大学的生活比较单调，尤其是学生干部的生活，一天天围着老师转，争来争去最后无非也是为了些评优评先之类的。

班长和团支书两个人都很优秀，每次都不相上下。于是到评优评先的时候，每次都能看到两个人明争暗斗，一个比一个表现优秀。偏偏学习委员看热闹不嫌事大，还在一旁煽风点火，每次到了年末班级评选的时候，总会看到两个人在评选大会上互相拌嘴，谁都不肯让谁。

两个人剑拔弩张的气氛，让班里的学生也不好受，常常两个人意见不同，即便底下有活动，都得看着两个吵完了，找到一个中立的办法，然后才开始行动起来。这样下来，每次我们班级不是参加活动晚了，就是抢不到观看活动的好位置。

就这样两个人不相上下地吵了四年之久，就连在最后的一次班级聚会上都差点要泼对方酒，并扬言老死不相往来。没想到这次团支书结婚，班长居然来了，并且两个人十分和睦。

于是，就座的时候我们开始打趣班长。

班长一脸淡然，说道："当时总感觉一直看对方不顺眼，甚至私下也没少搞小动作，也一直为此耿耿于怀好几年，但是一毕业，感觉真的都不算什么。不顺心的事情多了去了，现在想想以前，反而是最单纯美好的时候。"

年轻时候总是单纯得可爱，在现在看来，以前耿耿于怀的事情，放到现在反而觉得有些傻气。人随着年纪的变化，随着经历的不同，心境也会变得和之前大不相同。如果每个人的每句话，生活中的每件事，你都耿耿于怀，那么你这一生，就会被这些琐碎的小事困住。

这世上不缺的是伤口上撒盐的人，少的是救死扶伤的医生。人生在世，不要指望有人能心疼为你扛下所有，我们要做的是迎着冷眼和嘲笑，顶着风霜和寒风，披荆斩棘，大步向前走。

我身边有个学弟叫孟华，人长得高高瘦瘦，也十分帅气，但不像是现在当红小生那种帅，而是那种很健康迷人的帅。在大学期间曾经一度是他们系里的系草，现在工作了也是公司里年纪轻轻就受重视的职员。

现在认识孟华的人都会说这个年轻人相貌好又有能力，但是熟悉他的人都知道孟华小时候长得很丑，并且一度十分自卑。

孟华小时候因为黑黑瘦瘦的，所以别人一直嘲笑他长得丑，并且孟华自己的母亲也常常抱怨，怎么孩子长得这么丑。孟华活在同学的嘲笑中，经常自卑而又伤心。老师看他不善言辞，也不爱跟小朋友玩耍，所以就让他当自己的课代表。

孟华受宠若惊，每次都积极地收作业，但是班上总有那么几个调皮的孩子故意不交作业，让孟华去他们的课桌前去找他们要作业。小孩子的玩笑总是不过大脑的，他们讽刺和嘲笑着孟华，然后在快上课的时候才将作业本扔给孟华。孟华也因此被老师找过去谈话了好几次，让他及时收全作业，后来孟华更加自卑了，甚至连上厕所都不愿意去了。

中学后，孟华终于摆脱了那个让他曾经一度深受伤害的环境，加上中学生发育比较快，他也终于长开了些，不像小时候那么丑了。

与此同时，年轻的心总是躁动的，在那个情窦初开的年纪里，孟华喜欢上班级里一个最漂亮的女孩子。他默默地付出着，以为那个女孩并不知道。

但是一次无意间，他听到那个女孩跟她的同伴说道："就那个土包子还想喜欢我，我才不稀罕呢。"孟华那颗刚刚想要绽放的心，突然像是被注入了一剂毒药，慢慢枯萎了。

后来，他将心思全部用在学习上，修剪干净自己的头发，也学电视剧男主角的打扮，尽量让自己不像是个土包子。学习压力大的时候他也去操场跑跑步，告诉自己早晚要给那些伤害自己的人一记沉重的耳光。

渐渐地终于有人注意到了这个男孩，长开的孟华干净帅气，常常在篮球场挥洒着自己的汗水，他的穿衣品位也越来越好，终于不被人嘲笑土气了。但是即使这样，自卑的种子依旧埋藏在孟华的心中，让他喘不过气来。

他只有优秀起来，才能让自己看起来不那么糟，不让自己成为那些人嘲笑的对象。孟华拼尽全力考进自己向往的大学，终于彻底摆脱了那些从小嘲笑自己的人。他在这个完全陌生的环境里散发着自己的魅力，向那些曾经嘲笑他的人证明着，自己也同样优秀。

有人嘲笑你是个失败者，那你就成功给他看；有人在背地里捅你刀子，那就认清他们，再也不见；有人嘲笑你土，你就努力打扮自己。

冷眼和嘲笑并不能打败每个人，我们无须为这些耿耿于怀。所有不曾打败你的，都是在为你的未来铺路。我们不仅可以拒绝那些曾伤害自己的行为，也要在以后的生活中，怀着温柔的心去对待每一个人。

唯愿无事常相往

"相见亦无事，不来常思君。"我忘记从哪个地方看到了这两句话，初读还没有体会，等静下心来咀嚼两遍，立刻有些倾心了。

徐迂先生说过这么一句话："交友只是人生寂寞的旅途偶然的同路客，走完某一段路，他就要转弯，这是他的自由。在那段同行的路上，你跌倒了他来扶你，遇见野兽一同抵抗，这是情理之中的。路一不相同，彼此虽是挂念，但也就无法援助，但是这时候彼此也就遇到新的同路客了。"

人生本来就是一个不断分离又遇见的过程，有些同路人走着走着就远了，有些人各奔东西之后便杳无音信，有时逢年过节发一遍祝福短信，突然感慨似是好久未见了。

早些年还将朋友分得很清楚，深交、知己、萍水相逢，似乎能按照友情的深浅排列出阶级一般。但是时间长了，发现所谓的深交知己，也慢慢联系少了，等过了很久再回头看的时候，感觉似乎已经许久不见了。

我有一位认识了十多年的朋友，年少时也曾一起翻过学校的墙头，追过班里最漂亮的姑娘，一起拌过嘴打过架，一起在青春的岁月里留下抹不去的回忆。

但是随着时间的流逝，彼此都醉心于事业。两个人最多的交流也开始仅限于朋友圈点点赞，一起在群里唠两句嗑。表面上岁月静好，说起来还有联系，其实私下每个人怎么样，都不得而知。

直到他得了癌症去世，我们才得到他的消息。我还记得那天是春日里最明媚的一天，我们赶到他家的时候，他就静静地躺在灵堂里，毫无生气。

也许是他走得太突然了，也许是我们太久没有坐在一起说过话了。他的病情那样严重，而我们却没有听到一丝消息。

葬礼上他的妻子红着眼眶，手中还牵着年幼的孩子，对我们说道："之前是王珂死活不让说，怕是让你们担心，但是现在王珂已经去了，虽然他不说，但是应该还是想让你们这些朋友送一送的。"

我们一群老朋友站在旁边红了眼眶，悔不当初。想起来我们有五年没见了，刚刚进入社会那几年，还经常号召着每年聚一聚，后来随着每个人的生活忙碌起来，每年到聚会的时候，不是人不全，就是聚会地点定不下来，最后总是不了了之。

在丧礼上我们围着桌子吃饭，喝着酒红着眼眶。最初怎么也吃不胖的瘦子已经快要二百斤了，之前说话总是结巴的华子也成了操持一口流利普通话的销售经理，当初班级最漂亮的女生已经嫁做人妇，再也没有当初动人的模样了。

时间如同一把锋利的剑，改变了每个人的模样。坐在一起的我们，像是一下子打开了话匣子，追忆着似水年华。但是一切都回不去了，王珂的离去像是一记重锤，敲在我们每个人的心口上。

唯愿无事常相往。这是王珂的最后一条朋友圈，当初我们还在私下评论说是不是要聚聚了，王珂说大概赶不上了。在此之前，他曾提出过要聚一聚，但是当时正值公司的年会，每个人都抽不出身，现在回想起来，后悔不已。

那种感觉实在是太痛了，痛到我再也不想提及这件往事。古人常说君子之交淡如水，从那件事之后，我只求无事常相往，莫要等失去了才后悔。

朋友如此，家庭也如此。从朋友葬礼回来的路上，蓦然想起了我的父母。记得那还是我年少时，因为常年在外学习和工作，常常醉心于和朋友的欢闹中，很少有时间回到家中跟父母一起吃顿饭聊聊天。

一是回家父母太过唠叨，刚开始还沉浸于自己回家的喜悦中，没过两天又该埋怨自己每天睡懒觉，不做饭。二是工作后的时间太过紧凑，经常只有周六日两天，光是来回家的路途，就要花上一天的时间，在家里的时间寥寥无几，都折腾在了路上。

就这样，慢慢地从一个月回一趟家，到了父母一直催我回家才能想起来回家的程度。父母虽然一直埋怨，但还是不忍心打扰我的工作，最后连催促我回家的次数都少了。

直到一天上午，我在会议室开会，父亲的电话突然打了过来，我下意识地挂断了电话，但是父亲那次很执着，不停地打，我挂了两个之后突然感觉不太对，于是暂停了会议出去接了父亲的电话。

年迈的父亲在电话那头哽咽着："你妈进去手术室三个小时了，医生说是个小手术，但是现在还不出来，我有点害怕。"

我一下子慌了神，忙安慰完了他，迅速打通了伯父的电话，让他帮忙过去看一下，然后买上回家的车票，连忙回了家。

幸好像大夫说的是一个小手术，虽然手术时间有些长，但是没有什么风险。回到家的我看到父母像做错事的孩子一样低着头沉默着，我虽然一肚子火，但是又不敢发出来。

"做手术这种事怎么你们俩都不跟我说一声就去了，万一出个意外呢？"我把父亲叫出去，说话语气有些重。

"这不是我们不想打扰你吗？医生说只是个小手术，没有什么危险……"父亲边说着边抹眼泪，哽咽得像个小孩子："幸亏没有事，不然我可怎么办啊。"

我哑然，抱着父亲红了眼眶。这件事情是我不对，父母身体不舒服，我竟然丝毫都不知道，就连动手术这种事，还是在做完之后赶了回来。我难以想象年迈的父亲一个人在手术室外焦灼等待的样子，也无法体会他当时是多么不安和害怕。

而我，却还在办公室打算这周末跟朋友出去玩，连跟二老打电话的心思都没有。

那晚我在亲戚的责怪和母亲的安慰中煎熬了一晚，看着父母逐渐花白的头发，看着父亲越来越佝偻的腰，我突然明白了之前的做法是多么愚蠢和不孝。

人总是在经历了风雨之后才幡然醒悟，有幸的是我明白得比较早，没有留下巨大的遗憾。杜甫曾在诗中说道："但使残年饱吃饭，只愿无事常相见。"

世事瞬息万变，我们总是在追忆着昨天，感叹着今天，惧怕着未来的明天。但是我们忘了身边的亲人，早晚有一天会变老；忘了身边的朋友，早晚会感情淡了。

　　与其等到那时候后悔痛苦，还不如在感情浓厚时，多多陪伴。人生风雨不过几十年，身边有可以陪你变老的人弥足珍贵。

Part

6

在浮躁的世界
平静地过

人活着，除了自由还有更多

　　人生在世，草木一秋。人生如同一辆刻满岁月花纹的马车，不急不缓地行驶着。我们疾步追赶，却不知道明天等待我们的是什么，不明白追赶的意义。

　　于是有人要问了，人活一生是为了什么？有人说自由，只有自由才能实现我们人生中的价值。

　　然而，人活着真的只是为了自由吗？我想并不是所有人都是这样认为的，我曾见过一些人为了爱情而穷其一生，为了亲情而放弃一切，为了梦想而四处漂泊。你能说他们活着只是为了自由吗？

　　自然不是，人生的意义是多种多样的，人活着也并非只有一种答案。如果你用一种固定的答案约束住你的人生，那你的人生也就没什么意义了。

　　我还记得林南刚来公司的时候，和所有的大学毕业生一样，浑身都是使不完的干劲，加班永远能看到他的身影，工作永远是他最积极，就连上级也对他赞赏有加。所有人都认为林南是个好苗子，肯定年纪轻轻就能坐上主管的位子。

事业爱情双丰收大概说的就是林南这种人，他来公司不出两年就成了所在小组的组长。与此同时，他也结束了和女朋友的五年爱情长跑，进入了婚姻殿堂。

结婚的那天林南搂着自己的妻子，红着眼眶说要爱她一辈子。我们在旁边起哄，说在座的兄弟都看着呢，说到可要做到。他的妻子在一旁害羞得红着脸，那时的我突然想到，大概这就是人生所求吧。

人这一辈子，无非是遇见一个爱你的人，和你终其一生。

所有的一切都像是故事里美好的剧本一样，林南的事业越来越好，他的妻子也在事业上有了起色，两个人相互扶持，梦想着早日能在这个大城市里安家。

但是甜蜜的日子总是短暂的，一个人迈进中年阶段后，就意味着要承担更多。林南的父亲突发脑出血，虽然竭尽全力抢救了回来，但是身体偏瘫，生活无法自理。

这个消息像是晴天霹雳，一下子撕裂了林南眼前幸福的生活。母亲年迈，无法一个人照顾父亲。而大城市的生存竞争太激烈，他们根本没有能力将二老接到城市来照顾。

最后还是他的妻子提出了一个折中的办法，说要回去发展，她朋友说有个小学招老师，她想去试试。结果自然是录取了，他的妻子顺理成章地承担起了照顾父母的责任。

夫妻相隔两地，而且照顾父母的重担全落在妻了一个人身上。虽然林南每个月都会定时往家里打钱，但是一想到妻子一个人要带着年迈的父亲去医院检查治疗，一个人处理家中的各种事情，每次酒桌上，他都会红了眼眶。

我们兄弟看在眼里，却是爱莫能助，只能每次加班工作的时候多帮他分担点，让他能抽出休息时间回家看两眼。

但是这样还远远不够，思念和自责像蚂蚁一样噬咬着林南的心。终于有一天，他找到我们喝了一晚上的酒，临别的时候，他对我们说："我要回家发展了。"

我们虽然不舍，但也知道这是他权衡很久所做的决定。事业固然重要，但是对于他来说，家庭在他心中所占的比重更大一些。

第二天他收拾好所有的东西，就像他刚来的时候一样，抱着窄窄的收纳箱，装着他三年的拼搏，最后看了一眼这个曾经奋斗的地方，毅然地回了家乡。

这可能是最好的选择，不管是对于他来说，还是对于他的家人来说。人生总会有很多选择，有人为了追求名利金钱而奋斗，有人为了追求自由和梦想而拼搏，有人为了收获爱情和亲情而退舍。每个人的追求不同，每个人选择的道路也不同。

像我的朋友林南，可能很多人会说他傻，在事业的上升期抛弃了一切回到了家乡。但是我知道对于他来说，金钱和事业并不能作为他人生意义衡量的准绳，亲情和爱情才是他认为值得珍惜的。

人活着的意义有很多种，除了自由之外，还要去追逐自己心中的所爱。

这里的"爱"，或许是理想，或许是爱情，或许是所有你认为值得追求的事情。不要害怕会失去，也不要害怕追寻的路上荆棘密布。只要你想，未来没有什么是你做不到的。

我记得刚上大学的时候，学生会的秘书长是个女生，人长得漂亮，家境也好。因为当时在学校的表现十分优秀，很多用人单位都希望她毕业之后能到自己的公司来上班。

这位学姐曾经一度是我们所有人的榜样，大家都以为她会去薪酬最高的公司上班，然后过着白领的生活。但是让所有人意想不到的是，她却拒绝了所有公司的聘请，转而在毕业那年去了西部支教。

支教的日子自然是苦的。

我的学姐大抵也是如此，我看她在朋友圈里发的动态，她剪去了长发，脱下了漂亮纤细的高跟鞋，换上了沾满泥土的运动鞋，和孩子们手拉着手，每天早晚走在蜿蜒崎岖的山路上，一过就是三年。

但我们从未听到过她在我们面前叫苦，也从未看到她有过反悔的念头。她乐观积极，就像在贫瘠的土地上绽放的一朵花，灿烂而又动人。

后来我们聚会时再次听到她的消息，听说她现在依旧在支援着西部的教育事业，也听说她之前有回来的机会，但是因为舍不得那边的孩子，还是选择了留下来。

或许这就像她在最后与我们离别的时候说的，"每个人的人生有很多追求，我的追求就是去西部支教，因为这是我的价值，也是我的梦想所在的地方"。

对于这位学姐来说，人活着，就是为了追求自己的理想。我也常常问自己，一生所求到底是为了什么。

我见过有的人一生忙忙碌碌，最后却如梦幻泡影，临死之前后悔不已，感叹人生的短暂。我也见过有的人虽然一生执着一件事，但是临终前却心无遗憾，安详离世。

临死前都在悔恨的人，根本不知道自己的一生到底是在追求什么而忙忙碌碌过了一辈子；安详离世的人，到最后都在为自己一生所执着的付出而感到欣慰。

人只有经历过很多离别，看过很多故事，才会明白人活着的意义并不是一成不变的，也不是只有一个固定的答案。人生的意义多种多样，有很多东西值得我们用尽一生来追求和阐释。

我们不必为了追求一个所谓的"答案"而忽略自己真正想要的。这样的人生，往往只会留下痛苦而不是幸福。

你越善解人意越有人在意你的委屈

有人说人生难能可贵的是遇上四种人：一个是有共同理念的人；一个是善解人意的人；一个是愿意分享生活的人；一个是可以白头偕老的人。

静下心来想想，确实如此。有共同理念的人可以在事业上与你一同拼搏，善解人意的人在你疲惫时给你力量，愿意分享生活的人给你带来生活的乐趣，白头偕老的人能与你相伴一生。

而我很幸运的是，从来到这个城市之初，就遇到了一个善解人意的老太太。

认识她完全是出于一个巧合，那时候我刚刚丢掉工作，在离职前，我平日里看着温和善良的老板用各种借口搪塞我，死活不肯给我开工资，我气不过跟他大吵一架，却毫无用处。最后我的薪水和奖金也被贪婪的上司吞得一干二净，第一次经历挫折的我沮丧地离开了那家公司，没想到的是，迎接我的是更大的挫折。

之后我在朋友的介绍下来到这个城市，没有经济来源的我租不起房子，只好租借在朋友家一间破落的小院子里。每天清晨六点我就要起床，然后坐一个半小时的地铁去商业区面试，但是生活并不像我预料的那样如意。

那一年是经济的萧条期，很多用人单位裁员还来不及，更别说招聘了。于是打算在这个城市扎根的我，在工作中屡屡碰壁。在这个陌生的城市里漂泊了半个月之后，我几乎要打消了寻找工作的念头。在接下来的日子里，我无所事事，终日与酒为伴。

有一天，我接到了面试失败的短信，心情低落的我在房间窝了一天，直到饥饿吞噬了我所有的意识，我才起床在楼下的便利店里买了一瓶廉价的白酒，准备找一家小馆子解决我的温饱问题。当时正值深夜，楼下的饭店都已经歇业，只有马路拐角的地方有一家小小的门面，还亮着微弱的灯光。我站在马路对面，犹豫再三还是推开了饭店的门。

我抱着自己买好的酒，闷头走进这家小餐馆，餐馆的椅子已经全部掀起来放在桌子上，地板擦得锃光瓦亮。听到我推门的声音，一位温和的老太太从后厨走出来，手上还沾满了洗涤剂的泡沫，看样子准备关门了。

我试探着问道："闭餐了吗？"

或许是当时我的语气太过悲伤，或许是那天老太太的心情比较好，老太太停顿了一下，赶紧擦掉手上的泡沫，重新穿上她那条有些破旧的围裙。

"还没有，想吃点什么？"她问。

然而我身上并没有多少钱，我努力地思索了很久，总算干干巴巴地说出来一个菜名："花生豆。"

老太太没有说话，看了一眼我打开瓶盖的酒，转身走进了厨房。等一盘花生豆的时间要比我想象中漫长，老太太忙活了很久，终于从厨房里端出来两个我没有点的热菜。

我连忙摆手说："您大概是听错了，我没有点这个菜。"

"我也正好没吃饭，你就当陪我这个老太婆吃一顿饭吧。"说完，老太太搬下来一把椅子坐在我对面，转身又从柜台的格子里，给我拿下来一瓶白酒。

她没有问我怎么这么晚才出来吃饭，也没有问我为什么一身酒气。她打开自己拿下来的白酒给我倒了一杯酒，将我来时身上带着的廉价白酒放在一边，开口说道："不要总是喝廉价的白酒，身体容易坏的。"

虽然我十分清楚这个道理，但是身上的钱不允许我给自己提供更好的生活。老太太以自己的方式为我准备了饭菜和白酒，小声地训斥我怎么不珍惜自己的身体。

我被老太太训得有些蒙，但是心中莫名涌上一股温暖的感觉。老太太絮絮叨叨地跟我说起来自己的陈年旧事，感慨着生活不易。

那一天我不仅吃了一顿免费的晚饭，还捡起了人生的动力。我永远忘不了老太太如同母亲一样坐在酒桌的对面和我聊着人生的不如意，并且不断鼓励我勇敢地生活下去。

第二天我向小区保安无意提起来那位老太太的时候，保安说："那位老太太这些年一直这样，她就像是在自己家，每天没有固定的菜谱，自己想起来做什么菜，就炒什么菜。并且还会根据你身体情况给你做适合自己的饭菜，去那家餐馆就像是去了自己家一样，老太太很善解人意，人也很温和，这些年一直做得不错。"

后来我在那段时间每天晚上都会去那家餐馆吃饭，老太太确实像个家人一样对待每一个进店的客人。每个人在吃饭的时候都很融洽。

善解人意的人总是会得到很多人的关注。就如同这位老太太一样，后来听说她的老伴因为得癌症住了院，之前的食客纷纷为她筹款，总算是赶在死神来之前做了手术，捡回来一条命。

做人应当如此，人际交往亦然。我有个朋友一直找我抱怨他每天的烦心事，不是因为今天客户不好对付，就是明天那个同事自己看不顺眼。很少听到他在你难过的时候安慰你，但是每次他一找你说话，肯定是他又来找你倾诉了。

就像是人们喜欢梧桐，它枝繁叶茂的时候看着颜色美、姿态美。夏日，烈日当头的时候，人们纷纷躲到它的阴凉下避暑，驱除夏日的炎热；雨天，繁茂的树叶挡住了绵绵细雨，为措手不及的行人遮风挡雨。

同样的，那些在你失意难过时安慰你的善解人意的朋友要远比只会找你抱怨倾诉的朋友受欢迎。

我想起我的表妹暑假的时候向我谈起在学校的实习中遇到的那些事。她们被分到一个县城里去教学，带领她们的都是一群资历很深的老师。刚去的时候一群小姑娘都很兴奋，觉得第一次当老师很新鲜，但是随后的一个星期内士气立刻就萎靡下来了。

校方看她们是一群年轻的学生，于是经常交给她们一些烦琐的工作，比如整理图书，带没有人去接的微机课。还有很多老师看她们年轻，会让她们替自己盯自习、批改卷子，一天下来，她们除了吃饭，几乎没有时间歇着。

刚开始一些学生本来还感觉教课挺有意思，但是随后就不干了，不是整理图书的不好好整理，就是盯自习的跑回办公室歇着。但是只有表妹一个人认真地做完所有的事情，毫无怨言。

刚开始表妹也有些不解，感觉学校那么多老师为什么卖力干活的总是她们这些实习生，但是随后她也明白了。因为学校的老师都是一批上了年纪的老师，微机课已经不太会教了，图书虽然看着小，但是量大，很多老师已经力不从心了。而自己班级的一个老师因为怀孕不方便，表妹也经常提出自己帮这个老师上课，让她晚上能早点回家。

就这样，虽然表妹身边的同学和朋友都说表妹太傻了，这样善解人意反而会被人欺负的，但是表妹却坚信善良的人不会没有回报，依旧做好每一天的工作。

其实这些都是进入社会的第一课。社会虽然残酷，但是她教会你怎么成长。最后实习的成绩下来，除了表妹是优秀之外，其他人的分数都不理想。

还有表妹经常帮忙替课的那个老师，专门挺着自己的孕肚跑去商场给表妹买了一份礼物。其他人看到悔不当初，但也为时已晚。

所以很多时候我们总感觉有些事情你不做是理所应当的，那么你没有回报也是理所应当的。天上不会掉馅饼，但是你的善良也不会是徒劳的。

后来有一天看到几个同事在公司一直抱怨越善良却越被欺负的时候，我就会告诉他们："不是越善良越被欺负，而是越善解人意越有人在意你的委屈。或许你当时是很委屈的，但是给你工作让你帮忙的同事也在用他们的方式还回来。"

比如帮你分担一些工作，帮你带一杯你爱喝的咖啡，请你吃一顿饭或者是旅游回来给你带回用心挑选的礼物。

我们总感觉这个社会的各种不公平，不断想要得到一些回报而去有目的地做一些事，总感觉越善解人意的人就越容易受委屈，却根本没去想，其实你越善解人意就越有人在意你的委屈。

人际交往中都是相互的，你在他最渴的时候递给他一杯水，那么在你需要这杯水的时候，他可能会给你更多的帮助。前提是，你不去付出，怎么能要求别人在你需要的时候去帮助你。

不要总是把"越善解人意就越容易受委屈"这句话当作逃避的借口，不解你意的只是少数人，多半的人都会选择回报。只有你善解人意，别人才会在意你的委屈。

不要只用键盘敲打人生

　　人们都说现在这个世界很浮躁，想要做一些自己喜欢的事情太难了。

　　现实真的是这样吗？更多的人是信心满满地规划好了未来十年的人生目标，结果第二天六点起床去公园锻炼的第一个目标，就被扼杀在了床头。

　　得多时候，浮躁的不是这个世界，而是我们无法平静的内心。

　　前一阵子网络上曾流行一个词语，叫作"键盘侠"。网络上给他们的定义是部分在现实生活中胆小怕事，而在网上发表"个人正义感"的人群。在日常生活中他们常常不爱说话，但是一旦独自面对电脑键盘或者手机进行网络评价的时候，就会对社会各个方面大肆评头论足。

　　为此，我在看各大社交媒体时曾专门留意过这些群体。有意思的是，这些人不仅在财经报道下方埋怨工资挣得少，还在教育报道底部批评中国的大学教育，甚至在一些社会新闻末端幸灾乐祸。总之，他们"有理有据"，买不起房责怪房价涨得太快，考不上好大学埋怨分数线定得太高，找不到女朋友抱怨这个社会太物质。

你说他们好笑吗？其实不是好笑与不好笑的问题，他们代表的是一种悲哀。

成功者不会让自己的时间有一丁点的浪费。我从未见过那些拿着高薪努力工作的人，整天在网上调侃。即便是一些普通人，基本也是一天工作八个小时，两个小时在上下班的路上，每天坚持锻炼，闲下来还会跟同事踢踢足球，打打篮球，读两本好书。中午和晚上的吃饭时间看看时政新闻，规划一下接下来的工作。

而他们沉迷于自己的世界，在工作上碌碌无为，一事无成。他们总以为自己是千里马，而没有伯乐相识。可是他们从来没有静下心来想一想，为什么同样的背景和条件下，自己和其他人却是云泥之别，一个天上一个地下。

成功不是嘴里说说而已，也不会因为你今天列出的一整张人生计划清单，就会走向成功。你不去做，只在电脑屏幕面前构想着自己的伟大人生之路，这与阿Q的精神胜利法又有何不同。

我有一位朋友的母亲已经六十多岁，她起早贪黑四十多年，供养了三位大学生，最后终于在家里最小的孩子毕业找到工作后，光荣"退休"了。

老太太的生活一下子清闲了下来，和所有退休的老年人一样，她早上去公园打打太极，下午一起去牌友家里打牌，晚上遛弯跳广场舞。似乎所有退休的老年人都一样，喜欢在退休后干点自己喜欢的事，但是这位老太太似乎并不满足于打牌跳广场舞。

因为有一天，朋友突然问我，老年人去什么样的地方旅游妥当一点。

我确定当时自己没有听错，朋友说他家老太太有一天看到电视上的旅游宣传片，突然下定决心要出去看看祖国的大好河山。

　　老一辈人成长奋斗的年代，交通还没有那么便利，绿皮火车太慢，远的地方要颠簸几天才能到；机票太贵，很多人宁愿把这个钱省下来用于生计，也舍不得出去游玩一圈。

　　老太太一辈子去过的最远的地方就是北京，后来随着三个孩子的出生，更是让两位老人全身心投入到家庭中。可喜的是自己的几个孩子都很有出息，一个个都是名牌大学出身，毕业后都留在了大城市且安了家。

　　没有了儿女的负担，老太太也想来一场说走就走的旅行。首先，年过六十的她戴上老花镜，在孙子的指导下玩起了电脑，做起了自己的旅游攻略。孙子每天晚上在书桌旁边写作业，她就在旁边认真地写着旅游景点以及应该注意的事项。一个月下来，她密密麻麻地记了一小本的旅游攻略。与此同时，她还与老伴每天没事就去转转运动城，买一些旅游要用到的装备。

　　老太太整个人像是要出去春游的小学生，兴致勃勃地准备着所有的东西。虽然朋友看了老太太做的旅游准备，但还是不放心，说要等到放假带着老太太一起出去，老太太却嫌朋友太麻烦，自己照顾了他半辈子，出去旅游还要带上他，便义正词严地拒绝了朋友的建议。

　　朋友哭笑不得，只好给老太太准备好了所有旅游要用到的东西，一遍一遍叮嘱着二老要注意的事情，才悬着一颗心将二老送到了火车站。

　　出乎朋友意料的是，老太太不仅在旅途中十分顺利，并且还主动担任了老年旅行团里的"景点顾问"。一路下来，朋友每天都能收到老太太记录的犹如小学生日记一样的"报告"，并附赠二老的合照，以及和一些名胜古迹、旅游景点的自拍照。

现在，老太太已经不需要旅行团的带领了，完全可以独立出去旅行，说去哪里就去哪里，有时候还会邀请上和自己一样有兴趣的老年朋友一起出行。

老太太说走就走的决心让我敬佩不已。我身边很多人也热爱旅行，每天将诗和远方挂在嘴边，每天在朋友圈能转发好几条旅行攻略，但是真正背上背包说走就走的，几乎没有。

很多时候我们还没有这位老太太活得精彩，我们总在岁月中蹉跎着，在自己脑海中构建着一个又一个人生规划，却不愿意一步一个脚印地在现实生活中实现它。

有人曾拿电影来比喻人生，但是人生远远没有电影那么简单。电影是一门用故事来讲解人生的艺术，而人生是需要自己脚踏实地拼搏出来的。

扔掉那些脑海中的幻想，脚踏实地地努力拼搏，这才是人生该有的意义。

因果交替，运自己求

人生就像是一个播种灌溉的过程，种下一粒什么样的种子，就会结出什么样的果实。生长的过程是不可逆的，但是种子是你可以挑选的。

就像我身边这两位朋友小山和小卫。小山是典型的三分钟热度，今天吵着要健身，下班后买了健身装备，第二天就报了健身班，剩下的时间里，你每天都能见到他兴致勃勃地跟别人讨论运动量和体脂指数。

结果几个月下来，不仅脂肪没减下来，反而胖了好几斤。而自己的健身装备早已经堆到角落铺上了一层灰，健身卡也不知道扔到哪里去了。等你再问他原因的时候，他会跟你说妻子做的饭菜太好吃，工作太繁忙，根本没有时间去健身。

健身的热度没过去多久，他很快又迷恋上了出国旅行，并且又对英语口语产生了极大的兴趣。他买了一大堆英文口语的书，下载了无数音频文件，刚开始还可以看见他走到哪里都能扯两句英文，慢慢地，可能连他自己都忘了还在学习英文口语这件事。

认识小山的这段时间，见过他想要创业，想要学习，想要健身，但是到最后，什么都没有成功。

还有另外一个朋友小卫，为人低调，平时一直低头在办公室忙于工作，你永远看不到他在办公室高谈阔论，看不到他在口头上说着今天要做什么明天要做什么。但是到最后，他却是做得最好的那个人。

我相信这世界是有因果的。小山总幻想着自己会有一个好的结局，却看不到他为了迎接好的结局而做的准备，最后幻想破灭的时候他还会反过来问为什么别人都能成功，而自己却不能。

你把种子撒在农田里，让它肆意生长，哪怕它再顽强，也逃不过风雨的冲洗、虫蚁的噬咬。坐等丰收往往是痴人的做法，只有用心浇灌，你才能看到自己的种子会结出怎样的果实。

就像小卫，他无论做什么事，总是充满干劲，对同事真诚坦率，对工作认真负责。即便出了问题也不会像小山一样找一大堆借口，而是脚踏实地地干好自己的每件事情，并且想尽办法去解决自己在工作上的问题。

他的每一步都走得格外稳健，工作总能做到很好，升职也很快，并且还赢得了同事的一致好评。

人们都在私底下羡慕小卫的人生，却很少有人去注意小卫为了升职加薪付出了多少努力。人生本来就是一个需要不断灌溉成长的过程，你最初选择了什么样的种子，决定了你未来会种出来什么样的果实，而你怎么灌溉，决定了你人生枝干的质量。

之前曾看过一个名叫《爱的链条》的故事：在美国得克萨斯州一个风雪交加的夜晚，一个名叫克雷斯的年轻人因汽车抛锚被困在荒无人烟的路上。正当他万分焦急的时候，一个骑马的男子正巧经过这里。见此情景，他二话没说就用马帮克雷斯把汽车拉到了小镇上。

事后，当感激不尽的克雷斯拿出不菲的美钞对他表示酬谢时，这个男子说："这不需要回报，但我要你给我一个承诺，当别人有困难的时候，你也要尽力帮助他。"于是，在后来的日子里，克雷斯主动帮助了许许多多的人，并且每次都没有忘记转述那句同样的话给所有被他帮助的人。许多年后的一天，克雷斯被突然暴发的洪水困在了一个孤岛上，一个勇敢的少年冒着被洪水吞噬的危险救了他。

当他感谢少年的时候，少年竟然也说出了那句克雷斯曾说过无数次的话："这不需要回报，但我要你给我一个承诺……"克雷斯的胸中顿时涌起了一股暖暖的激流："原来，我穿起的这根关于爱的链条，周转了无数的人，最后经过少年还给了我，我一生做的这些好事，全都是为我自己做的！"

善良的人播种下一颗善良的种子，便会收获更多的温暖；种下一颗嫉恶的种子，便会蔓延出无尽的黑暗。

看完这个故事之后，不禁想起我刚刚进入公司时候的场景。当时和我一起分到一个部门的还有其他两个女生，因为两个人长得都很漂亮，身材相貌也有些相近，所以公司同事都戏称她们为"大小二乔"。

大乔做事比较认真负责，在工作上仔细的程度几近"强迫症"，而小乔思维比较活跃，在工作上更喜欢找一些小捷径。上级一般都喜欢将重要的事情托付给做事仔细的人，把创造性的工作交给思维活跃的人。

所以，大小乔由此在工作上的分工一下子开始明确起来。两个人一路互相合作，如影相随，关系好到以姐妹相称。她们一直坚持到在公司转正，但公司之间的竞争是激烈的，甚至有时候是残酷的。你昨天还在握手的伙伴，有可能今天就变成竞争的对手。这对姐妹也不例外，没过多久，选调公司总部的机会来了。

昔日的朋友，一下子成了竞争对手。而两个人各有特点，工作能力不相上下，一时让经理犯了难。他左思右想，还是决定将最后的决定权交给总部。

总部没多久回话，说要过来两个代表来面试，从大小乔中选择一个调入公司总部。

消息传开之后，两个人表面上虽然还是一团和气，但是私下却不如之前那样每天黏在一起了。两个人都在私下里认真地准备着，迎接着面试的到来。可是，人在极度的紧张状态下，往往会做出一些自己都意想不到的事情。

面试的前一天晚上，大乔的面试准备材料遗忘在了办公桌上，第二天上班的时候，大乔才发现自己的资料在碎纸机中，早已成了一条条纸片。

是谁做的，每个人都心知肚明，但又说不出口。监控里那边是个死角，在夜晚的监控录像下，只看到有人小心翼翼地伸出一只手，悄无声息地拿走了资料。

小乔自然不承认，没人证明是她做的。她那天准备好自己的履历资料，昂首挺胸地进了面试室。大乔却因为这件事，与去总部的机会失之交臂。

大乔因为这件事消沉了很久，只知道每天没日没夜地工作着。终于，一年后总部选调的机会又来了，这次和考试官一起来的，还有之前去了总部的小乔。

小乔的工作模式并不适合总部的运作，在这一年里，她的工作没有一点起色，甚至还因为和同事不和闹了几次矛盾。这次她回来，是被调回原位，但她也很清楚，这个公司因为之前的那件事，已经不会再用她了。

大乔如愿去了总部，而且谨慎负责的态度慢慢得到了上级的认可和赏识，甚至很快获得了升职加薪的机会。而小乔在主动递交了辞呈之后，就再也没有人见过她了。

人一生会面临很多选择，你可以选择用什么态度去面对人生，也可以选择用什么方式去解决问题，甚至可以选择用什么样的态度与人交际……

但是你的选择往往会决定你的人生质量，你的方式会影响问题的结果，你的态度会带给你不同的人生际遇。

这一切都有着因果关系，所有的结果，无论好坏，也都是你自己的选择。无论是小山还是小卫，无论是大乔还是小乔，每个人都在种着各自的"因"，收获着所结下的"果"。

不同的是，因为每个人的选择不同，每个人的"果"也不同。因果交替，不复重来，但人生的命运，却是可以自己选择的。

少有人走的路

谢英明

编著

真正的成熟，
是扼制住心中的恐惧和贪婪，选择看似艰难的那条路，
那才是唯一通向平坦的大道

北京时代华文书局

图书在版编目（CIP）数据

少有人走的路 / 谢英明编著. -- 北京：北京时代华文书局，2019.10
（2019.12重印）
　（励志人生）
ISBN 978-7-5699-3204-1

Ⅰ．①少… Ⅱ．①谢… Ⅲ．①成功心理－通俗读物 Ⅳ．①B848.4-49

中国版本图书馆 CIP 数据核字（2019）第 220598 号

少 有 人 走 的 路
SHAO YOU REN ZOU DE LU

编　　著｜谢英明

出 版 人｜王训海
选题策划｜王　生
责任编辑｜周连杰
封面设计｜乔景香
责任印制｜刘　银

出版发行｜北京时代华文书局 http://www.bjsdsj.com.cn
　　　　　北京市东城区安定门外大街136号皇城国际大厦A座8楼
　　　　　邮编：100011　电话：010-64267955　64267677
印　　刷｜三河市京兰印务有限公司　电话：0316-3653362
　　　　　（如发现印装质量问题，请与印刷厂联系调换）
开　　本｜889mm×1194mm　1/32　印　张｜5　字　数｜112千字
版　　次｜2019 年 10 月第 1 版　印　　次｜2019 年 12 月第 2 次印刷
书　　号｜ISBN 978-7-5699-3204-1
定　　价｜168.00元（全五册）

自序

走好自己的路，才是
真的励志

很早之前我就想过要出一本书，但是对于出什么类型的书，我完全没有概念。

今天，当我将所有的故事写完之后，我突然间有一种豁然开朗的感觉。我梦想中的那本书不一定语言华丽，不一定辞藻丰富，但它足够真实。因为书中所有的故事都是真真实实存在的，可以说这本书记录了我过往的人生，是我三十年人生历程的缩影。

在写这本书之前，我还是隐隐有些担忧的，因为我觉得自己是个"没有太多故事"的人。我总觉得自己的人生太过平淡，平淡到没有一丝涟漪。直到这些书稿完成之后我才发现，原来自己的故事还挺多的。

我的人生和我的故事并不像励志故事里说的一样，经过一番努力成了一名成功的大老板。相反，我只不过是和普普通通的创业者一样，成了一个小生意人，每天为自己的生计发愁，每天为了公司的存活而奔波，我有自己需要坚持的东西，也有需要奋斗的方向。这就是我的生活，平凡而真实。

每一个为了事业奋斗的人都喜欢说自己要成功，也有很多人说我是成功的，但我有时候还是会问自己：我成功了吗？成功究竟是什么？

成功学家卡尔博士对于成功的概念是这样理解的："成功意味着许多美好积极的事物。成功意味着个人的兴隆，享有好的住宅、假期、旅行、新奇的事物、经济保障，以及使你的小孩能享有最优厚的条件。成功意味能获得赞美，拥有领导权，并且在职业与社交圈中赢得别人的尊崇。成功意味着自由，免于各种的烦恼、恐惧、挫折与失败的自由。成功意味着自重，能追求生命中更大的快乐和满足，也能为那些赖你维生的人做更多的事情。"

"成功意味着许多美好积极的事物。"这句话吸引了我的眼球，也许后边的三个因素都不是最重要的，最重要的是你的生活积极美好。当你的生活充满积极美好的能量，那么你无疑是成功的。

正因为这样，我才觉得我的人生是成功的。我有美满的家庭，我有幸福的生活，我的生活是底层人员可触及的，是伸手可以抓住的、摸到的。

我想，对于大众来说，他们身边并不缺乏那些一夜暴富的成功故事激励自己，而是缺少像我这样平淡而真实的人生经历去鞭策自己。

不管网络上关于马云和王健林等大老板的故事有多励志，终究不是我们这些平凡的普通人可以企及的。

我们追不上别人的脚步，但我们可以过好自己的生活、走好自己的路。

目录
CONTENTS

第六章

不是每个人都能独自长大

第七章

认真，再认真一点，你就赢了

第一章

有多少人过着你想要的生活

　　不知从何时起，每当有人找我抱怨世事艰难、梦想太远的时候，我心里总会响起一句话：在有些人眼中梦想等同于理想，而有些人的梦想就是在梦里想想。

为什么很多人的梦想就是在做梦

我时常遇到一些怀揣着梦想来到了这座城市的人。

总有一些人对我说，来到城市之后，努力打拼几年，终于实现了当初的梦想。

也总有一些人对我说，来到城市后辛辛苦苦好几年，生活还是没有起色，梦想更是遥不可及。

许是我认识的、遇到的人越来越多，身边总有人向我抱怨梦想太遥远，而我的态度也从最初的宽慰变得有些麻木。那些千篇一律的对白对我来说，无疑是为自己的慵懒和懈怠找了一个完美的借口。

不知从何时起，每当有人找我抱怨世事艰难、梦想太远的时候，我心里总会响起一句话：在有些人眼中梦想等同于理想，而有些人的梦想就是在梦里想想。

只会做梦的人是无法实现自己的梦想的，一步一个脚印才有可能触摸到美好生活的开关。我家附近一家装修公司的老板小张就是一个很好的例子。

小张是个"85后"，也就三十岁上下，但硬是靠着自己的双手开了这家装修公司，还贷款在郊区买了套房子，日子过得红红火火。

刚来到这座城市的时候，小张也就十七八岁，家里实在负担不起他的学费，所以他高中没毕业就辍学了。那是小张第一次走出家乡，他被这座城市的繁华深深吸引了，梦想自己有一天能够在这片土地扎下根来。

梦想是梦想，但现实问题是小张无法忽略的。他当时只能用"一穷二白"来形容，要学历没学历、要技术没技术，别说扎根在城市里，就连生存都是问题。好在小张不是那种好高骛远的人，能够喂饱肚子是他唯一的要求。在城市街头流浪两天，小张成了一家小饭馆的服务员，挣得不多，但也不至于饿着。

半年下来，小张才发现自己的工资只够吃饭买衣服，自己竟然一分钱都没有攒下来，他知道这样下去根本没办法在城市站住脚跟，便开始考虑换工作。但是小张身无长物，也没有好的人脉关系，不知道应该换什么工作，更不知道该找谁商量。就这样，小张又继续在饭馆工作了一个月。

一次偶然的机会，小张听前来吃饭的农民工说工地正在招人，而且工资是他的数倍，他当时就心动了，但又听说在工地工作很累，他还是有点犹豫：去，就意味着要放弃自己好不容易找到的工作；不去，自己虽然吃喝不愁，但没有存款，怎么能在这里扎下根……

第二天，犹豫一宿的小张为了靠近梦想，向老板提出了辞职，只身一人前往工地。

刚到工地上班，什么都不会的小张只能靠搬砖养活自己，虽然工作很累，但挣得也比较多，他庆幸自己的选择没有错。很快，细心的他发现在施工现场大家都是风里来雨里去，但技术工人要比自己挣得多，而且工作相对来说比自己轻松。

小张当即立志，要在最短的时间内成为一名技术工。

尽管小张下定了决心，但他不知道还有很多未知的麻烦等着他——工地的老工人并不愿意收他这个徒弟。小张知道师傅不愿意教徒弟是怕被抢了饭碗，他着急也没用，只能慢慢来。

那段日子，热脸贴冷屁股的事情小张可没少做：老工人爱抽烟，小张每个月都会从工资里拿出一部分钱买烟"孝敬"老工人；工地干活的人都舍不得"吃顿好的"，老工人和小张都不例外，但小张每个月愣是咬牙剩下一点钱请老工人"搓一顿"；平日里没事就去帮老工人打打下手……

都说"吃人嘴软，拿人手短"，更何况面对小张这样一个谦卑有礼、懂事的人。果不其然，不出三个月，小张就成功将老工人"拿下"了。

小张知道这次机会得来不易，所以十分认真、好学，老工人觉得小张这人实在，将一手技艺毫无保留地传授给了小张，还为他介绍了许多人脉资源。就这样，小张挖到了人生中第一桶金——一手过硬的技术和靠谱的人脉资源。

又过了两年，那个曾经只能在工地搬砖的小张距离自己的梦想又近了一步，他成为一名包工头，手下管着几十号人，负责的工作也增加了很多，从建筑施工到室内装修，偶尔也帮人搬家。

小张的工程队凭着技术硬、效率高等优势获得了合作伙伴的一致认可，工程队的生意越来越好，小张就顺势开了这家装修公司，并且用自己赚的钱买了房，实现了他扎根城市的梦想。

小张的故事到这里就结束了，但我相信，小张的人生之路必将走向更高、更远的位置。

　　说完小张的故事，倒让我想到了年纪比小张小四五岁的小刘。小刘是我们小区的一名保安，我早晨经常出门锻炼，碰上小刘也会寒暄几句，因此对他的情况多少有所了解。前阵子我经常应酬到很晚，晚上开车回家已是半夜时分，有次我循着惯例驱车进入小区，把车停好后打算走回家，走过一个转角就看见小刘正背对着我在讲电话。

　　我并不想窥探别人的隐私，打算悄悄走开，但小刘的状态让我忍不住多看了几眼。平日里小刘一向乐呵呵的，但这次一反常态，他的语速有些快，似乎急着证明什么，隐约间我听到小刘叫着他老婆的名字，让她安心在家，自己以后会接她来大城市享福的，说完便挂断了电话。

　　小刘回过头，发现我站在身后，讪讪笑了两声，扬了扬手里的手机说道："我媳妇儿，让她在老家找个清闲点的工作，她不干，非要跟过来。哥，你说我这自己吃苦受累不算啥，她要过来受罪我多心疼啊！我都说了以后会带她来过好日子的，她怎么就是不信呢？"说到这里，小刘无奈地摇了摇头。

　　"你在这小区当保安多久了？"我问道。

　　"什么？"小刘没想到我会问这个问题，略迟疑回答道，"差不多三年了。"

　　"没想过换个工作？"我继续问。

　　"不瞒你说，来到这个城市之前我觉得这里到处都是机会，很容易就能赚到钱，能够轻松安家立业，但来到这个城市我才发现不是自己想的那样。大概一年的时间，我当过建筑工、送过快递、做过销售，尝试了好多工作，那些工作都是风里来雨里去，不好做，还是当保安相对轻松、安逸一点。"

"哦，你知道小区旁边的那个装修公司不？"我问道。

"知道啊，那个公司还挺大的，我要是也有一家公司就好了。"小刘回答。

"那个装修公司的老板二十来岁就在工地干活，像你这么大的时候已经是个包工头了，不到三十岁就开了这个装修公司。"我继续说。

"是吗？真羡慕他，运气这么好。"小刘的语气顿时充满羡慕。

"小伙子，好好干吧！"我拍了拍小刘的肩膀，向家走去。

回去的路上我又想到这句话：在有些人眼中梦想等同于理想，而有些人的梦想就是在梦里想想。

为什么很多人的梦想就是在做梦？因为他们只是对美好的未来心动了，却迟迟没有行动；因为他们从最开始就没有想过要付出什么，却一心想着天上掉下的馅饼可以砸中自己。

这世上没有白走的路，不要做白活的人

在2015年高考语文作文试题中，有这样一道题："面对'我读过很多书，但后来大部分都被我忘记了，那阅读的意义是什么？'的疑问，我听过一个较为巧妙的回答：当我还是个孩子时，我吃过很多的食物，现在已经记不起来吃过什么了。但可以肯定的是，它们中的一部分已经长成我的骨头和肉。阅读对思想的改变也是如此。

"根据上面的材料写一篇作文。

"要求：①自拟题目，自选文体（诗歌除外）。②文中不得出现考生真实姓名、校名、地名等信息。③不得少于600字。"

这道题出自教育部考试中心命题的汉语文卷，其中那句回答让我印象深刻，也让我明白：这世上没有什么事情是白做的，也没有什么路是白走的。

记得十多年前那个夏天的周末，我还是一个刚刚参加完高考的悠闲学生，紧张地等待成绩的同时，我选择了以打工的方式来度过漫长而略微有些焦躁的暑假。恰好我家附近的一个书店在招工，我便过去面试了。

面试很顺利，第二天我便成了这家书店的店员。说来好笑，与我同龄的人高考完大多会前往工厂，甚至外地工作，像我一样留在本地的不多，更何况是这样一个不怎么挣钱的书店。我倒是有我自己的考虑：这家书店的顾客不多，而且相对安静，对于我这样一个喜欢静下来看书的人来说，在这里打工最合适不过了。

正式上班我才知道自己的想法果然不错。书店里一个狭小的角落堆放着一些破旧的书籍，这些书籍的包装已经有些破旧，而店主又来不及处理更无处安置，只好暂时丢弃在那里。对于我来说，这可是一大笔财富，我既能够赚取工资，还能在闲暇时翻阅书籍，一举两得。

我是这么想的，也是这么做的。没什么顾客的时候，我就搬着凳子坐在旁边翻看这些书籍。当我拂去书籍上厚厚的一层土，我才发现上面几层书籍封皮破旧已经算是好的，下面压着的一些书籍更是没了封皮。很显然，这些书籍先后分好几批被"遗弃"在了这里。

我把这些书籍简单整理、摆放好，发现这些书籍无一例外都是关于植物养护的。我平时对植物养护并没有兴趣，但我也没有别的选择，闲暇时只能翻翻这些书打发时间。

没承想，翻了几页还真来了兴趣。那时候互联网还没有现在发达，大家看到的东西都太过局限，每个人的兴趣都只能存在于日常生活的夹缝中，并没有多少人有真正意义上的兴趣点，因而我除了学习便再没有其他爱好了。但是，在我翻开这些无人问津的书籍后，我才发现，我对植物有着异乎寻常的耐心，这些书籍仿佛成了一把钥匙，让我打开通往新世界的大门，让我看到了不同色彩的世界。

我津津有味地将一些感兴趣的内容记在了本子上，那个时候我幻想自己十年后会成为全国数一数二的植物学家，再不济也是植物学上一名权威人士，每天在研究室观察各种植物的培养基，研究新型植物品种。但我最终没有走向研究室，也没有选择与植物相关的领域工作，因为我在以后的道路上发现了更加感兴趣的东西，也就是我现在的工作。

虽然我没有成为与植物相关的工作人员，但是我与植物的故事并没有就此终结。

很多年后，我走上了创业之路，与我的老婆过着十分艰苦的生活。当时为了节省资金，我们租住在城市的地下室，每次买菜都会选最便宜的，炒菜时恨不得多放一些盐，好减少菜量。

现在回忆起来，当时的天似乎都是灰蒙蒙的，透着绝望和无力。在那时带给我慰藉的，是老婆的不离不弃以及一个小小盆栽的无声陪伴。其实我看植物养护类书籍的时候，就想过要在家里种一些盆栽，甚至连种哪些盆栽、摆放在哪里我都想好了。只是没想到，我成家的时候没有地方摆放这些盆栽，也没有多余的钱购买它们。

这个盆栽也不是我花钱买的，一个朋友要搬去外地，东西太多不好带，这才送给了我。朋友临行前，还对我千叮咛万嘱咐："这盆栽可不好养活，而且还挺贵的，你可得好好照看。"

　　"行了，知道了，我会好好养着它的。"我嘴上虽然这么说，但我心里也没底，这毕竟是我第一次养盆栽。

　　送别朋友后，我匆匆赶回家，想要翻出曾经的笔记本。印象中我当初是想过要养护这种盆栽的，大概是把养护方法记录下来了，只是不知道笔记有没有带过来。最终，我在一堆文件中翻到了这本笔记。纸张已经微微泛黄，但字迹还算清楚，当我翻到第三页的时候，果然看到了这个植物的养护方法。

　　自那以后，我一直按照笔记本上记录的内容，小心翼翼地"照顾"这棵植株。一直到现在，这个盆栽还摆放在我家的阳台上。

　　或许很多人觉得不就是一个盆栽吗，至于将它看得这么重要吗？但我想说的是，虽然它只是一个盆栽，但是给我的生活带来了希望，让我能够有底气告诉我自己，我并不是一事无成；也是这个盆栽给了我力量，让我一直咬牙坚持，才有了今天的一切。

　　我虽然未能在植物学领域有所建树，但生活好了以后我也买了很多种盆栽，整齐地摆放在阳台，每天空闲时研究研究如何能够让它们更加茁壮。在专业人士面前我不敢班门弄斧，但是在普通人面前，我绝对是植物领域的"半个专家"。

　　我想，这样也算是实现了我当时的梦想了。

　　我们这一生中确实会走一些看起来毫无用处的路，但过一段时间回头来看，你会发现这些道路沿途的风景已经变成你的骨血。尽管它可能无法直接改变你的生活境遇，但是它却有足够的力量改变你的状态。

　　拥有好的状态才能把握美好未来。所以说，世界上没有白走的路，只有走过而不自知的人，也就是我所说的"白活"的人。

内心强大才能操纵自己的命运

命运真的是很神奇的东西。命运就像是一只看不见的手，有时候能够蹚过泥泞将你捞出深渊，有时候轻轻一推便让你跌落悬崖，万劫不复。

命运同时也是最不公平的，并不是每个人都能够含着金汤匙出生，并不是每个人都能够被好好呵护不受命运的摧残。大多数人都无法逃脱命运的主宰，无法摆脱被命运摆布的结局。

命运就是如此多磨，所以我们必须保持一颗强大的内心，才能不让自己被命运摧垮。

说到强大的内心，我不得不提我的一个朋友——老林。老林比我大几岁，但我总觉得他的内心要比我强大很多，就像年过花甲的老人，有种看淡人生的感觉。

老林出生于一个医学世家，他的父亲和母亲都是学医的，而他本人也选择了医学专业。毕业后，老林顺利穿上了白大褂，成了一名医生。

很多人对于医生的印象是刻板的，认为他们总是一脸严肃，只知道和各种药剂打交道，根本不懂得享受生活。认识老林之前，我也认为医生都是这样的。但是，老林的出现转变了我的这种认知——他比我更懂得享受人生。

　　闲暇时，他经常出去旅游。工作几年下来，他几乎去遍了中国著名的旅游胜地，还在旅途中结识了他的女朋友。

　　然而，命运不会让你一味地享受美好的生活，它会在你最美好的时候给你带来一些冲击。一次上班途中，老林遭遇了车祸，这场车祸没有危及生命，却使他的右手受了重创，无法提起重物，更无法再次拿起手术刀。

　　当老林得知自己的情况时，这个原本爱说说笑笑的人一下子沉默了，这样的状态持续了一个月。我再次见到他时，他已经伤好出院了，也变回了之前那个他。当时我就在想，如果是我遭遇这种情况，大概就从此一蹶不振了，但是他没有，我甚至觉得他活得比之前更洒脱、更阳光。

　　又过了一段日子，老林找我喝酒。我们一边喝酒一边聊天，喝着喝着，老林右手里的筷子突然掉在了地上。换作之前，我肯定会脱口而出这句话："怎么喝了这么两杯手就开始发抖了？哈哈。"但话到嘴边我又咽了下去，我想到了老林右手有伤。

　　我看了看老林，只见他慢慢放下了左手的杯子，也不再说话。这样的沉默让我很难熬，我不知道自己该出言安慰，还是该说些什么缓解这尴尬，只能默默将筷子捡了起来。

　　良久，老林点了根烟，说道："呵呵，老毛病了，别说提重物，拿个筷子时间久了也拿不住。"

　　"都过去了，老林，你也别太……"我本想安慰他，但想想这话怎么说都不对，只能闭上嘴巴。

　　"没事儿！"老林看出了我的窘迫，缓缓说道，"其实刚开始知道自己手受伤的时候，我也不能接受，感觉自己就是个废人，一想到出院后会接受别人异样的眼光，我就想当时还不如死了算了。但是后来一想，医院里那么多人的情况比我还要糟糕，人家不也活得好好的？"

说到这里，老林吸了口烟，吐出个烟圈，继续说道："我伤好后想要出去旅游，可是身边好多人，包括我的父母和女朋友都说，你受伤了还自己一个人出去玩，不方便，万一再有点什么事可怎么办？我知道他们是担心我，但我就是不相信自己会成为一个连自己都照顾不好的人，更何况没有谁能照顾我一辈子，我总要学会照顾自己。再说了，就算我没有强大的身体，我相信强大的内心也能支撑我好好活下去。"

听老林说完，我重重点了点头，端起面前的杯子，与他的杯子碰了下，仰起头将杯中的酒一饮而尽，他看着我，也端起了自己的酒杯一饮而尽。

从那个时候起，我就开始向老林学习如何拥有一个强大的内心，努力做到宠辱不惊，努力保持心境平和，努力让自己不被他人左右。一段时间下来，我已经从时刻提醒自己"要淡定"的"初学者"，变成了遇到问题内心几乎不会有太大波澜的"老手"。

我没有想到这样的改变竟然对我的事业带来帮助。当时我正在谈一个客户，他已经和我谈了将近一个月的时间，进行了一次又一次的洽谈，但迟迟没有签合同。更要命的是，我从旁人那里得知，他不仅在和我谈合作，也在和我最大的竞争对手谈合作。如果按照我之前的脾气，可能早就与他中断合作关系，但我当时并没有这么做，而是耐着性子又约他们进行了一次洽谈。

在这次洽谈前，我明白无论从规模还是口碑来看，竞争对手都远胜过我们公司。但我悄悄告诉自己：没关系，把这次洽谈当成一次科学实验来对待即可，成功了自然最好，失败了就从中汲取经验。

抱着这样的心态，我走进了会议室，在客户面前将我们所有的优势以及资源重新梳理了一遍。洽谈结束了，走出会议室的我还是有些忐忑，我甚至在想，如果这次还不能拿下这个项目，下一次我该怎么吸引他们。

令我万万没有想到的是，这个客户居然主动要求和我们公司签合同。当时是洽谈结束的第三天，我正在想要不要把价格压一些，听到这个消息，我自然二话不说就答应了。签完合同后，我依然不敢相信这是真的。对方看出了我的异常，问道："你是不是在想，为什么我们之前耗了那么久，现在这么突然就同意签合同了？"

我忍不住点点头，说道："是呀，我的确在想这个问题。"

对方哈哈一笑，说："我们筛选了很多文化公司，其中不乏实力与你们不相上下的，甚至高于你们的，他们的出价也都在我们的接受范围内。我们最终之所以选择你，是因为你比他们沉得住气，好多与你们类似的公司到这一步都不愿意和我们沟通了，基本上已经丧失了和我们合作的意愿，只有你们还在坚持。"

说到这里，他停顿了几秒，才接着说道："其实，我们拖这么长时间就是为了看看谁更沉得住气，这也是对你们的考验之一。文化是一个需要沉淀的产物，不管它曾经多么华丽、多么辉煌，能够沉淀下来的才是精品。我们不需要一个浮躁的合作者，我们需要的是一个稳重的伙伴。"

听他说完，我微笑着点了点头，心里却想着："原来如此，还好我内心足够强大，没有因为他们的刻意刁难选择放弃。"

内心强大的定义有很多，无论是不为他人的态度而改变自己的决定，还是不因他人的刁难而放弃自己的决定，都只是内心强大的表现而已。所以，让我们从现在开始，让自己的内心变得强大。

朋友，记住：只有拥有一个强大的内心，才能够与如此多磨的命运抗衡，才能掌握自己的命运。

不要让"诗和远方"成为一种幻想

高晓松在其著作《高晓松184天监狱生活实录：人生还有诗和远方》中写道："我妈说生活不只是眼前的苟且，还有诗和远方。我和我妹妹深受这教育。谁要觉得你眼前这点儿苟且就是你的人生，那你这一生就完了。生活就是适合远方，能走多远走多远；走不远，一分钱没有，那么就读诗，诗就是你坐在这，它就是远方。越是年长，越能体会我妈的话。我不入流，这不要紧。我每一天开心，这才是重要的。"

而后，"生活不只是眼前的苟且，还有诗和远方"这句话在微博上火得一塌糊涂，许多年轻人将这句话挂在嘴边。更有甚者，直言要去追求诗和远方，全然不顾眼前的苟且。

但我对这句话是这样理解的：每个人都生活在眼前的苟且中，可是我们不能只盯着眼前的苟且，这样会被压垮。所以我们要时刻告诉自己，生活不仅有这样或那样的苟且（各种各样的困难），还有诗与远方（美好的事物、向往的生活）。换句话说，我们不仅要直面眼前的苟且，还要看到诗与远方。

可现实来看，很多人不是这么做的，他们只想看看远处的诗与远方，全然不顾眼前的苟且。有的人把诗和远方带到了生活中，而有的人只能在幻想中看到诗和远方。

说一个我身边的例子吧！大约是两年前，公司新来了一个姓孟的同事，是我一个朋友的亲戚。我录取他不光是因为这一层关系，更是因为看了他的简历，觉得他能力应该不低。可我也没料到，虽然他各方面条件都不错，但最终还是没能度过试用期。

小孟的问题在于，他一门心思扑到了"诗与远方"上，完全看不到眼前的"苟且"。他虽然来到了公司上班，但心里一直是不甘心的。他认为公司所有的事情都和想象的不一样，认为自己待在公司是"屈才"，认为自己应该有更高的职位，认为自己应该是所有员工中的焦点……正是抱着这样的想法，他对什么都提不起兴趣，对待工作也总是敷衍了事。

说一件让我印象比较深刻的事情吧！

有一次，部门主管要求小孟校对一篇稿子，并要求尽快完成后交给他，小孟当时一脸不情愿地接了稿子。临近下班的时候，部门主管突然想到小孟还没将那篇稿子交过来，便赶紧去找他。小孟懒洋洋地说："你说那个啊，弄好了，也没多少东西。"

部门主管正为一堆事情忙得焦头烂额，原本就是压着火气来找小孟要稿子，看到小孟的态度，登时火冒三丈，对小孟说道："我让你尽快校对完以后给我，你为什么不早点交给我？"

小孟理直气壮地说："你又没过来取，我怎么给你？"

部门主管虽然生气，但考虑到客户已经在催促，就匆匆赶去处理客户的事情了。把稿子发给客户之前，部门主管习惯性地翻看了一下，结果发现小孟根本没有校对错别字，反而把一些正确的地方给改得乱七八糟。

由于客户一直在催促，部门主管只好强压着怒气加班把稿件改好了，发给客户后说了一堆好话才把这件事摆平。

第二天，部门主管找小孟说这件事，小孟风淡云清地说："你没说清楚，所以我没理解到位。"

部门主管看到小孟毫不悔改的样子，没有与他争执，而是向我汇报这件事。小孟有恃无恐，甚至说了一句："不就是一个部门主管吗，有什么好耀武扬威的，等我以后当了部门主管，看你还不喝西北风去。"

结果显而易见，离开公司的不是办公室主任，而是小孟。

后来我和那个朋友一起喝酒，说到了小孟。他告诉我，小孟从我那里离开以后，再也没有找到工作。朋友说："这个人啊，心比天高，恨不得一毕业就成为一个公司的总经理。我给他介绍的工作他都干不长，恨不得把老板给辞了，自己当老板。可是你说，他是那块料吗？"

我笑了笑，没再说什么。

一个人追求向往的生活是没有错的，为自己制定一个目标也没有错，可是我们要理智地看待自己。明明正在生存期挣扎，却一门心思盼望着自己出人头地以后会怎么样。向小孟一样希望自己成功，却不愿意付出一丝努力，甚至觉得别人的努力一文不值。这样的人，他们口中所谓的"诗与远方"不过是一场幻想。

朋友，身处谋生存的阶段就不要一门心思想着你的"诗与远方"了，那些等待着你去开发和探索的未来，并不能填饱你咕咕乱叫的肚子。有时间还是要多想想如何应付眼前的苟且，这才是保障你生活下去的根本。

如果你连生存的能力都没有，你也就失去了眺望诗与远方的资格。

得到的要珍惜，失去的要释怀

马进执导的都市情感剧《春风十里，不如你》热播的时候，办公室里几个"90后"小女生一直在讨论这部电视剧。受她们的影响，我也在网上搜了搜这部剧，正好也了解一番时下年轻人喜欢什么样的剧情和文字。

《春风十里，不如你》这部电视剧主要围绕男主人公秋水和两位女主人公肖红、赵英男长达近十年的感情纠葛展开。肖红和赵英男都爱慕秋水，并共同追求秋水，秋水虽然选择了"认为喜欢"的赵英男，但是内心仍然没有放下肖红。在经历了一系列误会、争执、吵闹后，肖红和赵英男都选择了离开，只剩下秋水一个人。

网络上很多人说从这部电视剧中看到了自己的青春。但我看到的，是秋水既没有好好珍惜身边的赵英男，也没有释怀已经失去的肖红，才让三个人都那么痛苦地纠结了数年。

说到这里，想到了前段时间同学聚会时遇到的小波。

小波跟我同窗四年，所以我对发生在他身上的事情多多少少知道一些。小波相貌平平，成绩也一般，在班里属于既无法因为过于优秀而被人记住，也不会因为太差而遭人非议的人。

大二那年，小波对班上的女生肖丽产生了好感。感情这种东西，即便当事人不说，也会有人看得出来，小波对肖丽的喜欢便是班上公开的秘密。只是，小波从来没有承认过，肖丽自然也就没将大家的打趣放在心上。

小波的顾虑其实很简单——怕被拒绝。因为害怕被拒绝，所以宁可不要开始。但也正是没有开始，小波心里一直放不下这段感情。

毕业多年以后，几个毕业后留在当地工作的同学聚会的时候，小波和肖丽这两个原本没什么交集的人再一次遇见了。说来也奇怪，这城市虽然大，小波和肖丽住的地方相距却不远，竟然在多年时间里没有偶遇过一次。

再次聚在一起，小波和肖丽早已各自组建了家庭。和滥俗而狗血的偶像剧一样，真心话大冒险中，喝多了的小波承认了当时对肖丽的好感，也直言自己婚姻不幸福。

肖丽听到小波的话以后，并没有说什么，原本欢笑的众人也悄悄地闭上了嘴巴。

要是放在几年前，小波和肖丽都是单身的时候，小波的这番话必定会引得全班同学起哄，两人或许有机会走到一起。但是现在物是人非，小波和肖丽的身边都已经有了别人，两人已经彻底错过。

是啊，一份迟到的告白，连为自己争取在一起的机会的资格都没有。想到这里，我忽然有些难受，在我们的成长过程中，有多少次是因为害怕而失去了重要的东西。

那天的聚会就以这样的方式匆匆收尾。走出KTV的时候，我们这些关系要好的人都不知道该说些什么。

我和另一个同学把小波抬回家的时候，小波的老婆一直板着脸。我能感到她的不快，却不想我们还没走出小波的家门，就听到小波的老婆对着他大喊："一天到晚就知道喝喝喝，喝多了回家躺床上就什么都不管了，吐得哪儿都是还得我自己收拾。我怎么嫁给你这么个倒霉鬼……"

听到小波老婆说的话，我和另一个同学飞一般地逃出了小波的家门。

聚会结束后，又过了几天，小波约我出来喝酒。几瓶啤酒下肚，小波开始絮絮叨叨说起了这些年的事情。

小波和他老婆是通过相亲认识的，当时觉得这女孩挺文静的，说话轻声细语。双方家长也都觉得他们两个很合适，两人就结了婚。可结婚以后，小波的老婆就像变了一个人，经常表现得很焦躁，两人吵架更是家常便饭。

小波问我："你说，为什么别人结婚生子就是幸福生活的开始，而我是坠入地狱的大门。为什么别人的老婆结婚前和结婚后都是一样的温柔，而我老婆不是。你看肖丽，还跟上学时一样文静，我真是后悔结婚了。"

"嫂子是一结婚就变成这样了吗？"我问小波。

"也不是吧！刚结婚的几个月都挺好的，后来就突然变了。"小波回答。

"中间发生了什么事，让嫂子变成这样了？"我继续问。

"这，我想想啊！哦，想到了！其实也没什么，有一次我告诉她要跟朋友出去喝酒，她说让我早点回来，我应了一声就走了。"小波喝了口酒，接着说："可你也知道，男人嘛，喝酒的时候不想被人打扰，可她偏偏一直给我打电话，吵都吵死了，最后我就把手机关机了。晚上我回去都凌晨两点了，她居然就坐在沙发上等我，一看我进门就喋喋不休地说来说去。说什么'你怎么又喝成这样了，对身体不好'，说着说着我酒劲上来了，特别想吐，我还没走到卫生间就吐了。她看着一地狼藉，就又开始数落我，'我今天刚拖干净的地啊，你怎么这个样子啊！'我被她说烦了，拿起桌子上的玻璃杯扔了过去。"

"嘿嘿，"小波看到我略微惊讶的表情，笑了笑，继续说道："杯子没有砸到她，我只是想吓吓她，谁知道她就跟疯子一样冲过来。最后她回了娘家，还是我又跑过去把她接回来的。好像就是从那个时候开始，她变得跟疯婆子一样。"

看小波讲完了自己的故事，我插了一句话："我记得，你的工作好像不需要那么多应酬啊！你干吗老去喝酒？"

"唉！"小波重重地叹了口气，说："兄弟，不瞒你说，结婚前吧，我觉得我已经放下肖丽了，结婚以后我才发现自己还想着她，尤其是发现我老婆样样不如她的时候，我这心里难受啊！所以我经常借酒消愁。如果我当时娶的是肖丽，我一定不会这样，我一定好好对她。"

听完小波的话，我不知道该说什么，也不知道是不是应该继续劝解他，只能默默陪他喝酒。毕竟每个人的选择不一样，所以承受的痛苦、面临的问题也不一样。而小波的问题在于，他既没有珍惜眼前的老婆，也没有忘记已经失去的肖丽，才会让自己陷入这么矛盾的境地。

　　人生不可能一帆风顺，得到的一定要学会珍惜，而那些失去的，就让他们消失在我们的世界里。

　　唯有不念过往，方能砥砺前行。

第二章

把自己变强，赢得别人高声赞扬

无论是你不想止步不前，还是不能止步不前，都应该为自己设置一条更高的人生底线，敢于向前冲，有动力向前冲。否则，就不要去羡慕嫉妒别人的快意人生。

看见负能量的人不是躲而要逃

我和老婆经常坐在一起聊身边的八卦，几个月前老婆对我说了她同事阿美的故事，我听完后给老婆的建议是："这种浑身负能量的人，你躲都不见得躲得掉，还是逃得越远越好。"

老婆却说："不行啊！阿美很可怜的，我不能放着她不管吧！"

老婆口中的阿美与她同龄，长得很漂亮，那一双乌黑的眼睛惹人怜爱，说话做事也都是慢条斯理，有种南方女生小家碧玉的感觉。但老婆说，"你站在她面前就能感觉到她眉宇间透着一丝忧愁，即便是笑的时候也有着一股幽幽的哀愁。"

当时老婆刚换了新单位，对一切都很陌生，阿美是第一个主动向老婆示好的人。用老婆的话说就是："阿美当时就像一个天使，安抚了我惶恐不安的心。"

女人之间的友情其实很容易建立，更何况是一个主动示好的人。来到新单位的第一天中午，老婆就和阿美手拉手吃饭去了，阿美一边吃饭，一边滔滔不绝地说着自己身边的事，老婆一句话都插不上，只能在旁边附和。

直到一天中午，阿美在吃饭时吐出了一句话："我老公打我了。"老婆当时正在和碗里的美食作斗争，没听清阿美说的话，含糊不清地问了一句："你说什么？"

"我说我老公打我。"阿美挑着碗里的菜漫不经心地说。"啊？什么？"老婆略有错愕，扔下了手里的碗筷，抬起头看着阿美，急忙问道："打你哪了？严重吗？"

阿美慢慢抬起眼，黑黑的眼珠里早已充满了泪水，满脸都是委屈："他天天在外面应酬，回来得特别晚，到了家又跑到卫生间打电话，我觉得他在外面有什么见不得人的事，就说了他几句。谁知道他从卫生间跑了出来，趁着酒劲把手机扔了，你看我的手……"阿美边说边卷起袖子，指着手臂上指甲盖大的一块淤青对老婆说："我看他把手机扔了，吓得向后躲了一下，一不小心磕到的。"说完阿美的眼泪就掉下来了。

"原来是自己磕的啊！这算哪门子打她？"老婆说到这里，我忍不住插了句话。老婆瞪了我一眼，说："还要不要听？"

"听听听，你继续，我保证不插话了。"我一边说一边捂住了自己的嘴。

老婆看我滑稽的样子笑了一下，才继续讲起了阿美的故事。

听到阿美回答，老婆说道："这样啊！其实这是你自己磕伤的，也算不上是被打了。不过，你要是觉得他外头有人，或者觉得不想和他一起生活，大可以离开他。"

阿美撇撇嘴，对老婆的建议不以为然："没有用的，离了婚我怎么活？岂不是更可怜。你说我是不是很命苦，有的时候他信用卡透支了还要我帮忙还！"听着阿美诉苦，老婆觉得她过得不好，想帮她却又无可奈何。

几天后，老婆从一个认识阿美老公的同事口中听到了另一个版本的故事：阿美的老公确实去卫生间打电话了，但他之所以去卫生间打电话，是因为阿美觉得他打电话影响自己看电视了。而后来摔手机也是阿美造成的，阿美让老公帮自己倒杯水，过了几分钟没动静，阿美就去卫生间砸门，她老公拿着手机出来，阿美想抢过手机，但她老公躲过去了。拉扯中，她老公的手机掉到了地上，而阿美的手臂也磕在了卫生间的门上。

老婆回到家把这件事告诉我，于是有了文章一开始的对话。老婆不仅没有接受我的建议，反而为阿美开脱："阿美都说了，那是因为她老公一点都不体贴和关心她，所以她才会那样的。"

从那天开始，老婆就成了阿美的精神垃圾桶，阿美每天都会倾倒不同的精神垃圾给老婆。以至于后来老婆也对我疑神疑鬼，总觉得我们的婚姻出现了裂痕，甚至觉得我们之间出现了第三者。每次面对老婆的猜疑，我只能拼命解释那些事情纯属子虚乌有，但老婆并不相信，甚至想要找私家侦探调查我。我气急却也无奈，只能找朋友喝酒诉苦，结果经常晚归使老婆越来越觉得我可疑，我们的婚姻变得岌岌可危。

在一次争吵中，老婆脱口而出："阿美说得没错，你们男人没一个好东西！"

我本想反驳，但我想到了阿美，或许老婆现在只是受了阿美的影响。"又是阿美，你自己想想，认识阿美之前你有这么疑神疑鬼吗？你都是被她影响了！"我把自己的想法告诉了老婆，再一次提出让她远离阿美。

老婆听了我说的话后若有所思，虽然没有继续争吵，但对我的建议不置可否。没多久，阿美就让老婆改变了心意。

阿美在老婆面前不仅有诉不完的苦，工作中也不把老婆当外人。

"XX，我今天不舒服，能帮我去送个材料吗？"老婆在一众文件中抬起头，张了张嘴想要拒绝，但看到阿美楚楚可怜的样子，硬是没说出来那个"不"字。

"XX，周末我要在家看着我老公，在远郊办的那个户外活动，你能代我参加吗？"看着手机屏幕上阿美发来的微信，老婆欲哭无泪地回了一句"好"。

阿美曾对老婆说，职场险恶，还好有你这个好朋友。而老婆在负担自己工作的同时，还要无止境地帮她排忧解难，越来越觉得身心疲惫。帮忙次数多了，出错的概率也就大了，领导追究责任的时候，阿美依然眼巴巴地望着领导和老婆，好像事情与她毫无瓜葛。

这个时候老婆才发现，原来阿美所谓的"不幸"在公司里早已不是秘密，多数同事都曾经因为同情而帮助过阿美。但时间长了，同事们已经看清了阿美的真面目，最终选择远离负能量爆棚的阿美。

接二连三的打击，让老婆生了好几天的闷气，在公司中也时常躲着阿美，她还问我要不要因为阿美而换个工作。我和老婆都没想到，她还没下定决心换工作，阿美就已经离开公司了。

事情是这样的，隔壁部门新入职的帅哥小斌被阿美吸引了。尽管知道阿美已婚，他还一直追求阿美，对她关怀备至，许久没有感受到温暖的阿美出轨了。阿美以为自己遇到了真爱，下定决心和老公离了婚，谁知离婚后才知道，对方不过是逢场作戏罢了。

"赔了夫人又折兵"的阿美在公司堵住刚刚下班的小斌，质问他为什么要玩弄感情，说到伤心处更是声泪俱下，引得众人围观。考虑到事情的负面影响，公司领导决定辞退阿美。

离职那天阿美很沮丧，老婆想劝慰她，却不知从何说起，只能默默陪她收拾东西，将她送到了公司门外。

在社会浸润久了我才明白，每个人都有自己的伪装和想要展示给大众看的一面，也就是我们说的"人设"。我们在选择朋友时也要看朋友的人设是充满正能量的，还是充满负能量的。

如果你的朋友充满正能量，那么请一定要持续和他保持联系；如果你的朋友充满负能量，那么请马上逃离他，越快越好。

竞争激烈的环境下，需要自信地成长

大学毕业后，我找了一份工作，那是我人生中第一份真正意义上的工作，也是我第一次进入办公室接受同事们审视的目光。从进入公司大门的那一刻起，我的心跳就变得异常快，我惴惴不安地等待着上级的安排。

一直到我坐在了自己的座位上，我那颗慌乱的心还是没有片刻安稳。一整天，我都小心翼翼的，生怕犯了一丝错误而遭到大家的排挤。事实上我多虑了，公司里的人各司其职，并没有因为多了一个我而有所改变。下班回到家，我发觉自己并没有做什么工作，但还是累得要死。

"这样下去不行，我就算能够保证工作不失误，但这样的压力迟早会压垮我。"我心里暗暗想着，并把自己的行为归结为不自信。的确，放眼公司，论学历我不是最高的，论资历我是最年轻的，论能力我也不一定拔尖，我实在没有底气在一群前辈面前表现得那么自信。

躺在床上翻来覆去一个小时，我终于找到了自己的优势，那就是年龄。当时的我未必算得上是一名好员工，但我有时间把自己变成一名好员工。抱着这样的想法，我拾回了一点点自信，第二天工作时虽然还是要面对同样的工作量，但心里却感觉轻松了很多。

事实也证明，在竞争激烈的环境下，只有拥有自信的人才能够不断成长，畏首畏尾只会止步不前。这些都是我工作一个多月后才感受到的。

说实话，我原本以为自己刚参加工作时的想法很可笑，却不曾想有许多人和我一样，甚至比我还要紧张。

公司上轨道后，面试一向是由人事部负责，有一天我正好没什么事，就跑到人事部参观。在当天的面试者中，有一个人让我印象深刻，她叫作陈湘。面试的过程中，我拿起陈湘的简历，发现她以前在某报社工作。按理说报社的工作不错，工作不算太累不说，各项福利也不错，没道理放弃。

想到这里，我顿时有些好奇，就问起了陈湘之前的工作经历。她当时犹豫了几秒，才慢慢告诉我："我之前在一家报社工作，由于刚刚参加工作，所以从来没有外出采访的机会，一向是在单位写采访稿。我本来以为自己以后的工作就是写采访稿，并不用外出采访，就留了下来，谁知道工作了三个月后，上级突然要求我外出采访。我对自己很没有信心，再加上性格内向，面对一个陌生人，还当着那么多人的面，我一定会说错话的。出于这个考虑，我没有答应上级的要求，而是推荐了另一名同事。"

"唉，"说到这里陈湘叹了口气，停顿了几秒才继续说："上级要求我必须去，说这是在报社工作的人必须要做的工作。我没办法，只能硬着头皮去。结果在我的预料之中，采访过程一团糟，我也正是因此才被辞退了。"陈湘说完以后就低下了头，似乎在等我下逐客令。

"你既然不喜欢采访别人，为什么报考了新闻专业？"我扬了扬手中陈湘的简历问道。

"我当时并没有打算报考这个专业，这是我报考的第五志愿，谁知道碰巧被录取了。我本来打算复读的，但我爸妈觉得这个专业还不错，而且毕业后不一定要去做记者，才鼓励我去的。"陈湘解释道。

"既然如此，你为什么还要来我们公司？"听完陈湘的描述，我提出质疑。

"这里不是有专人和客户对接吗？"陈湘明显有些吃惊。

"我们公司的确有一个部门负责与客户对接，但这并不意味着你可以完全不与客户沟通。而且，与客户沟通是向其展示你作品的过程，也是评价你工作能力的重要一环。如果你连见客户的信心都没有，我怎么能够放心把项目交给你？"我追问道。

"我……"陈湘低下了头，不再说话。

"好了，你被录取了，下周一上午九点过来报道。不过，你也别高兴得太早，我给你一个月的时间改变自己，如果一个月后你的工作能力不达标，我还是会开除你。"我说道。

"哦，好的，谢谢您。"陈湘道了谢就离开了，而我拿着陈湘的简历想到了刚参加工作的自己。

第一次见客户的时候，我和陈湘差不多，害怕自己说话磕磕绊绊，更害怕自己错误百出惹恼了客户。站在客户面前的时候，我才对自己说："怕什么，大不了就是被开除，都走到这里也没有退路了。"

那一次和客户沟通算不上顺利，但给了我莫大的鼓舞，至少客户跟我聊了很久，中途没有拂袖而去，这对我来说已经是莫大的荣誉了。有了第一次的经验，我第二次见客户时就没有那么拘谨了，与他沟通时说话也有了些底气，不再向第一次那样怕自己不行。

第三次、第四次、第五次……我现在能够站在一大群陌生人面前侃侃而谈，不能说完全得益于当时的工作，但当时的事情对我的影响绝对不容小觑。陈湘其实和我一样缺乏自信，所以我想帮帮她，只是不知道她会不会给我这个机会。

转眼间就是周一，陈湘并没有来我们公司报道。我无法评价陈湘的行为是对还是错，但我还是想告诉她：现在社会竞争激烈，只有自信的人才能够得到更好地成长。

不想止步不前，就要挺身向前

你每天过着被别人羡慕的生活还是羡慕着别人的生活？

我家小区门口有一对将近50岁的夫妻，大概十年前就来到了这个城市打拼。他们从来到这个城市到现在一直做着一份工作——在小区门口卖早点，风雨无阻、没日没夜。

夫妻二人每天早上三四点钟就要起床开始准备，六点钟准时出摊，直到十点才收摊，一忙就是六七个小时，通常每天可以卖掉几百根油条。

日复一日地辛苦付出，夫妻二人已经供孩子读完了大学，攒下的钱也可以在乡下老家盖一栋两层小别墅，过上当地人甚至是有些城里人都会羡慕的生活。

然而，他们没有这样做，转而将早点摊旁边的一个十几平方米的小门面租赁了下来卖水果。

有一次，下班回家途中，老婆突然打电话说想吃香蕉了。于是，我便顺路来到了他们的水果店。买完香蕉，见当时买水果的人不是很多，我就与他们攀谈了起来。

其实，我们之间算不上熟知但也称得上相识，毕竟我每天早晨都会来他们的早点摊吃饭。他们比我年长，所以经常称呼他们一声大哥大嫂。

"大哥大嫂这是真拼啊！每天卖早点已经够累了，再接着打理水果店，你们休息的过来吗？"

大哥坐在门口的一个小马扎上，看了我一眼，说道："其实还好，我们以前每天上午十点钟收拾完早点摊再去买点面粉、小米什么的，基本就没有什么事了。每天中午吃完饭，睡上一觉，醒来后要么逛逛商场，要么去公园遛个弯，时间长了也没觉得有多大意思，反而把大把的时光都浪费了。"

"我听说你们的孩子已经大学毕业了，而且在城里找到了一份好工作，前途一片光明。按理说，你们也没有什么开销了，更没必要把自己弄得这么忙啊？"我有点不解，"谁不想享受安逸的生活啊，你们感觉逛商场、遛弯没意思，完全可以换另外一种生活方式嘛，下下棋、跳跳广场舞也挺有意思的啊！"

大嫂只是在一边听我们对话，依然是大哥开口了："我们来到这个城市打拼，一是为了赚取更多的钱供孩子读书上学，再一个也是因为我们在农村的时候，非常羡慕城里人的生活，不想就这样在农村生活一辈子，所以就尽了最大的努力走了出来。这么多年过去了，我们也可以说是满足了心愿，在别人看来，也算是挣了点小钱，可以好好享受安逸的生活了，可我们不想这样。虽然舒适的生活谁都想过，但在我们两口子看来，人应该知足而不满足，如果因为有了一点小成就便止步不前，那么生命的价值也就因此停止了，人活着也就没有什么意义了。所以我们就想着在有力气的时候，干得动的时候，就要往前冲一把。虽然我们没有多大的本事，干不成多么大的事业，但我们可以经营一些小生意，哪怕有点苦、有点累，生活却更加充实了。"

大哥的这一番话，让我更是对他们充满了羡慕之情。他们没有多高的学历，但他们对人生的见地让我茅塞顿开。他们是不想止步不前，所以选择了挺身向前。可我们呢？在竞争激烈与多变的环境下，我们更多的时候应该是不能止步不前，那我们又应该怎么办呢？

告别大哥大嫂，走在回家的路上，我又想起了马云曾说过的一句话："当你不去旅行，不去冒险，不去拼一份奖学金，不过没试过的生活，整天挂着QQ，刷着微博，逛着淘宝，玩着网游，干着我80岁都能做的事，你要青春干吗？"

或许有人会说："我就喜欢这样，你管得着吗？"的确，没有人会逼迫我们在本应该勇往直前的年纪挺而犯险，但苦难也好、危机也罢往往会在我们不经意的时候突然降临，而只有挺身向前冲的人才能及早到达安全地带，停留在原地不动的人只能坐以待毙。

无论是你不想止步不前，还是不能止步不前，都应该为自己设置一条更高的人生底线，敢于向前冲，有动力向前冲。否则，就不要去羡慕嫉妒别人的快意人生。

前几天和一位老朋友聊天，聊到招聘员工的问题时，朋友给我讲述了一个很有意思的故事。

朋友公司前段时间准备招一名销售员。他老婆的一个朋友听说后，就把自己儿子的简历让朋友的老婆带回来给了我这位朋友。

朋友看完后，感觉有点不合适，一是因为这个年轻人所学的专业不对口，二是没有相关的工作经验。于是，朋友就直接打电话给这位年轻人："很不好意思，你的简历我看过了，感觉不是很合适，你可以就自己所学的专业找找更合适的工作，我也会帮你留意一下其他朋友公司有没有适合你的工作。"

年轻人倒是很爽快："没事的没事的，什么样的公司和工作都行，我就是不想一直待在家里了，想出去多学点东西。"

朋友刚听到这句话的时候心里也是很感动，没想到这个年轻人既有礼貌又很上进。但这样的想法在朋友的脑海里停留了不过一秒钟就破灭了。

年轻人接着说道："我只有两个要求，一是离家近，二是不太累。我的上一份工作就是因为离家太远，而且天天加班，我实在受不了了，就辞职了。"

这句话着实让朋友大跌眼镜，心想："幸好我拒绝了，要不然，销售的工作本就又苦又累，与年轻人的期望完全不符，到时候再辞掉，多伤和气啊！"

听者朋友的讲述，我有点发呆。

朋友见状，用手在我眼前晃了两下，稍微提高了点声音，问道："哎！你发什么呆呢？是不是又走神了？"

我回过神，有点歉意地说道："对不起啊，的确走神了，我正在想到底有没有不累、不苦的工作呢。"

朋友哈哈大笑了起来："你也'走火入魔'了？整个天下恐怕都没有特别轻松的工作，不想吃苦又想着拿高工资，岂不是鱼与熊掌想兼得？可天上是不会掉馅饼的，没有免费的午餐。"

诚然，很多人不想过没有品质的生活，不想拿最低的薪水，不想一生都为他人作嫁衣……可是，如果我们只是明确了自己不想要的，却不敢勇往直前，不敢去争取自己想要的，到头来也是竹篮打水一场空。

你的强大，是为了给自己幸福和未来

如果你曾经做过一份关于"我们为什么要努力工作？"的问卷调查，那么我相信你得到的答案有很多：为了养家糊口，为了养育孩子、照顾父母，为了生活得好一点，为了……

当然了，我没有那个精力去做问卷调查，但是我对于这些答案再清楚不过，因为我对这些答案有切身体会。直到有一天，我听到了不同的答案，这个答案来自我一个女性朋友发表的朋友圈：我努力工作、强大自己，不是为了谁，而是为了给自己幸福和未来。

我之前从来没有听过这样的言论。很多人和我一样，将"给亲人更好的生活"当作奋斗的动力，却没有把"给自己幸福"当成一回事。其实换个角度想想，当我们把"为父母""为子女"换成"为自己"，或许在动力不减的同时还能没有那么大的压力。

如果放在几年前，我的朋友是不会有这种感叹的。即便有这样的想法，她既不会付出实际行动，也未必这样堂而皇之地讲出来。

朋友姓李，就叫她李姐吧！李姐虽然生长在现代社会，但是骨子里却十分守旧，认为女孩子应该"听话"，应该将父母和丈夫视为"天"。从小到大，李姐的每一件事都交给父母做主，每当别人问她决定的时候，她要么会回答一句"你觉得呢？"要么回答一句"我得问问我爸妈。"

就这样，李姐顺利从大学毕业了，并在父母的安排下进了一家单位工作，工资虽然不多，但工作轻松，李姐心中对工作还算满意。半年后，李姐的父母开始安排她相亲。男方是一家外企的部门主管，家境不错，人也长得很帅，为人彬彬有礼，李姐的父母只见了对方一次就觉得十分满意。李姐对这位相亲对象也不反感，就听父母的话试着与他交往。

相处了一段时间后，男方家里对李姐很满意，就开始和李姐的家长商量两个孩子的婚事。李姐的父母把这个消息告诉她，问她有没有什么意见，李姐支支吾吾了许久也没说出个什么，倒是李姐的妈妈在一旁絮絮叨叨："我觉得这小伙子不错，工作挺好，家里条件也不错，你嫁过去就享福了。"

听到妈妈这样说，李姐也就没再说什么，点了点头算是答应了。李姐就这样稀里糊涂地结了婚。我看过李姐结婚时拍的照片，她一脸淡定与茫然，似乎是在参加别人的婚礼。婚后李姐的公婆都非常急切地想要抱孙子，为了尽快满足公婆的心愿，李姐选择辞职，成为一个全职太太。一年多以后，李姐顺利生下一个儿子，一家人都非常高兴，李姐也顺理成章成了家里的大功臣，她的公婆还特意请了月嫂照顾她。

这一年，李姐才二十四岁，她的老公也不过二十八岁。过了一年，李姐的老公被调往外省工作，李姐留在家带孩子，并没有跟过去。又过了一年，李姐老公的工作稳定下来，不用担心被调来调去，再加上工作地的环境要比老家好，一家人商量后决定举家搬迁至外省。

安定下来后，李姐的日子又恢复到之前。有时候李姐的老公会问她："要不要出去找个工作？"李姐早就习惯了在家自由自在的生活，而且老公挣得钱也足够花，就一直没有想出去找个工作。

好景不长，受美国次贷危机及全球金融危机影响，李姐老公所在的外企有裁员意向，一时间公司上下人心惶惶，李姐老公的工作压力可想而知。工作上的压力无处发泄就很容易带到生活中来，李姐老公的脾气变得暴躁，这也引起了李姐和老公结婚以来第一次争吵。气急的李姐找来公婆评理，原以为会得到安慰，但李姐的公婆字字句句都偏向她老公，李姐在那一瞬间觉得自己眼前的世界崩塌了。

或许在世俗的门当户对观念里，李姐是"配不上"有才多金的老公的，他们两个在一起时天平总会偏向男方一些，但相对来说还算平等。当天平一瞬间全部倾向李姐的老公，李姐那颗本就脆弱的心顷刻裂开了，但看了看孩子，还是强压下了自己的委屈。那天晚上李姐在被窝里偷偷抹了半个小时的泪，第二天红肿着眼睛送孩子上学，却没有一个人发现，李姐本想告诉老公自己眼睛疼，但张了张嘴还是把话咽了下去。

李姐的老公似乎找到了宣泄工作中不快的方法，动不动就跟李姐争吵。在又一次争吵中，李姐的老公脱口而出了一个字："滚。"

李姐看着眼前陌生的老公，逃也似的离开了家。

李姐离开家的时候是晚上七点，怕老公出来找不到自己，李姐没敢走远，一直在小区附近徘徊，一边走着一边不停地掏出手机看。一直到晚上十点，李姐看了无数次手机，没有一个来电。李姐气急了，当即决定不回家了。

走在大街上李姐才知道，在这个陌生的城市，自己压根没有地方去。也正是这个时候她才顿悟到，这世上，别人终究是靠不住的。十一点多，李姐自己回去了，面对老公和公婆的埋怨，李姐没有吭声，径直回了卧室。

自那天以后，李姐就像变了个人，生活不再围着老公、孩子、公婆转，她把多余的时间都给了自己，为自己找了一份代购的工作。脱离了别人的安排，李姐的工作居然做得不错，收入虽然不是特别高，但足够养活自己。不用伸手要钱的李姐终于有了和老公对视的底气，李姐的老公也不再没事找事。

一直到现在，李姐的生意红红火火，日子也过得有声有色，老公和公婆再也不敢小瞧她，更没有谁敢说"李姐配不上她老公"这样的话。

其实，李姐并不需要负担家里的开支，她老公也有能力赡养她的父母，李姐完全可以闲在家里。但她还是用行动证明了一句话：你的强大，不是为了取悦身边的任何一个人，而是为了给自己幸福和未来。

失败是暂时的，失志毁一世

学会直面失败，是每个人成长过程中必须跨过的一道坎；学会保持斗志，是每个人必须坚持做的一件事。

人的一生总会遇到一些不可控制的事情，也总有一些事的发展会超出我们的意料之外。假如这些超出意料之外的事情都是向着更好的方向发展，我们自然十分乐意，但如果事情向着我们不愿意看到的方向发展，我们就不得不面临失败的局面。

就像面临考试时，许多人会在心里悄悄祈祷能及格就好，但偏偏只能考到59分。

每个人的心理承受能力不一样，有些人在经历了一次次失败后仍然坚持自己的道路，也有人在经历了一次失败后就止步不前。

在十几岁的时候，我家所在的地方就有这样一个青年。那时候我正在读高中，与繁重的学业较真了一年，好不容易盼来了暑假，原本以为自己可以好好放松一下，把上学时消耗的精力补回来，但"人算不如天算"，这位青年每天早上都会到一棵大树下读英语。那个地方很少有人经过，自然没有人打扰他，但那棵树离我家非常近，我几乎每天都是被他读英语的声音吵醒的。

一开始我以为他只是一时兴起，坚持不了多久，但我后来才发现自己想错了。一天、两天、三天，一转眼就是一个月，他还是天天跑来读英语，而我的耐心也一点点被他消磨掉了。

有一天，我终于忍不住向家里的长辈抱怨："也不知道是谁，每天天一亮就跑到树下读英语，弄得我都睡不好觉。"

奶奶听了我的抱怨，在我的脑袋上敲了一下，有些没好气地说道："你还好意思说人家，你看看人家对学习的态度，你要是有人家一半努力，学习成绩在学校里怎么着也是数一数二的。"

我摸了摸脑袋，刚想反驳奶奶，就被我妈抢了话："就是就是，先不说人家成绩怎么样，但凭人家对待学习时认真的态度，人家将来一定有出息。"

我暗暗撇撇嘴，说道："是是是，你们说的都对，我也去大树底下念英语了。"说完我便跑了出去，只听见奶奶和妈妈在我身后说："你能有那份心思？肯定又出去疯（玩）了……"后面奶奶和妈妈说了什么我没听清，我当时一门心思想知道那个天天读英语的到底是谁。

用一句现在很流行的话来说，那个青年完全就是"别人家的好孩子"，自然是我的"敌人"，我得去弄清楚对方的底细。正想着，我就到了同学王强的家。

王强是那一片的"百事通"，这件事问他一准错不了。听完我的叙述，王强一拍大腿，说："你说他呀！当然知道，我怎么会不知道。"

"我就知道这事找你就找对人了。"我笑着说。王强看了我一眼，继续说："你也就是不怎么关注学校里的事情，他可是咱们学校的'明星级人物'。"

"明星级人物？我怎么没听过。"我一脸不解地问道。

王强白了我一眼，说："我都说了你不关注学校的事情，咱们学校很多人都知道他的。这人叫徐超，也在附近住，年纪嘛，比我们大三岁左右。他之所以在咱们学校出名，是因为他已经在学校复读三年了，所以学校很多师生都知道他。"说完后，王强看着略微惊讶的我说了一句："你向来不关心这个，自然不知道。"

而我还沉浸在王强的话里，一个疑问脱口而出："都复读三年了，肯定不是这块料，那为什么还非得上学？"

王强听到我的问题，摇了摇头说："不光你发出了这个疑问，咱们学校的老师，包括校长，其实都在为这个事情烦恼，他们觉得徐超根本不是那块料，复读几年都是一样的。学校也不是没找徐超和他的父母沟通过这个问题，徐超的父母其实也不支持他继续复读，但徐超坚持要读，他的父母也不好再说什么。这不，今年他还要复读一年呢，说不定咱们升高三还能和他做同学，哈哈。"

听完王强的话，我心里对徐超倒起了一丝敬意，对之前他打扰我睡觉的行为也没有那么讨厌了，但我还是顺着王强的话说了下去："要是咱们俩学习能有人家一半用功，肯定早就考上名牌大学了。"

说完我和王强相视一笑，就去打游戏了。

我离开王强家的时候已经是中午十一点，早上就没来得及吃饭的我早已饿得前胸贴后背，但我竟然鬼使神差般走向了那棵树——那棵被徐超"占据"了的树。向大树走去时我并没有看到徐超的身影，也没有听到他背诵英语的声音，便以为他早已经走了。

但我走到树的另一边才发现，他正坐在树下聚精会神地做一套英语试卷，刚才只是被树干挡住了才没被我发现。我走过去的时候徐超头也没抬，似乎没有感觉到我的到来，直到我打破了这片空间的宁静："你就是徐超吗？"

徐超这才抬起头，不解地看着我，回答道："对，我是徐超，有什么事情吗？"

"没什么事。你别担心，我不是坏人，我家就住在那里。"看着有些戒备的徐超，我指了指我家的方向，继续说道："这一个月来每天早上我都能听到你在这里读英语，今天我听同学说咱们是一个学校的，所以过来看看你。"

"哦，不好意思，在这里读书是不是打扰到你了？这周围我实在不知道哪比较适合学习，这里比较安静，所以我才来这里的。"徐超一边说着，一边不好意思地挠了挠头。

"没事儿，反正我在家也无聊，就当作是跟你一起学习了。"

跟徐超聊了几句，我们便各自回到家里吃饭去了。

暑假很快过去，转眼我便是一名高二的学生了。王强说的没错，徐超确实又来学校复读了，但我在学校里很少见到了他，整个学年也就遇见了三四次，每次他都匆匆忙忙地走着，生怕浪费一点时间。我每次遇见他也没敢打招呼，生怕浪费了他的时间。

又是一年暑假，我提前感觉到了来自"高三"和"高考"的压力，但却没能听到大树下那熟悉的声音。听我妈说，徐超高考完对了答案，觉得自己今年可以考上大学，跟着他叔叔外出打工为自己赚学费了。

听到这个消息我心里还是为徐超感到高兴的，毕竟这件事他已经坚持了几年，也该有所回报了。很快，徐超的录取通知书下来，他终于被一所还不错的二本院校录取了，他的父母也算扬眉吐气了，乐呵呵地把这个消息告诉给了身边的邻居。

我是在我奶奶和妈妈的唠叨中得知这个消息的，她们说："你看吧，我就说了这孩子肯定能考上的，你呀你，多跟人家学学，听见没！"

"哦。"我嘴上应了声，心里却想着："要是我也考五年，你们指不定唠叨我多久呢！"

言归正传，正是徐超的事情让我明白了，人生中即使一次次遭遇失败，也要有从头再来的勇气和态度。

失败只是暂时的"不成功"，而当你失去奋斗的志向，那么你将面临一辈子的"不成功"。

第三章

脚下走过的路越多，成功的机会越大

朋友，如果你觉得自己的人生特别迷茫，像是走在无边无际的黑夜中，那么请你翻个身看看，自己是不是正躲在温暖的被窝里不愿"起床"。

只有豪情壮志，不过是海市蜃楼

我身边有位朋友，没事的时候总爱问我："你看这个项目怎么样？听好多人说这项目挣钱挺快的。""你说我要不要考个证？据说考下来能挣不少钱呢！""你说这个我要不要学？听说这个行业待遇蛮好的！"

朋友刚开始问我，我还乐意回答，也会把自己知道的一些信息分享给他，并且十分认真地帮他分析现在的局势。可他问了我三次，且都得到我肯定回答以后，还是没有付出行动。

这个时候我反倒有些着急，追着他问："你跟我说的那个事情，怎么样了？还顺利不？"

"你说那个啊！"朋友说，"我还没想好呢！"

朋友一想就是一年，项目的热度都快过了，朋友还在"想想"。

后来我才知道，这个朋友不光是想我提出疑问，也问了身边很多人。我们都以为他问完后就会开展这个项目，没想到都是我们多虑了。

有多少人和我的朋友一样，豪情壮志地说自己要成为大老板，却心甘情愿地窝在酒店厨房做一个洗碗工。你劝他走出自己的桎梏，他每次都说考虑考虑，但每次都要考虑很久。

还记得某一年初中同学聚会，班上的一个同学也和朋友是一样的境况。

同学当年也是豪情壮志，说自己以后一定要努力，说自己要成为一个伟大的人。但数年过去了，同学还是工厂流水线上一个普通的安装工。

同学的故事里其实有很多人的影子。同学大学毕业后去了广州，在一家小公司上班。同学并不是渴望一步登天的人，所以那个时候同学的愿望还算踏实，他希望自己一年后可以成为小组的组长。

同学心里是这样想的，但行动上却不是这么做的。先说迟到问题，同学租住的房子距离单位并不是特别远，但每月总有那么几天迟到，这样的行为已经让他在老板心中的形象大打折扣。其次说说工作上的问题，同学工作也算认真，工作质量相对不错，但就是喜欢拖延。用他的话说就是："我这叫拖延症，是病，不是我的问题。"

但老板不会关心同学是不是得了"病"，老板只看重同学能不能为他和公司带来利益。一年下来，和同学一起进公司的人成了小组组长。

得知消息的同学愤愤不平，觉得自己的工作能力明明比那个人强，为什么评选组长被比下去了。同学为此郁闷了好几天，最后竟然辞职了。他说："那个公司有黑幕，不能再待了。"

但同学不知道的是，与他一同进公司的年轻人从来不会迟到，对工作十分认真，虽然工作质量不算太高，但长期发展下去，总好过他这种工作质量和产量都不稳定的人。公司的老板出于这种考虑，决定将年轻人提拔为组长。

继续说同学后来的故事。同学离开这家小公司后，去了上海，到了另一家与之前规模差不多大的公司上班。这一次他同样为自己定了目标，还是成为小组的组长。

同学对这两份工作当真是一视同仁，不仅定了同样的目标，就连态度都是一模一样的。结果可想而知，另一个比同学进公司还晚的人成了小组组长。

同学这次彻底崩溃了："明明他们都不如我，老板是眼瞎了吗，居然让他们当组长。"

没几天，同学又辞职了，并且回了老家，成了工厂流水线上一个普通的安装工。当时同学并没有想要长干，只是为了攒点钱，自己创业当老板："我可不想再受这些人的欺负。"

在流水线工作了一年，同学用自己的积蓄，再加上父母给的和他借来的钱，在当地开了一家销售化妆品的店。开店以后同学才知道，原来所谓的创业并没有那么容易，仅就客源一项来说，就让他头疼不已。

没有开店经验的同学只会跟风，周围的店搞活动他也搞，周围的店请人表演他也请，但销量就是上不去。

有过开店经验的人或许知道，新店开张的前几个月没人气、没收益，这都是很正常的现象。但同学坐不住了，他不停地告诉自己："我不是做生意的这块料。"

在同学的自我催眠下，新店不到三个月就关门了。尽管同学的父母和朋友强烈反对，但同学说什么也不做了，把化妆品低价抛售后，同学的创业生涯就草草结束了。

再后来，同学自然是回到了流水线，他第一次觉得流水线的工作是那样亲切，很多问题不用考虑，很多事情不用担心。"没有压力的日子真的太爽了，哈哈。"这是同学重回流水线的感慨。

到今天，同学已经在流水线工作了几年，他偶尔还是会幻想自己成为一名老板，每当这个时候，他心里都会冒出一句话："你不行的，还是别试了，踏踏实实在这儿待着吧！"同学摇摇头，继续做他的工作去了。

无论是豪情壮志的"大目标"，还是近在咫尺的"小目标"，都需要我们用行动去实现。毕竟，就连王健林那一个亿的小目标也是需要人家努力才能实现的。

你还在等风把钱吹来吗？醒醒吧！没有实际行动的豪情壮志不过是海市蜃楼，救不了你的。

笑到最后的人，肯定不是靠嘴巴的

中国有句古话："看看谁是笑到最后的人。"

笑的时候我们其实动动嘴巴就可以，但笑到最后靠的却不是嘴巴。

我的老家是一个比较偏远的村子，那里的人们祖祖辈辈都靠种地养活自己。在我很小的时候，爷爷曾经给我讲过一个在当地流传了很久的故事。

故事中有两个主人公，都是男性，年纪也差不多，一个住在村东，一个住在村西。

住在村东的年轻人叫张三，家里有几块肥沃的土地，每年收成都很好，因此家境相对好一些。住在村西的年轻人叫李四，是逃难过来的，把很久没人居住的院子简单收拾好，就安定了下来。

李四除了破败的院子外便一无所有，虽然村民偶尔会给他送些吃的，但也是饥一顿饱一顿。李四不愿意一直麻烦别人，就想要一些地来种，但村子依着山，可耕种的地本来就不多，村民也都是靠自家的地生存，没人愿意把地送给他。他也知道大家的难处，默默回了家。

回到家后，李四心想这样下去不行，自己还是要找点出路。他趁着天还没黑，跑到西边的山上看了看，发现那里不仅有很多野果、野菜，还有一些地较为平坦，能够用来种庄稼。

当村里人知道李四打算上山开荒时，纷纷嘲笑李四傻："那里到处都是石头，坑坑洼洼不说，那个土也根本种不出庄稼，没准还有狼。你还是别冒这个险了。"

"有狼更好，我把狼杀了请大家吃肉。"就这样，李四孤身一人搬到了半山腰。

转眼间一年过去了，很多村民都以为李四已经饿死在了山里，不想李四竟然回来了——他是来给大家送野味的。

李四刚到山里住的是山洞，靠着吃野果、野菜为生，居然也就这样活了下来。后来他发现山上有好多野兔、野鸡这一类小动物，就开始抓它们打牙祭。一开始，李四根本抓不住狡猾的野兔和机警的野鸡，但熟能生巧，李四已经成为一个专业的猎人，打到了野味就给大家送下山了，算是报答当年村民的收留之恩。

为了感谢李四送的，村民们挨家挨户留李四吃了顿饭，李四也顺理成章地在村子里住了一段时间。李四离开村子之前，几个年轻人央求李四带他们去山里看看："在这住了几十年了，还没去过山里呢！老一辈的人总说山里有野兽，这边又没有善于打猎的，我们一直想去山里看看，但都没敢走太远。"

李四第二次离开村子时，这几个年轻人也跟着李四一起走了。他们回来后，纷纷对李四的生活羡慕不已。据他们所说，李四在山里盖了间茅屋，还将附近的荒地开垦了出来，这次下山不仅是为了用野味答谢大家，也是为了带些粮食种子回去种。

　　李四的故事到这里暂时告一段落，张三的故事也在个时候开始。

　　张三在家一向衣食无忧，也很少做农活。但好景不长，张三的父母突然患病去世了，只剩下张三一个人。张三为了养活自己，不得已开始学起了农活，但张三这个人特别懒散，把种子种下去就不想再管，只等着老天爷赏口饭吃。

　　张三的邻居每次下地干活都会叫上他，"张三，一起去地里看看吧！我看你家地里长了不少草，这样怕是会影响庄稼的长势啊！"

　　"好了，知道了，我一会儿去。"张三躺在床上向邻居回了一句话。

　　邻居又叮嘱了一句："你可一定要去啊，不然你明年都得饿肚子了。"

　　"你放心吧！我知道的。"张三支起身子答应了一声。

　　邻居看到张三的样子就走了。邻居走后张三看了看门外，觉得天还早，自己干活又快，可以晚点去，就又睡了过去。等张三再一次睁开眼，邻居已经从地里回来了。"就我自己去地里干活，怪没劲的，还是明天再去吧！"张三一边念叨着，一边放下了手中的锄头，转身进屋。

　　傍晚，村里的年轻人聚在一起聊天，张三的邻居问他："张三，你今天不是说要去锄草吗？怎么我在地里没见到你啊？"

　　"嘿，别说了，你走了之后我睡了个回笼觉，谁知道一觉醒来就晚了。哥，明天你早点叫我，我早点过去干活。"张三说。

　　"嗯，行吧！不过你可别再推脱了。"邻居说。

"放心吧哥，不会的。"张三赶忙答应。

第二天，张三的邻居果真去叫他了，但张三还没起床，让邻居等一会，邻居大哥没办法，只好等他。过了好大一会，张三才收拾妥当，两个人一起去了地里。

路上张三一直说："今天可得好好干活，把昨天的都补上。"但是到了地里，张三干了会活就觉得累了，跟邻居说自己去地头歇会。邻居应了声，张三就向地头走了过去，等邻居干完农活抬起头，张三还在树下睡着。

一连数天都是如此，邻居就不那么愿意和张三一起去地里干活了，有时候从张三家门前经过也不叫他，张三这边也乐得清静。转眼到了收粮食的季节，大伙儿都去地里收粮食了，张三还窝在家里。邻居怕张三家的庄稼烂在地里，特意跑去叫他，张三这才慢悠悠走出来，说没事，自己干活快，一会就弄好了。

邻居没说什么，赶回地里干活了。一连几天，大家都把粮食收回家了，张三还是不着急。一场秋雨过后，张三才赶到自家地里。

到了地里张三彻底呆了，地里的庄稼经受了风吹雨淋，已经所剩无几，不知道的人还以为这是片荒地。

那一年，张三家的粮食产量还不到往年的一成，不用说多出来的粮食了，连张三自己都喂不饱，好在家里还有些余粮，再加上乡亲们时常接济，张三才不至于饿死，但也挨了不少饿。

第二年张三有了教训，干活时别提多卖力了，粮食产量虽然不如往年，但足够他吃了。

能笑到最后的一定不是只会动嘴的人。如果李四只会动嘴，他早就饿死在山里了；如果张三不知悔改，一味"动嘴不动手"，当村民不愿意接济他时，怕也只有饿死一条路了。

所以，一味动嘴是换不来成功的，还是行动起来吧！

迷茫的人生不是无光，而是不愿起床

昨天，公司一名员工向我提交了辞职申请。

他在公司工作了一年，各方面表现得都很好，我有些舍不得放他走，挽留道："怎么了？是遇到什么问题了，还是对公司有什么不满意的地方？"

"不是，老板，咱们公司挺好的，是我自己，最近总觉得很迷茫，似乎有什么事情等着我去做，但我又不知道自己该做什么。"员工急切解释着。

"那为什么要离开公司？在这做的不是挺好的吗？"我继续问。

"是挺好的，但是我总觉得这种生活不是我想要的，我想出去看看，找找自己想要的生活。"员工说到这里，眼睛里闪着光。

"好吧！如果出去看过世界以后觉得咱们公司还不错，你可以再回来。只是，别让我等太久。"我知道他去意已决，便没有继续挽留，在辞职申请上签下了自己的名字，并留下了一句话"祝你早日找到期望中的自己"。

"好的，"员工接过辞职申请，说道，"谢谢老板。"说完我示意他离开，他点点头，转身走出我的办公室。

员工走后，我看向窗外发呆，不知怎的，突然想到了大学同寝室的同学，余欢。

余欢是我们寝室有名的"懒鬼"，每天没课的时候就窝在床上，吃饭都恨不得让人喂，帮他带饭、打水更是常事。不过余欢为人仗义，不像有些人，受人恩惠也觉得是理所应当，余欢为了"报恩"，时不时会带我们出去吃顿好的。

寝室里大部分人的家境都不太好，而余欢家里条件还不错，零花钱也多，再加上我们总帮他做这做那，他每次邀约我们也都不推辞。余欢用吃的"堵"住了我们的嘴，平时我们自然也不能拒绝他的请求。

四年的大学时光说过去就过去了，寝室里所有人都拿到了毕业证，有的人还在上学过程中拿下了英语四级、教师资格证、驾驶证等等证件，唯独余欢在大三时被留级了。

余欢留级也是意料之中。读大学前，余欢听说有些公共课老师是不会点名的，他也经常对我们说："这些课没什么用，别去了，在宿舍睡觉吧。"他自己更是一节公共课都没上过。但有的老师偏偏喜欢点名，大学四年，余欢逃课被老师发现这事还真不少，老师对余欢自然没什么好印象。

说来也奇怪，余欢从来不上公共课，专业课也不好好听，可余欢每次考试都能及格。虽然每次成绩都是六十多分，从来没上过七十，但用余欢的话来说就是："分数不重要，能过就好。"

余欢私下里经常对我们说他不是来读大学的，而是来"混"文凭的。没想到余欢还挺能"混"，一"混"就是两年，还"混"得风生水起。

到了大三，我们的课程已经很少了，但余欢却更加懒了，有时候他甚至开始逃专业课。他说，大早上的上什么课，窝在被窝睡觉多好。

专业课上学生不多，老师每次都能发现余欢逃课，他对班长说了好多次，一定要让余欢按时上课，也向我们的导员告过状，可余欢还是经常逃课。导员和班长私下也不是没找余欢谈过话，可余欢不听他们的也没办法，只能任由余欢睡醒了就来教室上课，犯困就在宿舍补觉。

我们更是说过余欢好多次："马上就要毕业了，你这么做，到时候学校给你记大过怎么办，你就拿不到毕业证了。"但不管我们怎么说，余欢就是不改自己的臭毛病。那个时候我们都很忙，忙着考各种各样的证件，也就不再说他。

余欢认定自己的好运气可以让自己顺利毕业，但偏偏他的运气到期末考试时用完了。

看着五十多分的成绩，余欢一下子傻眼了，本来以为自己终于"混"完大学了，但没想到还得再等一年，可学校已经下了通知，无法更改这个决定。余欢只好将这个消息告诉了自己的父母，余欢的父亲对他一顿臭骂。末了，直接甩给他一句："算了，我不管了，明年的学费我替你出，生活费你自己解决吧！"说完便挂断了电话。

余欢拿着手机发呆，过了好大一会才回过神来，等他再把电话拨过去，发现自己已经被拉黑了。又过了几分钟，余欢的手机响了，是银行发来的，提示有人向他的银行卡转账，金额刚好是我们一年的学费。余欢愣了几秒，钻进了被子里，我们想要安慰他，却不知道说什么。

很快放假了，我们各自回了家，假期里余欢一直没有和我们联系，我们只当他在家关禁闭，也没想到还有别的可能。大四开学的时候，我以为自己仍然是第一个到校的人，但到了寝室我就看到了余欢。余欢黑了许多，也瘦了许多，见到我，他笑着打招呼，露出一口白白的牙齿："哥们儿，好久不见啊！"

"好久不见，假期去哪度假了，都晒黑了。"我笑着说。

"度什么假，我爸把我赶出家门了，"余欢苦笑一声，继续说，"这次我爸给我动真格了，我还以为他是吓吓我，谁知道我回家他真的把我赶出去了，没办法，我在工地待了一个暑假。嗨，别说了，快收拾东西，一会一块去食堂吃饭吧！"

"行啊。"我虽然答应了余欢的邀请，但是仍然十分惊讶于他的变化。吃饭时，余欢对我说："一开始来上学的时候其实挺迷茫的，不知道自己以后要干吗，也可能以前衣食无忧惯了，现在可算是感受到生活的不容易了，以后不赖床了，得好好上课了。"

后来我便毕业了，听同学们说，余欢也在我们毕业一年后顺利毕业，在父亲的安排下进了一家公司。

朋友，如果你觉得自己的人生特别迷茫，像是走在无边无际的黑夜中，那么请你翻个身看看，自己是不是正躲在温暖的被窝里不愿"起床"。

在行动中才能看清对与错

在事情没有尘埃落定之前，好多事情都说不清楚对与错。

想来当年阿里巴巴建设之初，好多人也会觉得马云所做的事情是错的，但现在马云用事实征服了围观群众，获得了一致认可；想来京东建设之初也不是所有人都支持刘强东的，不知道有多少人认为京东根本不能发展壮大，但刘强东也用京东的上市堵住了悠悠众口。

生活中我们面临的问题可能没有马云和刘强东那么多、那么严重，但是这并不代表我们不需要做出一些抉择，尤其是一些在别人眼中看起来是个错误的抉择。

读大学的时候，学校里有个新来的老师让我印象很深。这位老师和我并不是一个系的，我也没有上过他的课，而是在一次打篮球时认识的他。当时我已经大四，他读完硕士研究生就来到了学校，看起来和我差不多大，所以我一直以为他是学生。遇见好多次以后，我们两个算是认识了，我才听他说起自己是中文系一名新来的老师。

老师说："刚刚成为老师，还真有点不习惯，感觉自己还是个学生。"

"没想到你是中文系的，看你篮球打得不错，还以为你是教体育的。哈哈……"我笑着说道。我为什么不怕老师？都已经快毕业了，更何况这个老师不用给我上课，还与我差不多大，我自然没有必要怕他。

篮球场上很容易建立友情，我们很快成了好朋友，也是跟他成为好朋友后我才知道他的经历。

老师的父母都是医生，从小就对他要求严格，但从小到大，他也只有语文成绩还不错，其他科目的成绩都不怎么样，一直在中上游到中下游之间摆动。父母都觉得他这样的成绩丢人，罚也罚过，打也打过，但没有任何作用。

高考的时候，老师的成绩过了专科分数线，但距离本科分数线还有不小差距，他的父亲希望他能够复读一年，或者读一所医学类专科院校，哪怕以后再继续攻读硕士研究生，将来也好子承父业。老师非常干脆地拒绝了两种方案，他告诉父母自己想选择中文类专业，那是他喜欢的专业。

老师的父母自然不同意他的想法，他们认为这个专业没有什么前途，并退了一步，说他如果不想做医生，可以选择会计等比较容易找工作、有前途的专业。但他还是坚持自己的想法，无论谁来劝，他都没有动摇自己的决心。

孩子考上大学对家长而言是一件特别高兴的事情，但为了选专业这件事，老师整个家里都不怎么开心，唯独他拿着录取通知书开心了好几天。他的父亲为此与他怄气好几天，但木已成舟，他的父亲也不能多说什么。

我们没有站在当事人的角度，所以无法评价一个人的选择究竟是对还是错，但我想老师的选择应该算不上错，至少他顺利毕业了，而且自考本科。对于一个曾经的"学渣"来说，这样的结局算不上太好，但也绝对不算坏。

眼看着儿子顺利毕业，老两口的心又一次悬了起来。那一年学会计、管理等专业的人特别容易找工作，但学中文专业的人找工作相对难一些，"怕孩子找不到工作"成了老两口的心病。

或许有的人面临这个问题会对父母说"别担心""没事的"，但老师一声不吭，用自己的行动给父母交了一份满意的答卷。他上学时认识了一个老乡，老乡跟他是一个系的，比他大两届，是一名本科生，两个人平时关系不错，毕业后老乡虽然回到了当地的中学任教但两个人也经常联系。当时老乡所在的学校正在招聘老师，就让老师过去试试。

老师觉得这工作不错，就去应聘了，并且被录取了。就这样，他成了一名教师。看着儿子工作稳定下来，老两口也算放心了，对他当初不听劝阻选专业的事情也没有多说什么。

可老两口提着的心还没有放下多久，老师又开始"找点事情做"了。原来，老师听说同校的一个教师在几年前考研，并且顺利留在了大学任教，老师马上就心动了。

思前想后，老师觉得中学教师课程多，没办法好好备考，就向父母和几个朋友提出自己想要辞职备考，希望听听大家的意见。但是，大家都认为他不应该放弃眼前的工作机会，有一个朋友告诉他："我是这么想的，先不说你能不能考上，就算你考上了，三年后的情况什么样谁能保证？你不要图一时兴趣，到时候赔了夫人又折兵。"

听了父母和朋友的建议，老师小半个月没提考研的事，所有人都以为他会安安分分继续在中学任教。可老师偏偏让人大跌眼镜，他在马上要转正的时候把工作给辞了。

其实老师当时也要放弃考研的想法了，他觉得父亲说的"你现在工作好好的，为什么给自己找不痛快"这句话很对，自己确实没必要跟自己过不去。这时却有一个朋友对他说："只要你想清楚了，你认为对的就去试试，不试谁知道你是对还是不对？"

得知老师辞职了，老师的父亲又是暴跳如雷，一怒之下就把老师赶了出去。

老师那个时候的脾气也倔，拒不认错，也不跟家里联系，还是他的母亲忍不住了，瞒着他父亲偷偷给他打了个电话，还偷偷在他卡里打了点钱，他才能在外面生存下去。后来，他的母亲怕他在外边过得不好，隔三岔五就给他打些钱，他索性也就不再想找工作的事了，专心在出租屋里看书。

机遇总是留给有准备的人，更何况是一个精心准备的人。离家的第二年，他带着录取通知书回了家，算是给父母的一份大礼。父亲早就已经知道母亲偷偷给他生活费的事，当时的气早就消了，但就是拉不下脸来找他，现在看到儿子手里拿的录取通知书，也没想再说什么，两个人就这样和解了。

再后来老师就毕业了，认识了我，并且把这个故事告诉了我。现在我在这里把这个故事告诉给大家，是为了让大家明白：你躺在地上一动不动是无法分辨对与错的，只有在行动中才能看清对与错。

出路出路，敢于走出去才有向上一路

什么叫"出路"？顾名思义，就是出去的路。

怎么样才能找到"出路"？很简单，扔掉手机，从被窝里爬起来，换好衣服，打开门。好了，现在迈出你的左脚，接下来迈出你的右脚，左脚，右脚，左脚，右脚……一步一步地走，不要停下脚步，出路很快就会出现在你面前。

经常听到有人说自己找不到生活的出路，站在人生的十字路口却不知道向左走还是向右走。我有时候也会有这种感觉，每当这个时候我都会给自己一点时间思考，考虑清楚后沿着我认为是正确的方向走去。

比如创业初期，我找不到这一领域的门路，好几个合作伙伴都被竞争对手抢走了。最苦的那段时间，不要说签合同，我甚至找不到一个愿意和我见面的客户，对于客户的避之不见，我没办法，只能一次次邀约，即便只有十分钟、五分钟的沟通时间我也要拼命争取。终于有一天，一个客户被我感动了，我们顺利签约，并且一直合作到了现在。

我时常想，还好那个时候我没有因为处处碰壁而放弃，而是不停地撞击围墙，终于在四面环绕的空间里撞出一条出路。

后来工作中也遇到了许多大大小小的困境，我也都凭着一身劲头冲出来了。渐渐地我发现，"没有出路"这四个字在我生命中出现的频率越来越低，因为遇到问题时我关心的不再是有没有出路，而是如何找到这条出路。

通过我的经历，我也想明白了一件事：那些经常说自己找不到出路的人，或许并没有像我一样，一边抱怨没有出路，一边竭尽全力向前走。当他们发现找不到出路的时候，就会直接坐在人生的十字路口，向经过的人以及和他们一起在十字路口等待的人诉说着自己的迷惘与可怜。

出路，出路，如果一个人不愿意走出去，又怎么会找到出路？

大家都听过井底之蛙的故事，我想很多人也嘲笑过那只以为"天只有井口那么大的"青蛙，当然我也不例外。甚至那个时候我还质疑过成语借事喻理的特性，但我越长大越理解井底之蛙的意义，现实中真的有很多人如井底之蛙而不自知。

还记得我去4S店为汽车保养时认识了在店里打工的一个90后，他叫邢磊，来自农村，爱好就是说话。邢磊说自己以前其实并不是个话痨，都是工作以后才变成这样的，一有空的时候，他就会在我旁边讲关于他的故事。

读书的时候邢磊家里条件不是特别好，因此有些自卑，在班里总是默默无闻的那一个。读高中的时候，邢磊家里的条件好了些，他的性格也外向了些，但用他的话说，那个时候他还没有"进化"为"话痨"。

临近高考的时候，邢磊突然不想参加考试了，和他关系很好的同学知道了他的想法，纷纷问他："到底怎么了？是有什么难处还是遇到什么问题了？"

在几个哥们儿的追问下，邢磊才缓缓道出了自己不想考试的理由："我学习成绩又不好，考试也不见得能考上，考上了家里也不一定愿意让我读大学，就算我毕业了也未必就能找到好工作，为什么还要浪费这报名费？"

听到了邢磊的回答，大家开始劝他："不管成绩怎么样，你好歹得试试啊！不要让自己以后后悔。"

"对呀！这报名费又没多少钱，你不要等到将来自己老了，后悔自己连这样一个考试都没敢参加。"

"反正不管怎么说，这个决定还是要你来做，你想好了就是对的。"

……

大家七嘴八舌地劝了半天，邢磊只是默默地听着，没有说什么，眼看着劝不动这个执拗的人，大家也就闭上了嘴，拍了拍邢磊的肩膀离开了。邢磊最后真的没有参加高考，拿了高中毕业证就回家了。

邢磊求学的经历到这里就画上了句号，他的第一个故事也讲完了。在我看来，邢磊读书的时候就是一个不愿意寻找出路，只知道坐在井底抱怨的人。

他的第二个故事发生在他高中毕业后的第二年。邢磊高中毕业后不知道自己想做什么工作，就一直在家待着，没有和朋友外出打工。这一拖就是几个月，眼看着冬天来了，邢磊干脆说等来年开春再说工作的事，自己也好抽时间想想出路。这期间，他偶尔会到镇子上一个小工厂打零工，有时候也会帮着家里做农活。

直到有一天，邢磊的父亲在家里砍树时，不小心被倒下的树砸到了腿。虽然没有伤及性命，但"伤筋动骨一百天"，邢磊的父亲短时间内肯定做不了活儿了。即便伤好了，邢磊的父亲也未必能够恢复如初，重活估计也不能再做了。

家里的顶梁柱倒了，家里好不容易存下的积蓄也因父亲受伤而变得所剩无几，生活的重担一下子压在邢磊的身上。他背起了行李，跟随同村的几个年轻人出去打工了。同村的几个人都是在工地上工作的，也就是搬搬砖、装装水泥，有那么一两个是负责砌墙的技术工。虽然工作很累，但想着不菲的工资，邢磊也就坚持了下来。

又过了几个月，工程结束了，邢磊也跟着失业了。还没等邢磊和其他同乡找到新的工作，邢磊的母亲就给他打来了电话，邢磊的一个表哥在一家4S店工作，刚好在招学徒，表哥说邢磊可以来试试。

邢磊倒真是修车的料，到了店里没过多久就转正了，现在他已经在店里工作了好几年。他说："要不是走出来了，我还真想不到自己能找到这么好的工作，现在我手里也有点积蓄了，等我再攒两年钱，我就回老家自己开个店去。"

是呀！如果你一直不愿意走出来，又怎么能找到出路呢？

第四章

人与人之间的分水岭，用学力划分

　　知识是我们手中改变命运的砝码，但是如果不能好好利用知识，反而被知识利用的话，我们的生活将会变得一团糟，有些原本可以轻松解决的事情也将变得困难。

人人之间从来不是以学历做比拼

公司刚成立的时候，招聘是一大难题。

那个时候许多人来公司面试，他们兴高采烈地来到公司，离开的时候或多或少都有些失望。每天，来面试的人在工作室进进出出，很多人看到公司规模小都不愿意留下来。那个时候我的工作室一度运行不下去，整个工作室空荡荡的，只有我一个人。

后来，夏瑞来到了公司。

那个上午，我刚刚结束了几场面试。那些刚刚毕业的大学生对于工作的要求都很高，他们要求我给予各种各样的补助，要求我加薪，我没有同意，他们就趾高气扬地走了。

或许我这样的形容对他们来说不公平，他们无非是想要一个好的工作，我给不了他们想要的薪酬，这并不是他们的错。但我当时就是觉得他们这些人不好，如果不是他们太看重金钱，我也不会招不到员工。这件事放在今天，我绝对不会这么想，因为我有足够的能力给予他们期望中的薪酬。

好了，言归正传。面试的时候，我看了看夏瑞的简历，上面学历一栏赫然写着：高中毕业。高中学历，这和我们公司要求的专科及以上学历并不相符。

于是我问他："有人通知你来面试吗？"

"没有。"他的回答倒是斩钉截铁。

"那你怎么过来的？"我问道。

他回答："我在网上看到了你们的招聘信息，所以过来看看。"

我继续问："那你知道，你的学历和我们的要求不符吗？"

"知道，你们要求专科及以上学历，"他顿了顿，说，"虽然我学历不高，但是我真的很喜欢这份工作，只要你能给我机会，我一定能做好。"

我拿着他的简历说道："第一，你的学历不达标；第二，你没有从事过相关工作。那么请问，我为什么要相信你？"

我原本以为听到我的话，夏瑞一定会拂袖离去，没想到他顿了顿回复我："我的学历是不太高，但这并不证明我的学习能力差；我是没有从事过相关工作，但这并不证明我没有能力胜任这份工作。"

在诸多面试的人中，我从来没有见过这样的一个人，他似乎样样都是不及格的，但他却有着其他人没有的自信。所以我决定试用他。

于是我对他说："好，那我给你一个机会。我现在交给你一个任务，给你三天时间完成它。如果做得好，你就能被公司破格录取，享受公司正常的工资待遇；如果做得一般，勉强可以通过，那公司可以录取你，不过工资减半，同时没有任何福利，三个月之后要么转正，要么走人；如果做得不好，公司不仅不会录取你，也不会给你任何补偿。你愿意吗？"

"好。"他没有一丝犹豫就回答了我。

但我确实是抱着私心的。如果夏瑞的工作能力达标，而且不嫌工资少，就算做不了多少工作，也是可以给公司创造利益的，至少公司不会只有我一个人。一来，我受够了这样冷冷清清的环境；二来，我也不想看到一些人来面试时总是带着怀疑的眼光看着空荡荡的办公室，好像我这里不是正规公司一样。

3天时间很快到了，夏瑞按时完成了工作，并且很出色，大大出乎我的意料。同时我也很庆幸自己捡到宝了，给予了他公司正常的薪资待遇。

过了很久以后我才知道，夏瑞来自一个小村子，当初上学的时候成绩很好，高考成绩远远超过本科分数线，但是家里的条件实在供不起他读大学。知道父母亲为了读大学的学费发愁，夏瑞只能悄悄撕掉了录取通知书，骗父母说自己没考上，然后跟着村子里的人来到这个城市打工。

这么多年，夏瑞做过保安、搬过砖，在工厂做过安装工，在学校门口摆过地摊，虽然生活过得很辛苦，但他一直挤时间学习。来公司面试之前，他刚好报名了自考本，虽然还没有拿到学士学位，但是工作能力一点也不比应届大学生差，甚至比他们还要高出一筹。

这就是夏瑞和公司结缘的故事。

总有人说学历很重要，也有人说学历不重要，其实我倒认为，学历并不是人与人之间用来比拼的筹码。

诚然，在企业招聘时都会限制学历，其实并不是因为学历说明了一个人的能力，而是因为相较于其他条件，诸如沟通效果、工作效率等无法第一时间了解的能力而言，学历真的是最容易筛选的。

我经常对身边的朋友说："学历并不能代表一个人的能力，但无可否认，学历是你进入一个工作环境的入场券，没有入场券，你可能连机会都看不到，就更不要说抓住它了。同样的，就算你有了入场券，如果你没办法达到对方的要求，还是会被对方请出门外。相对而言，没有入场券你可以偷偷溜进会场，可如果你的能力不足以让你留在会场，那么有入场券也是白搭。"

所以说，人与人之间不是以学历做比拼的，你的学习能力比什么都重要。

毕竟学历也就是一张纸的事，你要是有足够的学习能力，还怕考不下来吗？

学习时间少不代表学不好

我换第二份工作以后，发现公司里有个同事是"证迷"。

什么是"证迷"？这个要从很早之前网络上流传的各种证件说起。有人说，人的一生中就是为了领各种各样的证件，出生时有出生证，成年了有身份证，大学毕业有毕业证和学位证，结婚了有结婚证……除了上述证件，还有会计证、计算机一级资格证、驾驶证等一系列为一个人加分的证件。

我们把不顾实际职业规划，盲目考取证件的人称为"证迷"。我的同事恰好就是这样一个为了考证而考证的人。但我其实挺佩服她的，大学毕业的时候她已经考取了十几个资格证，大大小小的资格证摆在一起也挺唬人的。最主要的是，她无论想考什么证都能考下来，这是最让我佩服的一点。

那个时候我刚入职没多久，一天午休时无意间听到一个与她关系不错的同事对她说："肖晨，你上周三不是说要考会计证吗？怎么样，找到合适的培训机构了吗？没找到的话我可以帮你介绍一个，刚好我有个朋友说他是做这个的。"

肖晨挥了挥手中的资料，说："晚了，我上周末已经报名了。喏，资料都已经拿回家了。"

同事笑着说："你这速度还真是快啊！"

肖晨笑了笑，说："不快也没办法啊，还有两个半月就考试了。好了，我要复习，不要影响我了。"

同事白了她一眼，做了个噤声的动作，便不再说话。

而我在一旁听着，突然间想到了自己考会计证的事。读大三的时候，我们专业的课相对较少，宿舍的几个人每天上完课之后也不知道该干些什么，就去网吧打游戏，或者窝在宿舍睡觉。就这样过了一段时间，我们既觉得无趣，又翻不出什么新花样。

直到某个周末，舍友关文凯抱着厚厚的一沓资料走进了宿舍。原本在宿舍昏昏欲睡的我们像是发现了新大陆似的，围着关文凯不停地问："这些是什么？你不是说出去买衣服吗，怎么买了书回来？"

关文凯对我们说："这是考会计证的资料。我今天原本打算去买衣服的，可是刚出学校大门就看到学校附近的培训机构正在做活动，我一时好奇，就凑过去看了看。结果我刚站过去对方就开始和我讲说现在大学生就业难，为了更好就业，还是要多考点证，这样以后到了社会才有竞争力。我本来不想听他们说话的，但是他们越说我越觉得有道理，而且好多人都报名了，所以我也就报了个会计证。"

说完了事情的来龙去脉，关文凯看了看我们，开始劝我们和他一起参加考试。

半个小时后，宿舍除关文凯以外的五个人里，只有两个人无动于衷，我和剩下两个舍友被他说动了。第二天，我们几个一起到培训机构报了名，对方告诉我们，距离会计证考试还有半年，让我们好好准备。

我们随口应了一句就抱着厚厚的资料回宿舍了。自那天起，我们四个人没课的时候就会到自习室去学习。而我当时并没有什么学习的动力，纯粹是觉得太无聊，所以学习的时候总是感觉心不定。其他的几个人情况也和我差不多，不到一个月我们的热度就已经降到了冰点。

可报名费都已经交了，为了对得起报名费，我们还是会去自习。只是，在我自己看来，学习的效率极其低。半年后我们参加了考试，但都没能考上。

有我的前车之鉴，我自然觉得肖晨是考不上的。毕竟当初我们花了半年的时间，基本上除了上课就是去复习，虽然说效率低，但是毕竟花费了大量时间，学习的总量不算低。而肖晨只有两个半月的时间，还要应付工作，根本没有时间去学习，怎么可能拿下会计证。这样想着，我心里暗暗嘲笑了肖晨一把，就闭目养神去了。

就这样过了一个月。一天吃饭的时候，我看到肖晨一边吃一边拿出一个本子在背着什么。我悄悄把脑袋凑过去看了一眼，发现本子上密密麻麻写的都是会计证考试的知识点。我还以为她当初也就说说而已，谁知道她居然这么用功，一边吃饭还一边背书。

我对肖晨说："吃饭还得复习，你要不要这么拼？"

肖晨回答："当然得拼一把了，钱都交了，总不能对不起自己的钱吧？"

我说："你每天都是这样的吗？"

肖晨说："是呀！每天下了班之后我就开始复习，晚上十点准时睡觉，早上六点起床，看一个小时的书以后赶过来上班。"

我说："这样算下来，其实你每天也没有多少时间可以用来复习，你觉得你能考过吗？"

肖晨笑了笑，说："那谁知道呢？但总要试一试了，不是吗？"

我被肖晨问的无话可说，但心里却想着：怎么可能考上？当年我们备考半年都没有考上，你只有两个半月的时间，而且还要上班，怎么可能考上？

这件事很快就被我忘了，等我再想起这件事情时，肖晨的会计证已经下来了，与她要好的同事正在办公室里宣传这件事，并且要她请客。我得知结果的时候真的惊呆了，两个半月的时间，而且只能用业余的时间去看书，没想到她居然能考过。

我以前总觉得，一个人学习的效率是有公式的，即 $0.1+0.1+\cdots\cdots+0.1=100$。这个公式告诉我，不管每天的效率如何，只要一点点累积总能得到满分。

但我后来发现，这条公式没有错，每天进步一点点也没有问题，但如果我们明明可以用一百天来完成的事情，为什么非要用一千天去完成呢？如果是抱着这样的心态，那么公式就会变成 $0.1\times0.1\times\cdots\cdots\times0.1=X$。

我不知道这个X是多少，但我知道，当你时间拖得越久，那么X就会越小。学习的时间少，不代表就学不好一样东西。同样，学习的时间多，未必就能学好一样东西。

善于去利用知识，不要被知识绑架

夏瑞被我破格录取后，我的工作室因为有了他的加入变得蒸蒸日上，有时候我会拿他打趣："你真是我公司的吉祥物啊！"

不得不说，夏瑞是个有自信的人，也是个学习能力极强的人，但他有时候并不是一个善于利用知识的人。

夏瑞很容易被知识绑架，甚至有些吹毛求疵。这就导致我们虽然在生活中是好朋友，但工作起来却很容易产生分歧。

当年贾岛写出诗句"月宿池中树，僧推月下门"以后，觉得"推"字用得不够恰当，想把"推"改为"敲"，但又觉得"敲"不及"推"好。一路上，贾岛一直在思考到底是用"推"还是用"敲"，直到偶遇了韩愈。在韩愈的指点下，贾岛将"僧推月下门"改为了"僧敲月下门"，这个故事也是"推敲"这个词的由来。

我从来没有想过，我竟然会和夏瑞在办公室展开了一场"推敲"。

当时我和夏瑞正在做一份关于公司招聘的策划案。在策划案里，有一句关于公司招聘的宣传语。我认为应该用"诚邀各路有识之士加盟"，他却觉得应该用"诚邀各位有志之士加盟"。

对于我来说，这两句话没有多大的差别，但是夏瑞却坚持认为应该换掉。就这样，我们两个人在办公室里开展了一场激烈的辩论赛。

夏瑞说："你这个样子写，别人会以为不来公司的就是'无识之士'，这样不是在贬低别人吗？让别人看了会产生什么感觉？"

我反驳道："我这样写怎么了？有识之士它又不是一个贬义词，怎么就不能用？"

夏瑞说："我知道它不是一个贬义词，我认为这句话不好并不是因为有识之士的词性，只是因为这样的句子会让一些人产生联想、产生歧义。如果有人故意曲解我们的意思怎么办？"

我说："怎么会有人故意曲解我们的意思？好多人都不去看这个用词的好吗？"

夏瑞说："不管别人看不看，至少我们是要看的。既然我们是一个文化公司，就要用最好的词语、最正确的词语、最不会引人非议的词语。"

我说："可是按照你的思维，'诚邀各位有志之士加盟'这句话也有问题，难道不来公司工作的都是无志之士？"

夏瑞一时有些语塞，最终还是选择了我所做的版本。

知识是我们手中改变命运的砝码，但是如果不能好好利用知识，反而被知识利用的话，我们的生活将会变得一团糟，有些原本可以轻松解决的事情也将变得困难。就像是吹毛求疵的夏瑞一样。

我有一个高中同学，大学时选了农学专业。毕业后，他到一个苗圃工作，在那里工作的人大都是四五十岁的人，他们大多是小学或初中毕业，没有接受过高等教育，也没有经过专业的培训，有些在工作之前是靠种地为生的。同学到单位报道，了解到情况后对他们表现得颇为不屑，毕竟无论是学历还是专业，他们都不及自己。

可是后来这些人就用实际行动表明了自己的能力，也给同学敲响了警钟。

同学在苗圃工作，一向都是一个老师傅和他一起负责。老师傅做工作面面俱到，他也乐得清闲，从来都是不闻不问。

就这么过了一个月，一直都相安无事。这一天，上级要求老师傅和同学一同督促工人完成某植物的种植工作，恰好老师傅家里有事，这份工作自然而然落到了同学身上。同学仗着自己科班出身，向老师傅打了包票，老师傅虽然有些不放心，但家里的事情紧急，也只能将事情交给我的同学。

同学根据自己上学时学到的知识，一步一步对工人们进行了严格的"培训"。"培训"结束后，同学要求他们按照自己的流程种植植物。这些人平时用的方法和同学说的并不一样，但是碍于同学的身份，他们也不好说什么，只能默默照做。

种植完成以后，同学要求他们按照书中所说的，对植物进行浇灌。两天以后，同学以为按照严格的流程做下来，这些植物应该能够成活，没想到他到了大棚内才发现，许多植物都已经蔫了，似乎马上就要死亡。

看到这种情况，同学一时间慌了神儿，急忙找来老师傅。老师傅看了一眼就对工人们说："你们应该知道怎么解决吧！"

工人们点了点头，不待老师傅安排，就已经井然有序地干起活来。看到大家忙活起来，老师傅也点了点头，向大棚外走去。

同学不知道老师傅和工人们究竟在打什么哑谜，愣了愣，追过去问老师傅。老师傅对他说说："虽然你学的是这个专业，上课也学到了许多知识，但是书本上的知识并不一定是可行的、实用的。"老师傅指了指干活的工人说道："他们这些人，虽然没有上过学，但是他们的实践经验要比你多得多。所以他们能有能力解决这个问题，但是你却没有，只能慌忙找我求助。"

自那以后，同学就开始关注工人们的一举一动。他发现，有很多方法在书上都没有写，但的确很实用。还有一些方法，书上写了，但是却不尽然是对的。

同学说："文字毕竟是死的，但事物都是活的。把书上死气沉沉的文字用'活'了，那也是本事。"

知识是我们手中的工具，它像个扳手一样，是没有生命的，只有我们会用，才能发挥它的价值。

如果一个人拿着扳手去砸核桃，砸到最后却觉得扳手不趁手，那这不是扳手的错，是这个人的问题。

认知力是知识变现的砝码

　　我有一个亲戚是工厂里的小班长，前几天他给我讲了一个故事，是关于他们公司一位退休老员工的。

　　这位老员工在工厂工作了几十年，是公司元老级人物，虽是普通工人，但是由于技术过硬、能力出众，在工人中相当受欢迎与尊敬。亲戚之所以给我讲老员工的故事，是因为老员工能够不耻下问，向新来的员工学习使用电脑，这让亲戚十分惊讶。

　　老员工之前也算是有些架子的，毕竟自己在工人中资历最老、年龄也最大，工厂里的同事都是自己的后生晚辈，老员工有点架子也是情理之中。

　　但是，老员工经历了一次"劫后余生"般的经历，彻底改变了自己的态度。

　　当时工厂利用假期进行大检修，逐一排查工作设备是否存在问题。作为技术骨干，老员工自然是冲在了第一位，他确定了所有设备运转正常后，才结束工作。

　　节后开工，大家都欢欢喜喜的，唯独老员工愁眉不展。原来，为了保障节后开工顺利，上级安排老员工值班，但老员工在巡查时却发现机器出现问题。老员工十分清楚机器无法正常运转会带来的影响，立刻跑到控制室，打算调整机器。

但到了控制室，老员工犯了难，他独独不会使用控制室那台电脑。身边的人一直催促他赶紧调整好机器，以免影响工厂产量，但老员工只能束手无策。万般无奈之际，老员工给年轻的技术员打了一通电话，对方将操作方法告诉老员工，老员工按照对方的方法进行调整，机器终于正常运转了。

虽然机器正常运转，但是老员工心里还是觉得不好受。这种不好受不是因为在晚辈面前"丢了面子"，而是因为自己对于电脑的一窍不通，差点使厂子蒙受损失。自那以后，老员工就像变了个人，经常和后生晚辈们待在一起，并且让他们传授自己操作电脑的技巧。

看着老员工努力学习，有人就对他说："你再混个三五年就退休了，还学这个干吗？"

老员工认真回答："话可不是这么说的，我虽然还有三五年就退休了，可还有这三五年不是，不学会这个，难保以后不会发生同样的事情，我得保证这三五年不出现问题。"

亲戚给我讲这个故事的那天，刚好是老员工退休的那天。据亲戚回忆，在老员工说了那句话后，他就真的没有再因为不会操作电脑而影响工厂的进度，也没有耽误过设备维修，当真是说到做到了。

工厂里还有一个人和老员工形成强烈的对比，这个人是一个新来的员工，年龄很小，所以大家都很照顾他，可是他总是有种"不学无术"的感觉。每当他独自操作设备的时候，别人总是会他一句"能不能胜任"，而他也总怕被人瞧不起一样，信誓旦旦地说："放心，没问题，这么简单的东西，我怎么可能不会。"

当操作失误引起设备故障时，他却急急忙忙找来同事帮忙维修。同事过去看了看，倒也不是什么大的问题，三下五除二就修好了。这个时候他把脑袋探过来看了看，说："诶呦，就这么简单的事情啊，我说嘛，也不是什么难事，我刚才就是点错了。"

"点错了你还不自己调整好，刚才还那么紧张地跑过来找我干吗？"同事听到他的话，多多少少有些气愤，没好气地说道。

"我刚才就是一紧张给忘了，你看你，帮这么个忙，至于这么生气吗？下次不叫你了行吧！我自己来。"听着同事的口气不太友善，他反倒还不高兴了。

同事一声不吭，转身走了。只听见他在身后小声嘟囔："会这个了不起啊！跟谁不会一样。"同事虽然听见了，却也没理他，只在心里想了一句：但愿吧！

果然，没过半个小时，他又把同事叫了过去。知道自己刚才得罪了同事，他笑着说："哥，你看，也不知道咋了，这机器老是坏，你再给看看，帮帮忙啊，我晚上请你吃饭！"

同事不情愿，但也不能撕破脸，只能跟着过去。

到了机器旁边，同事简单检查了设备，果然和刚才不是同一个问题，只是这问题却也不大，不到三分钟就处理好了。一天下来，同事被请了三四趟，着实火大得很，但心里想着：算了，也就这一天，以后还能天天犯同样的错误不成。这样想着，同事倒也释然了。

可是，一连几天，同事每天都会被他请三四趟，几乎是同样的问题。同事忍无可忍，将这件事告诉了班长，也就是我的亲戚。亲戚得知这一情况之后，立刻向上级汇报了，上级调查结果属实，很快就将新员工开除了。

自我认知是一个很简单的事情，比如你现在想想你的手在哪里，你就能感知到手的存在；自我认知同时又是一件很难的事情，比如你现在不去想自己的手，那你就感觉不到手究竟在哪里。

简单来说，自我认知就是一个人是不是会去想这件事。当你遇到危险的时候，你认为自己没办法战胜危险，所以就会选择逃避；当你遇到困难的时候，你觉得自己可以战胜困难，所以就会勇往直前。

没有谁愿意承认自己的胆怯，同样的，也没有人愿意承认自己的无能。对于一个人来说，能够勇于承认自己"不会"，并且努力打破"不会"的局面，是一件很不容易的事情。

可是，也只有拥有了正确的自我认知，才能知道自己需要学习什么，才能够把知识变现。

与问题做朋友，把答案当跳板

工作室成立第三年的时候，我决定扩招。

为了提高面试的效率，我特意和夏瑞一起出了一套测试题，用来考察前来应聘的人是否具备较好的文字功底。

在测试题完成以后，我突然想到一个问题，作为一个文化公司，文字功底必不可少，但是我同样希望有人能够及时指正别人的错误。做文字工作难免会有一些疏漏，如果所有人都考虑面子问题，不肯指出别人的错误，那么我们就有可能将错误的东西发给客户，这样造成的损失是不可估量的。

所以，我在测试题上做了一点小小的手脚，特意将一个本该用逗号地方改为句号，将两个原本正确的词改成错的，希望有人来指出我的错误。

之后，我们通过这套测试题面试了几十号人，他们答题时都是小心翼翼的，似乎并没有发现这个问题。这些来参加面试的人中不乏文字功底比较好的，我也适当地留下了几个人，但是心里总还有一点小小的遗憾。

孙宁的到来填补了我的遗憾。

那天孙宁来面试，我和他简单谈完之后把测试题交给了他，让他到办公室找个位置把这个测试题做了，做完以后再交给我。过了一会儿，他来敲我办公室的门，我请他进来，他把测试题放到了我面前，我拿起测试题看了一眼，对他说："把你的简历和测试题留下，到时候等通知吧！"

说完我就开始忙手头的工作。过了两分钟，我感觉自己没有听到有人推门出去的声音，就抬起头看了看，发现孙宁还站在我办公室里。

于是我问道："有事吗？"

孙宁似乎有些犹豫，但过了几秒还是对我说："我发现测试题上好像有一些小问题。"

"是吗？"我饶有兴趣地看着孙宁，心里却格外惊喜，终于有人发现我额外的测试了。

"对，"孙宁走过来，从桌上拿起测试题，指着上面的一道题对我说，"这里应该用的是逗号，而不是句号。"说完他翻了一页，指着另一个词对我说："这个词应该是'执着'而不是'执著'，虽然两个词通用，但现在绝大部分文件都是用'执着'。还有这里，应该是安装，而不是'按装'。"

在这套测试题里，我一共设置了三处错误，没想到全都被孙宁看了出来。我心里虽然高兴，但还是想试试他究竟是有真才实学还是凑巧蒙对了，于是对他说："你之前的确做过半年相关工作，但是我们公司已经成立许久了，你觉得你这样质疑我们公司的测试题合适吗？或者说，你有资格质疑我们公司的测试题吗？"

孙宁不卑不亢地说："老板，我做这份工作的时间的确不长，但我觉得别人给你挑错的时候，你不能在意别人工作时间是不是比你长，或者学历是不是比你高，错了就是错了，对了就是对了。这是无可厚非的。"

听到孙宁这样说，我又拿起他的测试题看了一眼，成绩还算不错。于是我对他说："你不用等通知了，你被公司录取了，下周一来报道吧！"

听到我这样说，孙宁有些惊讶地看着我，似乎不敢相信我所说的是真的。

看了看孙宁的表情，我继续说："怎么，不想来公司上班吗？"

孙宁有些紧张地说："不是不是，只是您的这个决定有些突然，我还没反应过来。"

我说："没有什么好突然的。其实你说的这些问题是我出测试题的时候特意弄的，好多来面试的人，他们有的学历比你高，有的工作经验比你长，他们或许看到了，或许没有看到这个问题，总之他们都没有提出来过。我很欣赏你这种行为，文字工作出现差错的频率太高了，如果所有人都认为这是老板批阅过的，发现问题也不肯说，那么我们就会把有问题的文件交给客户，这会对我们公司造成巨大影响。所以，我很需要你这样的人才。"

听了我的回答，孙宁说："好的，那我先走了。"

工作中，孙宁经常会对我提出各种各样的问题。有时候我觉得他太烦了，实在让人受不了。可有时候想想，他提出的问题似乎没有一个是重复的，而且他提出的问题越来越难回答。我知道，这是因为他一直在进步，他把问题当成了朋友，把我给他的答案当跳板，一次又一次突破新高。

　　学习能够促进一个人不断成长，不管一个人的学历有多高，在社会上都是要不断学习的。学习同时也是逆水行舟的过程，当你遇到不懂的问题只会逃避时，那么你就会越来越退步。

　　只有学会与问题做朋友，将答案当跳板，我们才能一步步跨越高山。

第五章

只有活鱼才能逆流而上

　　用最大的努力去做一件事，其他的就交给时间来判断。成功了就为自己鼓鼓掌，失败了就重新来过。尽人事、听天命，不要一味苛求完美。

不要轻易把自己判"死刑"

有多少人、多少事情是败于对自己没有自信？有多少令人唏嘘不已的结局是因为不相信奇迹会诞生？

一句"我不行""我做不到""我不能冒这个风险"，就能轻而易举地将自己判了"死刑"。但是，你不去试一把、拼一把，又怎么会知道自己一定不行呢？又怎么知道事情一定会向着不好的方向发展呢？

从古至今，无论是儿女情长，还是职场竞争，抑或是战场厮杀，有得意者就必定会有失意的一方。有人说古人的心灵何其脆弱，轻而易举把自己判了死刑，战场上失意便只能以死谢罪。

但我并不认为这是古人的脆弱，这只是他们忠于信仰、忠于自己的表现。当然，我并不是支持这种行为，相反，我并不认同这种行为。在古代，以死谢罪或许是一种名留千史的事情，但在现代，这无疑是逃避现实的代名词。

尤其是社会上经常被爆料出的玻璃心群体，每过一段时间就会听到相似的媒体报道：某某学校学生不堪课业压力跳楼自杀，终因救治无效身亡；某某女子因其男友劈腿而割腕自杀，家人发现时已经死亡数日；某某男子因工作压力太大患上抑郁症，先后多次自杀未果……

以前我以为这些都是"别人生活里的故事"，从来没有想过这一幕会出现在我的面前。那天我去医院例行体检，还没踏进医院大门，就看到一辆救护车飞快地冲了进来，一个手腕不停流着鲜血的女士被推进了医院的急诊室。

听跟随的家属说，这位女士今年三十二岁，结婚七八年了，孩子已经五岁，现在正准备要二胎，可是不知道怎么发现老公在外边有了第三者。与老公摊牌后，老公反而要跟她离婚。

她气急了，带着孩子回了娘家，家人只当她是回来看看。谁知道她把自己一个人关在屋子里，一时想不开，就写了封遗书，用水果刀割腕自杀了。还好她的母亲觉得她有些反常，去屋里看她，才发现了这件事。

一边说着，一行人便急匆匆地前往急诊室了。我没有跟过去八卦更多内容，而是体检去了。体检完以后，医生告诉我下午三点取结果，可我临时有事，下午没时间取，便和医生约定了第二天下午三点取结果。之后我就离开了医院。

等我第二天再来到医院取结果时，恰好看到了那位病人家属，他也是来拿结果的。当时我恰好在他身后排队，他问医生："我妹妹怎么样了？什么时候能出院？"

医生回答："幸好她用的刀子没那么锋利，割得也不深，再加上你们发现的及时，才没有酿成大祸。她的伤口已经没什么大碍了，就是身体有些虚弱，回去好好补补，没什么特殊情况就可以出院了。另外，说句不该说的，你们也劝劝她，生活这么美好，不要这么想不开。"

病人家属连连称是，拿着报告走了。看着他远去的背影，我心里感慨万千。或许这位女士曾经拥有一份高薪的工作，可是为了爱情放弃了自己的事业，成了一个洗衣做饭带孩子的全职太太，最后没有得到认可也就算了，还被最亲近的人背叛；或许这位女士选择在老公一无所有时嫁给了他，和他一起吃了很多苦头，这才攒下了今天的家业，可还没等她享清福，就要被扫地出门了。

也许还有别的可能，无论是哪种可能，都不值得她这样做。更何况，用这样的方式惩罚别人，只会伤害关心她的人。

既然发现了婚姻中存在的问题，与其哭哭啼啼、寻死觅活，倒不如结束这样的婚姻，对自己、对孩子、对家人来说，无疑都是一件好事。

有个朋友同样经历了离婚的困扰，但却没有暗自消沉，而是选择把自己的生活经营得更好。

结婚的时候，她不顾家人的反对，执意嫁到外地。在离家数千里之外生活了三年之后，朋友一个人回来了，在家人的追问下，朋友承认自己离婚了。家人觉得朋友虽然没有孩子，但毕竟是二婚，应该趁着年轻赶紧把自己嫁出去，不然等她老了就"只剩死路一条"了。

朋友并不是一个轻易把自己判"死刑"的人，她认为就算自己离婚了，也可以好好生活。所以她没有听从家人的建议，而是找了一份工作，以更加认真的态度对待生活。

后来，朋友嫁给了一个外国人，还生了一个可爱的混血宝宝。

　　所以我要表达的就是，生活也好，工作也好，未来总有无数种可能，不要暗自消沉，更不要轻易给自己判"死刑"。只要挺过眼前的难关，未来就是一片光明。

　　如果你是一个为生活打拼的人，如果你生活或工作中正在面对困难，我只告诉你一句话：在一切皆有可能的时候，用你所有的力量去争取，但一定要走正道。

　　坚持一下，没准你的幸福就在不远处等你呢！

该努力时就努力，该放弃时就放弃

三年前的国庆期间，许久没联系的朋友志鹏约我出去喝酒，我当时正好没什么事情，就答应了他的邀约。

我赶过去的时候，志鹏身边已经多了几个空瓶子。很显然，志鹏给我打电话之前就已经开始喝酒了。我走过去，拍了拍口袋调侃道："你小子，叫我出来喝酒，自己却先喝上了，你可别打算把自己灌醉了让我付钱，我可没带钱包。"

"放心吧，说好了我请客，不会让你掏钱的。"志鹏一边说着，一边开了瓶啤酒递给我。

"诶，我可没你酒量那么大，我用杯子喝就行了。"我接过志鹏递来的酒说道，顺便向服务员要了两个杯子。我往两个杯子里倒满了酒，将其中一个杯子递给志鹏："你也用杯子吧！一会喝多了还得我把你背回去。"

志鹏愣了几秒，接过我手中的杯子一饮而尽，我也跟着志鹏喝光了自己面前的那杯酒。

而后，我和志鹏两个人都不再说话，陷入了沉默中。

"兄弟，到底发生什么事了？自己一个人在这喝了这么多闷酒。"几分钟，我率先打破了僵局。

"我辞职了。"志鹏点了根烟，淡淡地吐出四个字。

"辞职？你不是在那做得好好的吗，怎么辞职了？"听到志鹏的回答，我有些惊讶。志鹏一毕业就进了那家公司，虽然挣得不多，但是好歹是他喜欢的工作，所以他十分珍惜这次机会。刚进入公司的志鹏什么都不会，实习期经常熬夜加班，好不容易转正了，工作压力太大的他开始失眠。

那个时候身边很多朋友都劝他放弃那份工作吧！毕竟志鹏所在的公司总部设在外地，志鹏工作的地方是总公司新设的办事处，能不能存活下去、能存活多久都是未知数，更不要想有什么前途可言。

那个时候志鹏不是没有想过换个工作，毕竟自己也要生存，公司给出的薪资的确不多，而且志鹏工作了许久，上级都没有说过要给他加薪。但一想到如果自己辞职，办事处就只剩下主管和另一名员工了，志鹏觉得有些对不起平日里待自己还不错的主管，就咬咬牙坚持下去了。

这一坚持就是二年，新办事处从最初的三四个人变成了十几个人，办公场地也从十几平方米变成了近一百平方米，志鹏的薪资待遇也有了提高，他觉得自己这些年的辛苦也算没有白费。志鹏原本以为一切都会向着更好的方向发展，但却不知道有一场磨难在等着他。

总公司看新办事处发展的还不错，产生了收回办事处管理权的念头。此前，办事处一直是由主管全权管理，总公司收回管理权限后更改了制度，许多同事虽然不适应但也不好说什么。

与此同时，总公司以"减少主管工作量"为由，提拔志鹏作为办公室主任，负责公司后勤、面试等杂事，并答应给志鹏加薪。其实主管忙不开的时候志鹏一直管着这些杂事，所以对志鹏来说这并不是什么难事，志鹏也就欣然接受了。之后志鹏一直做得好好的，直到今天他告诉我他辞职了，让我万分惊讶。

听到我的问题，志鹏轻轻吐了个烟圈，缓缓说道："没什么，虽然挺喜欢这份工作的，但是觉得和公司气场不和，做不下去了。"

"不是吧！以前那么辛苦你都熬过来了，怎么现在说放弃就放弃了？"我还是觉得十分不解，按理说志鹏已经从黑暗走向光明了，为什么偏偏选择这个时候丢掉自己的饭碗。

志鹏掐灭了手中的烟，端起面前的酒杯一饮而尽后说道："你知道的，我当初进公司的时候，这个办事处刚刚成立，人员流动特别大，很多人上几天班就没了踪影。那个时候我真的很喜欢这份工作，所以我一直在坚持。为了维持生计，我下班后就会去做家教，有时候为了多拿点提成，可以一连熬好几个通宵，甚至出差路上我也不忘加班。

"那个时候身边很多朋友劝我放弃，但我就是不听劝，是因为我觉得这个公司有发展前途，我能在公司学到一些东西。后来办事处发展得越来越好，我也觉得很开心，至少证明自己的努力是对的。再后来，总公司要求收回办事处的管理权，还任命我为办公室主任，并且要给我加薪。我热爱这份工作，为了工作付出我也挺开心的。但我有两件事接受不了。"

说到这里，志鹏又点了根烟，继续说道："一件事是当时总公司改了制度，提成的计算方式改变了，那个月我的工资提高了一倍，但总公司硬是通过各种借口将我的工资压了下来。他们口口声声说是根据制度来的，我做了自己职责之外的事情，所以没有额外的工资。就算当时是我自作多情了，虽然有些耿耿于怀，但也只能黯然接受。另一件我受不了的事就是总公司答应的加薪一直没有实现。我从来没有主动要求过，每次都是由总公司提出，却一直都没有实现。"

志鹏看了看我，摇了摇头，说道："我知道你会觉得我傻，老板随便说的话其实不必当真，但我就是这么较真。对我来说，这就是说到做不到，没信誉。我真的不想和他共事了，而且我觉得这个公司也没有什么地方可以促进我成长了。"

"兄弟，我理解，我明白。"我举起酒杯，与志鹏的酒杯碰了碰，将杯中的啤酒一饮而下，说："兄弟，人生在世总得面临许多抉择，觉得对就坚持，觉得不对就放弃，这没什么。"

与志鹏分别后，我想了很多。后来我听说，志鹏没有继续找工作，他和别人合伙开了一家公司。虽然一开始很多人不看好，但志鹏的公司已经成立三年，规模虽然无法与之前的公司相比，但作为一家新建立的公司，已经十分不错了。

如果你认为你走的路是对的，不要理会别人说你是错的，一定要坚持走下去；如果有一天你发现自己正在走的路是错的，不要管别人说那是正确的，一定要遵从你的心去做选择。

该努力的时候一定要拼命努力，该放弃的时候也要毫不犹豫地放弃。

说不定，放弃就是成功的开始！

灵活变通一些，路永远不会被堵死

世界上的路没有一条是堵死的。

当你发现自己走进死胡同的时候，还是要学会灵活变通，说不定转个弯你就能发现一个梯子，可以助你跃过面前的墙。

关于变通的故事有很多，但是真正能做到的没有几个。许多人总是一边喊着变通，一边向死胡同走去，最后一头扎在地上不愿意出来。而更多的人，明明没有走进死胡同，却不肯抬头看看四周，而是面向胡同的墙壁，心里笃定自己一定是无路可走了。其实他哪怕只是回个头看看，就能找到左边或右边有一条通向成功的路。

这种人并没有走进现实的死胡同，却在心里给自己下了定义，认为自己走进了死胡同。当我们走进"心中的死胡同"时，就会发现转换角度、灵活变通真的很重要。

那个时候我刚刚把办公室换到另一个地方，买了组合式、可拆卸的办公桌（就是可拆卸，但组合好以后是几张桌子连在一起的）。我原本打算将这些办公桌靠着东西两面墙安放，每一边摆放五张桌子，正好十张桌子。但安装工人把桌子运过来以后告诉我，如果东西两边各安放五张桌子，办公室的门就只能打开一半。

　　我明明记得当时我测过办公室的长度，已经超过六米了，每张桌子大约是一米，不管怎么算都绰绰有余了。等我到了办公室再一次测量时才发现，办公室的门是向里开的，至少需要留出一米的空位，而房间的东南角有一张暖气片。这一点点的误差，正好让桌子顶住了办公室的门，虽然并不影响人们进进出出，但总归不方便。

　　我们几个人坐在一起商量了半天，有人提出：要不扔掉一个桌子好了，或者先放起来不用。

　　那个时候我的犟劲上来了，为了把办公室弄得满满当当的，我才选了十张桌子，现在还要扔掉一张桌子，那我不是白费力气了？而且这是我换办公室后做的第一件事，如果这件事不顺利，那么对我来说无疑是一种"不祥的预兆"，虽然我并不相信所谓的命运，但或多或少有些介意。出于这些考虑，我否掉了这个提议。

　　还有人提出：反正冬天也是用空调，不如把暖气片锯了吧！

　　我听了以后也有这样的打算，但是问过房东后我才知道不可行。这栋楼年代久远，暖气是统一闸门，如果我把暖气片锯了，整栋楼的暖气都要停，大家肯定是不同意的。这个办法就这样也被否了。

　　僵持了半个多小时，我们也没商量出一套可行的方案，我都已经打算让大家回去，第二天再商量解决方法了。这时候有人试探着问："要不，把桌面锯掉一部分？每个桌面锯掉一点点，应该可以省出来这个空间，毕竟差的也不多。"

　　我听了这个建议并没有说话，和扔掉一张桌子的建议一样，锯掉一部分桌面也是我不想看到的。但如果实在没有对策，我也只能出此下策。

又僵持了几分钟，就在我们打算锯桌面的时候，我的手机响了起来。我从口袋里掏出手机，是我老婆打来的电话，当我把问题告诉她以后，她哈哈大笑，说："你们怎么这么笨啊！西边的墙不是六米多长嘛，你就不能在西边放六张桌子，在东边放四张桌子，这样不是正好是十个吗？"

听完老婆说的，我想了想，还真是这么个理。当时就想着一侧放五张桌子，竟然把自己给绕进去了，完全忘记了这些桌子是可以随意拼的。茅塞顿开以后，我把老婆说的话告诉大家，大家一听，纷纷觉得又好气又好笑，说道："真的是，这么简单的事，居然让咱们想了这么久。"

玩笑了几句，我们招呼装修工人把桌子装上了。装完以后我又试了试，既不影响开门，也不影响暖气，两全其美。

还真是，只要能学会灵活变通一些，路永远都不会被堵死。

正所谓"条条大路通罗马"。这句话告诉我们，通往成功的道路不会只有一条，它有无数条，只是需要我们去发现、去寻找。

人生其实没有必要一定要一条路走到黑，如果转个弯就能看到光明大道，为什么还一定要向着黑暗的深渊走过去呢？毕竟生活不像数学公式那么简单，只有一加一等于二一个答案。在生活中，一加一可能等于三或者四，也可能等于一或者零，甚至它会变成负数。只要有一点点的偏差，就会得到截然不同的结果。正是因为生活的复杂性，才让我们乐此不疲地用一辈子的时间去探究一个结果。

　　这个结果没有对错之别，没有好坏之分，因为在每个人眼中看到的结果都是不一样的，而路也永远不会被堵死。

　　所以，我们得学会灵活变通。

过分苛求完美，反而容易出错

有一颗追求完美的心这没有错，不想当将军的士兵不是好士兵这句话也没毛病。但当我们追求不到完美，当我们努力后却发现收获与付出不成正比时，我们痛苦消沉是没有任何用的，因为那样很有可能会让我们连手中的东西都失去了。

很多人都听过狗熊掰棒子（玉米）的故事，有人从这个故事中看到了狗熊的愚笨，一边掰，一边扔，以为自己收获颇多，其实不过竹篮打水一场空；有人从这个故事中看到了狗熊的贪得无厌，手里有一个还不满足，还想要更多。

但我却从故事里看到了不一样的地方：狗熊过度追求完美。

狗熊为什么一直掰棒子？很明显，因为它总觉得眼前的棒子比自己手里的要大、要好、要甜，所以它一直掰个不停。最后，狗熊的手里只剩下了一根棒子。可是回过头来看，那也许并不是最大、最好的那一个，甚至有可能是最差的那一个。

每个人都喜欢追求完美，这本身是没有错的，也是有利于人类发展进步的，但如果一味苛求完美，反而有可能错漏百出。

公司成立以来，我面试过许多人，也遇到了许多与众不同的人，有一个人让我的印象很深刻。那个时候公司刚刚成立没多久，我常常为了一些琐事忙得焦头烂额，为了便于工作，我统一将面试时间定在了周三上午九点到十点。

但是有一个人，在周三上午十一点赶到了公司，他说自己是来参加面试的，可我并没有通知过任何一个人十一点参加面试。那个时候我以为他走错了，可他说自己叫沈亮，有人通知他来面试。

听到沈亮这个名字，我才知道眼前这个人真的是我通知的，不过他迟到了整整两个小时，我还以为不会来了。一想到他的表现，我心里觉得很生气，但人已经到了，我又不能把他赶出去。而且这个沈亮，我记得我看过他的简历，是一个名牌大学的毕业生，说不定工作能力很强，对于我这个刚刚站住脚的公司来说，最不可或缺的就是人才。

抱着这样的态度，我把他带到了会议室。他掏出了简历和一叠A4纸给我，说道："老板，这是我的简历和作品，您看看。"

我拿过简历看了一眼，发现和他之前发给我的没什么区别，就把简历放在了一边，拿起那叠纸看了起来。这叠纸大概有十几页，是四篇散文，我看了看文章的标题，挑了个比较感兴趣的文章读。

看前半部分的时候，我觉得这篇文章写得还真不错，暗自为自己的明智之举高兴了一把。可看到后半部分的时候，我的脸色越来越难看。如果说前半部分写得行云流水，那后半部分只能用磕磕绊绊来形容，段落之间都不知道是怎么组合到一起的，完全没有过渡，文章最后连个结尾都没有。

我有些气恼，把稿子递给他，并质问道："这确定是你写的吗？前半部分和后半部分都不像是同一个人写的，你自己看看。"

沈亮有些惊讶，拿起稿子翻了翻，说："不好意思啊老板，这稿子我可能是拿错了，原本不是这样的。今天早上我睡醒以后已经九点半了，一定是路上着急了，忘了往U盘里拷新写的内容，这是之前还没有完成的作品。"

"沈先生，我觉得您可能不太适合这份工作。"听到他说睡过头了，我彻底生气了，下了逐客令。

沈亮并没有想到我会下逐客令，神情有些呆滞，几秒钟后，他收起了自己的稿件和简历，对我说："老板，不好意思，打扰了。"随后转身离开了。

沈亮离开后，我投入了工作中，很快就把这件事给忘了。晚上回到家以后，我发现自己收到了一封邮件，是来自沈亮的：

> 老板，万分抱歉，又一次打扰您了。对于今天发生的事情，我很抱歉，但我希望您能给我一个解释的机会，我真的很喜欢、很需要这份工作。
>
> 其实在去贵公司面试之前，我曾经到另一家公司面试，但对方认为我写的稿件质量不好，并没有录取我。为了通过贵公司的面试，我在家写了一个月的散文，挑选了其中最好的四篇。
>
> 昨天晚上我心里突然有些担忧，我怕自己的文章不合格，所以熬夜修改、优化文章。等我认为满意的时候，已经是晚上四点钟了。我匆匆洗漱以后准备睡觉，但躺在床上翻来覆去睡不着觉，也不知道到几点终于沉沉睡去。
>
> 等我醒来时，已经是早上九点半了。我知道自己迟到了，急忙拿着简历和U盘出了门，在家附近的一家打印

店把文稿打印好，没来得及看就匆匆赶过去了。直到您问我的时候，我才发现自己没有把昨天修改好的文章保存到U盘上。

对于我的失误，我很抱歉，附件里有我修改好的文章，如果您感兴趣的话可以看看。

希望您能再给我一个机会。

十分感谢您肯查看我的邮件。

谢谢。

沈亮

2011年8月12日

看沈亮言语恳切，我的火气消了一大半，说到底，他也是为了交给我一个好作品，如果是我的员工，我想我会原谅他吧！这样想着，我打开了沈亮的文章，虽然质量不是一等一的，但也算流畅，逻辑通顺，也没什么错别字。

看完以后，我给沈亮回了封邮件：

看了你的稿件，个人认为还有些许不足之处，望到公司后能够试着改善，拿出质量更好的作品。

另外，不要再以改稿子到半夜为由而迟到，提升能力的同时、也要提升效率。

正式通知沈亮先生，您通过了我司的面试，请于下周一到公司报道。

XX

2011年8月12日

　　人生来就不是完美的，有的人鼻子好看，有的人眼睛好看，有的人嘴巴好看，人生的美丽不就是来自这些不完美吗？用自己最大的努力去做一件事，其他的就交给时间来判断。成功了就为自己鼓掌，失败了就重新来过。

　　尽人事、听天命，不要一味苛求完美。越是苛求完美，越是容易出现问题。

第六章

不是每个人都能独自长大

　　我们每个人虽然都属于自己，但同时又属于社会。即便一个人不愿意融入社会，也不得不进入社会中，这是一个十分矛盾，却又无可避免的过程。

二八法则，也不是独自战斗

世界上80%的优势资源掌握在世界上20%的人手中。

这就是所谓的二八法则。无论在哪个领域，这个法则都同样适用。

可即便你属于那20%，也不可能一个人单打独斗。试想一下，如果这世界上有100份资源，其中80份交给20个人，他们每个人可以分到4份。余下的20份资源交给剩下的80个人，他们每个人可以分到0.25份。

好了，精彩的桥段来了。一个拥有4份资源的人仗着自己资源多，开始一个人单打独斗。而另一个拥有0.25份资源的人知道自己资源少，开始找和自己实力相当的合作伙伴。他的团队很快发展到20个人，手中资源成了5份，超过了第一个人。

由此可见，即便这世界有不可推翻的二八法则，那也不是我们一个人独自战斗的理由。

有一次，我要求公司里的员工去做一份关于读者阅读兴趣的市场调查，并且将他们两两分为一组。分组的时候我是按照座位随机分的，但分完组以后我却发现一个有趣的现象，他们六个人被我分成了三组：第一组的两个人能力都比较高；第二组的两个人中，一个能力比较高，一个能力一般；第三组的两个人能力都很一般。

我原本以为两个人能力都高的话，他们做的市场调查质量也应该特别高，可我把调查结果收上来以后，却发现一共收到了四份报告。我看了看文件的署名，发现第一组交了两份报告，第二组和第三组各交了一份。

虽然不明白为什么会出现四份报告，但是我还是逐一翻查了这些报告。在第一组交的两份报告中，多多少少都有些不详尽的地方，如果能够整理为一篇报告就完美了。第二组提交的报告虽然质量不算差，可是报告的内容却遗漏了部分核心要素，而且分析不够透彻。

看完前两组的报告后，我对第三组的报告其实没有抱太大希望，毕竟就平时的工作能力来看，前两组要比第三组好太多。可我打开第三组的报告才知道我错了，他们的报告虽然不够出彩，但却是四份报告中内容最全面、分析最透彻的一份。

诧异之余，我把他们叫到了会议室，打算问问他们为什么会有这种现象。我逐一询问，才知道了事情的始末。

原来，第一组的两个人都觉得自己的能力比较强，不愿意和对方合作，所以他们两个商量之后决定一人交一份报告。于是，我的办公桌上收到了两份来自第一组的报告。

而第二组人员中能力高的那个人不愿意和能力一般的那个人合作，所以他独自包揽了所有的活，能力一般的人则乐得清闲没有参与工作。

第三组的两个人明白自己的能力并不高，所以他们两个人通过相互配合来弥补自身的不足，并且特别细心地做了这份报告。

甚至为了让这份报告足够详尽，他们两个人一人做了一份报告，认为没有问题后将两份报告总结成了一份。

我将四份报告打印了七份，交给他们每人一份，让他们选出一份最好的，同时说明原因。并且要求他们，如果认为其中某份报告不好，就要重新做一个文件，说明报告中哪一部分不好，应该如何改进。

几天以后，我收到了他们重新交给我的文件，第三组成员的报告毫不意外地成为公认的、质量最好的报告。同时我也看到，他们给他人的报告提出了各种改进方案，如果当初每一份报告都能够按照同样的方式优化，想来质量都会更好。

看完他们的报告之后已经是下午四点半，距离下班还有一个小时，我将他们叫进会议室，打算举办一次分享会。

分享会上，我让他们相互指出对方报告的不足之处，同时要求他们虚心接受别人"挑错"，并加以改进。大家一开始还放不开，不愿意当面品评别人的工作成果，在我的逐步引导下，他们逐渐抛开了面子问题，展开了激烈讨论。

讨论结束后，我对他们说："你们都听到了别人的意见，也给了别人许多意见，相信这些意见能够让你们看到报告中的不足。我再给你们三天时间，你们把报告改好了再发给我。"

三天后，我收到了三份优秀的报告，也感受到了团队作战的重要性。

或许能力高的人算得上是二八法则里那20%的人，而能力普通的人只是二八法则里那80%的人之一。但是世上还有"长尾理论"，即当几个能力普通的人聚集在一起，却能爆发出比能力最出众的那个人要多得多的能量。

这意味着什么？意味着当一个人融入团队中之后，他的能力、他的光彩将会被放大，甚至由一个不起眼的人变成团队中不可或缺的一部分，从而使这个团队更加完整，也更加坚不可摧。

蝼蚁抱团尚且能够产生巨大威力，更何况是人呢？

还是那句话，即使这世上的人被二八法则分成了三六九等，但这也不是我们单打独斗的理由。

保持随时能融入团队的能力

只靠一个人撑不起一家公司，只靠一个人做不了大事。

一个社团只有团长没有团员，那就形同虚设；一场表演只有主角没有配角，那也是一场不完整的表演；一家饭店只有老板没有厨师，同样也开不起来……

这也就意味着团队的重要性。如果我们想要办成大事，就要学会在团队中发挥自己的才能；如果我们要在社会上立足，就必须拥有能够随时融入团队的能力。

说到融入团队，我想到了以前一起工作的一位员工。

这位员工姓孙，年纪比不少同事都大，所以大家喜欢称呼他为孙老师。当时公司的部门主管因故辞职，我为了稳定军心，让办公室里工作时间较长的人暂时接替了主管一职。但同时，这个新上任的代理主管毕竟还是缺乏管理经验，所以我一直想找一个可以"镇得住"大家的人来接替代理主管的职位。

正在这时，孙老师恰到好处地出现了。我看中了他的年龄，以及之前的工作履历，很快就让他来公司上班了，并且明言，做得好就让孙老师做新的主管。

孙老师已经快四十岁，而公司同事都是二十几岁的年轻人。

从年龄上来看，他似乎与同事们无法融入一起。可是我后来想了想，仅从年龄上来判断一个人能不能融入团队，未免有些过于武断，有些年龄大的人，依然能够很好、很迅速地接受新鲜事物，还能和年轻人打成一片。所以，我最终还是认为孙老师和同事的关系虽然可能不会太亲近，但总不至于脱离集体。

但后来发生的一系列事，让我知道我想错了，孙老师的确不具备融入我们这个团队的能力。

事情是这样的。孙老师刚来的时候，我并没有直接任命他为主管，而是打算试用一段时间，所以公司的一切事宜都还是由之前的代理主管来负责。不过同事们对于孙老师还是心存敬畏的，毕竟人家已经在社会上摸爬滚打了许多年，见识自然广一些。

可是工作上出现的一系列问题，让员工们都觉得实在无法和孙老师共事。

第一件事，我们工作中需要操作一些办公软件，比如最常见的word，孙老师也许是年纪大了，什么都不会，连最基本的调整字号都需要人教。但办公室里的其他人还要工作，不可能每时每刻只盯着他，给他解决问题。而且孙老师年龄大了，可能好多问题不愿意问别人，喜欢自己摸索。出于上述种种考虑，代理主管就从网上找了word基本操作技巧给他，希望他能够自学，一来学得快，二来不对其他员工造成影响。

可就算代理主管给了孙老师word基本操作技巧，孙老师还是会问一些基本问题。有的时候，同一个问题他能一连几天问同一个人，把人家问烦了，他就去问下一个。当时办公室里许多人都特别反感这种行为。

坐在孙老师旁边的同事更是不胜其烦，曾经私下表示自己反感这种行为，有个同事就对他说："你怎么这么没有爱心啊！人家那么大岁数的人来工作，你们还不愿意帮助人家。"

这名经常被孙老师打扰的同事也很无奈地说道："我也只是一个打工的人，也有自己需要完成的工作，我不是别人雇来帮他的。再者，我不是没有帮过他，一个修改字号的问题，他一天问了我三遍，我还要怎么帮？让我直接帮他完成工作好了！如果你愿意帮，你可以去，我不拦着。"

提问的同事其实并不愿意帮孙老师，只是为了站在道德的制高点冷嘲热讽一番，听到他这么说，马上闭上了嘴巴，没有再说什么。

其实孙老师让我们反感的不只是什么都不好好学、老给别人添麻烦，他还有一个让人受不了的习惯，那就是特别"好事儿"。

先说工作上。孙老师是主管候选人，并不负责面试，但每当有人来面试，他总是特别激动地为人家安排这个、安排那个。有时候来面试的人明明没有问他问题，他却一定要插一句话，好像多说一句话就可以显示他在公司的地位一样。

不仅如此，工作以外的事也让员工很无语。有一次，公司几名关系好的同事一起去喝酒，其中有一个可能喝得有点多，喝"断片儿"了，第二天早上居然迟到了。午休的时候他们就坐在一起调侃这名迟到的同事，是不是喝多了。

正说着，孙老师突然插了一句话："你昨天到底喝了多少酒啊？"

喝多的同事没有说话，别人也就没有理他，毕竟这算是同事的私事，大家都不愿意多说什么。几名同事本来聊得热火朝天，孙老师一插话就都不再吭声，本来以为孙老师不会再问了，可他好像是怕大家没有听见，继续追着问："你昨天到底喝了多少酒啊？"

一连问了三遍，喝多的同事没办法，就对他打哈哈，说："没喝多少啊！"

孙老师得到了这个回答，似乎不太满意，又去问另一个一起喝酒的同事："你们昨天到底喝了多少啊？"

那个同事看当事人没告诉他，也跟着打哈哈，说："是没喝多少啊！"

孙老师撇撇嘴，没有继续问。

这几个同事本来以为当天的事情就这样过去了，可是第二天上班的时候，孙老师又追着他们问喝酒的事，那几个出去喝酒的员工快被他那"锲而不舍"的精神打败了。

员工们私下向我说过孙老师的事，但我觉得工作能力比较重要，就没有过多评判。过了一段时间，我发现孙老师的工作能力实在不足以胜任这项工作，所以和他沟通了一次，他决定离开公司，包括我在内的几个人都松了一口气。

很明显，孙老师就是一个没有办法融入团队的人。至少，他融入不了我们的团队。

我想，这绝不仅仅是年龄的问题，顺利融入不同于自己年龄段圈子的人大有人在。孙老师的问题，是他丧失了融入团队的能力。

不具备融入团队能力的孙老师，也因此很难进行日常工作，更没有办法发挥自己的能力。可以说，融入团队是一项最基本的能力，想在社会上生活、工作，就要先学会融入团队。

　　或许对孙老师来说，我们就是他融不进的圈子，希望他以后能够学会融入团队的方法，顺利融进新的圈子。

　　不管怎么样，他总不能在社会上单打独斗吧？

你属于自己，更属于社会

孙老师离开以后，公司又来了一个极具个性的人。

这个人叫刘伟，从年龄上讲倒是和这个团队挺符合，只是不知道为什么，他总是显得格格不入。

如果说孙老师融入不了团队，是因为他学习能力欠佳，以及他太"好事儿"的性格，那么刘伟融入不了团队的原因，就是太特立独行。

办公室里的人并不多，大家是朋友，中午休息时间有时候睡不着，就经常聚在一起聊天。每当这个时候，刘伟总是一个人戴着耳机躲在角落里，从来不参与大家的聊天，也从来没有表现出有兴趣的模样。就算别人有事情找他，他也会因为戴着耳机而听不到。以至于许多时候，大家甚至感觉不到他的存在。

我原本以为他只是喜欢一个人安静，但后来发生的两件事，让我发现他是真的不合群。

那年五一期间，我以公司的名义组织大家出去旅游，也正是在这次的旅游期间，刘伟更加表现出自己不想融入公司这个大家庭。

既然是公司组织旅游，所有的员工当然都要去，刘伟倒没有因为这个闹别扭。到达目的地之后，大家在景区门口拿了几张景区的地图，一人发了一张后就围在一起研究地图。等研究完以后，代理主管就说大家一起合个影吧！

在清点人数的时候，代理主管发现刘伟不见了。一个同事说，看到刘伟往远处走啦，是不是去上厕所了。于是大家又在原地聊了会儿天。过了十几分钟，刘伟还是没有回来，我就让代理主管给他打了一个电话。他对代理主管说："不用管我，我自己一个人就行。"

挂了电话，代理主管对等在原地的同事说："合着他以为我是怕他丢了啊，这好歹是个集体活动，一个人闷不吭声走了算什么？"

几个人都觉得有些郁闷，代理主管说得没错，毕竟是集体活动，刘伟一个人不声不响地就走了，让大家都十分尴尬。

但大家很快就忘了他的存在，几个人聚在一起拍了一些照片留念，然后约定好在大门口集合的时间，就三三两两去景区玩了。景区一共就那么点儿，我们在里面玩的时候自然也会遇到刘伟，他跟我们打一声招呼，就匆匆走了。

到了约定的时间，刘伟又是最后一个到的，整个旅行团的人都在等他一个，代理主管给他打了好几通电话，他一直说快了快了，人却一直没到。每个人嘴上不说，但心里都有些不痛快，再加上导游一遍遍地催促，大家心里都有些窝火。直到刘伟回来以后，我忍不住对他说了一句："这是公司的集体活动，以后能不能合群点，不要让大家都等你一个！"

刘伟点头称是。旅行社的车很快出发了，我们的怒火也被疲劳取代了。

　　旅行结束后，刘伟的表现再一次刷新了我对他的认知，似乎全世界只有他自己，没有别人一样。

　　那是在公司的例行聚餐上，聚餐以后几个特别活跃的年轻人嚷嚷着要去KTV唱歌，大家欣然前往，刘伟也不例外。但是到了KTV之后，我们清点人数，发现刘伟又不见了。

　　本来是开开心心地出来玩，但是刘伟再一次"神秘失踪"让大家心里都有些不痛快，代理主管的心里更加不舒服，但还是要忍着满腔怒火给刘伟打电话。通了电话才知道，来KTV的路上刘伟突然间想到自己原本打算买些东西的，招呼也没打一声就去了。听到刘伟的回答，代理主管更生气了，回了一句："你赶快回来。"就匆匆挂了电话。

　　没一会儿，刘伟就过来了，不过他既没解释又没道歉，就像什么事都没有发生一样。那天晚上代理主管一直闷闷不乐，看到刘伟就觉得心里特别窝火，但怕影响同事们的心情，也不好发作，这件事就这么过去了。

　　因为刘伟的不合群，公司里的同事和他关系都不怎么好，他在公司待了没多久就辞职了。原因他也没说，我想可能和融不到集体中有关吧！

　　刘伟一而再再而三地通过行为举止表现出他的不合群。他的世界大概是太过以自我为中心，不合群、不愿意融入社会当中。

　　每个人的确都应该有一些隐私和独处的时间，但是也应该留出一些时间给集体。他总是过于注重自我，而忽略了集体的存在，忽略了自己属于某个集体的事实，更忽略了集体中其他人的感受。

    因为我们每个人虽然都属于自己，但同时又属于社会。即便一个人不愿意融入社会，也不得不进入社会中，这是一个十分矛盾，却又无可避免的过程。

    即便你不喜欢，也无路可逃，只能这么做。

同频是强有力的，而纷争易于被征服

一位朋友突然联系了我，问我能不能帮他找份工作。

我问他："你在之前的公司做得好好的，怎么失业了？"

朋友轻叹一声，说："别提了，我们公司的老板天天疑神疑鬼的，整个办公室面和心不和，我受不了了，所以辞职了。"

朋友的老板比我大几岁，整天担心员工们私下拉帮结派，所以严令禁止员工建立小群（即没有自己在内的QQ群），但员工偶尔聊天的时候还是会建群。他们几个人以为自己偷偷建的群不会被发现，但有一天，这个小群不知道是被谁给出卖了，老板知道了他们建小群的事，并且大发雷霆，将建群的人开除了。

当初他们几个建群只是为了沟通工作上的事，后来偶尔在群里聊天，不过多数情况下还是用于工作。建群的人被开除后，剩下的几个人变得惶惶不安，觉得和老板之间没有信任可言。老板还专门开了个会，告诉他们不许再建小群，如果要建群就把他也拉进去。

这一件事，不仅让员工与老板之间生了嫌隙，也让员工们之间互相猜忌。毕竟谁也不知道出卖小群这件事是谁做的，也没有谁会主动承认，虽然事情没办法追究，但猜忌的种子一旦在心里发了芽，就会迅速成长。渐渐地，公司里剩下几个人的关系也没有之前好了。

当一个团队不能保持同频的时候，就是人心涣散的时候，那么这个团队也就不会是无坚不摧的，甚至有时候一点点风波都会导致团队土崩瓦解。

建群的员工被开除后，朋友并没有立即辞职，中间还发生了两件事，让朋友决定离开工作了三年的岗位。

第一件事发生在建群的员工离职的第二天，这名同事说大家一起共事这么久了，自己在离开之前请大家吃顿饭。平时大家都是好朋友，吃顿饭也无可厚非，一行人就去了。

正在吃饭的时候，老板给朋友打了个电话，朋友拿起手机让大家看了一眼，就走出包间接电话去了。过了二十分钟左右，朋友才回来。

同事们问："你干吗去了？老板和你聊了这么久？我们正在这讨论呢，说你是不是被老板叫回去加班了，哈哈。"

朋友回答："可不是吗，聊了这么久，不过我可不去加班。"

同事问："那你们说什么了？"

朋友说："我一接起电话，老板就问我在哪里，我回答说在吃饭，老板立刻就问，'跟谁？跟XXX（离职的员工）吗？'我想着告诉他的话难免又是猜忌，就对他说，'不是，我跟我同学吃饭呢！'老板继续用有些怀疑的口吻说，'是吗？'我说了一声是。说完以后，老板就开始对我说工作上的事情，说着说着突然又问我，'你是和同学吃饭呢？'我又说了一声是，他就继续说，'我很看好你们啊，你们几个好好干。'总之就是这样一类的话。"

离职的同事听完朋友的叙述，调侃道："听起来跟谍战大片一样，老板也是不容易，哈哈。"

朋友说："可不就是跟谍战大片一样嘛，这电话打了没多长时间，我这精神一直高度紧张，生怕说错一句话，你们看我脑门上的汗。就那么一会儿，他向我确认了三次是不是在和你吃饭。"

一行人说说笑笑，吃完饭就各回各家了。

虽然这样的工作环境不太好，在这里待着非常"心累"，但朋友也只是在犹豫要不要辞职。压垮骆驼的最后一根稻草是老板对于工资的态度。

朋友说，之前公司的员工很少加班，即便有，也是偶尔加一天或者两天，从没有连轴加班的情况。但是那段时间公司接了一个活，时间比较紧张，老板就要求部分员工连轴加班。其中有一个员工，两个月都没有休息，不仅把周六日的时间用来加班，有的时候晚上也会留在办公室，加两到四个小时的班。

这个员工一开始也没有怨言，只是某天无意间看到公司制度上有一条关于加班工资的条款，于是他就去找老板核实，想弄清楚自己加班的工资到底应该怎么算。他在QQ上问了老板一句："老板，这个加班工资怎么算的？"

平时他有事找老板都未必能找到，但这件事老板却回复得很快，劈头盖脸地发了几大段文字，大致意思做人不能只看重钱，太看重金钱是没办法好好发展的，要学学XXX（公司里一名老员工），人家就从来不提加薪的事，你的努力我看得到，不会让你白努力的。

朋友的同事对他说："我当时可就跟老板发了一句话，他噼里啪啦给我发了一堆文字，直接给我看懵了！"

朋友听到这件事，心里凉了半截儿，觉得这个地方呆不得，这才下定了辞职的决心。朋友决定离开的同时，有几个老员工也想请辞。朋友说："不知道他们是不是成功辞职了。不过，按照公司的发展氛围，就算现在不辞职，离辞职也不远了吧！"

一个团队中的成员都处于同频状态下，那么这个团队就将是强有力的；一个团队中的成员处于纷争状态下，这个团队轻而易举就能被征服。

第七章

认真，再认真一点，你就赢了

　　每个人的生命中都经历过敷衍这两个字。我们遇到过别人的敷衍，也或多或少给予过别人敷衍，虽然知道这种行为不对，但仍有许多人乐此不疲。

敷衍预备敷衍的都将成为代价

人的一生会经历的事情太多了，有些事情简单，有些事情却复杂，有些人无论做大事还是小事都会失败，有些人无论做大事还是小事都会成功。

究其根本，原因在于有些人为了敷衍别人而做事，有些人为了对得起自己而做事。

每个人的生命中都经历过敷衍这两个字。我们遇到过别人的敷衍，也或多或少给予过别人敷衍，虽然知道这种行为不对，但仍有许多人乐此不疲。

有一次，我和老婆叫上我们的朋友出去吃饭。当我们一行人来到了常去的那家餐厅后，才发现餐厅正在装修，暂时不营业。一时间，我们不知道应该去哪里吃饭，就在餐厅附近溜达。走了一会儿，老婆发现马路边上新开了一家餐厅，是老婆平时很喜欢吃的烤鱼。我们几个站在店门口看了看，发现前来用餐的人还挺多，于是进了这家餐厅。

点完餐之后，我们几个人坐在一起聊天。过了一会儿，老婆发现比我们来得晚的人都已经开始吃了，而我们的烤鱼还没有上，于是老婆跑去前台，问前台的收银员："为什么比我们来得晚的人已经吃上了，而我们的烤鱼还没好？"

前台的收银员说："这位女士，咱们的鱼是需要烤过才能上桌的，可能您邻桌的和您点的不是同一种菜品吧！"

听到前台这样说，老婆也没办法，只能默默走回座位，我安慰老婆："没事没事，好吃的总要等等嘛！"

说完，我们几个人继续聊天。可是我们没有想到，一等就是两个小时，期间我们前前后后催了四趟，对方一直敷衍我们，不停说"快了快了，好了好了"，却迟迟不给我们上菜。

老婆气急了，跑到前台对他们说："我们来的时候是中午十二点整，现在已经是下午两点了。我们隔壁那桌已经吃完走了，我们的鱼还没上，你们到底什么意思啊？这鱼是我点了餐以后再去养的吗？还能不能让我们吃饭了？不能的话把钱退给我们吧！我们不在这里吃了。"

听到老婆的话，领班连忙跑了出来，对老婆说："这位女士，刚才我们工作人员疏忽，忘了给您出单，所以一直没有做您的餐。现在餐已经好了，马上给您端上来。我们店新开业，好多服务员都手忙脚乱的，难免有疏漏，还请担待。这样吧！再赠您几杯果汁，算是给您的补偿，可以吗？"

看领班的态度很诚恳，老婆的心软了，乖乖回到座位上用餐。这一次服务员的手脚倒还算利索，我们刚坐到座位上没多久，服务员就把我们的烤鱼端上来了。虽然因为刚才的事情闹得很不愉快，但饿了两个小时的我们早已饥肠辘辘，纷纷拿起筷子大快朵颐。

我们几个人一边吃一边评价："这家餐厅做的烤鱼味道还不错，就是服务差了点。"

"就是就是，害我们等了两个小时。"

"就是，不知道的还以为这鱼是他们刚刚派人从河里捞回来的呢！"

......

我们几个人说说笑笑，很快就将两条烤鱼吃完了。酒足饭饱后，我们几个人一起去前台结账。这家饭店是充卡消费，我吃饭前在卡里充了400元，想着花的应该差不过。服务员看了看我们的账单，告诉我："先生，您好，您一共消费了402元。"

我把卡递给了服务员，服务员接着说："先生，您的卡内余额不足，请您充值。"

"哦，需要充值多少？"我问道。

服务员回答："200元起充。"

吃饭的时候让我等了两个小时，这口气我还没消，以后都不打算再来这家餐厅，没想到对方还要我充值200元！我听了以后气不打一处来，说道："我以后说不定就再也不来了，为什么还要充这200块？"

服务员看了看我，说："先生，不好意思，这是我们的规定，所有人充值都需要在200元以上。"

我并不想充值，于是问道："我这就差2块钱，能不能只充2块？或者两块能不能走个优惠，给我们免掉？实在不行，这两块钱给现金也可以。"

服务员看着我，摇了摇头，说："不好意思，先生，这是我们的规定，我做不了主。"

"那你去把你们的领班叫来。"老婆气得不行，对着服务员说道。

领班了解情况后说自己也做不了主，我对她说："我也不为难你们，你们把经理叫出来，我们商量一下。"

不一会儿，经理出来了，在我们和他商量这件事的时候，他一直在躲躲藏藏，顾左右而言他。看到经理敷衍的样子，我们几个十分来气，就说："不跟我们商量那我们走了，钱你也别要了。"

我们嘴上说说，却也没走，毕竟也不是吃霸王餐的人。经理不愿意与我们沟通，派了个服务员和我们沟通，我们拒绝和服务员沟通，就这样僵持着。

最后，经理同意我们用现金支付余下的2块钱，我们才离开了这家餐厅。接二连三的敷衍，让我们几个人的心情都特别不好，我们决定再也不到这家餐厅吃饭，也告诉朋友不让他们来。

另一个朋友语重心长地说："在餐饮行业，这样的店开不了多长时间的。"

我们听了他的话，笑了笑，也就各自回家了。

两个月后，我有事从那条街上过，果然看到那家餐厅已经关门了。

任何事情都不容敷衍，对有些敷衍你可能感觉不到付出的代价，等你感觉到的时候已经晚了。

那个餐厅就是个例子，不是吗？

人生从没有"来日方长"

我有一个朋友，经常把"来日方长，何须匆忙"挂在嘴边。

这位朋友读书的时候就是这样，每当临近考试，整个宿舍的人都在复习，只有他说离考试还有好些日子，不用紧张复习，总是要等到考试的前一天或前两天才开始看书。运气好的时候，他总能勉强及格，运气不好的时候，整个宿舍只有他一个人挂科。

后来舍友们开始考各种各样的资格证书，问朋友要不要报名，他也总说"来日方长嘛，明年我再考吧"。到毕业的时候，大家都拿了至少两个资格证书，唯独他只得到了毕业证。

毕业后大家都开始找工作，他还是不紧不慢地闲在家里。

每当有人问他："找工作了没有啊？"

他总会回答："找了找了，我在网上看呢！现在才下午两点，我先打会游戏，不说了。"

说完他匆匆挂了电话，在电脑上玩起了最喜欢的游戏，等他意犹未尽地从游戏世界抽出身，早已是晚上六七点了。看了看表，他自言自语了一句："都该吃饭了，算了，等吃了饭再看工作吧！"说完就伸了伸懒腰出去吃饭了。

吃完饭回来，他看了看表，自顾自说了句："也才八点嘛，先玩会游戏，到十点了再看工作。"十点很快到了，可他还意犹未尽，默念一句："算了，都这么晚了，玩会睡觉吧！反正明天再看也不迟。"

一连两个星期，朋友都在拖延中度过了。他的父亲实在看不下去，帮他找了份工作。虽然他并不是特别喜欢这份工作，但还是迫于父亲的压力过去面试了。他顺利通过了面试，但在三个月试用期结束后被刷了下来。原因就是他把"来日方长"的心态带到了工作中。

在工作中，每当上级安排工作，朋友总会对自己说"时间还早，我先玩一把游戏吧！""距离下班还有好几个小时，我先看会新闻吧！"往往一玩起游戏来、一看起新闻来就忘了时间。等上级找他要工作成果的时候，他才反应过来自己忘记了工作这回事。于是他只能推说自己不太熟练，没来得及完成，晚上一定加班完成工作。

一开始，上级看朋友态度还算诚恳，就没有继续追究，任由他晚上加班完成工作。他似乎也形成了习惯，上班时只想着玩，每次都把工作拖到最后加班、熬夜去完成。时间久了，他还是推说自己不熟练，上级认定了这只是他的借口，对他颇有微词。

再后来，朋友索性加班时也不好好工作，只想着玩，每次完不成工作就找各种借口。久而久之，他就被公司开除了。

被公司开除后，朋友机缘巧合之下成了网络写手。他的父母认为这份职业并不太稳定，劝阻他继续从事这个行业，但他被毫无限制的工作条件吸引了，执意要成为网络写手。他的父母拗不过他，也只好静观其变。

原以为朋友喜欢这份工作，会认真对待，但没想到他还是抱着"来日方长"的心态，稿子能向后拖几天就拖几天。

有时候，他会沾沾自喜地向我炫耀："你看，这稿子，我一天就可以搞定，可我偏偏能拖上个五六天。"说实话，我实在想不通他语气中的骄傲是怎么来的。

还有些时候，他会找我一起组队打游戏，我知道他经常拖稿，总会问一句："你工作弄完了吗？别又得加班。"他回我："没事，就差一点点了，晚上熬个通宵就弄完了。"打完游戏已是深夜，他躺在床上就睡过去了，第二天又是一番推脱。

在一次又一次的推脱后，朋友又一次失业了。

朋友也知道自己的行为不对，可他说自己是患上了"拖延症晚期"，他知道这种"病"已经严重影响了自己的生活，但自己根本控制不了。他有时候下定决心一定要治愈自己，也会在工作时给自己做安排、做计划，但每次井井有条的计划都会成为一张废纸。

朋友问我，他应该怎么办，我也只能无奈回了一句："我想什么办法都没用，你自己心里并不想改变，谁又能奈何得了你？"

其实说到底，还是因为他对待工作的态度不够认真。如果一个人能够认真对待一件事，有足够的热情，又怎么能忍住即刻实现愿望的冲动，而把它拖到第二天、第三天呢？

记得有一段时间，我特别喜欢听由张嘉佳作词、陈建骐谱曲制作，女歌手陶晶莹演唱的歌曲《如你一般的人》，常常单曲循环一整天。

　　说实话，我并不是一个善于评价歌曲的人，我也不太懂如何从旋律中评价一首歌曲的好与坏。我之所以喜欢这首歌，完全是因为它能唱进我心里，击打着我内心最柔软的地方，那里埋藏着我关于青春的记忆。

　　十七八岁的夏天，不懂事的我们嘴上总说着来日方长，却不曾想，有些人一旦转过身，就永远不会再次出现在你的生命里，有些事一旦未能在第一时间下决定，就是一辈子的来不及。就像《如你一般的人》歌词中写的："如今最好/没有来日方长/时光难留/只是一去不返……"

　　是啊！人生在世，如今最好，哪有什么来日方长。

　　与其盼着你的来日方长，不如认真过好当下的每一天。

每个人都有属于自己的敬畏

前几天和一个年轻朋友聊天，说起了她第一次去北京出差的场景。

她说："第一次去北京出差，我完全是抗拒的，完全接受不了大城市快节奏的生活。对于我来说，快节奏的生活让太多人过得像行尸走肉一样，没有梦想、没有灵魂。这不是我想要的生活。"

这位朋友从小就不喜欢人多的地方，对于大城市更是没有丝毫向往。不过，她现在所做的工作让她不得不每隔一段时间就去北京出差，即使嘴上万般不乐意，但还是一次又一次地踏上了开往北京的列车。

有一次去北京出差，她遇到了两个人，并因此改变了想法。

她那次去北京出差，住的酒店楼下有一个早餐摊，是一对夫妻在经营，每天早上都提供包子、米粥等家常早餐。夫妻俩来自外地，文化水平不高的两个人在北京扎下了根，可以想象其中经历了多少困难。

当朋友问起他们为什么一定要这么辛苦的生活时，早餐摊的老板娘把手在围裙上抹了抹，腼腆地笑着说："因为我想来大城市看看是什么样的，待在小县城当然过得更安逸了，但是总不能一辈子窝在同一个地方吧。"

早餐摊的老板也插话道："我就没想那么多，只是觉得想来北京，就来了。"

在别人眼里，夫妻俩可能任性过了头，只顾自己的想法，也不考虑自己的状况能不能来大城市发展。其实，这却恰恰是对自己人生负责的表现。因为夫妻俩对人生有敬畏感，所以才不想辜负每一天的日出日落。觉得有意义，觉得自己想这么活，就去这么做了。

在与朋友攀谈的过程中，老板依旧娴熟地帮客人从蒸笼里取出热腾腾的包子，熟练地收钱、找钱，没有落下手头上的活儿。

朋友还注意到，有一个小伙子来和老板打过招呼，就拿起包子和八宝粥离开了。朋友感到很诧异，就问老板是怎么回事。

"这个小伙子家住在附近，每天都来我这儿买早餐。为了不耽误赶公交车，他干脆在我这预存了一部分钱，作为每天买早餐的饭资。"

"那他不怕你赖账吗？"朋友开玩笑般地说道。

"那哪能啊？！这笔账在我心里门儿清，我可不是会赖账的人！"

正说着，有一个小伙子付了钱，急匆匆地就要走，忘了拿买好的早餐，老板连忙喊住他，让他拿走忘带的早餐。

"我一个做买卖的人，最重要的就是诚信。如果哪天我不诚信了，我欺客了，那还有谁肯光顾我这个小摊子？"老板继续说道。

不仅如此，在早餐的制作方面，夫妻两人更是付出了百分之百的专注和认真，不敢有半点马虎。包子的面皮需要提前一晚就和好，然后等待发酵。这样制作出来的面皮筋道有韧性，不会软趴趴的难以入口。馅料则是老板娘早上三四点去菜市场买来的原材料，蔬菜非常新鲜，甚至叶子上挂着颗颗露珠。

在这对夫妻的心中，他们早已把"诚信"二字作为标杆树在心中，并且时时刻刻地严格遵守着，不敢跨过底线一步。用老板自己的话来说就是，既然是一名商人，就要对"诚信"有所敬畏。

难怪他们的生意如此兴隆。

经过一番了解，夫妻俩人的形象在朋友心中一下子高大了不少。作为普通人，他们敬畏生命，热烈且积极地生活着，因为向往大城市的生活而辛苦工作，不想浪费生命中的一分一秒，天安门、故宫、香山等景点都留下了他们的身影；作为商人，他们敬畏诚信，不欺客骗客，更不发不义之财，卖给顾客的东西保质保量，不以次品糊弄人。

的确，人是需要有所敬畏的。如果一个人没有了敬畏，那么就缺乏了来自内心的约束力和向上的力量，做什么都是敷衍和无所谓的态度。如果一个人有了敬畏，就会变成一个踏踏实实的人，一步一个脚印，认真地去做手头上的事，认真地过着眼下的生活。

现在比较崇尚的"匠人精神"也是如此，因为对器物和手工工艺存有敬畏之心，所以制作的每一个步骤都不偷工减料，每一个步骤的精湛工艺都是来源于多年的积累。

出差回来后，朋友对我说："现在我才明白，那些来到大城市生活的人，不是没有梦想和灵魂，更不是不会思考的行尸走肉，反而是通过自身努力克服种种物质困难，来遵从内心的想法。

"他们每个人都有属于自己的敬畏，虽然和我的不太一样，但是他们的的确确是按照自己的想法生活，也就因此和我的生活方式完全不一样。我应该理解他们，而不是像之前那般还没了解过就进行抵触。

"至于我呢，我依旧喜欢懒洋洋的小城市，虽然没有那么多繁华的事物和各式各样的风景，但是我可以慢悠悠地享受生活。"

形形色色、不一样的人生才能组成一个美好的世界。生命最美好的意义也不是在于离开这个世界的时候我们手里剩下多少积蓄，只要我们按照心中想法生活，认真地感受身边美好的事物就够了。

如此，才是完整的人生。

每个人都有自己的敬畏，有人喜欢快节奏的生活，有人喜欢缓缓而行，无论选择哪种状态，都请认真对待。

毕竟，人生只有一次，过了就不会再回来。

你的认真，不是装完就完了

《我的少女时代》也算是青春片的一股清流，为我们诠释了什么叫青春。

其实在《我的少女时代》上映以前，我发誓自己不会看这部电影，现在有太多打着青春旗号的电影和电视剧，没有纯纯的初恋，没有单纯的校园情谊，反而充斥着打架、三角恋、炫富、钩心斗角……

除此之外，那些略微"脑残"的主角，那些安排不合理的剧情也影响了我的观看体验。所以看到《我的少女时代》这个名字的那一刻，我就决定不会看这部电影。

《我的少女时代》上映后，我身边好多朋友都去看了这部电影，听着大家说电影里那些让他们痛哭流涕的桥段，我心里竟有一丝不屑——这样俗套，甚至有些"脑残"的电影也能打动人心吗？

在这个念头的驱使下，《我的少女时代》上映半年，我硬是一点都没有看过。直到有一天，我去吃饭的时候，店里的电视机正好在播放这部电影，我听到女主角说出了"只有我们自己，知道自己是谁。只有我们自己，能决定自己的样子"这句台词。

那一瞬间，我对《我的少女时代》这部电影有些改观，至少不像某些电影，从头到尾都是无关痛痒，甚至让人摸不到头脑的台词。

回家以后，我找出了《我的少女时代》。原本是抱着挑错和质疑的态度去看的，但是看完以后，我发现这部电影跟我想的完全不一样。

怎么说呢，《我的少女时代》这部电影给人的感觉很真实，就像是我经历过的青春。

拿人设来说。现在很多青春题材的影视作品都沿袭了某个套路——大部分男主角都是"高富帅"，大部分女主角出身不好、相貌平平，一不小心走进了贵族学校，而且必须对男主角视若无睹。

这个问题在《我的少女时代》中并不存在，虽然女主角林真心是个很平凡、很普通的女生，但是她也和大多数女生一样，暗恋着学校的校草欧阳非凡。这一点绝对符合女孩子年少时喜欢犯花痴的共性。

这也是我乐于看完《我的少女时代》的原因，至少在人设上这部作品还是比较正常的。

在剧情上，《我的少女时代》的确有些地方太过不真实，却是在我可以接受的范围内。比如林真心稍微打扮一下就从"丑小鸭"变"小天鹅"、林真心和男主角徐太宇长大后再次相遇，这两个剧情不太容易在现实中发生，但这也的确是很多人曾经幻想过的事情。

影片中我印象比较深的另一个桥段是，徐太宇的一众兄弟在半路上拦截校花陶敏敏，徐太宇姗姗来迟，拽拽地走向陶敏敏，问她要不要和自己交往。陶敏敏看了徐太宇一眼，用自行车撞向了徐太宇的腿。

这个桥段让我想到了自己的青春岁月。年少时大家都自认为很帅，以为像小痞子一样就能够讨得小女生欢心，现在想来，倒有些装的意味。

徐太宇却不觉得他是在装，他以为自己对陶敏敏的感情十分认真，却不曾想，认识了林真心他才真的知道了认真两个字的含义。

真正认真的感情，是不会轻易脱口而出的。

表弟前几天刚刚结婚，我拿他打趣："什么时候认识的弟妹啊，藏得够严实的，我怎么一直都不知道啊！"

表弟听完我的话居然有些脸红，说道："哥，你别闹了，我什么时候藏着了。她跟我是高中同学，认识快十年了。我们俩一直是朋友，我虽然喜欢她，但一直没敢说，那天我喝多了给她打电话，才知道她也喜欢我。她说我要是晚一天再给她打电话，她就要去相亲了。哥，你说，这是不是我们俩的缘分？"

"是，当然是。"我笑着回答，还没等我说完话，表弟就被姨妈叫过去招呼客人了。

我站在原地，心里想着：这大概就是认真对待感情时应有的态度吧！

花花公子将爱情脱口而出的那个瞬间未必不是认真的，或许他们也有几分钟的认真，但一份无法延续的认真，除了被形容为"装"外，我找不到其他合适的词语去形容。

现实中，很多人对待工作就像花花公子对待爱情一样，爱的时候说自己爱得死去活来，当遇到一点点问题，恨不得丢盔弃甲逃之夭夭。三秒钟的热度，连个汉堡都热不透，你还能指望着这样的态度温暖你的人生？别开玩笑了。

就拿跑步来说，我身边好多人说自己跑步，要锻炼身体或者要减肥。为此，他们办了健身卡，扬言自己一个星期至少要跑两次步，一个月下来，不练出肌肉或者不瘦十斤誓不罢休。但还不到一个月，卡已经不知道被他们丢到哪个角落了。

反而是那些从来不在我身边说自己要跑步的人，一天天坚持着。他们也不办卡，就在小区、公园、湖边跑，你跟他说"办个卡吧！在健身馆跑步多有感觉"，他还不乐意，觉得那里空气不流通，闷得慌。

这就是认真和"装"的不同吧！认真是为了给自己一个交代，而"装"只是为了给别人一个交代。

如果你的认真都是一种"装"，那么"装"完以后，你也就只能留下一句口号，没有任何实质性的东西。毕竟，能够获得别人认可的认真是需要靠时间去验证的，不是"装"完以后立马走人就能够让人信服的。

持续认真，你就赢了

前不久，一个跟我工作了快三年的下属小邱向我提交了辞呈。

小邱向我提出辞职的时候我十分惊讶。在此之前不是没有公司想挖走她，但都被她拒绝了，她说自己刚毕业就来了我的公司，和公司里的一群人都混熟了，不想更换工作单位。再后来，我就很少听到有公司要挖走她的消息了。

我不明白现在小邱在这里干得好好的，为什么突然说要离开。在我的一再追问下，我才知道她并不是要跳槽，而是要回家照顾病重的父亲。

小邱来自一个小县城，父母开了一家五金店。其实小邱本科毕业时，她的父母就要求她在家乡找份工作。那个时候小邱的母亲经常说："女孩子嘛，离家近点多好，为什么非要跑到那么远的地方吃苦。你看看新闻里那些留在大城市的女孩子，每天都要挤几个小时的地铁，加班熬夜更是常事，好多时候没时间吃饭，只能啃面包、吃泡面，你非要出去受这罪干吗！再说了，女孩子迟早要嫁人的，你在这边工作也好找个合适的人。"

小邱虽然不愿意听父母的唠叨，但是也无力与父母争执，每次都是只听不说。看到女儿默不作声，小邱的父母以为她把话听到心里去了，也就少了唠叨。

小邱究竟还是没有听父母的话，因为她从来就不是肯轻易妥协的人，在人生道路的选择上，小邱更是拿出了十足的认真劲儿。

后来她悄悄报名了硕士研究生的考试。等父母知道小邱的决定时，录取通知书已经到了小邱的手里。没办法，小邱的父母只能再一次送小邱去读书。

很快，小邱硕士毕业了，父母自然又是极力要求她回家找一份安稳的工作。她的母亲打电话对她说："你看你都25岁了，跟你差不多大的女孩子都结婚有孩子了，你还在外边漂泊着，这算什么事啊！听妈的话，回老家来，去找个中学当老师，或者你想考个公务员什么的，妈都支持你。女孩子找工作又不是为了挣钱养家，能挣个零花钱就行了。听话，赶紧回来，工作什么的都不重要，先把你的终身大事敲定了才是正事。"

小邱每次都胡乱地应着，却一直没有买回家的票，而是在这个城市里不停地找工作、不停地面试。和同事们彼此熟悉了以后，小邱曾在公司聚餐时说起过自己面试的经历："咱们公司是我应聘的第十家公司。第十家哎，多好的寓意，正好对应了'十全十美'这四个字，而我也顺利通过试用期留了下来。真的太巧了。"

在工作上，小邱给我留下最大的印象依旧是认真。一想到小邱工作上的努力，我的思绪就忍不住飘远了。

小邱刚来的时候，我要求她核实一份文件，一直到晚上下班她才把文件给我，一万多字的内容，密密麻麻几十条批注，连一个标点符号的错误她都没放过。她把文件交给我后，有些不好意思地说："老板，我第一次看这个文件，也不知道这样改对不对，我把我认为有问题的地方都用批注标示出来了，您再核对一下。有什么不对的地方您及时告诉我，我一定改，绝不会再犯。"

我当时觉得这姑娘和其他应付差事的人还真不一样。公司不是没招过刚毕业的研究生，但是他们工作时大都抱着敷衍的态度，不懂的也不问、也不学，干脆就不做。还有一些人过于武断，不管自己理解的对不对，直接就把文件改了，最后还要别人返工。想到这里，我将目光从电脑屏幕移向小邱，说道："好的，我知道了，我先看看，明天答复你。"

小邱点了点头，离开了我的办公室。她离开后，我从头到尾看了一遍文件，发现她每一条批注都是有用的，显然看了好多遍，绝对算是十分用心了。

小邱这一待就是三年，公司的规模越来越大，公司的效益越来越高，小邱父母催她辞职的电话也越来越多。小邱的母亲也从一开始的规劝，变成了训斥："你到底想怎么样！跟你一般大的孩子都结婚生子了，现在咱们这儿的好人家还能剩几个？你今年都多大了？28了你知道吧！你还想挑到什么时候，是不是想气死我和你爸。"

小邱并不是刻意为难父母，只是她真的还没有结婚的念头。可无论小邱怎么和父母解释自己的理想，父母都不支持她。在又一次争执后，小邱的父亲高血压复发被送往医院了。小邱得知这个消息后慌了神，马上决定辞职回家照顾父亲。

可惜了，我原本打算再过一阵子就要升任她为部门主管，并且有意提前为她加薪。可惜……

"老板？"小邱看我许久没有答复，忍不住叫了我一声。

"哦，"我被小邱的声音叫回现实，收回了飘远的思绪，拿起辞职信看着小邱说，"小邱，你来公司也已经快三年了，这些年你的努力和对待工作认真的态度我都看在眼里，我相信你是一名好员工，我也相信无论你身在何处，都能将自己的生活打理得井井有条。你这个辞职信我先放在这里，我给你一个月的长假，等一个月以后你再告诉我，你是不是真的要辞职。好了，去把工作交接一下，回去好好照顾你的父亲吧！如果需要钱的话可以跟我说。另外，祝他早日康复。"

小邱眼里明显含着泪水，声音也有些哽咽："谢谢老板，我……我还不知道能不能再回来工作，因为如果需要继续照顾父亲的话，难免会分散工作上的精力……不过，如果可以我一定回来。"

"好了，去把工作交接下，早点回去吧！你的父母还需要你陪呢。"我说。

"好的，那我先出去了。"小邱说完就转过身向办公室外走去。站在办公室的门口，小邱停下了脚步，似乎是用手擦了擦眼泪，整理了情绪就出去了。

转眼小邱已经离开半个月了，也不知道她的父亲的病好了没有，如果小邱回来上班的话，我想我也该把办公室主任的位置交给她了。

就算小邱最后没有回来上班，我想以她对待工作和生活那种持续认真的态度，她的日子一定过得不差。